黑龙江省农业气象监测评估方法及服务指标

主　编：赵慧颖　姜丽霞
杜春英　于　敏

气象出版社
China Meteorological Press

内容简介

本书主要以气候变化对黑龙江省粮食安全影响评估及应对策略为主线，系统总结了主要的农业气象和农业气象灾害监测评估方法及技术，主栽粮食作物生长发育气象指标、作物主要农事活动气象指标及主要农业气象灾害指标等，以期为粮食作物种植结构调整、农业防灾减灾及保障国家粮食安全提供气象参考。

本书可供气象、农业与相关部门的科技工作者及关注气候变化对国家粮食安全战略影响的有关人员参考。

图书在版编目（CIP）数据

黑龙江省农业气象监测评估方法及服务指标 / 赵慧颖等主编. -- 北京 : 气象出版社, 2024.4
ISBN 978-7-5029-8177-8

Ⅰ. ①黑… Ⅱ. ①赵… Ⅲ. ①农业气象灾害－评估方法－黑龙江省 Ⅳ. ①S42

中国国家版本馆CIP数据核字(2024)第068838号

黑龙江省农业气象监测评估方法及服务指标
Heilongjiang Sheng Nongye Qixiang Jiance Pinggu Fangfa ji Fuwu Zhibiao

出版发行：气象出版社
地　　址：北京市海淀区中关村南大街46号　　邮政编码：100081
电　　话：010-68407112(总编室)　010-68408042(发行部)
网　　址：http://www.qxcbs.com　　E-mail：qxcbs@cma.gov.cn
责任编辑：林雨晨　陈　红　　终　　审：吴晓鹏
责任校对：张硕杰　　责任技编：赵相宁
封面设计：艺点设计
印　　刷：北京中石油彩色印刷有限责任公司
开　　本：787 mm×1092 mm　1/16　　印　　张：19
字　　数：486千字
版　　次：2024年4月第1版　　印　　次：2024年4月第1次印刷
定　　价：108.00元

《黑龙江省农业气象监测评估方法及服务指标》编委会

前　　言

在全球气候变化大背景下,《黑龙江省农业气象监测评估方法及服务指标》一书围绕“大农业”生产需求,针对气象部门研究的热点和重点问题,从当前黑龙江省农业气象服务方法的现状和需求角度出发,详细阐述分析了黑龙江省农业气候资源禀赋,研究总结了主要的农业气象监测评估方法及技术,甄别、分析、提炼了黑龙江省主栽粮食作物生长发育气象指标、作物主要农事活动气象指标及主要农业气象灾害指标等,全面集成近几年关于灾害监测预测评估、农业气象指标等方面的最新研究成果,以期为粮食作物种植结构调整、农业防灾减灾及保障国家粮食安全提供气象参考。

多年来,黑龙江省气象科学研究所以面向气象高质量发展和国家粮食安全战略需求为目的,针对黑龙江省地域条件、气候变化及气象灾害对作物生长发育的影响,系统研究农业气象监测评估方法、农业气象服务指标及最新的作物干旱、冷害等灾害监测评估技术等,先后获得省政府农业生产系统公共服务平台项目支持及国家自然科学基金项目“黑龙江省粳稻障碍型冷害量化指标体系研究(40705041)”“东北地区大豆干旱形成时序特征及多源协同诊断研究(31671576)”“寒地水稻洪涝致灾机制与灾损量化综合评估方法研究(31671575)”“基于生态位模型的高寒区大豆潜在适生性研究(31801253)”,中国气象局项目“气候变化对中国两大主产区粮食安全影响评估及应对策略(CCSF201606)”“农作物生长全程气象动态评估技术集成(CMAHX20160205)”等科研项目支持,取得了一系列研究成果,丰富了本书内容。

全书共 5 章,由赵慧颖、姜丽霞、杜春英、于敏主持编撰。各章的执笔为:第 1 章由朱海霞、宫丽娟、曲辉辉、于瑛楠、王铭、翟墨编写;第 2 章由闫平、刘丹、李秀芬、吕佳佳、郭立峰、姜蓝齐、于成龙、殷世平、何锋编写;第 3 章由王萍、宫丽娟、田宝星、姜丽霞编写;第 4 章由赵慧颖、纪仰慧、田宝星、姜丽霞、李秀芬、韩俊杰、武荣盛、金林雪、成琳、高永刚、杜春英、于敏编写;第 5 章由姜丽霞、王萍、王晾晾、王秋京、季生太、张恒翀编写。

由于农业气象监测评估技术与作物和气象关系的复杂性,且研究者的水平有限,书中涉及的方法和结论难免有纰漏之处,敬请广大读者批评指正!

作者

2023 年 5 月

前言

目　录

第1章　绪　　论

黑龙江省位于中国的东北边陲，地域辽阔，是位置最北、纬度最高的省份。耕地相对集中连片，主要分布在三江平原和松嫩平原，两大平原耕地约占全省耕地总面积的80%，黑土、黑钙土、草甸土等肥沃土壤占耕地的70%，素以黑土地闻名天下。全省地势平坦，绝大部分耕地为平地、低平地和漫岗地形，有利于集约化经营生产。黑龙江省是国家重要商品粮基地，粮食总产量和商品粮输出量均居全国首位。2013年以来，全省发展新型经营主体，调整种植结构，注重农机推广应用，加大水利投入，不断战胜春旱、春涝、低温及洪涝等自然灾害，粮食生产实现"十连增"，总产量达650亿kg，稳居全国首位。

黑龙江省为温带大陆性季风气候，春季干旱多风，夏季炎热多雨，秋季短暂，且初霜早，冬季干冷漫长。黑龙江省是我国受气象灾害影响较重的省份之一，气象灾害种类多、出现频率高、影响范围广、危害程度重；受地理位置影响，热量资源不足，且变异性较大，热量资源和农作物需求矛盾突出；受东亚大陆季风气候的控制，降水量时空分配不均，年际变率较大，经常交替出现水、旱灾害。旱涝和低温是本省的主要气象灾害，霜冻、暴雨、冰雹、大风、雪灾和森林火灾等也时有发生。随着全球气候变暖和经济社会的发展，气象灾害造成的损失呈明显上升趋势，气象灾害对黑龙江省农业、水资源、生态环境、能源和公共安全及可持续发展等构成严重威胁。保障粮食生产安全和农村广大群众生命财产安全一直是黑龙江省气象服务的中心任务。多年来全省各级气象部门紧紧围绕粮食生产全程、农业结构调整和现代农业发展的需求，进行了大量卓有成效的工作。随着气象为农服务能力的不断提升，农业气象服务体系基本形成，利用卫星、雷达、气象基站等气象观测设备开展灾害性天气预测预报服务、人工影响天气服务及农业气象情报等多项服务类型，为农业生产提供精细化气象服务，创造了较好的经济和社会、生态效益。当前，农业气象服务主要在防灾减灾、增产增收和改善生态环境方面发挥重要作用。服务内容包括提供长、中和短期旱、涝、霜冻等各种气象灾害预报服务；提供防灾减灾农业气象决策依据和各种防御气象灾害措施；提供农作物生长期土壤水分、长势及天气条件等农业气象信息和预测信息，分析相互利弊条件，制定趋利避害的管理措施；为农作物生长期的播种、施肥、收获等提供气象预报；及时抓住有利时机开展人工增雨、人工防雹等作业，缓解气象灾情，发挥气象防灾减灾作用；加强应用气象的科研投入，提升农业气象服务创新能力，推动气象为农服务上升至新的高度。

1.1　农业气象服务方法现状及需求

1.1.1　农业气象服务方法现状

1.1.1.1　开展农业气象灾害的天气预报

农业气象灾害是对农业生产构成威胁的灾害性天气，如大风、暴雨、冰雹、龙卷、寒潮、霜冻、大雾、阶段性低温、季节性干旱等，可发生在不同季节，具有突发性和持续性特点。农业气象灾害的发生会导致作物减产，品质下降，对农业可持续发展和国家粮食安全构成威胁，在突发性灾害来临前或持续性灾害前期、中期为农业部门及广大农民提供旱田作物生长季干旱、洪涝、水稻低温、霜冻等灾害性天气的长、中、短期预报，提示农业生产决策部门或农民在气象灾害到来之前做好防灾、减灾准备，可以为科学安排农业生产，及时采取抗灾减灾防御措施提供科学依据，从而在一定程度上减轻灾害损失，保证农业生产持续稳定发展。

目前黑龙江省农业气象灾害的天气预报主要包括霜冻预报、冻害预报、低温冷害预报、土壤干旱预报及作物病虫害预报等。

1.1.1.2 提供农业气象灾害、春播秋收等气象决策服务依据

农业气象决策服务材料主要以农业气象灾害、春播、秋收、年景分析、土壤墒情等为主要内容。农业气象工作者根据农作物生育的特点或农业气象灾害的危害性、其时间分布规律、掌握的灾情信息，以及相关研究成果、提供抗旱、抗低温、防霜等防灾减灾对策和措施，以决策服务形式提供给上级部门，以便引起重视。在灾害发生前，客观预测灾害可能造成的损失，及时提供信息，以便上级农业部门组织防抗自然灾害，把灾害造成的损失降到最低限度。

农业气象决策材料要全面掌握各有关专业的知识，做好决策服务，运用气象、气候、农业气象专业的基础理论知识，兼作物生理学、作物栽培学、生态学等农业科学知识，结合农业发展和农业生产中存在的影响农业高产、优质和高效的主要问题，充分论证后，确定决策服务项目，重点突出，要突出气象、气候的科学依据、可行性及经济效益情况。

1.1.1.3 农业气象监测与评估

利用卫星遥感和地面气象观测站数据，根据具体时段的气候特征，以农业生产需求为主，在农业生产的产前、产中、产后有针对性地，提供作物长势、土壤水分、天气气候条件等农业气象监测信息，及时制作发布农业气象决策服务信息，尤其在作物生长关键期评价气象条件，对农业生产的影响进行跟踪评价，分析气象条件利弊，提出趋利避害农业生产管理建议，为政府部门决策农业生产提供了农业气象参考。

农业气象监测内容涉及气象条件、农作物生长发育状况、土壤水分及土壤特性、水体、酸雨等各类生态与农业气象信息。具体服务材料为旬报、月报、生态与农业气象信息、土壤水分监测公报、特色农业气象服务等。

1.1.1.4 作物生长及农业气象产量预报服务

黑龙江省地域广阔，气候复杂多变，农用天气预报服务的开展，可以准确提供农用气象服务信息，对国家粮食安全、农民增产增收至关重要。农事活动天气预报是农用天气预报的主要内容之一，是指主要农事活动期间天气对农事活动适宜程度的预报及影响分析，主要包括由天气决定的相关农事活动难易程度的预测和评估，如春整地、播种、中耕、药肥喷施和收获等田间作业气象适宜度等级服务。

黑龙江省在作物主要发育期、关键农时、主要农事活动等进行气象适宜度等级的预报服务外，还开展年景预报，小麦、春玉米、大豆、水稻和粮豆薯的产量预报服务，根据作物长势、面积及气象条件，进行农作物产量预报，定期向国家及省市提供预报结果，从而为农业经济发展服务。

作物产量预报的方法很多，以统计模型和作物模型为主。农业系统是一个作物与大气、土

壤、人类生产活动相互作用的复杂系统，统计模型具有一定局限性，而作物模型属于作物生长动力模拟模型，能够描述作物生长发育、产量形成与天气、土壤、生产管理等因素相互作用的机理，是产量预报着重发展的方向。

1.1.1.5 农业气候资源分析及区划

气候资源是自然资源中影响农业生产的重要组成部分之一，它提供的光、热、水、空气等能量和物质，对农业生产类型、种植制度、布局结构、生产潜力、发展远景以及农、林、牧产品的数量、质量和分布都起着决定性作用；农业气候区划则从农业生产的需要出发，根据农业气候条件的地区差异进行的区域划分。一般是在分析地区农业气候条件的基础上，采用对农业生产有重要意义的气候指标，遵循农业气候相似原则，将一个地区划分为若干个农业气候区域，以便阐明气候与农业生产之间相互适应的关系，为决策者制定农业区划和农业发展规划，充分利用气候资源和防御气候灾害提供可靠的科学依据，它既是气象部门或农业部门的重要业务，也是一项具有很大发展空间的应用研究课题。

气候区划的种类很多，如按气候要素的不同，有日照区划、降水区划、热量区划等；按服务对象的不同，有农业气候区划、建筑气候区划、航空气候区划等。农业气候区划下可细化为农业气候资源区划、农业气候灾害区划和作物气候区划等，服务于农业结构调整和区域化农业生产发展的需求。

黑龙江省积温带则是最具代表性的热量资源区划成果，由于地处我国最北端，热量资源是限制黑龙江省农业生产的重要气象因子。加之黑龙江省跨越11个纬度，地域辽阔，既有广阔的松嫩平原、三江平原，还有北部的大小兴安岭和南部的张广才岭、老爷岭，地形复杂，受纬度和地形影响，积温差异显著。1995年，黑龙江省气象科学研究所将黑龙江省划分出6条积温带。这6条积温带在保障农业生产和调整农业种植结构方面一度发挥了重要作用，成为黑龙江农业生产的指南。

1.1.1.6 人工影响天气

人工影响天气目的是为了避免或者减轻气象灾害，合理利用气候资源，在适当条件下通过科技手段对局部大气的物理、化学过程进行人工影响，实现增雨雪、防雹、消雨、消雾、防霜等目的的活动。目前人工影响天气最主要的方法是播云，即用飞机、火箭或地面发生器等手段向云中播撒碘化银等催化剂，改变云的微结构，使云、雾、降水等天气现象发生改变。

黑龙江省人工影响天气服务主要表现在以下几方面：

在重要农事季节、作物需水关键期作业计划，适时地开展飞机、地面立体化人工增雨作业，促进了粮食等重要农产品实现减灾增产。加强了对干旱、冰雹等灾害的动态监测和区域联防，科学调整作业布局，积极应对重点干旱区和雹灾区，有效降低了灾害损失。

每年春季、秋季针对可能的大范围森林草原火灾火险及时启动相应的人工影响天气（简称人影）作业，并加强技术储备和试验演练，适时开展局部地区人工消云、减雨作业，防御灾害性天气对森林、草原带来的不利影响。

1.1.1.7 实地踏查服务

农作物生长发育状况和农业灾害是农业气象业务中重要的业务内容。农情、灾害情况和问题如果不进行实地考察，对问题的理解或肤浅或不准确，很难获得真实可靠的信息来正确的指导农业生产。农业生产中实际存在的现象和问题往往是各种因素相互作用的产物，错综复杂，通过实地观察，存在问题易于解决。为更好地获得农情和农业灾害信息，进行相应的评估是无法脱离野外的实地调查。

野外实地调查，包括直接观测、数据分析、评估或提供应急预案等。在农业生产的过程中，黑龙江省气象部门针对不同目的，如春季土壤旱情、涝情，大田播种、生育中期阶段的农事活动开展，夏初干旱、低温冷害、洪涝、初霜冻、作物收获进度、森林防火等问题投入一定的人力、物力，走进田间、地头，与一线农业技术人员和农业种植户进行问题的沟通和了解，及时进行评估和提供相应的农业措施及对农业灾害的应急预案，使农民朋友们能够采取行之有效的农业措施保证农作物的正常生长发育，使上级主管部门及时获得农情信息和灾害情况，指导农民朋友们采取正确方法和措施来管理大田作物，积极应对农业灾害，保证大田作物的稳产、增产。

1.1.1.8　森林防火服务

开展森林、草原火险气象预报，用气象卫星监测森林、草原火情。

森林火灾是森林最危险的“敌人”，也是林业最可怕的灾害，它会给森林带来最有害、最具有毁灭性的后果。森林火灾不但烧毁成片的森林，伤害林内的动物，而且还降低森林的繁殖能力，引起土壤的贫瘠并破坏森林涵养水源，甚至会导致生态环境失去平衡。

借助遥感卫星实时监测重点防火区域是目前黑龙江省监测森林防火的主要手段。在监测森林火情期间，从气象卫星地面站获取 NOAA 系列卫星、EOS/MODIS 卫星和中国风云气象卫星遥感逐日资料，对各火点进行逐一排查，并采取预处理—投影—地理校正—热点判识—作图—生成图像—编辑热点文件—上报等一系列操作，将林区的疑似火点上报给黑龙江省防灭火指挥部办公室(黑龙江省森林防火办公室)。

1.1.1.9　服务生态建设

在自然生态系统中，气候是最活跃的因素，是自然生态系统状况的综合反映，也是人类赖以生存和发展的基础。气候文明是生态文明的核心组成部分，在生态文明建设中处于前沿哨口的突出战略地位，发挥着基础性科技保障作用。

黑龙江省气象部门近年来加强了气候变化基础性研究工作；与其他部门合作，科学开发与合理利用风能、太阳能等气候资源，改善能源结构；通过相关课题的立项，开展气候系统承载能力分析评估、气象灾害风险评估、气候可行性论证工作，强化国土空间开发气候可行性论证，推动经济发展由不顾资源环境代价向充分考虑资源环境承载能力转变，有效缓解资源约束的重要途径，为应对气候变化提供决策服务，推进了生态文明建设。

1.1.2　农业气象服务需求

1.1.2.1　加强现代农业气象观测

积极推进现代农业气象观测体系建设，增强农业气象监测能力。进一步完善农业气象观测站网，完善干旱观测网，提高对全省粮食作物、经济作物农业气象监测分析能力。调整优化与现代农业发展相适应的农业气象观测站网布局，完善现有农业气象观测站，完善观测方法和技术手段，改进观测内容、项目和观测频次。完善哈尔滨、佳木斯农业气象试验站，提升农业气象试验能力，加强试验场地的建设，充分发挥农业气象试验站的试验、示范、推广功能。加强气象保障现代农业发展重点实验室建设。根据现代农业特点，在东部的三江平原地区选取富锦市，主要针对水稻种植，开展气象保障现代农业发展的示范区建设，探索建立适应现代农业发展的新型农业气象服务体系机制。

完善农村区域气象监测网，提高对中小尺度灾害性天气的监测能力，进一步加强和完善卫星遥感监测技术，加强接收处理软硬件设备，引进和开发遥感资料分析软件，建设卫星遥感资料接收处理和分析系统，实现对干旱、洪涝、植被、作物长势、作物面积估算、雪灾、水体等实时动态监测，及时发布作物长势、面积估算、产量和干旱、洪涝、冻害等农业气象遥感监测分析业务产品，提高农业气象灾害卫星遥感监测能力。

1.1.2.2 提高现代农业气象预报能力

黑龙江省现代农业发展中呈现出生产的机械化、经营的规模化、服务的信息化的新特点，不断加强农业气象科研水平与新型服务手段，为现代农业的可持续发展提供科学支撑。依托大数据和云技术，建设黑龙江省现代农业气象服务云平台并融入新型农业社会化服务体系中。建立气象数据和农业气象信息收集系统和农气服务产品库，根据气象源数据文件，采集、处理、分析为可用气象数据、农业气象数据和遥感数据，利用农业气象相关方法，对各种农气信息资料分析计算，生成农业气象监测、预报、评估所需要的各种气候数据、监测指数和农事建议等。

发展以作物-天气模型为核心的农业气象灾害定量评估业务，围绕现代农业发展需求，加强决策农业气象服务能力建设。利用哈尔滨、佳木斯农业气象试验站，加强农业气象指标体系试验和农业气象预报技术方法研究。研发现代农业气象服务指标体系，向决策部门提供关键农时农事季节的气象监测分析、重大农业气象灾害监测预警与影响评估、灾害风险分析与预测预估、农作物产量预报、农业气候资源开发利用与农业应对气候变化等方面的决策服务。增强决策农业气象服务的主动性、敏感性、综合性和时效性。建立标准化现代农业气象公众服务系统，以精细化预报为基础，开发精细化的农业气象服务产品，开展农用天气预报等服务，加强对各种农事活动的气象指导。加强农业生产的气象咨询服务和农业气象科技知识的普及；完善建立适应现代农业需求的农业气象服务产品制作平台，开发制作精细化的农业气象服务产品。

围绕保障国家粮食安全和现代农业生产的需求，加强关键农事活动气象预报和农用天气预报，推进农业产量预报精细化发展。建立并完善作物发育期、农事活动等现代农业气象适宜指标以及灾害指标等指标体系及数据库，利用数理统计模型和作物生长机理模拟模型建立重要农事活动和作物主要生育阶段的气象适宜程度诊断指标，开发覆盖农业生产全程的精细化、定量化的农用天气预报业务产品，进一步提升农用天气预报业务能力。加强水稻、玉米、大豆等粮食作物动态产量预报，动态监测作物生育状况与产量构成因素，提高针对不同的作物、不同区域的作物产量精细化预报能力。

应用GIS(Geographic Information System，地理信息系统)技术，建立精细化的土壤墒情与作物灌溉预报模型，动态监测预测土壤墒情变化，提高节水灌溉，有效防御农业干旱的能力。建立病虫害发生发展气象条件等级指标，逐步发展相应的农业气象数理统计模型与预报业务技术，提高重大农林病虫害发生发展气象条件等级预报能力。建立牧草产量与载畜量监测预报模型，提高牧草产量与载畜量预报服务能力，提供预报业务产品。建立完善主要果蔬或经济作物等生长的适宜指标和灾害指标，加强主要特色经济作物产量预报方法及模型的研究，提高特色农业产量定量化预报服务能力。

1.1.2.3 加强农业气象灾害监测、预警及抵御能力

积极开展干旱、暴雨、冰雹、霜冻等主要气象灾害的监测、预测、预警服务，提高农民抗御自然灾害能力；鼓励和支持农村依法建立气象站、气象哨，自愿进行当地气象观测，并通过此渠道

为广大农民及时传送气象信息；逐步在农村建立一定数量的遥测气象雨量监测点及时获取当地可靠的实况气象资料，开展有针对性的气象预报服务，要为农村基础设施建设提供气候灾害风险评估，为村庄规划人居环境治理提供科学环境评价依据，建立农村气象防灾、减灾服务体系，增强重大气象灾害和突发公共事件的气象应急保障能力；研究重大气象灾害的监测预警、评估及控制技术，实现对大面积主要农业气象灾害的灾前预警、灾中跟踪、灾后评估及减灾控制；采用气象部门的气象监测网络与农业部门病虫害监测网络相结合的方法，研究农作物重大病虫害的监测预警及控制技术，研究区域农业自然资源的生产潜力及其优化布局技术，气候变化对区域粮食安全的影响及应变对策。

1.1.2.4 加强预警信息发布能力

加强农村气象灾害预警服务，建立完善农业气象服务信息发布系统和农业气象灾害预警发布系统，提高农业气象服务信息传播能力和农业气象灾害预警能力。依托公共气象信息发布平台，综合运用计算机、卫星通信、多媒体等技术手段，建立覆盖城乡社区、立体化的农业气象服务信息发布系统，解决农业气象信息发布的“最后一公里”问题。在服务方式方面。由传统的农用天气预报、土壤墒情等传统的气象为农服务方式，逐步拓展到为农业种植结构调整、产业结构调整等方面的决策咨询，推进农业产业结构调整、品种结构调整、新品种、新技术引进的重要依据。

以公共气象服务平台和集成预报、预警发布于一体化的乡镇农业气象服务平台为基础，完善精细化、定量化的农用天气预报业务产品，增加信息发布手段，完善省、市、县三级平台之间预警信息的纵向交换功能，利用预警信息发送覆盖面广的特点，进一步提高乡镇农用天气预报和气象灾害预警能力。加强与有关部门的联合协作机制，发展面向新媒体的气象服务信息传播技术。基于新一代移动通信、下一代互联网、数字广播电视网等技术手段，大力发展以位置服务、移动式交互、智能定向信息发布为显著特征的现代农业气象服务信息传播手段。推进传统媒体和新兴媒体在气象服务信息传播的一体化发展，加快建立全媒体融合发展的农业气象服务信息传播体系。提升由社会媒体、互联网络、通讯等构成的多网络农业气象信息发布能力。

开发新的服务手段。以用户需求为导向，推动用户全程互动参与，基于大数据技术促进农业气象数据和相关行业数据的融合，开发现代农业气象服务指标，加强农业气象服务指标库、技术库、知识库和案例库的建设，实现现代农业气象服务的互动性、融合式发展。在传统的纸质决策服务材料、电视、广播、传真、邮件、网络、电子显示屏、乡村大喇叭等气象为农服务手段基础上，更多地利用新媒体、新技术开展服务。根据手机 GPS（Global Positioning System，全球定位系统）定位的功能，完善针对农机手的专用手机客户端，随着农机的流动在手机客户端上显示所在地的气象信息。进一步发挥气象信息服务站和气象信息员的作用，完善全省统一的乡镇气象信息服务站平台，利用 QQ 群、微信等方式及时传播气象信息。

1.1.2.5 加强应对气候变化能力

开展气候变化对农业生产影响评价。开展干旱、洪涝、低温冷害、冰雹和大风等灾害的气候风险区划。建立主要作物气候适宜度动态模型和气候评价指数，开展定量化的农业气候资源综合评价。建立气候对农业、生态等领域的影响评估模型，发展定量化气候影响评估技术，实现气候影响的预评估、实时评估和事后评估。开展湿地、荒漠等典型生态系统的动态监测与生态质量评价。开展气候变化减缓和适应性研究工作,评估缓和与削减气候变化负面影响、认识正面作用、避免气候变化对人类和生态系统产生风险的程度。

提高光合生产潜力、光温生产潜力和气候生产潜力的精细化评价能力。提升区域气候资源、特色农产品布局、设施农业类型、水产养殖的优势品种选择,以及牧草产量、品质与畜牧业气候适宜性等有专业特色的精细化区划与评价能力。开展现代农业生产、农业气象灾害和作物产量的变化对气候变化的脆弱性评估。进一步加强农业气候资源的高效合理开发利用,加强农业产业带的划分、农业种植制度及农业生产结构调整、作物熟制搭配与品种选择研究,提高现代农业生产对气候变化的适应能力。开展设施农业、果树、花卉以及水产养殖的气候适应性分析、评估及应用。

全省精细化基本农业气候资源和气象灾害风险区划。完成标准化地理信息数据、气象资料数据库、基本农业气候资源数据库、农业地理背景数据库等基本建设。采用农业气候模型与遥感资源耦合分析技术,并结合GIS对黑龙江省的基本农业气候资源进行区划细化。针对玉米、水稻、大豆等主栽作物,对农作物的生长适宜区,品种适宜区进行种植气候区划。依据农业气象灾害风险分析理论,辨识灾害风险要素和风险源,进行农业气象灾害风险区划。结合RS(Remote Sensing,遥感)技术、GIS技术,对黑龙江省水稻、玉米、大豆等主栽作物和特色经济作物进行农业气象灾害风险精细化区划,并深入开展作物优势区、优质品种布局的精细化农业种植气候区划评价。

1.1.2.6 加强人工影响天气能力

提升黑龙江省人影飞机作业标准化能力。根据黑龙江省人影作业的需求,加强人影作业飞机标准化能力建设,优化飞机作业布局,加强作业飞机对作业条件的检查能力;改装搭载人影播撒作业系统,改善飞机人影作业的设计、协同调配和实施指挥系统;在哈尔滨、齐齐哈尔、黑河等地建设人工影响天气标准化作业保障分中心,提高跨区作业飞机运行保障指挥能力。提高人工影响天气效果检验观测系统建设,提升人工影响天气的科技水平。提高省、市、县集约化人工影响天气标准化作业能力,实现全省各级人工影响天气业务指挥的上下互通、功能互补、规范集约,提高人工增雨防雹能力及人工影响天气作业指挥的效率和科技水平。

1.1.2.7 加强生态农业气象服务

优良的生态环境是现代农业生产得以稳步发展的重要保障条件之一,应加强生态环境的气象监测及应对气候变化评估,建立生态环境气象监测评估业务平台,逐步开展生态质量气象监测评估。开展以植被为基础的陆地典型生态系统(森林、草地、湿地等)、重大生态环境问题(草场与湿地退化等)、生态脆弱区的综合或专项监测评估业务,发布生态环境气象监测评估报告和科学决策专报。同时加强未来气候条件下黑龙江省陆地典型生态系统(森林、草地、湿地等)及重大生态环境问题(草场与湿地退化等)的脆弱性(敏感性与适应性)研究与评估,为黑龙江省生态环境适应气候变化提供依据,进而为黑龙江省现代农业生产适应气候变化提供重要的气象生态环境监测与评估依据。

1.2 农业气候资源概况

选取的气象资料为黑龙江省80个气象台站1971—2014年经审核的逐日气象观测资料,

包括日平均气温、日最低气温、日最高气温、日降水量、日日照时数、日平均相对湿度、日平均风速、日平均水汽压。通过逐日气候资料计算四季(根据气候特点及农业生产需要,黑龙江省的四季划分一般为3—5月为春季,6—8月为夏季,9—10月为秋季,11—翌年2月为冬季)、全年及作物生长季(黑龙江省4月春小麦开始播种,9月末作物基本成熟,故一般将4—9月定义为黑龙江省作物生长季)的温、光、水资料,分析气候倾向率及年代际变化(规定1971—1980年为20世纪70年代,1981—1990年为20世纪80年代,1991—2000年为20世纪90年代,2001—2010年为21世纪00年代,2011—2014年为21世纪10年代),并采用Mann-Kendall非参数检验和小波分析对各气象要素进行突变和周期分析。

1.2.1 平均气温

1.2.1.1 四季

(1)春季

1971—2014年黑龙江全省春季平均气温的变化范围为－4.5～9.7 ℃,其中北部为－4.5～6.5 ℃,西部为0.5～9.7 ℃,中部为1.6～8.4 ℃,东部为1.0～9.1 ℃,南部为1.9～9.7 ℃。

黑龙江省春季平均气温44 a气候倾向率为0.294 ℃/(10 a),其中北部、西部、中部、东部和南部分别为0.353、0.345、0.321、0.250和0.265 ℃/(10 a),即春季平均气温以平均0.265～0.353 ℃/(10 a)的速度升高。

自20世纪70年代以来,五个区域各年代春季平均气温均呈现先升高再降低的变化过程,20世纪70年代至21世纪00年代升高1.1 ℃(东部)～1.5(北部)℃,21世纪00—10年代下降0.3 ℃(北部和中部)～0.6(南部)℃。

季平均气温的地理气候学方程为

$$\overline{T}_{SP}=67.1-0.8\varphi-0.2\lambda-0.7H \tag{1.1}$$

式中:$\overline{T}_{SP}$为春季平均气温(℃);φ和λ分别为纬度和经度(°);H为海拔高度(100 m)。方程复相关系数$R=0.96$,达极显著性水平。可见黑龙江省春季平均气温随着经度和纬度的增大及海拔的升高而降低,大兴安岭大部地区及部分高海拔地区春季平均气温低于0 ℃,三江平原大部和松嫩平原大部春季平均气温高于4 ℃,其中松嫩平原西南部高于6 ℃。

(2)夏季

1971—2014年黑龙江全省夏季平均气温的变化范围为13.9～24.4 ℃,其中北部为13.9～22.1 ℃,西部为17.8～24.4 ℃,中部为18.4～23.6 ℃,东部为18.1～23.0 ℃,南部为16.2～24.0 ℃。

黑龙江省夏季平均气温44 a气候倾向率为0.325 ℃/(10 a),其中北部、西部、中部、东部和南部分别为0.356、0.342、0.321、0.308和0.334 ℃/(10 a),即夏季平均气温以平均0.308～0.356 ℃/(10 a)的速度升高。

夏季平均气温呈逐年代升高的变化趋势,20世纪70年代至21世纪10年代,北部夏季平均气温升高1.5 ℃,升温幅度最大,西部升温1.0 ℃,升温幅度最小。

夏季平均气温的地理气候学方程为

$$\overline{T}_{su}=70.3-0.4\varphi-0.2\lambda-0.9H \tag{1.2}$$

式中:$\overline{T}_{su}$为夏季平均气温(℃);φ和λ分别为纬度和经度(°);H为海拔高度(100 m)。方程复

相关系数 $R=0.95$，达极显著性水平。可见黑龙江省夏季平均气温与春季相似，均随着经度和纬度的增大及海拔的升高而降低，大兴安岭西北部及部分高海拔地区夏季平均气温低于 16 ℃，三江平原大部和松嫩平原大部夏季平均气温高于 20 ℃，其中松嫩平原西南部高于 22 ℃。

(3)秋季

1971—2014 年黑龙江全省秋季平均气温的变化范围为 0.6～13.3 ℃，其中北部为 0.6～9.8 ℃，西部为 5.5～13.1 ℃，中部为 6.6～11.8 ℃，东部为 6.9～12.6 ℃，南部为 6.8～13.3 ℃。

黑龙江省秋季平均气温 44 a 气候倾向率为 0.418 ℃/(10 a)，其中北部、西部、中部、东部和南部分别为 0.346、0.483、0.446、0.384 和 0.481 ℃/(10 a)，即秋季平均气温以平均 0.346～0.483 ℃/(10 a)的速度升高。

五个区域秋季平均气温年代际变化趋势一致，20 世纪 70 年代至 21 世纪 00 年代升高 1.2 ℃(北部和东部)～1.7 ℃(西部和南部)，21 世纪 00—10 年代下降 0.2 ℃(中部和东部)～0.5 ℃(西部)。

秋季平均气温的地理气候学方程为

$$\overline{T}_{au}=53.9-0.8\varphi-0.1\lambda-0.8H \tag{1.3}$$

式中：$\overline{T}_{au}$ 为秋季平均气温(℃)；φ 和 λ 分别为纬度和经度(°)；H 为海拔高度(100 m)。方程复相关系数 $R=0.96$，达极显著性水平。黑龙江省秋季平均气温随着经度和纬度的增大及海拔的升高而降低，大兴安岭大部及部分高海拔地区秋季平均气温低于 4 ℃，三江平原大部、松嫩平原大部和牡丹江大部秋季平均气温高于 8 ℃，其中三江平原中南部、松嫩平原西南部及牡丹江局部地区高于 10 ℃。

(4)冬季

1971—2014 年黑龙江全省冬季平均气温的变化范围为 −29.2～−6.9 ℃，其中北部为 −29.2～−13.9 ℃，西部为 −23.1～−9.4 ℃，中部为 −21.8～−10.3 ℃，东部为 −19.8～−8.6 ℃，南部为 −19.0～−6.9 ℃。

黑龙江省冬季平均气温 44 a 气候倾向率为 0.273 ℃/(10 a)，其中北部、西部、中部、东部和南部分别为 0.330、0.257、0.327、0.267 和 0.284 ℃/(10 a)，即冬季平均气温以平均 0.257～0.330 ℃/(10 a)的速度升高。

五个区域各年代冬季平均气温的变化趋势与春季和秋季平均气温一致，均表现为先升高再下降，20 世纪 70 年代至 21 世纪 00 年代升高 1.4 ℃(东部和西部)～1.9 ℃(北部)。21 世纪 00—10 年代下降 1.2 ℃(东部)～1.6 ℃(北部和南部)。

冬季平均气温的地理气候学方程为

$$\overline{T}_{wi}=48.3-1.3\varphi-0.004\lambda-0.4H \tag{1.4}$$

式中：$\overline{T}_{wi}$ 为秋季平均气温(℃)；φ 和 λ 分别为纬度和经度(°)；H 为海拔高度(100 m)。方程复相关系数 $R=0.96$，达极显著性水平。

五个区域各年代冬季平均气温的变化趋势与春季和秋季平均气温一致，均表现为先升高再下降，20 世纪 70 年代至 21 世纪 00 年代升高 1.4 ℃(东部和西部)～1.9 ℃(北部)。21 世纪 00—10 年代下降 1.2 ℃(东部)～1.6 ℃(北部和南部)。

1.2.1.2　全年(1—12月)

1971—2014年黑龙江省年平均气温变化范围为−6.2～6.7 ℃，其中北部为−6.2～2.9 ℃，西部为−0.5～6.6 ℃，中部为0.8～5.5 ℃，东部为0.8～6.2 ℃，南部为1.8～6.7 ℃。

黑龙江省年平均气温44 a气候倾向率为0.312 ℃/(10 a)，其中北部、西部、中部、东部和南部分别为0.346、0.338、0.335、0.288和0.319 ℃/(10 a)，即年平均气温以平均0.288～0.346 ℃/(10 a)的速度升高。

黑龙江省各年代平均气温呈现上升后下降的变化趋势，20世纪70年代至21世纪00年代升至最高值，21世纪10年代升高1.1 ℃(东部)～1.3 ℃(北部、西部、中部和南部)，21世纪00—10年代下降0.3 ℃(北部和东部)～0.5 ℃(西部)。

年平均气温的地理气候学方程为

$$\overline{T}_y = 59.6 - 0.9\varphi - 0.1\lambda - 0.7H \tag{1.5}$$

式中：$\overline{T}_y$为年平均气温(℃)；φ和λ分别为纬度和经度(°)；H为海拔高度(100 m)。方程复相关系数$R=0.95$，达极显著性水平。黑龙江省年平均气温随着经度和纬度的增大及海拔的升高而降低，大兴安岭、黑河大部及其他高海拔地区年平均气温低于0 ℃，三江平原大部、松嫩平原大部和牡丹江大部冬季平均气温高于2 ℃，其中三江平原中南部和松嫩平原西南部高于4 ℃。

1.2.1.3　生长季

1971—2014年黑龙江省作物生长季平均气温的变化范围为9.5～19.2 ℃，其中北部为9.5～16.9 ℃，西部为13.2～19.2 ℃，中部为13.8～18.4 ℃，东部为13.8～17.8 ℃，南部为12.8～18.9 ℃。

黑龙江省生长季平均气温44 a气候倾向率为0.336 ℃/(10 a)，其中北部、西部、中部、东部和南部分别为0.347、0.384、0.346、0.310和0.333 ℃/(10 a)，即生长季平均气温以平均0.310～0.384 ℃/(10 a)的速度升高。

北部、中部和东部20世纪70年代至21世纪10年代生长季平均气温升高1 ℃(东部)～1.2 ℃(西部)。西部和南部20世纪70年代至21世纪00年代分别升高1.2和1.1 ℃，21世纪00—10年代均下降0.1 ℃。

用Mann-Kendall(M-K)法黑龙江省1971—2014年平均气温进行突变检验(图1.1)。由图1.1可以看出，全省平均的生长季平均气温M-K图中UF曲线在1973后呈波动上升趋势，1996年这种上升趋势超过了0.05的显著性水平检验。UF曲线在置信区间内与UB曲线有一个交点(1993年)。累积距平1971—2014年黑龙江省生长季平均气温累积距平呈先降后升的"V"字形趋势，1971—1993年呈下降趋势，1994—2014年呈上升趋势，说明黑龙江气温经历了下降—上升的过程。气温突变可能发生在1993年左右。结合两种方法分析结果，判断黑龙江年平均气温在1993年发生了由低温转高温的突变。从各个地区的变化情况看，除北部和东部，UF曲线在1985年和1971年，其余地区均在1973年开始波动上升，在1996年后各地区这种上升趋势超过了0.05的显著性水平检验，UF曲线和UB曲线交点不同，分别为北部1994—1995年，西部1991年，中部1993年，东部1994年和南部1990年。从各地区的平均气温累积距平看，1971—2014年5个地区均呈现与全省分布相似的趋势变化，同时各地区累积距平的突变时刻与M-K检验的结果基本一致。各地区因纬度和地形等原因，突变年份稍有差异，但均集中在 1993 年前后。

图 1.2 给出了黑龙江省生长季平均气温的墨西哥帽小波系数分布图，正值表示气温偏高，负值表示气温偏低，小波系数为零对应着突变点。图 1.2 的上半部分等值线稀疏，对应较长尺度周期的振荡，下半部分等值线相对密集，对应较短尺度的周期振荡，较大尺度变化嵌套

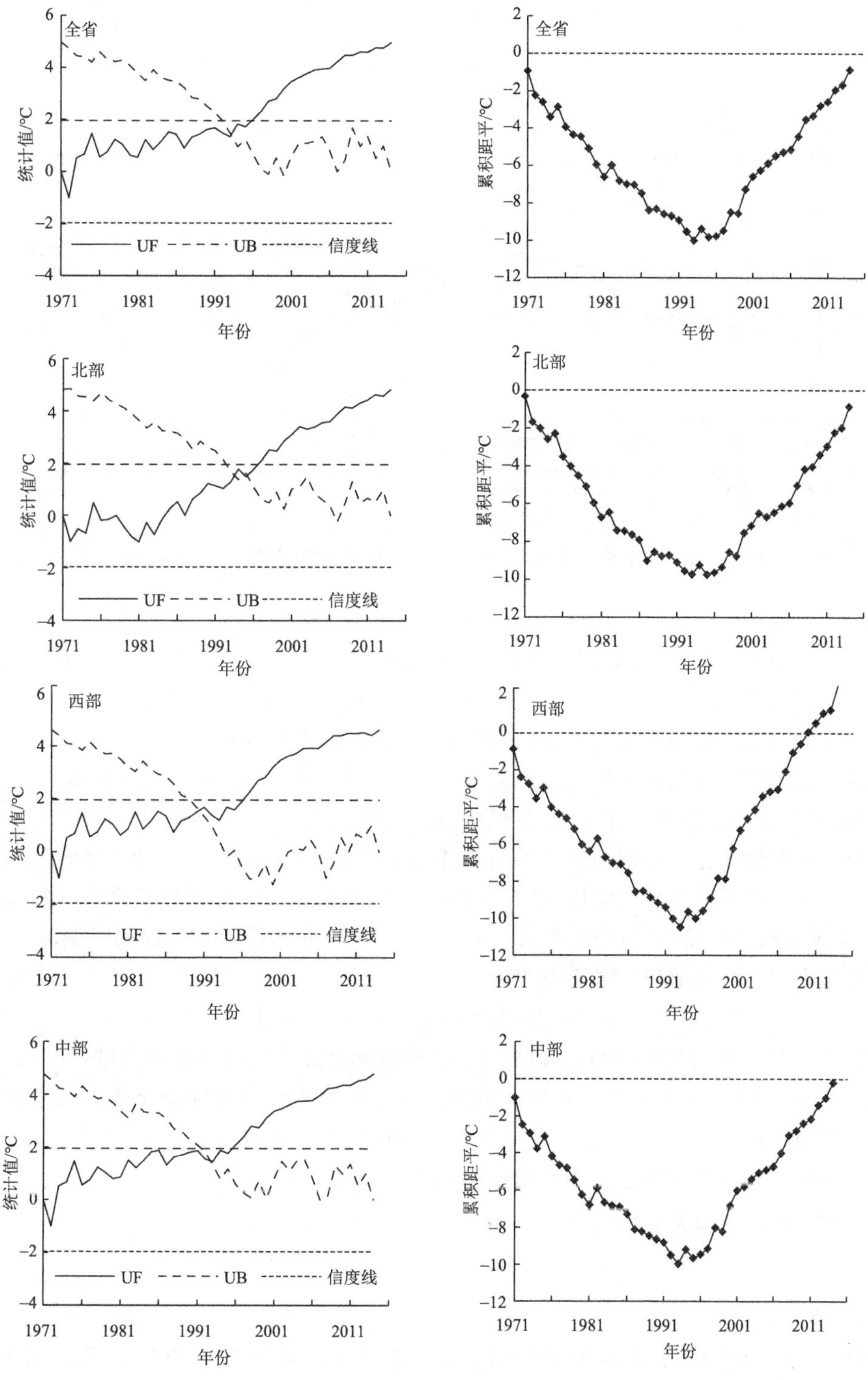

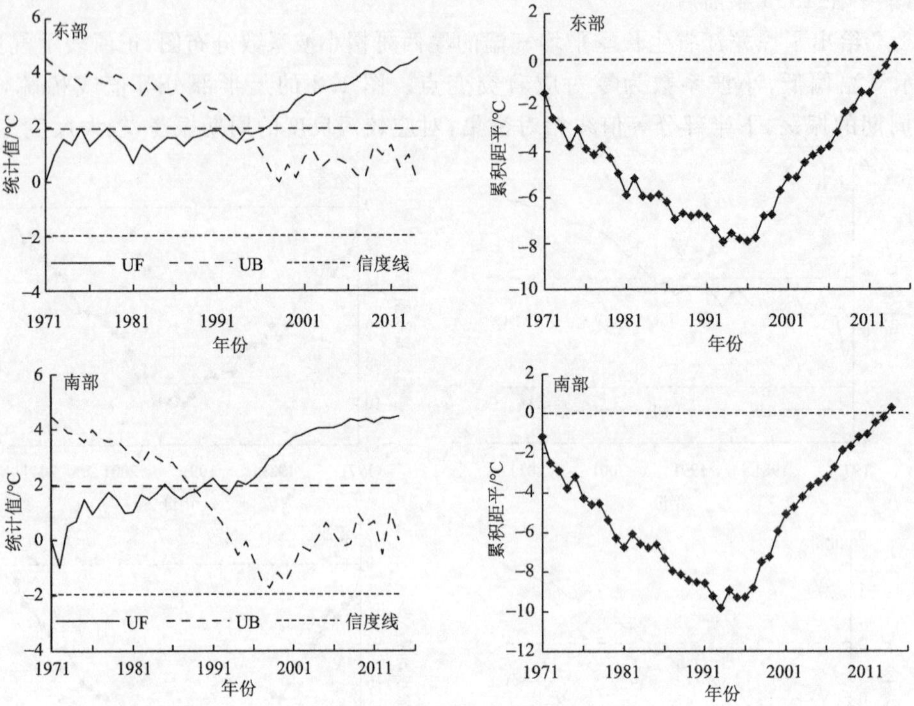

图 1.1　黑龙江省生长季平均气温 Mann-Kendall 突变曲线(左列)和累积距平曲线(右列)

着复杂的小尺度变化。由图 1.2 还可以看出，生长季平均气温在 20 世纪 90 年代前存在 6 a 左右的周期性变化，但近 40 a 统计时间内，东部地区在 10～15 a 尺度上，气温变化经历了低—高 4 个半循环交替，而其他各区及全省平均没有明显的周期性变化。在 20 世纪 90 年代中期出现了明显的由冷转暖的变化过程，这与前面突变检验结果基本一致。

通过公式计算的生长季平均气温小波方差，得到图 1.3。由图 1.3 可以看出，全省、北部、西部、中部和南部小波方差没有峰值，即说明该区域在 1971—2014 年整个时间域内，生长季平均气温没有周期性变化。东部地区曲线有 1 个小波方差峰值，对应 12 a 的时间尺度，说明黑龙江省东部地区生长季平均气温以 12 a 的周期为主，根据小波方差图以及图 1.2 所反映的直到 2014 年等值线还未闭合，可以判断，2014 年后 8～10 a 生长季平均气温仍会偏高。

生长季平均气温的地理气候学方程为

$$\overline{T}_{cgs}=67.3-0.5\varphi-0.2\lambda-0.8H \tag{1.6}$$

式中：$\overline{T}_{cgs}$ 为生长季平均气温(℃)；φ 和 λ 分别为纬度和经度(°)；H 为海拔高度(100 m)。方程复相关系数 $R=0.95$，达极显著性水平。黑龙江省生长季平均气温随着经度和纬度的增大及海拔的升高而降低，大兴安岭大部及其他高海拔地区生长季平均气温低于 12 ℃，三江平原中西大部和松嫩平原西南大部生长季平均气温高于 16 ℃。

1.2.2　最高、最低气温及日较差

1.2.2.1　四季

(1)春季

1971—2014 年黑龙江省春季平均最高、最低气温和日较差的变化范围分别为 3.9～

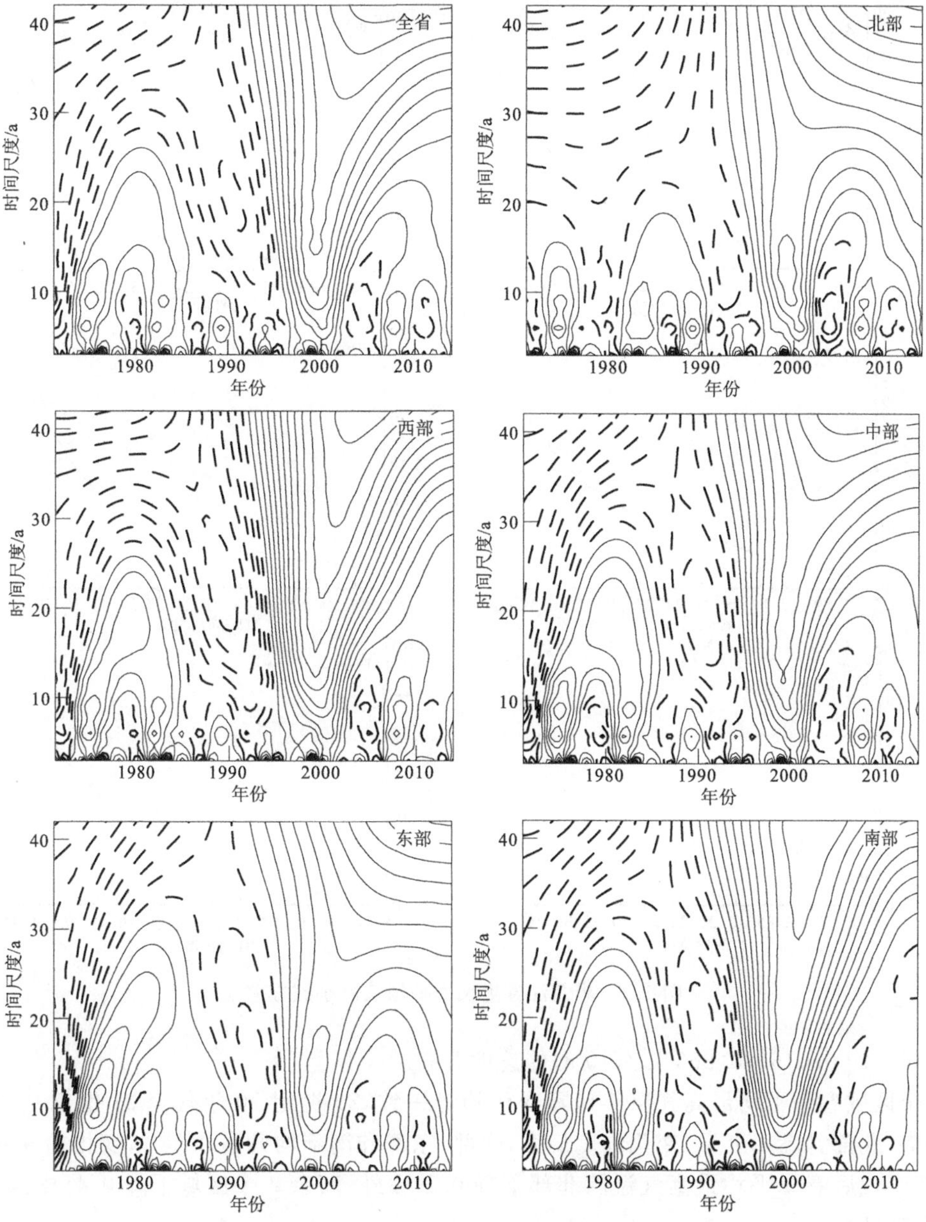

图 1.2 黑龙江省生长季平均气温小波

17.8 ℃、−13.6～3.9 ℃和 8.5～20.3 ℃，其中北部分别为 3.9～13.4 ℃、−13.6～0.7 ℃和 10.8～20.3 ℃，西部分别为 6.6～17.0 ℃、−5.9～3.1 ℃和 9.7～16.7 ℃，中部分别为 7.0～15.4 ℃、−5.1～2.7 ℃和 9.2～16.0 ℃，东部分别为 5.8～16.0 ℃、−5.0～3.4 ℃和 8.5～15.6 ℃，南部分别为 6.9～17.8 ℃、−4.9～3.9 ℃和 9.3～16.7 ℃。黑龙江省春季气温日较差北部最大，东部最小。

春季平均最高气温总体呈升高趋势，全省 44 a 气候倾向率为 0.104 ℃/(10 a)，其中北部、西部、中部、东部和南部分别为 0.266、0.115、0.086、0.061 和 0.046 ℃/(10 a)，即春季平均最

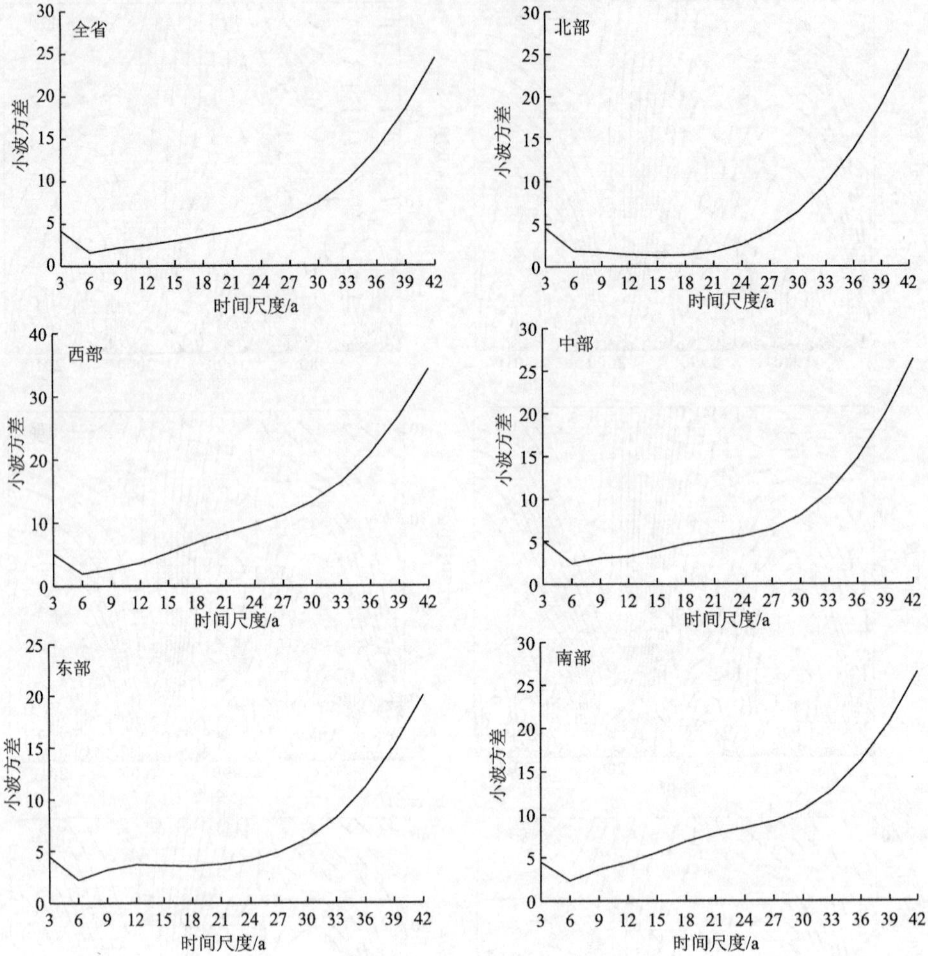

图 1.3　黑龙江省生长季平均气温小波方差

高气温以平均 0.046～0.266 ℃/(10 a)的速度升高。

五个区域春季平均最高气温年代际变化趋势一致，20 世纪 70 年代至 21 世纪 00 年代呈升高趋势，北部升高 1.1 ℃，变化幅度最大，中部、东部和南部均升高 0.5 ℃，变化幅度最小，21 世纪 00 年代后春季平均最高气温除北部下降 0.1 ℃外，其余 4 个区域下降 0.4(中部)～0.6(西部和南部)℃。

春季平均最低气温总体呈升高趋势，全省 44 a 气候倾向率为 0.496 ℃/(10 a)，其中北部、西部、中部、东部和南部分别为 0.373、0.603、0.593、0.461 和 0.520 ℃/(10 a)，即春季平均最低气温以平均 0.373～0.603 ℃/(10 a)的速度升高。最低气温的升高速度大于最高气温。

五个区域春季平均最低气温年代均值变化趋势一致，20 世纪 70 年代至 21 世纪 00 年代呈升高趋势，升高幅度为 1.7 ℃(北部)～2.3 ℃(西部)，而后开始小幅下降，下降 0.1 ℃(中部)～0.4 ℃(北部)。

春季平均气温日较差总体呈减小趋势，全省 44 a 气候倾向率为－0.393 ℃/(10 a)，其中北部、西部、中部、东部和南部分别为－0.107、－0.488、－0.507、－0.400 和－0.474 ℃/(10 a)，即春季平均气温日较差以平均 0.107～0.507 ℃/(10 a)的速度减小。

北部春季平均气温日较差年代均值呈先减小后增大的变化趋势，20 世纪 70 年代至 21 世纪 00 年代减小 0.6 ℃，21 世纪 00—10 年代增大 0.4 ℃。西部、中部、东部和南部各年代气温日较差均为逐渐减小的变化趋势，20 世纪 70 年代至 21 世纪 10 年代减小了 1.5 ℃（东部）～1.9 ℃（中部），减小幅度较大。

春季平均最高气温、最低气温和气温日较差的地理气候学方程分别为

$$\overline{T}_{\max,sp}=75.8-0.7\varphi-0.3\lambda-0.4H \tag{1.7}$$

$$\overline{T}_{\min,sp}=60.6-0.9\varphi-0.1\lambda-0.9H \tag{1.8}$$

$$\overline{T}_{d,sp}=15.2+0.3\varphi-0.1\lambda+0.5H \tag{1.9}$$

式中：$\overline{T}_{\max,sp}$、$\overline{T}_{\min,sp}$和 $\overline{T}_{d,sp}$分别为春季平均最高气温、最低气温和气温日较差（℃）；φ 和 λ 分别为纬度和经度（°）；H 为海拔高度（100 m）。方程复相关系数分别为 0.96、0.92 和 0.73，均达极显著性水平。黑龙江省春季平均最高和最低气温均随着经度和纬度的增大及海拔的升高而降低，平均气温日较差随着纬度的增大及海拔的升高而增大，随着经度的增大而减小。大兴安岭大部及局部高海拔地区春季平均最高气温低于 8 ℃，三江平原大部、松嫩平原和牡丹江大部高于 10 ℃，其中松嫩平原西南部和牡丹江局部高于 12 ℃；大兴安岭大部及局部高海拔地区春季平均最低气温低于－8 ℃，松嫩平原大部、三江平原大部和牡丹江局部地区高于－2 ℃，其中松嫩平原西南部部分县市及三江平原个别县市高于 0 ℃；大兴安岭西北大部及局部高海拔地区春季平均气温日较差高于 16 ℃，松嫩平原为 12～14 ℃，三江平原大部低于 12 ℃，牡丹江多为 12～16 ℃。

(2)夏季

1971—2014 年黑龙江省夏季平均最高、最低气温和日较差的变化范围分别为 21.0～29.9、6.5～19.3 和 6.8～19.6 ℃，其中北部分别为 21.0～28.3、6.5～16.1 和 9.2～19.6 ℃，西部分别为 22.9～29.9、11.9～19.3 和 7.9～14.0 ℃，中部分别为 23.3～29.2、11.9～18.4 和 8.3～13.8 ℃，东部分别为 22.3～28.8、12.6～18.7 和 6.8～13.2 ℃，南部分别为 21.4～29.3、10.5～18.9 和 8.0～14.0 ℃。黑龙江省夏季气温日较差北部最大，东部最小。

夏季平均最高气温总体呈升高趋势，全省 44 a 气候倾向率为 0.223 ℃/(10 a)，其中北部、西部、中部、东部和南部分别为 0.334、0.195、0.195、0.202 和 0.210 ℃/(10 a)，即夏季平均最高气温以平均 0.195～0.334 ℃/(10 a)的速度升高。

黑龙江省西部各年代夏季平均最高气温呈现波动上升的变化趋势，20 世纪 70—80 年代降低 0.4 ℃，20 世纪 80 年代至 21 世纪 00 年代升高 0.9 ℃，21 世纪 00—10 年代下降 0.1 ℃。北部、中部、东部和南部的夏季最高气温的年代际变化趋势较一致，20 世纪 70—80 年代降低 0.2 ℃（中部和南部）～0.4 ℃（北部和东部），20 世纪 80 年代至 21 世纪 10 年代上升 0.7 ℃（中部）～1.3 ℃（北部）。总体来看，黑龙江省夏季最高气温呈升高趋势。

夏季平均最低气温总体呈升高趋势，全省 44 a 气候倾向率为 0.460 ℃/(10 a)，其中北部、西部、中部、东部和南部分别为 0.432、0.541、0.484、0.432 和 0.468 ℃/(10 a)，即夏季平均最低气温以平均 0.432～0.541 ℃/(10 a)的速度升高。

夏季平均最低气温逐年代际上升，各区域升高 1.7 ℃（南部）～2.1 ℃（北部）。

夏季平均气温日较差总体呈减小趋势，全省 44 a 气候倾向率为－0.237 ℃/(10 a)，其中北部、西部、中部、东部和南部分别为－0.098、－0.346、－0.289、－0.229 和－0.257 ℃/(10 a)，即夏季平均气温日较差以平均 0.098～0.346 ℃/(10 a)的速度减小。

夏季平均气温日较差总体表现为减小趋势，但各区域年代际变化较复杂：北部 20 世纪 70—80 年代减小 1.3 ℃，20 世纪 80 年代至 21 世纪 00 年代增大 0.9 ℃，21 世纪 00—10 年代再次减小 0.7 ℃；西部 20 世纪 70—80 年代减小 1.3 ℃，90 年代与 80 年代持平，20 世纪 90 年代至 21 世纪 00 年代增大 0.2 ℃，21 世纪 00—10 年代减小 0.6 ℃；中部 20 世纪 70—90 年代减小 1.1 ℃，20 世纪 90 年代至 21 世纪 00 年代增大 0.2 ℃，21 世纪 00—10 年代减小0.5 ℃；东部和西部变化趋势一致，20 世纪 70—80 年代减小 1.1 ℃，20 世纪 90 年代与 80 年代持平，20 世纪 90 年代至 21 世纪 00 年代增大 0.2 ℃，21 世纪 00—10 年代减小 0.5 ℃；南部 20 世纪 70—80 年代减小 0.9 ℃，20 世纪 80 年代至 21 世纪 00 年代为持平态势，21 世纪 00—10 年代减小 0.2 ℃。

夏季平均最高气温、最低气温和气温日较差的地理气候学方程分别为

$$\overline{T}_{\max,su}=66.6-0.3\varphi-0.2\lambda-0.5H \tag{1.10}$$

$$\overline{T}_{\min,su}=70.4-0.6\varphi-0.2\lambda-1.1H \tag{1.11}$$

$$\overline{T}_{d,su}=-3.8+0.3\varphi-0.02\lambda+0.6H \tag{1.12}$$

式中：$\overline{T}_{\max,su}$、$\overline{T}_{\min,su}$和 $\overline{T}_{d,su}$ 分别为夏季平均最高气温、最低气温和气温日较差(℃)；φ 和 λ 分别为纬度和经度(°)；H 为海拔高度(100 m)。方程复相关系数分别为 0.95、0.93 和 0.84，均达极显著性水平。黑龙江省夏季平均最高和最低气温均随着经度和纬度的增大及海拔的升高而降低，平均气温日较差随着纬度的增大及海拔的升高而增大，随着经度的增大而减小。大兴安岭大部及局部高海拔地区夏季平均最高气温低于 24 ℃，三江平原大部和松嫩平原高于 25 ℃，其中松嫩平原西南部高于 27 ℃，牡丹江大部为 24～26 ℃；大兴安岭大部及局部高海拔地区夏季平均最低气温低于 10 ℃，松嫩平原和三江平原大部高于 14 ℃，其中松嫩平原西南大部及三江平原中西部高于 16 ℃，牡丹江大部为 12～16 ℃；大兴安岭西北大部及局部高海拔地区夏季平均气温日较差高于 14 ℃，松嫩平原多为 10～12 ℃，三江平原大部低于 10 ℃，牡丹江多为 10～14 ℃。

(3)秋季

1971—2014 年黑龙江省秋季平均最高、最低气温和日较差的变化范围分别为 7.8～20.5 ℃、－7.4～8.8 ℃和 7.0～20.5 ℃，其中北部分别为 7.8～16.6 ℃、－7.4～4.9 ℃和 8.5～20.5 ℃，西部分别为 10.8～19.1 ℃、－1.9～8.8 ℃和 8.2～17.5 ℃，中部分别为11.5～18.1 ℃、0.1～6.8 ℃和 8.2～16.1 ℃，东部分别为 11.7～19.0 ℃、0.7～7.8 ℃和 7.0～16.0 ℃，南部分别为 13.1～20.5 ℃、0.5～7.6 ℃和 9.0～17.1 ℃。黑龙江省秋季气温日较差北部最大，东部最小。

秋季平均最高气温总体呈升高趋势，全省 44 a 气候倾向率为 0.379 ℃/(10 a)，其中北部、西部、中部、东部和南部分别为 0.327、0.398、0.406、0.356 和 0.437 ℃/(10 a)，即秋季平均最高气温以平均 0.327～0.437 ℃/(10 a)的速度升高。

南部秋季平均最高气温年代均值 20 世纪 70 年代至 21 世纪 00 年代升高 1.5 ℃，21 世纪 00—10 年代下降 0.2 ℃。北部、西部、中部和东部年代际变化趋势一致，20 世纪 70—80 年代降低 0.3 ℃(西部、中部和东部)～0.5 ℃(北部)，20 世纪 80 年代至 21 世纪 00 年代上升 1.4 ℃(东部)～1.6 ℃(西部)，21 世纪 00—10 年代降低 0.2 ℃(北部和中部)～0.6 ℃(西部)。

秋季平均最低气温总体呈升高趋势，全省 44 a 气候倾向率为 0.449 ℃/(10 a)，其中北部、

西部、中部、东部和南部分别为0.332、0.558、0.496、0.404和0.517 ℃/(10 a)，即秋季平均最低气温以平均0.332～0.558 ℃/(10 a)的速度升高。

北部秋季平均最低气温年代均值20世纪70—90年代升高1.4 ℃，20世纪90年代至21世纪10年代下降0.2 ℃。西部和南部秋季平均最低气温20世纪70年代至21世纪00年代分别升高2.0 ℃和1.9 ℃，21世纪00—10年代均下降0.3 ℃。中部20世纪70年代至21世纪00年代升高1.7 ℃，21世纪10年代与00年代持平。东部20世纪70—90年代升高1.4 ℃，21世纪00年代与20世纪90年代持平，21世纪10年代较00年代升高0.1 ℃。

秋季平均气温日较差总体呈减小趋势，全省44 a气候倾向率为－0.069 ℃/(10 a)，其中北部、西部、中部、东部和南部分别为－0.005、－0.160、－0.089、－0.047和－0.079 ℃/(10 a)，即秋季平均气温日较差以平均0.005～0.089 ℃/(10 a)的速度减小，减小速度缓慢。

各年代秋季平均气温日较差总体呈波动减小的变化趋势。北部20世纪70—80年代减小1.3 ℃，20世纪80年代至21世纪00年代增大1 ℃，21世纪00—10年代再次减小0.1 ℃。西部、中部和东部20世纪70—90年代减小1.1 ℃(东部)～1.3 ℃(西部和中部)，20世纪90年代至21世纪00年代增大0.7 ℃(西部)～0.9 ℃(中部和东部)，21世纪00—10年代减小0.1 ℃(中部)～0.6 ℃(东部)。南部20世纪70—90年代减小0.9 ℃，20世纪90年代至21世纪10年代减小0.6 ℃。

秋季平均最高气温、最低气温和气温日较差的地理气候学方程分别为

$$\overline{T}_{\max,au}=60.4-0.7\varphi-0.1\lambda-0.4H \tag{1.13}$$

$$\overline{T}_{\min,au}=47.6-0.8\varphi-0.04\lambda-1.0H \tag{1.14}$$

$$\overline{T}_{d,au}=12.8+0.8\varphi-0.04\lambda+0.6H \tag{1.15}$$

式中：$\overline{T}_{\max,au}$、$\overline{T}_{\min,au}$和$\overline{T}_{d,au}$分别为秋季平均最高气温、最低气温和气温日较差(℃)；φ和λ分别为纬度和经度(°)；H为海拔高度(100 m)。方程复相关系数分别为0.98、0.92和0.62，均达极显著性水平。黑龙江省秋季平均最高和最低气温均随着经度和纬度的增大及海拔的升高而降低，平均气温日较差随着纬度的增大及海拔的升高而增大，随着经度的增大而减小。大兴安岭大部秋季平均最高气温低于12 ℃，三江平原大部、松嫩平原大部及牡丹江大部高于15 ℃，其中松嫩平原西南部、三江平原南部及牡丹江大部高于16 ℃；大兴安岭大部及局部高海拔地区秋季平均最低气温低于－2 ℃，松嫩平原西南大部和三江平原大部高于4 ℃，牡丹江大部为0～4 ℃；大兴安岭西北大部及部分高海拔地区秋季平均气温日较差高于14 ℃，松嫩平原和三江平原多为10～12 ℃。

(4)冬季

1971—2014年黑龙江省冬季最高、最低气温和日较差的变化范围分别为－20.3～－0.3 ℃、－36.3～－11.6 ℃和6.8～19.8 ℃，其中北部分别为－20.3～－6.3 ℃、－36.3～－19.1 ℃和9.1～19.8 ℃，西部分别为－16.4～－2.6 ℃、－29.5～－14.4 ℃和7.8～14.9 ℃，中部分别为－16.0～－4.4 ℃、－28.6～－15.0 ℃和7.7～15.8 ℃，东部分别为－14.7～－2.6 ℃、－26.5～－13.0 ℃和6.8～14.2 ℃，南部分别为－12.1～－0.3 ℃、－25.9～－11.6 ℃和8.0～16.7 ℃。黑龙江省冬季气温日较差北部最大，东部最小。

冬季平均最高气温总体呈升高趋势，全省44 a气候倾向率为0.109 ℃/(10 a)，其中北部、西部、中部、东部和南部分别为0.319、0.038、0.119、0.096和0.058 ℃/(10 a)，即冬季平均最高气温以平均0.038～0.319 ℃/(10 a)的速度升高，除北部外，西部、中部、东部和南部升温较缓慢。

各年代冬季最高气温呈现先升高后下降的变化趋势，且 21 世纪 00—10 年代下降迅速。北部、中部、东部和南部 20 世纪 70 年代至 21 世纪 00 年代升高 0.9 ℃(东部和南部)～1.7 ℃(北部)，21 世纪 00—10 年代下降 1.2 ℃(北部)～1.5 ℃(南部)。西部冬季最高气温 20 世纪 70—90 年代升高 1.9 ℃，20 世纪 90 年代至 21 世纪 10 年代下降 1.7 ℃。

冬季平均最低气温总体呈升高趋势，全省 44 a 气候倾向率为 0.408 ℃/(10 a)，其中北部、西部、中部、东部和南部分别为 0.373、0.417、0.504、0.401 和 0.461 ℃/(10 a)，即冬季平均最低气温以平均 0.373～0.504 ℃/(10 a)的速度升高。

黑龙江省冬季平均最低气温呈逐年代际上升的变化趋势，各区域升高 1.7 ℃(南部)～2.1(北部)℃。

冬季平均气温日较差总体呈减小趋势，全省 44 a 气候倾向率为－0.299 ℃/(10 a)，其中北部、西部、中部、东部和南部分别为－0.054、－0.379、－0.384、－0.305 和－0.403 ℃/(10 a)，即冬季平均气温日较差以平均 0.305～0.403 ℃/(10 a)的速度减小，北部地区冬季平均气温日较差减小速度缓慢。

各区域冬季平均气温日较差年代际变化较复杂。北部 20 世纪 70—80 年代减小 1.3 ℃，20 世纪 80 年代至 21 世纪 00 年代增大 0.9 ℃，21 世纪 00—10 年代再次减小 0.7 ℃。西部 20 世纪 70—80 年代减小 1.3 ℃，20 世纪 90 年代与 20 世纪 80 年代持平，20 世纪 90 年代至 21 世纪 00 年代增大 0.2 ℃，21 世纪 00—10 年代减小 0.6 ℃。中部 20 世纪 70—90 年代减小 1.1 ℃，20 世纪 90 年代至 21 世纪 00 年代增大 0.2 ℃，21 世纪 00—10 年代减小 0.5 ℃。东部和西部变化趋势一致，20 世纪 70—80 年代减小 1.1 ℃，20 世纪 90 年代与 80 年代持平，20 世纪 90 年代至 21 世纪 00 年代增大 0.2 ℃，21 世纪 00—10 年代减小 0.5 ℃。南部 20 世纪 70—80 年代减小 0.9 ℃，20 世纪 80 年代至 21 世纪 00 年代为持平态势，21 世纪 00—10 年代减小 0.2 ℃。

冬季平均最高气温、最低气温和气温日较差的地理气候学方程分别为

$$\overline{T}_{\mathrm{max,wi}}=52.4-1.2\varphi-0.1\lambda-0.04H \tag{1.16}$$

$$\overline{T}_{\mathrm{min,wi}}=49.2-1.4\varphi-0.01\lambda-0.7H \tag{1.17}$$

$$\overline{T}_{\mathrm{d,wi}}=3.3+0.3\varphi-0.05\lambda+0.7H \tag{1.18}$$

式中：$\overline{T}_{\mathrm{max,wi}}$、$\overline{T}_{\mathrm{min,wi}}$和$\overline{T}_{\mathrm{d,wi}}$分别为冬季平均最高气温、最低气温和气温日较差(℃)；φ和λ分别为纬度和经度(°)；H为海拔高度(100 m)。方程复相关系数分别为 0.91、0.88 和 0.60，均达极显著性水平。黑龙江省冬季平均最高和最低气温均随着经度和纬度的增大及海拔的升高而降低，且纬度对二者影响较为显著，平均气温日较差随着纬度的增大及海拔的升高而增大，随着经度的增大而减小。冬季平均最高气温呈现明显的由南向北逐渐降低的变化趋势，牡丹江南部高于－6 ℃，大兴安岭北部低于－14 ℃；大兴安岭大部冬季平均最低气温低于－28 ℃，松嫩平原西南大部、三江平原大部及牡丹江大部高于－22 ℃；大兴安岭西北大部及部分高海拔地区冬季平均气温日较差高于 14 ℃，松嫩平原多为 10～12 ℃，三江平原部分地区低于 10 ℃。

1.2.2.2 全年

1971—2014 年黑龙江省年平均最高、最低气温和日较差的变化范围分别为 2.4～13.3 ℃、－13.9～1.7 ℃和 7.7～18.0 ℃，其中北部分别为 2.4～10.2 ℃、－13.9～－2.7 ℃和 10.3～18.0 ℃，西部分别为 5.4～12.6 ℃、－7.1～1.1 ℃和 9.0～15.2 ℃，中部分别为

6.2～11.5 ℃、−6.4～0.3 ℃和9.2～14.3 ℃，东部分别为5.9～11.8 ℃、−5.6～1.5 ℃和7.7～13.7 ℃，南部分别为7.5～13.3 ℃、−5.1～1.7 ℃和9.2～14.9 ℃。黑龙江省年气温日较差北部最大，东部最小。

年平均最高气温总体呈升高趋势，全省44 a气候倾向率为0.179 ℃/(10 a)，其中北部、西部、中部、东部和南部分别为0.311、0.158、0.170、0.152和0.153 ℃/(10 a)，即年平均最高气温以平均0.152～0.311 ℃/(10 a)的速度升高。

各区域年平均最高气温年代际变化趋势一致，均为先升高后下降。20世纪70年代至21世纪00年代年平均最高气温升高0.6 ℃(东部和南部)～1.2 ℃(北部)，21世纪00—10年代下降0.3 ℃(北部)～0.7 ℃(西部)。

年平均最低气温总体呈升高趋势，全省44 a气候倾向率为0.446 ℃/(10 a)，其中北部、西部、中部、东部和南部分别为0.382、0.518、0.510、0.420和0.479 ℃/(10 a)，即年平均最低气温以平均0.382～0.518 ℃/(10 a)的速度升高。

各区域年平均最低气温年代际变化趋势一致，20世纪70年代至21世纪00年代升高1.6 ℃(北部和东部)～2.0 ℃(西部)，21世纪00—10年代各区域下降0.1 ℃(东部)～0.6 ℃(南部)。

年平均气温日较差总体呈减小趋势，全省44 a气候倾向率为−0.268 ℃/(10 a)，其中北部、西部、中部、东部和南部分别为−0.071、−0.360、−0.340、−0.267和−0.326 ℃/(10 a)，即年平均气温日较差以平均0.071～0.360 ℃/(10 a)的速度减小，北部减小最慢。

年平均气温日较差年代际变化趋势各区域有所不同。北部20世纪70—80年代减小0.8 ℃，20世纪90年代与80年代持平，20世纪90年代至21世纪10年代增大0.4 ℃。西部和中部年平均气温日较差逐年代减小，减小幅度均为1.5 ℃。东部20世纪70—90年代减小1.1 ℃，20世纪90年代至21世纪00年代增大0.1 ℃，21世纪00—10年代减小0.4 ℃。南部20世纪70年代至21世纪00年代减小1.2 ℃，21世纪00—10年代增大0.1 ℃。

年平均最高气温、最低气温和气温日较差的地理气候学方程分别为

$$\overline{T}_{\max,y}=63.3-0.7\varphi-0.1\lambda-0.3H \tag{1.19}$$

$$\overline{T}_{\min,y}=57.2-1.0\varphi-0.1\lambda-0.9H \tag{1.20}$$

$$\overline{T}_{d,y}=6.1+0.3\varphi-0.1\lambda+0.6H \tag{1.21}$$

式中：$\overline{T}_{\max,y}$、$\overline{T}_{\min,y}$和$\overline{T}_{d,y}$分别为年平均最高气温、最低气温和气温日较差(℃)；φ和λ分别为纬度和经度(°)；H为海拔高度(100 m)。方程复相关系数分别为0.95、0.91和0.70，均达极显著性水平。黑龙江省年平均最高和最低气温均随着经度和纬度的增大及海拔的升高而降低，平均气温日较差随着纬度的增大及海拔的升高而增大，随着经度的增大而减小。大兴安岭大部及黑河局部年平均最高气温低于6 ℃，三江平原大部、松嫩平原西南大部及牡丹江大部高于9 ℃，其中松嫩平原西南部等地高于10 ℃；大兴安岭北部年平均最低气温低于−10 ℃，松嫩平原西南大部、三江平原大部及牡丹江局部高于−2 ℃；大兴安岭西北大部及部分高海拔地区年平均气温日较差高于14 ℃，松嫩平原和三江平原多为10～12 ℃，牡丹江大部地区为12～14 ℃。

1.2.2.3　生长季

1971—2014年黑龙江省生长季平均最高、最低气温和日较差的变化范围分别为16.4～

25.1 ℃、1.6～13.8 ℃和 7.5～18.5 ℃，其中北部分别为 16.4～23.1 ℃、1.6～11.0 ℃和 10.1～18.5 ℃，西部分别为 19.2～25.1 ℃、6.8～13.8 ℃和 9.0～15.4 ℃，中部分别为19.8～24.3 ℃、6.8～12.8 ℃和 9.7～14.2 ℃，东部分别为 18.6～23.8 ℃、7.7～13.2 ℃和 7.5～14.0 ℃，南部分别为 18.7～24.4 ℃、6.7～13.6 ℃和 9.3～14.9 ℃。黑龙江省生长季平均气温日较差北部最大，东部最小。

生长季平均最高气温总体呈升高趋势，全省 44 a 气候倾向率为 0.222 ℃/(10 a)，其中北部、西部、中部、东部和南部分别为 0.323、0.223、0.206、0.197 和 0.191 ℃/(10 a)，即生长季平均最高气温以平均 0.191～0.323 ℃/(10 a)的速度升高，北部升温最快。

各区域生长季平均最高气温年代际变化趋势不同。北部 20 世纪 70—80 年代下降 0.1 ℃，20 世纪 80 年代至 21 世纪 10 年代升高 1.1 ℃。西部和东部 20 世纪 70—80 年代分别降低 0.3 和 0.1 ℃，20 世纪 80 年代至 21 世纪 00 年代分别升高 1 和 0.6 ℃，21 世纪 00—10 年代分别下降 0.3 和 0.1 ℃。中部 20 世纪 80 年代与 70 年代持平，20 世纪 80 年代至 21 世纪 00 年代升高 0.6 ℃，21 世纪 10—00 年代持平。南部 20 世纪 70 年代至 21 世纪 00 年代升高 0.6 ℃，21 世纪 00—10 年代下降 0.1 ℃。总体来看，黑龙江省生长季平均最高气温呈上升趋势。

生长季平均最低气温总体呈升高趋势，全省 44 a 气候倾向率为 0.475 ℃/(10 a)，其中北部、西部、中部、东部和南部分别为 0.377、0.585、0.525、0.445 和 0.494 ℃/(10 a)，即生长季平均最低气温以平均 0.377～0.585 ℃/(10 a)的速度升高。

生长季平均最低气温呈逐年代上升的变化趋势，各区域升高 1.6 ℃(北部)～2.1℃(西部和中部)。

生长季平均气温日较差总体呈减小趋势，全省 44 a 气候倾向率为－0.253 ℃/(10 a)，其中北部、西部、中部、东部和南部分别为－0.054、－0.362、－0.319、－0.247 和－0.303 ℃/(10 a)，即生长季平均气温日较差以平均 0.054～0.362 ℃/(10 a)的速度减小，北部减小最慢，西部减小最快。

各区域生长季平均气温日较差年代际变化有所不同。北部 20 世纪 70—80 年代减小 1.0 ℃，20 世纪 80 年代至 21 世纪 00 年代增大 0.7 ℃，21 世纪 00—10 年代再次减小 0.4 ℃。西部 20 世纪 70—90 年代减小 1.3 ℃，20 世纪 90 年代至 21 世纪 00 年代增大 0.1 ℃，21 世纪 00—10 年代减小 0.6 ℃。中部和南部 20 世纪 70 年代至 21 世纪 10 年代分别减小 1.4 ℃和 1.2 ℃。东部 20 世纪 70—80 年代减小 0.9 ℃，20 世纪 90 年代与 80 年代持平，20 世纪 90 年代至 21 世纪 00 年代增大 0.1 ℃，21 世纪 00—10 年代减小 0.6 ℃。

生长季平均最高气温、最低气温和气温日较差的地理气候学方程分别为

$$\overline{T}_{\max,\mathrm{cgs}}=69.8-0.4\varphi-0.2\lambda-0.5H \tag{1.22}$$

$$\overline{T}_{\min,\mathrm{cgs}}=61.4-0.7\varphi-0.1\lambda-1.1H \tag{1.23}$$

$$\overline{T}_{\mathrm{d,cgs}}=8.4+0.2\varphi-0.1\lambda+0.5H \tag{1.24}$$

式中：$\overline{T}_{\max,\mathrm{cgs}}$、$\overline{T}_{\min,\mathrm{cgs}}$和 $\overline{T}_{\mathrm{d,cgs}}$ 分别为生长季平均最高气温、最低气温和气温日较差(℃)；φ 和 λ 分别为纬度和经度(°)；H 为海拔高度(100 m)。方程复相关系数分别为 0.97、0.92 和 0.77，均达极显著性水平。黑龙江省生长季平均最高和最低气温均随着经度和纬度的增大及海拔的升高而降低，平均气温日较差随着纬度的增大及海拔的升高而增大，随着经度的增大而减小。大兴安岭大部、黑河中北大部及部分高海拔地区生长季平均最高气温低于 20 ℃，三江平原大

部为21～22 ℃,松嫩平原西南大部高于22 ℃;大兴安岭北部及部分高海拔地区生长季平均最低气温低于4 ℃,松嫩平原大部和三江平原大部高于10 ℃;大兴安岭西北大部及部分高海拔地区生长季平均气温日较差高于14 ℃,松嫩平原和三江平原多为10～12 ℃,牡丹江大部地区为12～14 ℃。

1.2.3 积温及无霜期

1.2.3.1 负积温

负积温是日平均气温小于0 ℃的累积值,常用来表达冬季的寒冷程度,负积温越多,表明冬季越寒冷。

1971—2014年黑龙江省负积温的变化范围为－4198～－918 ℃·d,其中北部为－4198～－1856 ℃·d,西部为－2841～－1206 ℃·d,中部为－2613～－1336 ℃·d,东部为－2504～－1147 ℃·d,南部为－2293～－918 ℃·d。

黑龙江省负积温总体呈增加趋势,全省44 a气候倾向率为37.4 ℃·d/(10 a),其中北部、西部、中部、东部和南部分别为58.1、35.8、41.7、32.0和35.2 ℃·d/(10 a),即负积温以平均23.0～58.1 ℃·d/(10 a)的速度增加,北部冬季变暖最快。

各区域负积温年代际变化略有不同。北部20世纪70年代至21世纪00年代增加309 ℃·d,21世纪00—10年代减少190 ℃·d。其他四个区域20世纪70—90年代增加211 ℃·d(东部)～244 ℃·d(西部),20世纪90年代至21世纪10年代减少168 ℃·d(中部)～227 ℃·d(南部)。

负积温的地理气候学方程为

$$T_{sum<0}=8154.0-198.9\lambda-5.2\varphi-77.5H \tag{1.25}$$

式中:$T_{sum<0}$为负积温(℃·d);φ和λ分别为纬度和经度(°);H为海拔高度(100 m);方程复相关系数$R=0.93$,达极显著性水平。可见黑龙江省负积温随着经度和纬度的增大及海拔的升高而降低,即在同等条件下,向北或向东或海拔升高,冬季会变得寒冷。大兴安岭中北大部地区负积温低于－3000 ℃·d,三江平原大部、松嫩平原西南大部及牡丹江大部负积温高于－2000 ℃·d。

1.2.3.2 无霜期

无霜期是农业上重要的热量指标,无霜期越长,作物的生长季越长,同时作物遭受霜冻的概率和程度也越低。黑龙江省无霜期短、热量资源不足是限制农业发展的重要因素之一。这里,无霜期为以日最低气温≤0 ℃为霜冻指标。

1971—2014年黑龙江省无霜期的变化范围为51～205 d,其中北部为51～177 d,西部为106～204 d,中部为115～205 d,东部为119～193 d,南部为106～196 d。

黑龙江省无霜期总体呈延长趋势,全省44 a气候倾向率为3.6 d/(10 a),其中北部、西部、中部、东部和南部分别为2.5、4.8、4.0、2.9和4.3 d/(10 a),即无霜期以平均2.5～4.8 d/(10 a)的速度延长。

各区域无霜期逐年代延长,至21世纪10年代无霜期达到最长,最有利种植长生长季作物。在五个区域中,中部、西部和南部的无霜期延长幅度最大,21世纪10年代比20世纪70年代长16 d,东部延长幅度最小,21世纪10年代比20世纪70年代长11 d。

无霜期的地理气候学方程为

$$d_{t>0}=540.5-5.8\lambda-0.9\varphi-11.0H \tag{1.26}$$

式中：$d_{t>0}$为无霜期(d)；φ和λ分别为纬度和经度(°)；H为海拔高度(100 m)；方程复相关系数$R=0.86$，达极显著性水平；。可见黑龙江省无霜期随着经度和纬度的增大及海拔的升高而缩短。大兴安岭西北大部高海拔地区及小兴安岭、张广才岭等海拔较高地区无霜期少于70 d，不能种植农作物；海拔下降至500 m左右以下地区逐渐开始可以种植小麦(无霜期71～90 d)、下降至400 m以下可以种植极早熟玉米(无霜期91～105 d)，随着海拔迅速下降及纬度的降低，三江平原大部和松嫩平原大部理论上可以种植晚熟玉米(无霜期135 d以上)。

1.2.3.3　积温

不同水平积温对农业生产具有不同的意义。春季日平均气温稳定通过0 ℃土壤开始解冻，稳定通过0 ℃到稳定通过5 ℃为黑龙江省春小麦播种期，6～8 ℃为大部分大田作物生物学下限气温，10 ℃以上大部分作物可积极生长。

利用5 d滑动平均法确定界限气温的初日和终日，初日至终日间大于或等于界限气温的平均气温总和即为积温。

(1)≥0 ℃积温

1971—2014年黑龙江省≥0 ℃积温初日的变化范围为3月5日—5月11日，倾向率为－1.3 d/(10 a)，其中北部变化范围为3月19日—5月11日，倾向率为－1.2 d/(10 a)，西部变化范围为3月5日—4月22日，倾向率为－1.3 d/(10 a)，中部和东部变化范围均为3月8日—4月17日，倾向率分别为－1.6和－1.2 d/(10 a)，南部变化范围为3月5日—4月21日，倾向率为－1.3 d/(10 a)。黑龙江省≥0 ℃积温初日在以平均1.2～1.6 d/(10 a)的速度在提前。

各区域≥0 ℃积温初日年代际变化略有不同。北部20世纪70—80年代提前5 d，20世纪80年代至21世纪00年代保持稳定，21世纪00—10年代提前1 d。西部、中部、东部和南部20世纪70—80年代提前6 d(中部、东部和南部)～7 d(西部)，20世纪80—90年代延后1 d(中部)～2 d(西部、东部和南部)，20世纪90年代至21世纪00年代提前2 d(西部)～4 d(南部)，21世纪00—10年代延后1 d(西部)～4 d(南部)。

≥0 ℃积温终日的变化范围为9月26日—11月18日，倾向率为2.2 d/(10 a)，其中北部变化范围为9月26日—11月6日，倾向率为1.0 d/(10 a)，西部变化范围为10月5日—11月12日，倾向率为2.5 d/(10 a)，中部变化范围为10月7日—11月12日，倾向率为2.6 d/(10 a)，东部变化范围为10月7日—11月15日，倾向率为2.5 d/(10 a)，南部变化范围为10月10日—11月18日，倾向率为2.7 d/(10 a)。黑龙江省≥0 ℃积温终日在以平均1.0～2.7 d/(10 a)的速度在延后。

各区域≥0 ℃积温终日年代际变化略有不同。北部20世纪70—80年代提前1 d，80—90年代延后4 d，20世纪90年代至21世纪00年代保持稳定，21世纪00—10年代提前1 d。西部、中部、东部和南部20世纪70年代至21世纪10年代均提前11 d。

1971—2014年黑龙江省≥0 ℃积温的变化范围为1082～3800 ℃·d，其中北部为1802～3194 ℃·d，西部为2538～3715 ℃·d，中部为2658～3638 ℃·d，东部为2720～3587 ℃·d，南部为2476～3800 ℃·d。

全省≥0 ℃积温44 a气候倾向率为78.1 ℃·d/(10 a)，北部为67.2 ℃·d/(10 a)，西部为88.4 ℃·d/(10 a)，中部为83.0 ℃·d/(10 a)，东部为75.1 ℃·d/(10 a)，南部为83.5 ℃·d/

(10 a)。黑龙江省≥0 ℃积温以平均67.2～88.4 ℃·d/(10 a)的速度增加。

五个区域≥0 ℃积温年代际变化略有不同，北部、中部和东部20世纪70年代至21世纪10年代增加238 ℃·d(北部)～291 ℃·d(中部)，西部和南部20世纪70年代至21世纪00年代分别增加280 ℃·d和265 ℃·d，21世纪00—10年代分别减少1 ℃·d和12 ℃·d。

≥0 ℃积温的地理气候学方程为

$$T_{\mathrm{sum}\geq 0}=13073.1-115.3\lambda-34.4\varphi-1.6H \tag{1.27}$$

式中：$T_{\mathrm{sum}\geq 0}$为≥0 ℃积温(℃·d)；φ和λ分别为纬度和经度(°)；H为海拔高度(100 m)；方程复相关系数$R=0.95$，达极显著性水平。可见黑龙江省≥0 ℃积温随着经度和纬度的增大及海拔的升高而降低。大兴安岭中北部及局部高海拔地区≥0 ℃积温低于2000 ℃·d，三江平原中西部、松嫩平原西南大部高于3000 ℃·d，牡丹江多为2500～3000 ℃·d。

(2)≥5 ℃积温

1971—2014年黑龙江省≥5 ℃积温初日的变化范围为3月26日—5月18日，倾向率为－1.1 d/(10 a)，其中北部变化范围为4月3日—5月18日，倾向率为－2.2 d/(10 a)，西部变化范围为3月27日—5月11日，倾向率为－1.9 d/(10 a)，中部变化范围为4月1日—5月6日，倾向率为－1.1 d/(10 a)，东部变化范围为3月31日—5月6日，倾向率为－0.5 d/(10 a)，南部变化范围为3月26日—5月11日，倾向率为－0.5 d/(10 a)。黑龙江省≥5 ℃积温初日在以平均0.5～2.2 d/(10 a)的速度在提前。

各区域≥5 ℃积温初日年代际变化略有不同。北部、西部和中部20世纪70—90年代提前6 d(中部)～7 d(北部和西部)，20世纪90年代至21世纪00年代延后1 d(北部)～3 d(中部)，21世纪00—10年代提前2 d(北部)～4 d(中部)。东部20世纪70—90年代提前4 d，20世纪90年代至21世纪00年代延后2 d，21世纪10年代与00年代持平。南部20世纪70—90年代提前4 d，20世纪90年代至21世纪10年代延后2 d。

≥5 ℃积温终日的变化范围为9月8日—11月6日，倾向率为1.0 d/(10 a)，其中北部变化范围为9月8日—10月24日，倾向率为0.3 d/(10 a)，西部变化范围为9月21日—10月31日，倾向率为1.4 d/(10 a)，中部变化范围为9月24日—10月31日，倾向率为1.3 d/(10 a)，东部变化范围为9月28日—10月31日，倾向率为0.8 d/(10 a)，南部变化范围为9月28日—11月6日，倾向率为1.3 d/(10 a)。黑龙江省≥5 ℃积温终日在以平均0.3～1.4 d/(10 a)的速度在延后。

各区域≥5 ℃积温终日年代际变化各不相同。北部20世纪70—80年代提前1 d，80—90年代延后3 d，20世纪90年代至21世纪00年代保持稳定，21世纪00—10年代提前2 d。西部20世纪70—90年代延后5 d，20世纪90年代至21世纪00年代保持稳定，21世纪00—10年代提前2 d。中部20世纪70—90年代延后6 d，20世纪90年代至21世纪10年代提前3 d。东部20世纪70—80年代提前2 d，80—90年代延后5 d，20世纪90年代至21世纪00年代提前1 d，21世纪00—10年代持平。南部20世纪70—90年代延后4 d，20世纪90年代至21世纪10年代保持稳定。

1971—2014年黑龙江省≥5 ℃积温的变化范围为1590～3668 ℃·d，其中北部为1590～3141 ℃·d，西部为2345～3667 ℃·d，中部为2474～3582 ℃·d，东部为2560～3535 ℃·d，南部为2260～3668 ℃·d。

全省≥5 ℃积温44 a气候倾向率为76.0 ℃·d/(10 a)，北部为69.9 ℃·d/(10 a)，西部

为 91.2 ℃·d/(10 a)，中部为 80.7 ℃·d/(10 a)，东部为 68.8 ℃·d/(10 a)，南部为 77.3 ℃·d/(10 a)。黑龙江省≥5 ℃积温以平均 69.9～91.2 ℃·d/(10 a)的速度增加。

五个区域≥5 ℃积温年代际变化略有不同，北部、中部和东部 20 世纪 70 年代至 21 世纪 10 年代增加 209 ℃·d(东部)～269(中部)℃·d，西部和南部 20 世纪 70 年代至 21 世纪 00 年代分别增加 279 ℃·d 和 251 ℃·d，21 世纪 00 年代至 21 世纪 10 年代分别减少 5 ℃·d 和 17 ℃·d。

≥5 ℃积温的地理气候学方程为

$$T_{\mathrm{sum}\geqslant 5}=13349.6-117.9\lambda-36.5\varphi-1.7H \tag{1.28}$$

式中：$T_{\mathrm{sum}\geqslant 5}$ 为≥5 ℃积温(℃·d)；φ 和 λ 分别为纬度和经度(°)；H 为海拔高度(100 m)；方程复相关系数 $R=0.95$，达极显著性水平。黑龙江省≥5 ℃积温随着经度和纬度的增大及海拔的升高而降低。大兴安岭中北部及局部高海拔地区≥5 ℃积温低于 2000 ℃·d，三江平原大部、松嫩平原大部高于 2800 ℃·d，部分地区高于 3000 ℃·d。

(3)≥6 ℃积温

1971—2014 年黑龙江省≥6 ℃积温初日的变化范围为 4 月 1 日—5 月 28 日，倾向率为 −1.3 d/(10 a)，其中北部变化范围为 4 月 10 日—5 月 28 日，倾向率为 −1.9 d/(10 a)，西部变化范围为 4 月 2 日—5 月 18 日，倾向率为 −2.1 d/(10 a)，中部变化范围为 4 月 3 日—5 月 12 日，倾向率为 −1.7 d/(10 a)，东部变化范围为 4 月 1 日—5 月 22 日，倾向率为 −0.9 d/(10 a)，南部变化范围为 4 月 1 日—5 月 22 日，倾向率为 −0.4 d/(10 a)。黑龙江省≥6 ℃积温初日在以平均 0.4～2.1 d/(10 a)的速度在提前。

各区域≥6 ℃积温初日年代际变化趋势一致，均为 20 世纪 70—90 年代提前 4 d(南部)～7 d(西部)，20 世纪 90 年代至 21 世纪 00 年代延后 2 d(北部和中部)～3 d(西部、东部和南部)，21 世纪 00—10 年代提前 2 d(东部)～5 d(西部)。

≥6 ℃积温终日的变化范围为 9 月 4 日—10 月 31 日，倾向率为 1.0 d/(10 a)，其中北部变化范围为 9 月 4 日—10 月 21 日，倾向率为 0.2 d/(10 a)，西部变化范围为 9 月 17 日—10 月 31 日，倾向率为 1.1 d/(10 a)，中部变化范围为 9 月 24 日—10 月 29 日，倾向率为 1.5 d/(10 a)，东部变化范围为 9 月 24 日—10 月 31 日，倾向率为 1.1 d/(10 a)，南部变化范围为 9 月 25 日—10 月 31 日，倾向率为 1.3 d/(10 a)。黑龙江省≥6 ℃积温终日在以平均 0.2～1.5 d/(10 a)的速度在延后。

各区域≥6 ℃积温终日年代际变化各不相同。北部 20 世纪 70—80 年代提前 3 d，80—90 年代延后 3 d，20 世纪 90 年代至 21 世纪 00 年代保持稳定，21 世纪 00—10 年代提前 1 d。西部和南部 20 世纪 70 年代至 21 世纪 00 年代均延后 6 d，21 世纪 00—10 年代分别提前 5 和 4 d。中部 20 世纪 70—80 年代保持稳定，20 世纪 80 年代至 21 世纪 00 年代延后 5 d，21 世纪 00—10 年代提前 6 d。东部 20 世纪 70—80 年代提前 1 d，20 世纪 80—90 年代延后 6 d，20 世纪 90 年代至 21 世纪 10 年代提前 4 d。

1971—2014 年黑龙江省≥6 ℃积温的变化范围为 1462～3641 ℃·d，其中北部为 1462～3107 ℃·d，西部为 2212～3636 ℃·d，中部为 2452～3552 ℃·d，东部为 2401～3508 ℃·d，南部为 2244～3641 ℃·d。

全省≥6 ℃积温 44 a 气候倾向率为 77.0 ℃·d/(10 a)，北部为 68.3 ℃·d/(10 a)，西部为 90.5 ℃·d/(10 a)，中部为 85.1 ℃·d/(10 a)，东部为 73.1 ℃·d/(10 a)，南部为 75.4 ℃·d/

(10 a)。黑龙江省≥6 ℃积温以平均 68.3～90.5 ℃·d/(10 a)的速度增加。

五个区域≥6 ℃积温年代际变化略有不同，北部、中部和东部 20 世纪 70 年代至 21 世纪 10 年代增加 224 ℃·d(东部)～267 ℃·d(中部)，西部和南部 20 世纪 70 年代至 21 世纪 00 年代分别增加 277 ℃·d 和 241 ℃·d，21 世纪 00 年代至 21 世纪 10 年代分别减少 20 ℃·d 和 10 ℃·d。

≥6 ℃积温的地理气候学方程为

$$T_{\text{sum}\geqslant 6}=13417.5-118.1\lambda-37.4\varphi-1.7H \tag{1.29}$$

式中：$T_{\text{sum}\geqslant 6}$为≥6 ℃积温(℃·d)；$\varphi$ 和 λ 分别为纬度和经度(°)；H 为海拔高度(100 m)；方程复相关系数 $R=0.95$，达极显著性水平。黑龙江省≥6 ℃积温随着经度和纬度的增大及海拔的升高而降低。大兴安岭中北部及局部高海拔地区≥6 ℃积温低于 1800 ℃·d，三江平原中西部、松嫩平原西南大部高于 2800 ℃·d，局部地区高于 3000 ℃·d。

(4)≥8 ℃积温

1971—2014 年黑龙江省≥8 ℃积温初日的变化范围为 4 月 3 日—6 月 10 日，倾向率为－1.7 d/(10 a)，其中北部变化范围为 4 月 18 日—6 月 10 日，倾向率为－2.2 d/(10 a)，西部变化范围为 4 月 3 日—5 月 21 日，倾向率为－2.4 d/(10 a)，中部变化范围为 4 月 4 日—5 月 22 日，倾向率为－1.6 d/(10 a)，东部变化范围为 4 月 3 日—5 月 23 日，倾向率为－1.6 d/(10 a)，南部变化范围为 4 月 3 日—6 月 2 日，倾向率为－0.9 d/(10 a)。黑龙江省≥8 ℃积温初日在以平均 0.9～2.4 d/(10 a)的速度在提前。

各区域≥8 ℃积温初日年代际变化趋势略有不同。北部和西部 20 世纪 70—90 年代分别提前 7 d 和 9 d，20 世纪 90 年代至 21 世纪 00 年代分别延后 1 d 和 3 d，21 世纪 00—10 年代均提前 3 d。中部、东部和南部 20 世纪 70—90 年代分别提前 6 d、9 d 和 6 d，20 世纪 90 年代至 21 世纪 00 年代分别延后 1 d、3 d 和 3 d，21 世纪 00—10 年代保持稳定。

≥8 ℃积温终日的变化范围为 8 月 29 日—10 月 29 日，倾向率为 1.1 d/(10 a)，其中北部变化范围为 8 月 29 日—10 月 10 日，倾向率为 0.3 d/(10 a)，西部变化范围为 9 月 13 日—10 月 24 日，倾向率为 1.4 d/(10 a)，中部变化范围为 9 月 14 日—10 月 24 日，倾向率为 1.3 d/(10 a)，东部变化范围为 9 月 20 日—10 月 24 日，倾向率为 1.0 d/(10 a)，南部变化范围为 9 月 19 日—10 月 29 日，倾向率为 1.4 d/(10 a)。黑龙江省≥8 ℃积温终日在以平均 0.3～1.4 d/(10 a)的速度在延后。

各区域≥8 ℃积温终日年代际变化各不相同。北部 20 世纪 70—80 年代提前 2 d，20 世纪 80 年代至 21 世纪 10 年代延后 3 d。西部和东部 20 世纪 70—80 年代保持稳定，20 世纪 80 年代至 21 世纪 00 年代分别延后 6 d 和 5 d，21 世纪 00—10 年代分别提前 6 d 和 5 d。中部 20 世纪 70—80 年代提前 1 d，20 世纪 80 年代至 21 世纪 00 年代延后 7 d，21 世纪 00—10 年代提前 5 d。南部 20 世纪 70 年代至 21 世纪 00 年代延后 6 d，21 世纪 00—10 年代提前 4 d。

1971—2014 年黑龙江省≥8 ℃积温的变化范围为 1335～3549 ℃·d，其中北部为 1335～3049 ℃·d，西部为 2091～3549 ℃·d，中部为 2187～3459 ℃·d，东部为 2258～3424 ℃·d，南部为 2048～3548 ℃·d。

全省≥8 ℃积温 44 a 气候倾向率为 80.7 ℃·d/(10 a)，北部为 71.2 ℃·d/(10 a)，西部为 97.0 ℃·d/(10 a)，中部为 82.4 ℃·d/(10 a)，东部为 78.7 ℃·d/(10 a)，南部为 79.4 ℃·d/(10 a)。黑龙江省≥8 ℃积温以平均 71.4～97.0 ℃·d/(10 a)的速度增加。

五个区域≥8 ℃积温年代际变化略有不同，北部 20 世纪 70 年代至 21 世纪 10 年代增加 257 ℃·d，西部、中部、东部和南部 20 世纪 70 年代至 21 世纪 00 年代增加 244 ℃·d(东部)～296 ℃·d(西部)，21 世纪 00—10 年代减少 15 ℃·d(中部)～50 ℃·d(南部)。

≥8 ℃积温的地理气候学方程为

$$T_{sum\geq8}=13096.2-115.2\lambda-37.1\varphi-1.8H \tag{1.30}$$

式中：$T_{sum\geq8}$ 为≥8 ℃积温(℃·d)；φ 和 λ 分别为纬度和经度(°)；H 为海拔高度(100 m)；方程复相关系数 $R=0.96$，达极显著性水平。黑龙江省≥8 ℃积温随着经度和纬度的增大及海拔的升高而降低。大兴安岭中北部及局部高海拔地区≥8 ℃积温低于 1600 ℃·d，三江平原大中西部、松嫩平原大部高于 2600 ℃·d。

(5)≥10 ℃积温

1971—2014 年黑龙江省≥10 ℃积温初日的变化范围为 4 月 4 日—6 月 20 日，倾向率为 −2.0 d/(10 a)，其中北部变化范围为 4 月 23 日—6 月 20 日，倾向率为 −2.2 d/(10 a)，西部变化范围为 4 月 12 日—6 月 10 日，倾向率为 −2.7 d/(10 a)，中部变化范围为 4 月 19 日—6 月 10 日，倾向率为 −2.1 d/(10 a)，东部变化范围为 4 月 13 日—6 月 1 日，倾向率为 −1.8 d/(10 a)，南部变化范围为 4 月 4 日—6 月 5 日，倾向率为 −1.5 d/(10 a)。黑龙江省≥10 ℃积温初日在以平均 1.5～2.7 d/(10 a)的速度在提前。

各区域≥10 ℃积温初日年代际变化趋势各不相同。北部 20 世纪 70—80 年代提前 2 d，90 年代和 80 年代持平，20 世纪 90 年代至 21 世纪 10 年代提前 5 d。西部 20 世纪 70 年代至 21 世纪 00 年代提前 8 d，21 世纪 10 年代与 00 年代持平。中部 20 世纪 70—90 年代提前 7 d，20 世纪 90 年代至 21 世纪 00 年代延后 1 d，21 世纪 00—10 年代提前 2 d。东部 20 世纪 70 年代至 21 世纪 00 年代提前 7 d，21 世纪 00—10 年代延后 4 d。南部 20 世纪 70—90 年代提前 6 d，20 世纪 90 年代至 21 世纪 10 年代延后 2 d。

≥10 ℃积温终日的变化范围为 8 月 16 日—10 月 18 日，倾向率为 1.0 d/(10 a)，其中北部变化范围为 8 月 16 日—10 月 5 日，倾向率为 0.3 d/(10 a)，西部变化范围为 8 月 30 日—10 月 15 日，倾向率为 1.4 d/(10 a)，中部变化范围为 9 月 7 日—10 月 14 日，倾向率为 1.0 d/(10 a)，东部变化范围为 9 月 10 日—10 月 12 日，倾向率为 0.8 d/(10 a)，南部变化范围为 9 月 8 日—10 月 18 日，倾向率为 1.5 d/(10 a)。黑龙江省≥10 ℃积温终日在以平均 0.3～1.5 d/(10 a)的速度在延后。

各区域≥10 ℃积温终日年代际变化各不相同。北部 20 世纪 70—90 年代延后 2 d，20 世纪 90 年代至 21 世纪 00 年代提前 1 d，21 世纪 00—10 年代延后 1 d。西部和中部 20 世纪 70—80 年代均提前 3 d，20 世纪 80 年代至 21 世纪 10 年代分别延后 8 d 和 7 d。东部 20 世纪 70—80 年代提前 2 d，20 世纪 80 至 21 世纪 00 年代延后 4 d，21 世纪 00—10 年代保持稳定。南部 20 世纪 70—80 年代提前 1 d，20 世纪 80 年代至 21 世纪 00 年代延后 6 d，21 世纪 00—10 年代提前 1 d。

1971—2014 年黑龙江省≥10 ℃积温的变化范围为 961～3422 ℃·d，其中北部为 961～2957 ℃·d，西部为 1834～3422 ℃·d，中部为 1917～3234 ℃·d，东部为 2125～3188 ℃·d，南部为 1699～3404 ℃·d。

全省≥10 ℃积温 44 a 气候倾向率为 83.9 ℃·d/(10 a)，北部为 69.5 ℃·d/(10 a)，西部为 100.5 ℃·d/(10 a)，中部为 89.8 ℃·d/(10 a)，东部为 79.1 ℃·d/(10 a)，南部为87.0 ℃·d/

(10 a)。黑龙江省≥10 ℃积温以平均 69.5～100.5 ℃·d/(10 a)的速度增加。

五个区域≥10 ℃积温年代际变化略有不同，北部和中部 20 世纪 70 年代至 21 世纪 10 年代分别增加 241 ℃·d 和 301 ℃·d，西部、东部和南部 20 世纪 70 年代至 21 世纪 00 年代增加 236 ℃·d(东部)～297 ℃·d(西部)，21 世纪 00—10 年代减少 9 ℃·d(西部)～30 ℃·d(南部)。

黑龙江省 1971—2014 年≥10 ℃积温的 Mann-Kendall 检验和累积距平曲线如图 1.4。由图 1.4 可以看出，全省 UF 曲线在 1973 年后呈波动上升的趋势，1997 年后这种上升趋势超过了 0.05 的显著性水检验水平，UF 曲线在置信区间内与 UB 曲线有一个交点(1993 年)。累积距平分析结果显示，1971—2014 年黑龙江省≥10 ℃积温累积距平呈先下降后上升的"V"字形趋势，1971—1993 年呈现下降趋势，1994—2014 年呈现上升趋势，即黑龙江省≥10 ℃积温经历了下降—上升的过程，≥10 ℃积温突变可能发生在 1993 年左右。结合两种方法判断黑龙江省≥10℃积温在1993年发生了由低向高的突变。从各分区的情况看，5个地区≥10℃积

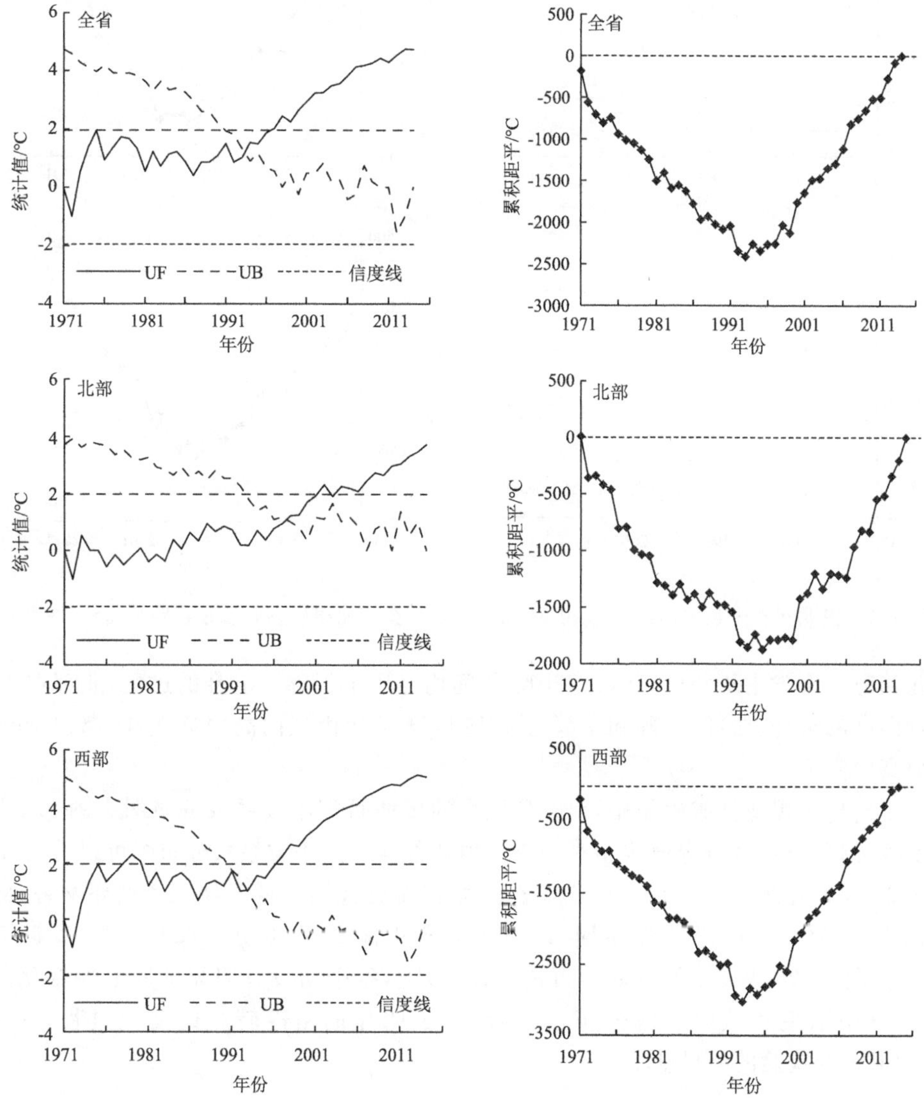

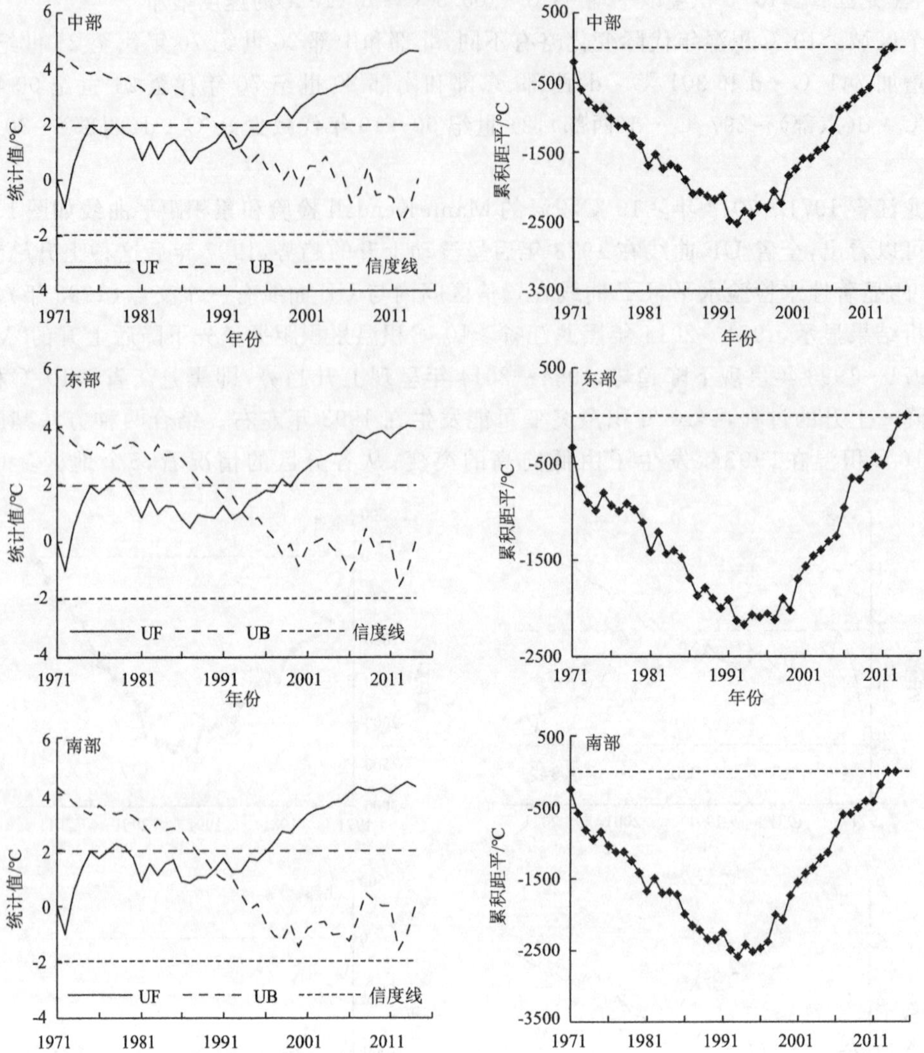

图 1.4　黑龙江省生长季≥10 ℃积温 Mann-Kendall 突变曲线(左列)和累积距平曲线(右列)

温的变化趋势与全省平均相似,1971—2014 年间均经历了下降—上升的过程,北部在 1997 年发生由低向高的突变,西部、中部和东部均在 1993 年发生由低向高的突变,南部在 1990 年发生由低向高的突变。

图 1.5 给出了黑龙江省生长季≥10 ℃积温的墨西哥帽小波系数分布图。图 1.5 的上半部分等值线稀疏,下半部分等值线相对密集。由北部地区的小波系数分布图可以看出,时间尺度在 5 a 以下,等值密集,在 10～15 a 尺度上,积温变化经历了低—高 3 个循环交替,即 1981 年以前偏少期,1981—1988 年偏多期,1988—1996 年偏少期,1996—2003 年偏多期,2003—2008 年偏少期,2008 年以后偏多期。而其他各区及全省平均没有明显的周期性变化。在 20 世纪 90 年代中后期正负等值线分布密集,出现了明显的由冷转暖的变化过程,这与前面≥10 ℃积温突变检验的结果基本一致。

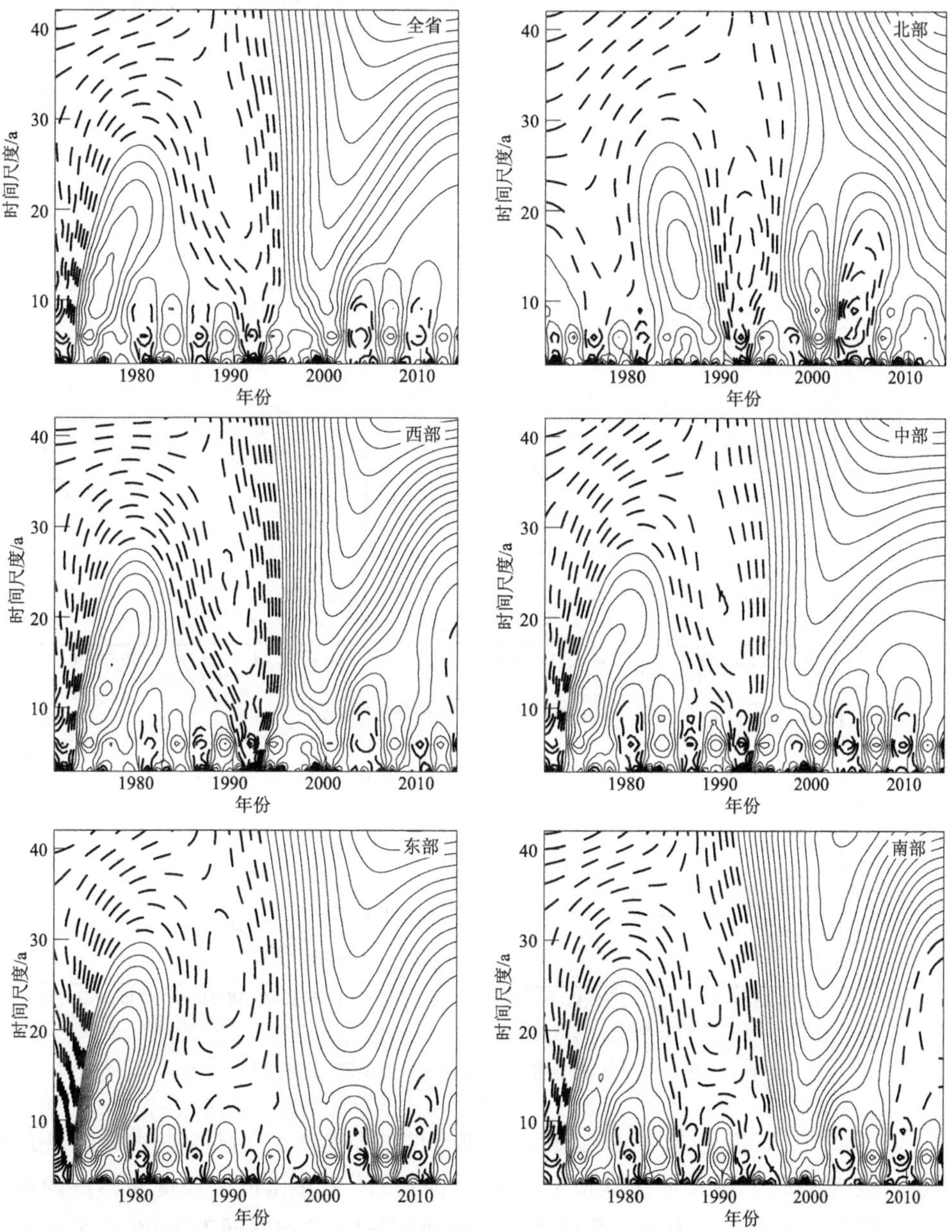

图 1.5　黑龙江省生长季≥10 ℃积温小波

通过公式计算的生长季≥10 ℃积温小波方差，得到图 1.6。由图 1.6 可见，全省、西部、中部、东部和南部小波方差没有峰值，即说明该区域在 1971—2014 年整个时间域内，生长季积温没有周期性变化。北部地区曲线有 1 个小波方差峰值，对应 15 a 的时间尺度，说明黑龙江省北部地区生长季积温以 15 a 的周期为主，根据小波方差图以及图 1.5 所反映的直到 2014 年等值线还未闭合，可以判断，2014 年后 10a 左右生长季≥10 ℃积温仍会偏多。

≥10 ℃积温的地理气候学方程为

$$T_{\mathrm{sum}\geqslant 10}=13194.9-115.1\lambda-39.0\varphi-1.9H \quad (1.31)$$

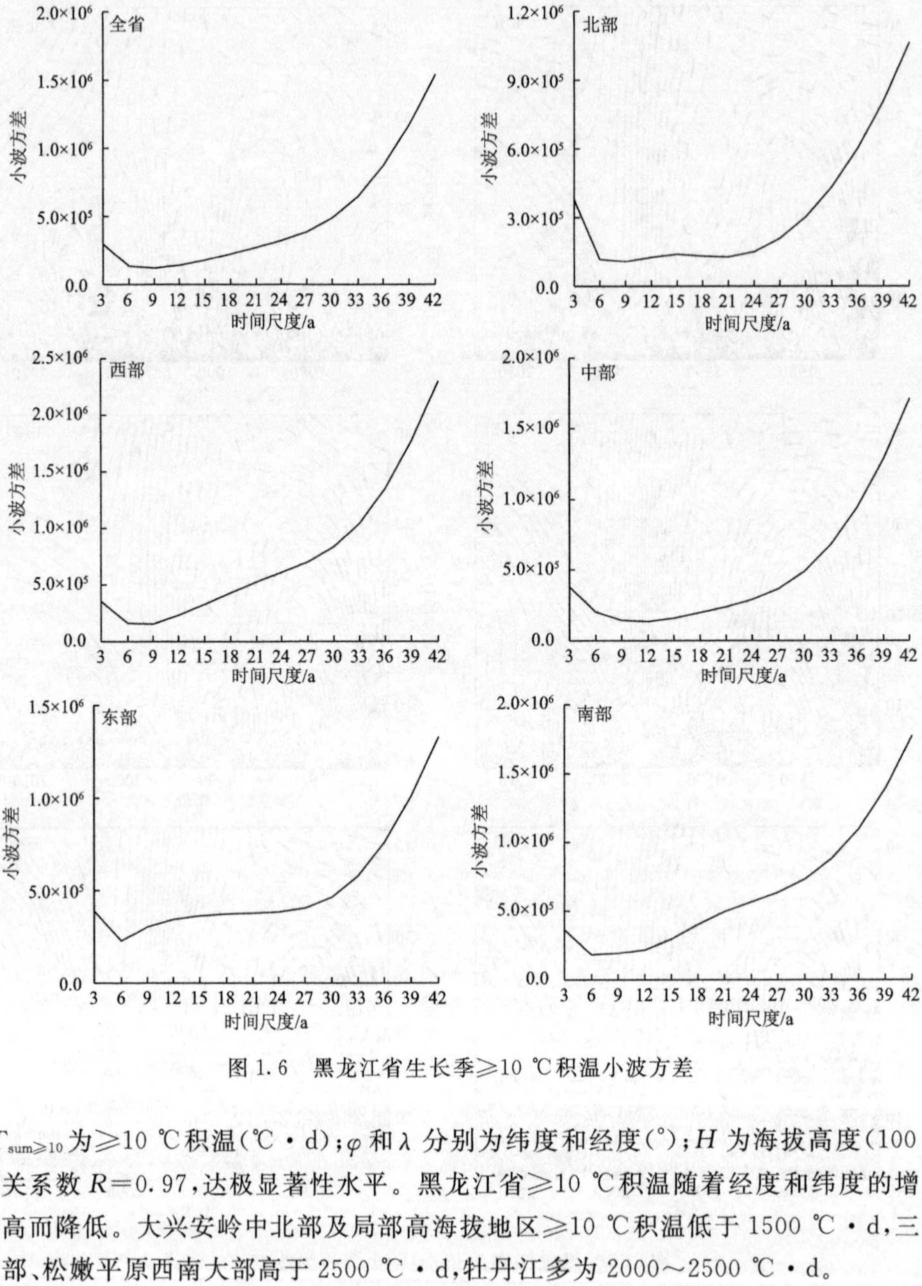

图 1.6　黑龙江省生长季≥10 ℃积温小波方差

式中：$T_{sum\geqslant 10}$ 为≥10 ℃积温(℃·d)；φ 和 λ 分别为纬度和经度(°)；H 为海拔高度(100 m)；方程复相关系数 R=0.97，达极显著性水平。黑龙江省≥10 ℃积温随着经度和纬度的增大及海拔的升高而降低。大兴安岭中北部及局部高海拔地区≥10 ℃积温低于 1500 ℃·d，三江平原大中西部、松嫩平原西南大部高于 2500 ℃·d，牡丹江多为 2000～2500 ℃·d。

1.2.4　降水

黑龙江省降水资源的总体分布特征为冬春降水少，夏秋降水多，东部降水多于西部。

1.2.4.1　四季

(1)春季

1971—2014 年黑龙江全省春季降水量的变化范围为 4～237 mm，其中北部为 13～233 mm，西部为 4～214 mm，中部为 16～220 mm，东部为 17～237 mm，南部为 18～222 mm。

黑龙江省春季降水量 44 a 气候倾向率为 5.1 mm/(10 a)，其中北部、西部、中部、东部和南部分别为 2.4、4.1、4.9、6.9 和 7.3 mm/(10 a)，即春季降水量以平均 2.4～7.3 mm/(10 a)的速度增加。

五个区域春季降水量年代际变化规律各不相同。北部 20 世纪 70—80 年代增加 1 mm，80—90 年代减少 5 mm，20 世纪 90 年代至 21 世纪 10 年代增加 20 mm。西部 20 世纪 70—80 年代增加 8 mm，80—90 年代减少 7 mm，20 世纪 90 年代至 21 世纪 00 年代增加 25 mm，21 世纪 00—10 年代减少 4 mm。中部 20 世纪 70—90 年代减少 7 mm，20 世纪 90 年代至 21 世纪 10 年代增加 23 mm。东部 20 世纪 70—80 年代增加 4 mm，80—90 年代减少 5 mm，20 世纪 90 年代至 21 世纪 00 年代增加 24 mm，21 世纪 00—10 年代减少 1 mm。南部 20 世纪 70—80 年代减少 4 mm，20 世纪 80 年代至 21 世纪 10 年代增加 27 mm。

春季降水量地理气候学方程为

$$P_{sp}=-568.1-0.04\lambda+5.0\varphi+3.6H \tag{1.32}$$

式中：P_{sp}为春季降水量(mm)；φ 和 λ 分别为纬度和经度(°)；H 为海拔高度(100 m)；方程复相关系数 $R=0.89$，达极显著性水平。黑龙江省春季降水量随着纬度增大而减少，随着经度增大及海拔升高降水量增加，受纬度影响小，受经度和海拔影响较大。黑龙江省春季降水量呈现明显的自西向东递增的变化趋势，西部大部分地区降水量为 40～60 mm，三江平原东部地区大于 80 mm。

(2)夏季

1971—2014 年黑龙江全省夏季降水量的变化范围为 100～756 mm，其中北部为 118～694 mm，西部为 100～697 mm，中部为 130～732 mm，东部为 101～718 mm，南部为 123～756 mm。

黑龙江省夏季降水量 44 a 气候倾向率为 2.9 mm/(10 a)，其中北部、西部、中部、东部和南部分别为 3.7 mm/(10 a)、10.2 mm/(10 a)、1.9 mm/(10 a)、−0.6 和 0 mm/(10 a)，即北部、西部和中部夏季降水量以平均 1.9～10.2 mm/(10 a)的速度增加，东部以平均 0.6 mm/(10 a)的速度减少，南部维持不变。

五个区域夏季降水量年代际变化规律有所相同。北部、东部和南部 20 世纪 70—80 年代增加 42 mm(北部)～87 mm(南部)，20 世纪 80 年代至 21 世纪 00 年代减少 31 mm(北部)～62 mm(南部)，21 世纪 00—10 年代增加 5 mm(东部)～34 mm(北部)。西部 20 世纪 70—90 年代增加 54 mm，20 世纪 90 年代至 21 世纪 00 年代减少 34 mm，21 世纪 00—10 年代增加 69 mm。中部 20 世纪 70—80 年代增加 44 mm，90 年代与 80 年代持平，20 世纪 90 年代至 21 世纪 00 年代减少 50 mm，21 世纪 00—10 年代增加 61 mm。

夏季降水量地理气候学方程为

$$P_{su}=4588.4-1.9\lambda^2+1.4\lambda\varphi+0.3\lambda H-67.4\varphi \tag{1.33}$$

式中：P_{su}为夏季降水量(mm)；φ 和 λ 分别为纬度和经度(°)；H 为海拔高度(100 m)；方程复相关系数 $R=0.49$，达极显著性水平。黑龙江省夏季降水量与经纬度及海拔之间的关系较为复杂。夏季降水量中部多，东部和西部少，海拔较高的山区多，海拔较低的平原少，中部和大兴安岭山区降水量为 360 mm 以上，三江平原大部及松嫩平原西部为 320 mm 以下。

(3)秋季

1971—2014 年黑龙江全省秋季降水量的变化范围为 3～365 mm，其中北部为 4～237 mm，西部为 3～215 mm，中部为 9～276 mm，东部为 20～365 mm，南部为 15～268 mm。

黑龙江省秋季降水量 44 a 气候倾向率为－4.1 mm/(10 a)，其中北部、西部、中部、东部和南部分别为－2.2、－3.7、－3.9、－5.1 和－5.1 mm/(10 a)，即秋季降水量以平均 2.2～5.1 mm/(10 a)的速度减少。

五个区域秋季降水量年代际变化规律有所相同。北部和中部 20 世纪 70—90 年代分别增加 15 mm 和 11 mm，20 世纪 90 年代至 21 世纪 00 年代分别减少 30 mm 和 31 mm，21 世纪 00—10 年代分别增加 23 mm 和 26 mm。西部 20 世纪 70—80 年代增加 7 mm，20 世纪 80 年代至 21 世纪 00 年代减少 31 mm，21 世纪 00—10 年代增加 41 mm。东部和南部 20 世纪 70—80 年代分别减少 12 mm 和 8 mm，20 世纪 80—90 年代分别增加 16 mm 和 17 mm，20 世纪 90 年代至 21 世纪 00 年代分别减少 42 mm 和 34 mm，21 世纪 00—10 年代分别增加 57 mm 和24 mm。

秋季降水量地理气候学方程为

$$P_{au}=-671.2+1.3\lambda+5.4\varphi+2.2H \tag{1.34}$$

式中：P_{au}为秋季降水量(mm)；φ 和 λ 分别为纬度和经度(°)；H 为海拔高度(100 m)；方程复相关系数 $R=0.89$，达极显著性水平。黑龙江省秋季降水量随着经度和纬度的增大及海拔升高而增加。黑龙江省秋季降水量西部少，东部多，海拔低处少，海拔高处多，大兴安岭大部和松嫩平原大部为 80 mm 以下，三江平原东部 100 mm 以上，其余大部地区为 80～100 mm。

(4)冬季

1971—2014 年黑龙江全省冬季降水量的变化范围为 0～135 mm，其中北部为 4～90 mm，西部为 0～57 mm，中部为 1～93 mm，东部为 4～135 mm，南部为 2～103 mm。

黑龙江省冬季降水量 44 a 气候倾向率为 4.2 mm/(10 a)，其中北部、西部、中部、东部和南部分别为 3.4、3.0、4.0、5.8 和 4.4 mm/(10 a)，即冬季降水量以平均 3.0～5.8 mm/(10 a)的速度增加。

五个区域冬季降水量年代际变化规律有所相同。北部 20 世纪 70 年代至 21 世纪 10 年代增加 15 mm。西部和东部 20 世纪 70—80 年代分别增加 5 mm 和 7 mm，80—90 年代分别减少 2 mm 和 3 mm，20 世纪 90 年代至 21 世纪 10 年代分别增加 12 mm 和 24 mm。中部和南部 20 世纪 70 年代分别增加 2 mm 和 4 mm，20 世纪 80 年代均保持稳定，20 世纪 90 年代至 21 世纪 10 年代分别增加 20 mm 和 17 mm。

冬季降水量地理气候学方程为

$$P_{wi}=-397.1+1.1\lambda+2.9\varphi+2.1H \tag{1.35}$$

式中：P_{wi}为冬季降水量(mm)；φ 和 λ 分别为纬度和经度(°)；H 为海拔高度(100 m)；方程复相关系数 $R=0.81$，达极显著性水平。黑龙江省冬季降水量随着经度和纬度的增大及海拔升高而增加。黑龙江省冬季降水量西部少，中部和东部多，海拔低处少，海拔高处多，松嫩平原大部为 20 mm 以下，中东大部为 30 mm 以上。

1.2.4.2 全年

1971—2014 年黑龙江全省年降水量的变化范围为 189～1025 mm，其中北部为 262～996 mm，西部为 189～901 mm，中部为 270～1017 mm，东部为 271～965 mm，南部为 247～1025 mm。

黑龙江省年降水量 44 a 气候倾向率为 7.9 mm/(10 a)，其中北部、西部、中部、东部和南部分别为 7.3、13.6、6.8、6.5 和 6.1 mm/(10 a)，即年降水量以平均 6.1～13.6 mm/(10 a)的速度增加。

五个区域年降水量年代际变化规律略有不同。北部、西部、东部和南部 20 世纪 70—80 年代增加 52 mm(北部)～78 mm(西部),20 世纪 80 年代至 21 世纪 00 年代减少 38 mm(北部)～54 mm(西部),21 世纪 00—10 年代增加 54 mm(南部)～111 mm(西部)。中部 20 世纪 70—90 年代增加 54 mm,20 世纪 90 年代至 21 世纪 00 年代减少 54 mm,21 世纪 00—10 年代增加 98 mm。

年降水量地理气候学方程为

$$P_y = -1119.8 - 0.3\lambda + 12.7\varphi + 14.2H \tag{1.36}$$

式中:P_y为年降水量(mm);φ 和 λ 分别为纬度和经度(°);H 为海拔高度(100 m);方程复相关系数 $R=0.61$,达极显著性水平。黑龙江省年降水量随着纬度增大而减少,随着经度增大及海拔升高而增加。黑龙江省年降水量中部及高海拔地区多,东部居中,西部最少,松嫩平原大部为 500 mm 以下,中部为 550 mm 以上,东部为 500～550 mm。

1.2.4.3　生长季

1971—2014 年黑龙江全省生长季降水量的变化范围为 159～935 mm,其中北部为 204～876 mm,西部为 159～842 mm,中部为 230～919 mm,东部为 196～859 mm,南部为 215～935 mm。

黑龙江省生长季降水量 44 a 气候倾向率为 2.7 mm/(10 a),其中北部、西部、中部、东部和南部分别为 2.4 mm/(10 a)、9.9 mm/(10 a)、0.7 mm/(10 a)、−0.5 mm/(10 a)和 1.9 mm/(10 a),即除东部生长季降水量以平均 0.5 mm/(10 a)的速度减少外,其他区域以平均 0.7～9.9 mm/(10 a)的速度增加。

五个区域生长季降水量年代际变化规律一致,20 世纪 70—80 年代增加 46 mm(北部)～85 mm(南部),20 世纪 80 年代至 21 世纪 00 年代减少 48 mm(北部)～69 mm(东部),21 世纪 00—10 年代增加 45 mm(南部)～100 mm(西部)。

生长季降水量的 Mann-Kendall 检验结果显示(图 1.7),全省的 UF 曲线呈波动变化,1994 年前呈下降的趋势,在这种下降趋势内 1975—1980 年越过置信水平,1995—2001 年呈上升趋势,之后又呈现下降趋势,UF 曲线在置信区间内与 UB 线有 5 个交点(1981 年,1983 年,1995 年,1998 年和 2012 年)。累积距平分析表明,研究时域内,黑龙江省生长季降水量经历了明显的升降变化过程。1971—1980 年降水量呈减少趋势,1981—1998 年降水量明显增多,1998 年上升到最大,1999—2011 年降水量呈减少趋势,2012 年后又呈现增多趋势。由此推断,1981 年、1998 年和 2012 年可能是降水量发生突变的年份。结合两种方法的分析结果,判断黑龙江省生长季降水量在 1981 年和 2012 年发生了由少到多的突变,1998 年发生了由多到少的突变。从 5 个分区的 Mann-Kendall 检验结果和累积距平分析结果表明,各地区生长季降水量变化与全省相似,1971—2014 年均经历了减少—增多—减少—增多的变化趋势,北部突变点为 1979 年,1999 年和 2012 年;西部突变点在 1982 年,1998 年和 2011 年;中部突变点在 1982 年、1988 年和 2011 年;东部突变点为 1980 年,1988 年和 2008 年;南部突变点为 1982 年、1998 年和 2011 年。

图 1.8 是近 40 年来黑龙江全省及各区域生长季降水量小波系数等值线图。与平均气温变化结果类似,图 1.8 的上部等值线稀疏,下部分稠密。降水量在 15 a 以下尺度,周期振荡剧烈,表现为没有明显的规律,随着时间尺度的增加,在 25 a 以上尺度周期振荡区域平缓,规律比较清晰,全省平均及五个地区分别经历了少—多 2 个循环交替。全省平均在 1982 年以前偏

少期，1982—1996 年偏多期，1996—2008 年偏少期，2008 年以后的偏多期；北部地区 1979 年以前偏少期，1979—1996 年偏多期，1996—2008 年的偏少期，2008 年以后的偏多期；西部地区 1980 年以前偏少期，1980—1995 年偏多期，1995—2008 年偏少期，2008 年后偏多期；中部地区 1982 年前偏少期，1982—1996 年偏多期，1996—2011 年偏少期，2011 年以后的偏多期；东部地区 1973 年以前偏多期，1973—1983 年偏少期，1983—1996 年偏多期，1996—2008 年偏少期，

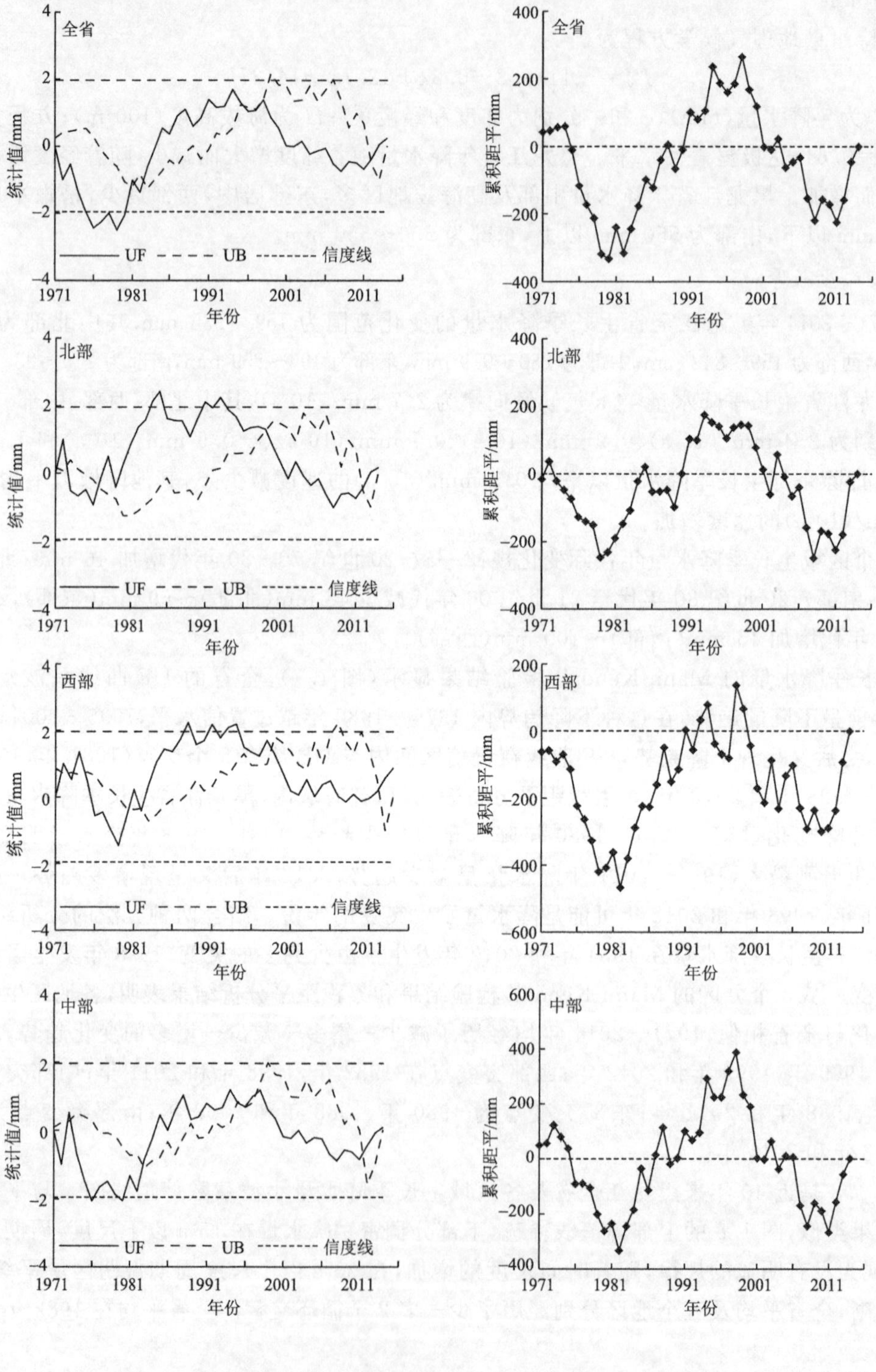

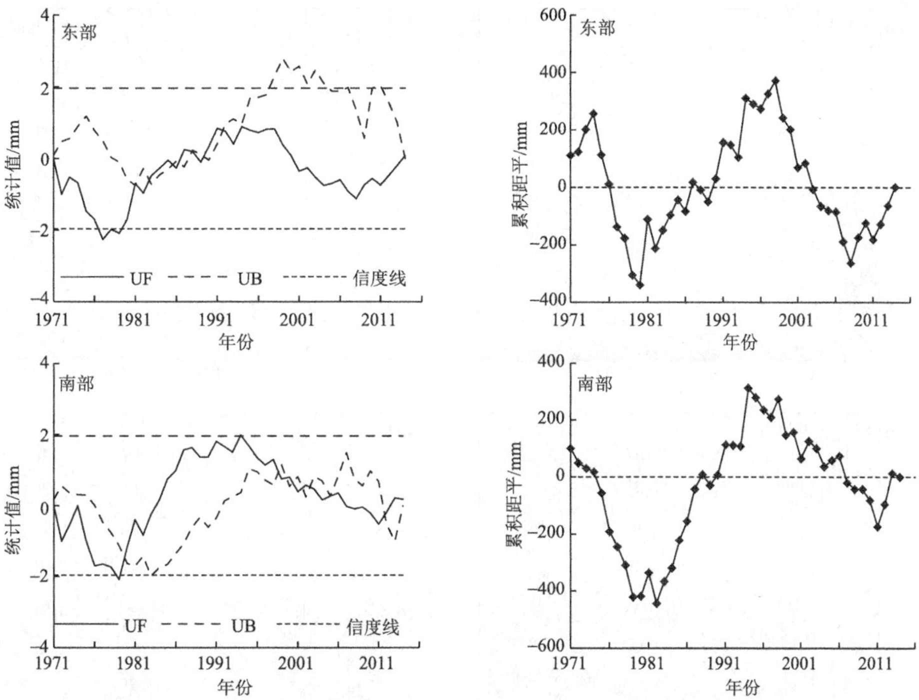

图 1.7　黑龙江省生长季降水量 Mann-Kendall 突变曲线(左列)和累积距平曲线(右列)

2008 年以后偏多期;南部地区 1980 年以前偏少期,1980—1997 年偏多期,1997—2010 年偏少期,2010 年以后的偏多期。总体来看,黑龙江省生长季降水量小波等值线将在 2014 年仍未闭合,预测在未来一段时间内降水量仍将处于偏多期。

同样通过公式计算生长季降水量小波方差,结果如图 1.9。由图 1.9 可以看出,全省平均及五个地区分别有 1 个小波方差峰值,分别为全省平均对应 27 a,北部 27 a,西部 30 a,中部 24 a,东部 24 a,南部 33 a。即全省平均和北部地区生长季降水量周期为 27 a,中部地区和东部地区周期为 24 a,西部地区周期为 30 a,南部地区周期为 33 a。结合周期分析,预测 2014 年以后 15～20 a 降水将偏多。

生长季降水量地理气候学方程为

$$P_{cgs}=-356.1-0.8\lambda+6.5\varphi+10.7H \tag{1.37}$$

式中:P_{cgs}为生长季降水量(mm);φ 和 λ 分别为纬度和经度(°);H 为海拔高度(100 m);方程复相关系数 $R=0.41$,达极显著性水平。黑龙江省生长季降水量随着纬度增大而减少,随着经度增大及海拔升高而增加。黑龙江省生长季降水量中部及高海拔地区多,东部居中,西部最少,松嫩平原大部为 450 mm 以下,中部为 500 mm 以上,东部多为 450～500 mm。

1.2.5　干燥度

降水是一个地区最主要的水分来源,而潜在蒸散则反映了在土壤水分充足的理想条件下的最大可能水分支出,干燥度为潜在蒸散量与降水量的比值,能充分反映一地的水分收支盈亏状况。

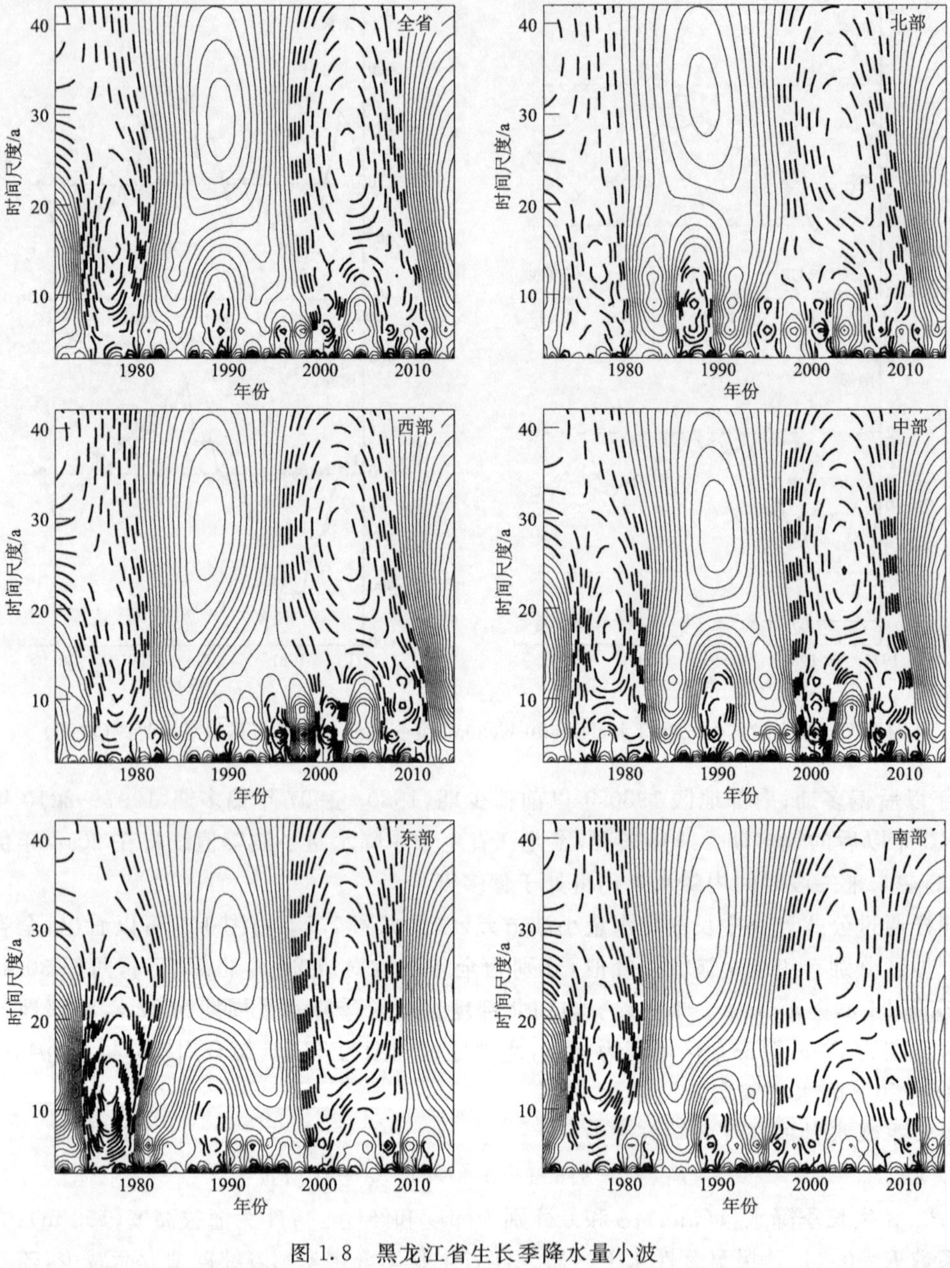

图 1.8 黑龙江省生长季降水量小波

1.2.5.1 四季

(1)春季

1971—2014 年黑龙江全省春季干燥度的变化范围为 0.8～75.1,其中北部为 0.8～22.4,西部为 0.9～75.1,中部为 0.9～18.9,东部为 0.8～17.4,南部为 0.9～16.5。

黑龙江省春季干燥度 44 a 气候倾向率为－0.32/(10 a),其中北部、西部、中部、东部和南部分别为－0.14、－0.67、－0.26、－0.25 和－0.28/(10 a),即春季干燥度以平均 0.14～0.67/(10 a)的速度降低,春季表现为变湿润的趋势。

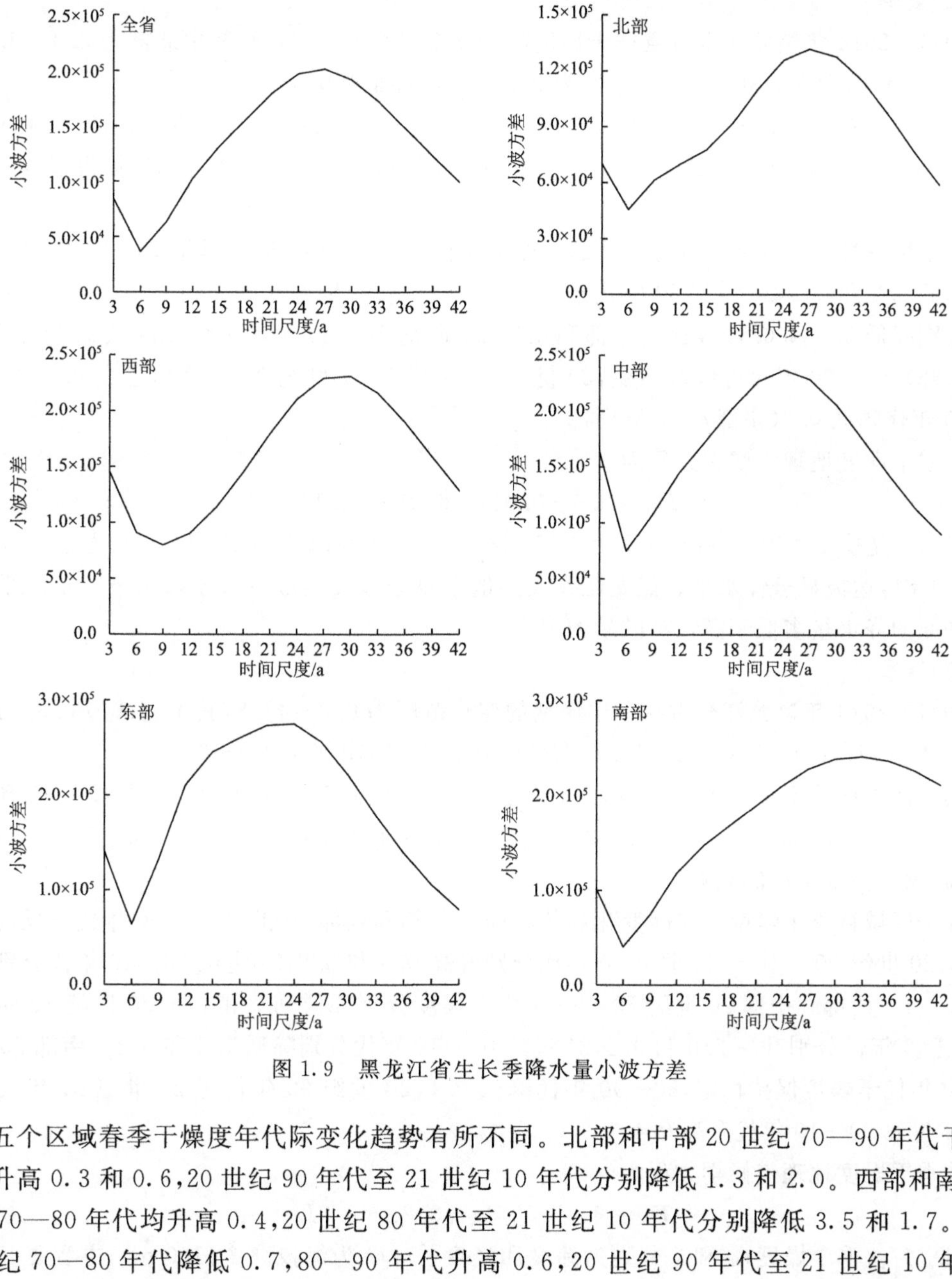

图 1.9　黑龙江省生长季降水量小波方差

五个区域春季干燥度年代际变化趋势有所不同。北部和中部 20 世纪 70—90 年代干燥度分别升高 0.3 和 0.6,20 世纪 90 年代至 21 世纪 10 年代分别降低 1.3 和 2.0。西部和南部 20 世纪 70—80 年代均升高 0.4,20 世纪 80 年代至 21 世纪 10 年代分别降低 3.5 和 1.7。东部 20 世纪 70—80 年代降低 0.7,80—90 年代升高 0.6,20 世纪 90 年代至 21 世纪 10 年代降低 1.6。

春季干燥度地理气候学方程为

$$D_{sp}=84.2-0.2\lambda-0.5\varphi-0.7H \tag{1.38}$$

式中:D_{sp} 为春季干燥度;φ 和 λ 分别为纬度和经度(°);H 为海拔高度(100 m);方程复相关系数 $R=0.81$,达极显著性水平。黑龙江省春季西部干燥东部湿润,低处干燥高处湿润。黑龙江省春季部分高海拔山区降水量多于潜在蒸散量,其他地区降水量低于潜在蒸散量,其中三江平原大部潜在蒸散量为降水量的 3 倍以上,松嫩平原降水量不足潜在蒸散量的 20%。

(2)夏季

1971—2014 年黑龙江全省夏季干燥度的变化范围为 0.4～4.8，其中北部为 0.4～3.2，西部为 0.5～4.8，中部为 0.5～3.5，东部为 0.5～4.3，南部为 0.5～3.4。

黑龙江省夏季干燥度 44 a 气候倾向率为 0.00/(10 a)，其中北部、西部、中部、东部和南部分别为 0.01、−0.02、0.01、0.01 和 0.00/(10 a)，即夏季干燥度的总体变化趋势为基本保持稳定。

五个区域夏季干燥度年代际变化趋势略有不同。北部和南部 20 世纪 70—80 年代干燥度分别降低 0.2 和 0.3，20 世纪 80 年代至 21 世纪 00 年代分别升高 0.3 和 0.2，21 世纪 00—10 年代分别降低 0.3 和 0.1。西部、中部和东部 20 世纪 70—80 年代干燥度降低 0.1(中部)～0.3(东部)，80—90 年代均保持不变，20 世纪 90 年代至 21 世纪 00 年代均升高 0.3，21 世纪 00—10 年代降低 0.2(东部)～0.6(西部)。

夏季干燥度地理气候学方程为

$$D_{su}=5.5-0.01\lambda-0.03\varphi-0.1H \tag{1.39}$$

式中：D_{su}为夏季干燥度；φ 和 λ 分别为纬度和经度(°)；H 为海拔高度(100 m)；方程复相关系数 $R=0.81$，达极显著性水平。黑龙江省大部地区夏季潜在蒸散量大于降水量。三江平原和松嫩平原的降水量多低于潜在蒸散量的 75%。

(3)秋季

1971—2014 年黑龙江全省秋季干燥度的变化范围为 0.3～47.8，其中北部为 0.3～17.2，西部为 0.5～47.8，中部为 0.3～14.7，东部为 0.3～7.3，南部为 0.3～7.7。

黑龙江省秋季干燥度 44 a 气候倾向率为 0.11/(10 a)，其中北部、西部、中部、东部和南部分别为 0.05、0.32、0.03、0.01 和 0.12/(10 a)，即秋季干燥度以平均 0.01～0.32/(10 a)的速度升高，秋季呈变干燥的趋势。

五个区域秋季干燥度年代际变化趋势不同。北部和东部 20 世纪 70—90 年代干燥度均降低 0.5，20 世纪 90 年代至 21 世纪 00 年代分别升高 0.9 和 0.8，21 世纪 00—10 年代分别降低 0.7 和 1.1。西部和中部 20 世纪 70—80 年代干燥度分别降低 0.7 和 0.6，20 世纪 80 年代至 21 世纪 00 年代分别升高 2.0 和 0.8，21 世纪 00—10 年代分别降低 1.8 和 0.8。南部 20 世纪 70—80 年代干燥度保持稳定，80—90 年代降低 0.1，20 世纪 90 年代至 21 世纪 00 年代升高 0.6，21 世纪 00—10 年代升高 0.4。

秋季干燥度地理气候学方程为

$$D_{au}=34.7-0.1\lambda-0.2\varphi-0.3H \tag{1.40}$$

式中：D_{au}为秋季干燥度；φ 和 λ 分别为纬度和经度(°)；H 为海拔高度(100 m)；方程复相关系数 $R=0.75$，达极显著性水平。黑龙江省秋季随着纬度和经度增加及海拔上升而变得湿润。可见黑龙江省秋季除部分海拔较高地区外，大部地区降水量少于潜在蒸散量，松嫩平原大部地区降水量不及潜在蒸散量的 50%。

(4)冬季

1971—2014 年黑龙江全省冬季干燥度的变化范围为 0.1～50.5，其中北部为 0.1～4.4，西部为 0.2～50.5，中部为 0.1～30.4，东部为 0.2～12.0，南部为 0.1～19.0。

黑龙江省冬季干燥度 44 a 气候倾向率为 −0.24/(10 a)，其中北部、西部、中部、东部和南部分别为 −0.07/(10 a)、−0.72/(10 a)、−0.04/(10 a)、−0.24/(10 a)和 −0.09/(10 a)，即

冬季干燥度以平均 0.04～0.72/(10 a)的速度降低,冬季表现为变湿润的趋势。

五个区域冬季干燥度年代际变化趋势各不相同。北部冬季干燥度 20 世纪 70—90 年代降低 0.2,20 世纪 90 年代至 21 世纪 00 年代保持不变,21 世纪 00—10 年代降低 0.2。西部冬季干燥度 20 世纪 70—80 年代降低 1.2,80—90 年代升高 1.0,20 世纪 90 年代至 21 世纪 00 年代降低 2.4,21 世纪 00—10 年代保持不变。中部冬季干燥度 20 世纪 70—80 年代不变,80—90 年代升高 1.0,20 世纪 90 年代至 21 世纪 10 年代降低 1.5。东部冬季干燥度 20 世纪 70—80 年代降低 0.3,80—90 年代升高 0.4,20 世纪 90 年代至 21 世纪 00 年代降低 1.0,21 世纪 00—10 年代保持不变。南部冬季干燥度 20 世纪 70—80 年代降低 0.2,80—90 年代升高 0.5,20 世纪 90 年代至 21 世纪 10 年代降低 0.9。

冬季干燥度地理气候学方程为

$$D_{wi}=67.6-0.4\lambda-0.4\varphi-0.5H \tag{1.41}$$

式中:D_{wi}为冬季干燥度;φ 和 λ 分别为纬度和经度(°);H 为海拔高度(100 m);方程复相关系数 $R=0.71$,达极显著性水平。黑龙江省冬季随着纬度和经度增加及海拔上升而变得湿润。冬季黑龙江省大、小兴安岭、牡丹江半山区等一些海拔较高地区及三江平原东北部水分收入为正,松嫩平原西南部降水量不及潜在蒸散量的 1/4。

1.2.5.2　全年

1971—2014 年黑龙江全省年平均干燥度的变化范围为 0.6～5.7,其中北部为 0.6～2.9,西部为 0.7～5.7,中部、东部和南部均为 0.7～3.3。

黑龙江省年平均干燥度 44 a 气候倾向率为－0.04/(10 a),其中北部、西部、中部、东部和南部分别为－0.01、－0.06、－0.02、－0.05 和－0.03/(10 a),即年平均干燥度以平均 0.01～0.06/(10 a)的速度缓慢降低。

五个区域年平均干燥度年代际变化趋势略有不同。北部、中部、东部和南部年平均干燥度 20 世纪 70—80 年代降低 0.1(中部)～0.3(东部),80—90 年代保持稳定,20 世纪 90 年代至 21 世纪 00 年代升高 0.1(东部和南部)～0.2(北部和中部),21 世纪 00—10 年代降低 0.2(北部和南部)～0.4(中部)。西部年平均干燥度 20 世纪 70—80 年代降低 0.3,20 世纪 80 年代至 21 世纪 00 年代升高 0.3,21 世纪 00—10 年代降低 0.7。

年干燥度地理气候学方程为

$$D_y=15.4-0.06\lambda-0.08\varphi-0.2H \tag{1.42}$$

式中:D_y为年干燥度;φ 和 λ 分别为纬度和经度(°);H 为海拔高度(100 m);方程复相关系数 $R=0.74$,达极显著性水平。黑龙江省年随着纬度和经度增加及海拔上升而变得湿润。黑龙江省大部地区全年降水量不足以满足潜在水分支出,松嫩平原西南部尤甚,降水量不足理论支出的一半。

1.2.5.3　生长季

1971—2014 年黑龙江全省生长季干燥度的变化范围为 0.6～5.6,其中北部为 0.6～3.2,西部为 0.7～5.6,中部为 0.7～3.2,东部为 0.7～3.5,南部为 0.7～3.3。

黑龙江省生长季干燥度 44 a 气候倾向率为－0.02/(10 a),其中北部、西部、中部、东部和南部分别为 0.00、－0.03、0.00、－0.02 和－0.03/(10 a),即生长季干燥度总体基本保持不变。

五个区域生长季干燥度年代际变化趋势一致，20 世纪 70—80 年代降低 0.2(北部和中部)～0.4(东部)，20 世纪 80 年代至 21 世纪 00 年代升高 0.2(中部和南部)～0.3(北部、西部和东部)，21 世纪 00—10 年代降低 0.3(北部和南部)～0.7(西部)。

生长季干燥度地理气候学方程为

$$D_{cgs}=12.2-0.04\lambda-0.07\varphi-0.1H \tag{1.43}$$

式中：D_{cgs}为生长季干燥度；φ和λ分别为纬度和经度(°)；H为海拔高度(100 m)；方程复相关系数 $R=0.71$，达极显著性水平。黑龙江省生长季随着纬度和经度增加及海拔上升而变得湿润。黑龙江省大部地区生长季降水量少于潜在水分蒸散量，三江平原和松嫩平原降水量均不足潜在蒸散量的 2/3。

1.2.6 日照

日照是太阳辐射的直观反映，是评价光能资源的重要农业气候指标，日照时数通过影响作物光合产物的积累及运输，从而最终决定作物产量。

1.2.6.1 四季

(1)春季

1971—2014 年黑龙江全省春季日照的变化范围为 423～929 h，其中北部为 529～915 h，西部为 571～929 h，中部为 518～919 h，东部为 455～869 h，南部为 423～883 h。

黑龙江省春季日照时数 44 a 气候倾向率为－9.6 h/(10 a)，其中北部、西部、中部、东部和南部分别为 2.1、－8.5、－13.2、－3.4 和－25.2 h/(10 a)。可见，春季日照除北部以平均 2.1 h/(10 a)的速度增加外，其他地区以平均 3.4～25.2 h/(10 a)的速度减少。

五个区域春季日照时数年代际变化趋势有所不同。北部 20 世纪 70—80 年代日照时数增加 13 h，20 世纪 80 年代至 21 世纪 10 年代减少 13 h。西部 20 世纪 70—80 年代增加 2 h，20 世纪 80 年代至 21 世纪 00 年代减少 36 h，21 世纪 00—10 年代增加 21 h。中部、东部和南部 20 世纪 70 年代至 21 世纪 00 年代减少 22 h(东部)～91 h(南部)，21 世纪 00—纪 10 年代增加 10 h(中部)～26 h(南部)。

春季日照时数地理气候学方程为

$$S_{sp}=1965.1+2.0\lambda-10.3\varphi-11.1H \tag{1.44}$$

式中：S_{sp}为春季日照时数(h)；φ和λ分别为纬度和经度(°)；H为海拔高度(100 m)；方程复相关系数 $R=0.71$，达极显著性水平。黑龙江省春季日照主要受经度和海拔影响，总体表现为西多东少、低处多高处少，中东大部地区为 650～700 h，松嫩平原大部地区在 750 h 以上。

(2)夏季

1971—2014 年黑龙江全省夏季日照的变化范围为 349～1010 h，其中北部为 349～1006 h，西部为 393～982 h，中部为 438～955 h，东部为 351～1010 h，南部为 433～916 h。

黑龙江省夏季日照时数 44 a 气候倾向率为－12.3 h/(10 a)，其中北部、西部、中部、东部和南部分别为－9.3、－21.2、－17.4、－1.1 和－15.0 h/(10 a)，即东部夏季日照总体变化趋势为基本维持不变，其他区域以平均 9.3～21.2 h/(10 a)的速度减少。

五个区域夏季日照时数年代际变化趋势略有不同。北部和东部 20 世纪 70—80 年代日照时数分别减少 99 h 和 66 h，20 世纪 80 年代至 21 世纪 00 年代分别增加 75 h 和 62 h，21 世纪 00—10 年代分别减少 88 h 和 60 h。西部 20 世纪 70—90 年代日照时数减少 68 h，20 世纪 90

年代至21世纪00年代增加9 h,21世纪00—10年代减少56 h。中部和南部20世纪70—80年代日照时数分别减少61 h和53 h,20世纪80—90年代分别增加6 h和11 h,20世纪90年代至21世纪10年代分别减少47 h和32 h。

夏季日照时数地理气候学方程为

$$S_{su}=2365.5+0.2\lambda-12.6\varphi-25.0H \tag{1.45}$$

式中:S_{su}为夏季日照时数(h);φ和λ分别为纬度和经度(°);H为海拔高度(100 m);方程复相关系数$R=0.69$,达极显著性水平。黑龙江省夏季日照与春季类似,经度和海拔是日照时数变化的主要影响因素,从而表现出西多东少、低处多高处少的变化特征,三江平原大部为650～700 h,松嫩平原大部地区在700 h以上。

(3)秋季

1971—2014年黑龙江全省秋季日照的变化范围为238～568 h,其中北部为238～568 h,西部为310～562 h,中部为269～536 h,东部为251～532 h,南部为288～533 h。

黑龙江省秋季日照时数44 a气候倾向率为0.4 h/(10 a),其中北部、西部、中部、东部和南部分别为1.3、1.2、−2.8、2.7和−1.1 h/(10 a),即秋季日照总体变化趋势为基本维持不变。

五个区域秋季日照时数年代际变化趋势不略有同。北部和东部20世纪70—90年代分别减少22 h和16 h,20世纪90年代至21世纪00年代分别升高27 h和40 h,21世纪00年代至21世纪10年代分别减少17 h和30 h。西部、中部和南部20世纪70年代至20世纪80年代增加6 h(西部)～16 h(南部),20世纪80—90年代减少16 h(南部)～28 h(中部),20世纪90年代至21世纪00年代增加16 h(南部)～27 h(中部),21世纪00—10年代减少30 h(南部)～47 h(中部)。南部20世纪70—80年代日照时数保持稳定,80—90年代降低0.1 h,20世纪90年代至21世纪00年代升高0.6 h,21世纪00—10年代升高0.4 h。

秋季日照时数地理气候学方程为

$$S_{au}=1771.3-7.7\lambda-7.6\varphi-9.4H \tag{1.46}$$

式中:S_{au}为秋季日照时数(h);φ和λ分别为纬度和经度(°);H为海拔高度(100 m);方程复相关系数$R=0.69$,达极显著性水平。黑龙江省秋季日照受纬度影响增加,总体表现为南多北少、西多东少、低处多高处少,三江平原大部为400～450 h,松嫩平原大部地区在400 h以上。

(4)冬季

1971—2014年黑龙江全省冬季日照的变化范围为228～912 h,其中北部为449～850 h,西部为477～912 h,中部为414～852 h,东部为228～895 h,南部为324～910 h。

黑龙江省冬季日照时数44 a气候倾向率为−9.1 h/(10 a),其中北部、西部、中部、东部和南部分别为−6.8、−6.4、−9.9、−3.7和−19.0 h/(10 a),即冬季日照时数以平均3.7～19.0 h/(10 a)的速度减少。

五个区域冬季日照时数年代际变化趋势有所不同。北部20世纪70—80年代减少38 h,20世纪80年代至21世纪00年代增加7 h,21世纪00—10年代减少25 h。西部、中部和南部20世纪70年代至21世纪10年代减少26 h(西部)～75 h(南部)。东部20世纪70—90年代减少32 h,20世纪90年代至21世纪00年代增加15 h,21世纪00—10年代减少2 h。

冬季日照时数地理气候学方程为

$$S_{wi}=1935.3-5.6\lambda-7.6\varphi-10.1H \tag{1.47}$$

式中：S_{wi}为冬季日照时数(h)；φ 和 λ 分别为纬度和经度(°)；H 为海拔高度(100 m)；方程复相关系数 R=0.77，达极显著性水平。黑龙江省冬季日照受纬度影响增加，总体表现为低处多高处少，松嫩平原多三江平原少，三江平原大部为 650～700 h，松嫩平原大部地区在 700 h 以上。

1.2.6.2　全年

1971—2014 年黑龙江全省年日照时数的变化范围为 1774～3239 h，其中北部为 1799～3084 h，西部为 2062～3239 h，中部为 1909～3078 h，东部为 1855～3013 h，南部为 1774～3055 h。

黑龙江省年日照时数 44 a 气候倾向率为 －30.1 h/(10 a)，其中北部、西部、中部、东部和南部分别为 －12.1、－34.6、－43.8、－4.9 和 －59.5 h/(10 a)，即年日照时数以平均 4.9～59.5 h/(10 a)的速度减少。

五个区域年平均日照时数年代际变化趋势略有不同。北部 20 世纪 70—80 年代减少 122 h，20 世纪 80 年代至 21 世纪 00 年代增加 93 h，21 世纪 00—10 年代减少 134 h。西部和东部 20 世纪 70—90 年代分别减少 99 h 和 126 h，20 世纪 90 年代至 21 世纪 00 年代分别增加 51 h 和 113 h，21 世纪 00 年代至 21 世纪 10 年代分别减少 77 h 和 95 h。中部和南部 20 世纪 70 年代至 21 世纪 10 年代分别减少 231 h 和 227 h。

年日照时数的地理气候学方程为

$$S_y = 8045.0 - 11.1\lambda - 38.2\varphi - 55.5H \tag{1.48}$$

式中：S_y为年日照时数(h)；φ 和 λ 分别为纬度和经度(°)；H 为海拔高度(100 m)；方程复相关系数 R=0.77，达极显著性水平。黑龙江省年日照时数随着纬度和经度增大及海拔升高而减少，总体表现为南多北少、西多东少、低处多高处少，三江平原大部为 2300～2500 h，松嫩平原大部地区在 2600 h 以上。

1.2.6.3　生长季

1971—2014 年黑龙江全省生长季日照的变化范围为 890～1826 h，其中北部为 959～1788 h，西部为 934～1826 h，中部为 1003～1788 h，东部为 890～1767 h，南部为 986～1769 h。

黑龙江省生长季日照时数 44 a 气候倾向率为 －15.7 h/(10 a)，其中北部、西部、中部、东部和南部分别为 －3.8、－23.8、－25.2、0.2 和 －28.7 h/(10 a)。可见，黑龙江省生长季日照时数的总体变化趋势为东部基本不变，北部减少缓慢，西部、中部和南部以平均 23.8～28.7 h/(10 a)的速度快速减少。

黑龙江省 1971—2014 年生长季日照的 Mann-Kendall 检验结果如图 1.10。从图 1.10 可以看出，全省的 UF 曲线在波动中先上升后下降，但这种趋势未能超过置信水平，UF 线在置信区间内与 UB 线有 4 个交点(1981—1982 年间，2004—2005 年间，2006 年，2012 年)。全省生长季日照累积距平分析表明，1971—2014 年黑龙江省生长季日照经历了明显的升降变化，1971—1982 年日照呈增多趋势，1983—1998 年日照在波动中下降，1999—2014 年日照经历了两次小幅的上升下降波动变化，由此推断，1982 年，2011 年和 2011 年可能是日照发生突变的年份。结合两种方法分析结果，判断黑龙江省生长季日照在 1982 年和 2011—2012 年间发生了由多到少突变。从各地区 1971—2014 年生长季日照变化的情况看，北部在 1980 年和 2012 年发生由多向少的突变，1999 年发生由少向多的突变；西部 1983 年发生由多向少的突变；中部在 1982—1983 年发生由多向少的突变；东部在 1981 年发生有多向少的突变，2003 年发生由少向多的突变；南部在 1982 年和 2001 年发生由多向少的突变。

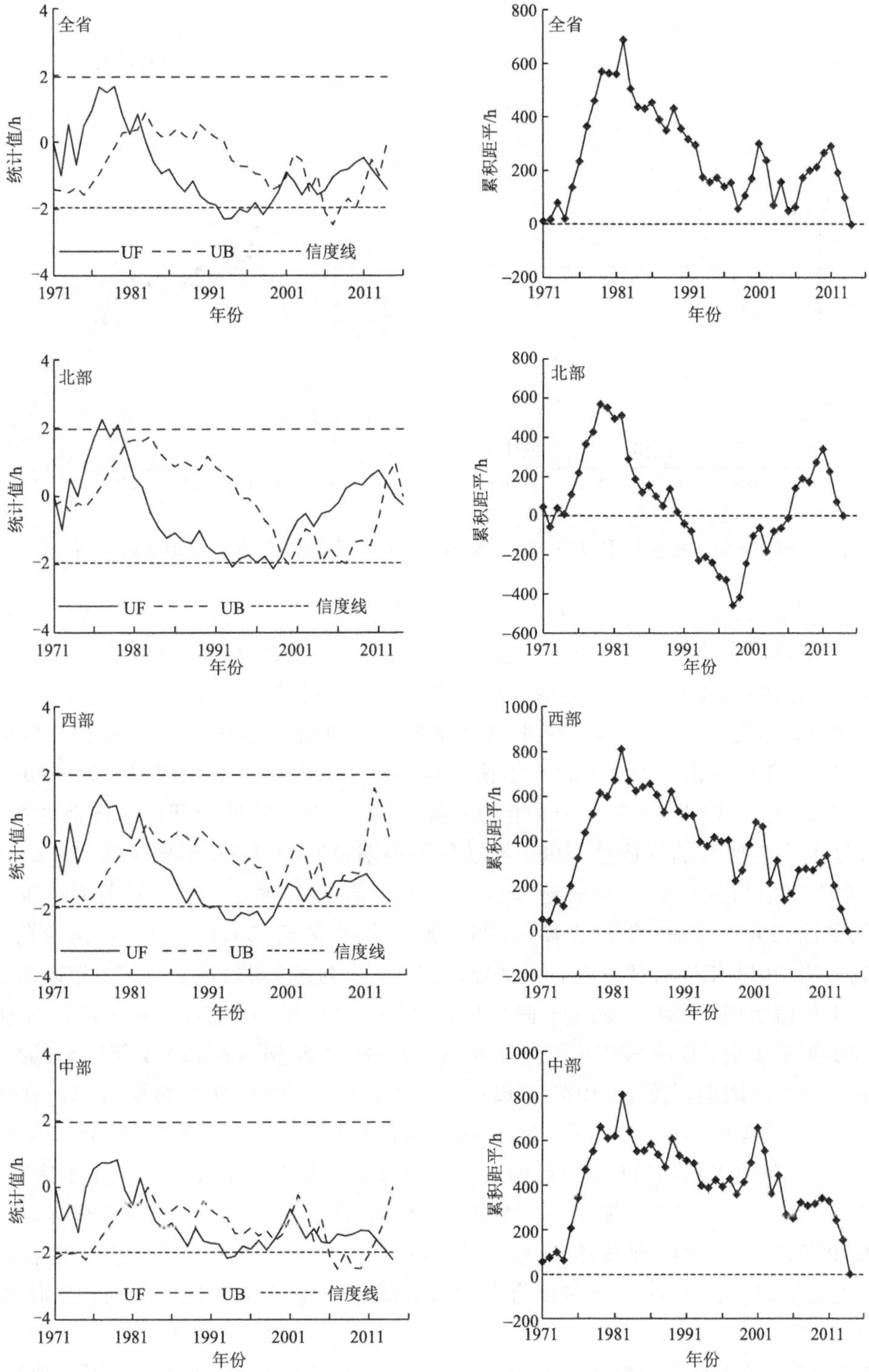

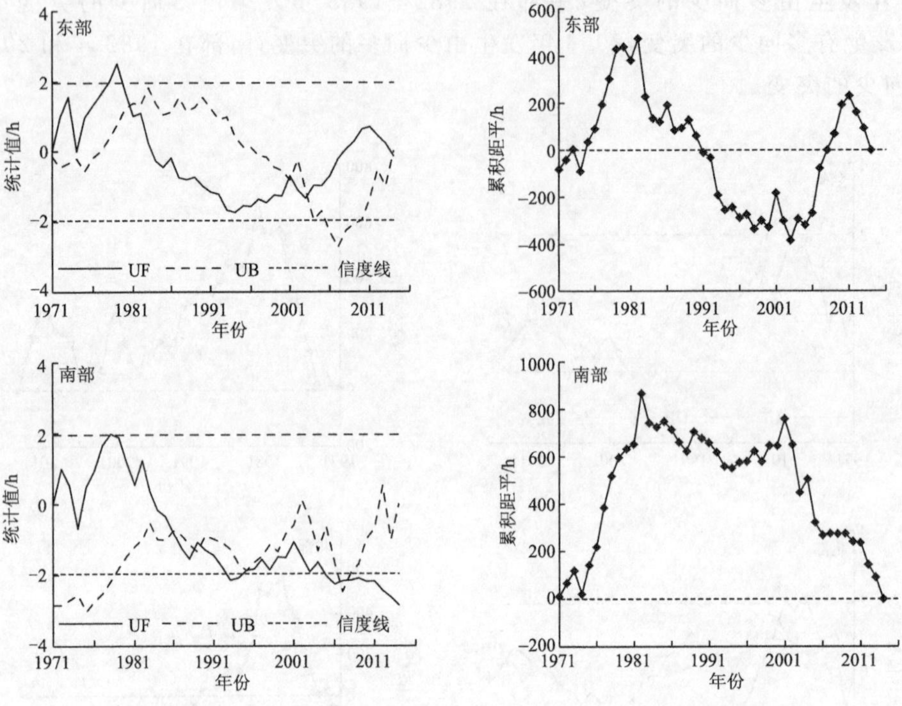

图 1.10　黑龙江省生长季日照 Mann-Kendall 突变曲线(左列)和累积距平曲线(右列)

图 1.11 是近 40 年来黑龙江全省平均及各区域生长季日照时数小波系数等值线图。从图 1.11 可以看出,日照时数在 10 a 以下尺度,周期振荡剧烈,表现为没有明显的规律,随着时间尺度的增加,在 10a 以上尺度周期振荡区域平缓,规律比较清晰。在 10～14 a 时间尺度上,全省平均日照时数经历了由少—多 4 个半循环交替。1974 年以前偏少期,1974—1980 年偏多期,1980—1986 年偏少期,1986—1990 年偏多期,1990—1996 年偏少期,1996—2001 年偏多期,2001—2005 年偏少期,2005—2011 年偏多期,2011 年以后的偏少期。北部地区在 25 a 以上时间尺度上表现明显的规律性,1980 年以前偏多期,1980—1996 年偏少期,1996—2009 年偏多期,2009 年以后偏少期。西部地区在 10～14 a 时间尺度上,1974 年前偏少期,1974—1981 年偏多期,1981—1996 年偏少期,1996—2001 年偏多期,2001—2005 年偏少期,2005—2011 年偏多期,2011 年以后偏少期。中部地区在 10～14 a 时间尺度上,1974 年以前偏少期,1974—1981 年偏多期,1981—1987 年偏少期,1987—1990 年偏多期,1990—1996 年偏少期,1996—2001 年偏多期,2001—2006 年偏少期,2006—2011 年偏多期,2011 年以后偏少期。东部地区在 10～14 a 时间尺度上,1974 年以前偏少期,1974—1981 年偏多期,1981—1986 年偏少期,1986—1990 年偏多期,1990—1996 年偏少期,1996—2000 年偏多期,2000—2004 年偏少期,2004—2011 年偏多期,2011 年以后偏少期。南部地区在 10～15 a 时间尺度上表现为 1974 年以前偏少期,1974—1982 年偏多期,1982—1993 年偏少期,1993—2001 年偏多期,2001—2007 年偏少期,2007—2011 年偏多期,2011 年以后的偏少期。总体来看,黑龙江省生长季日照时数小波等值线将在 2014 年仍未闭合且均为负值,预测在未来一段时间内日照时数仍将处于偏少期。

图 1.12 是生长季日照时数小波方差。从图 1.12 可以看出,全省平均及五个地区分别有

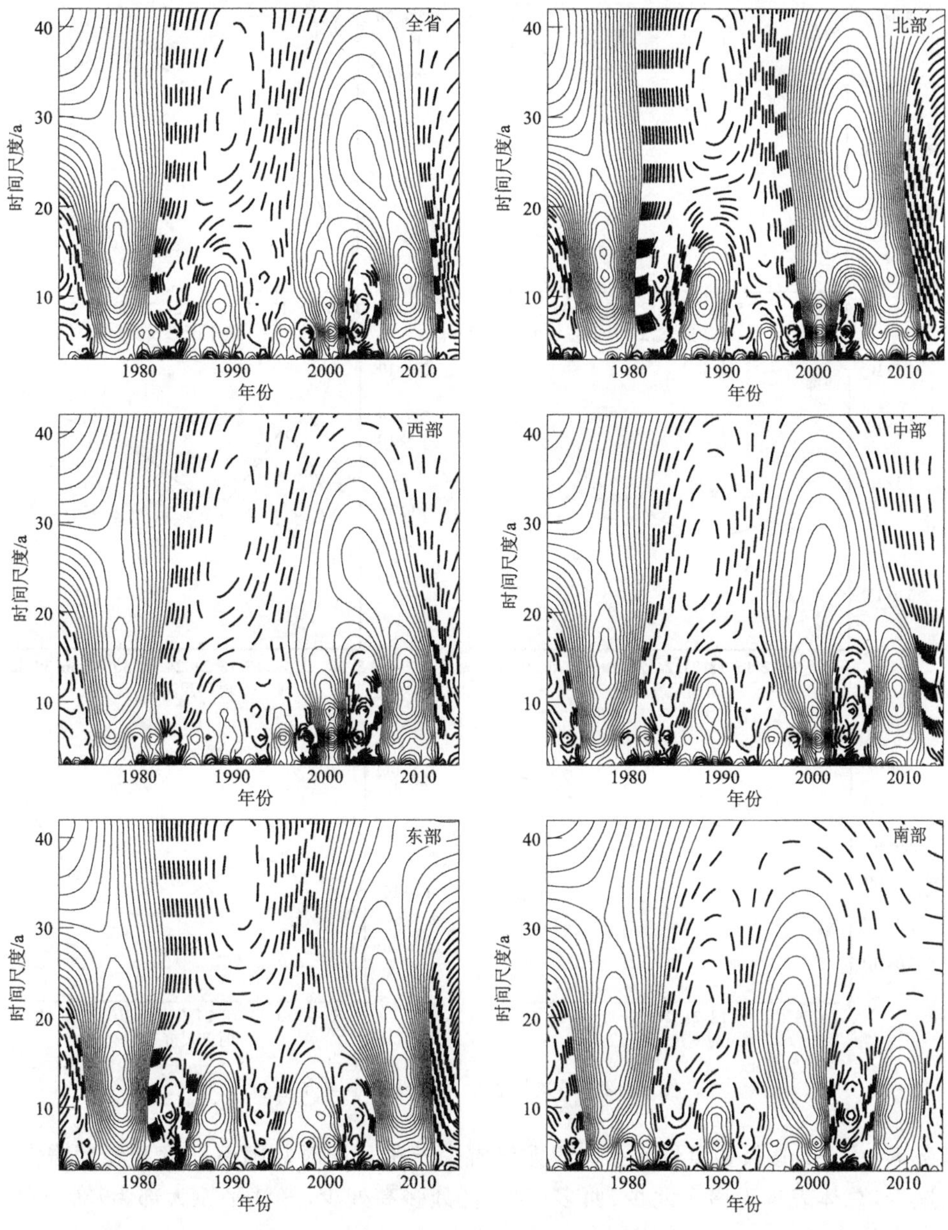

图 1.11　黑龙江省生长季日照时数小波

1 个小波方差峰值，分别为全省平均对应 12 a，北部 30a，西部 12 a，中部 12 a，东部 12 a，南部 15 a。即全省平均、西部、中部和东部地区生长季日照时数周期为 12 a，北部地区周期为 30 a，南部地区周期为 15 a。结合周期分析，预测北部地区 2014 年以后 20 a 左右日照时数仍将偏少，其他地区 2014 年后 6～9 a 日照时数将偏少。

生长季日照时数的地理气候学方程为

$$S_{cgs}=4922.1-5.2\lambda-24.9\varphi-40.1H \tag{1.49}$$

式中：S_{cgs} 为生长季日照时数(h)；φ 和 λ 分别为纬度和经度(°)；H 为海拔高度(100 m)；方程复

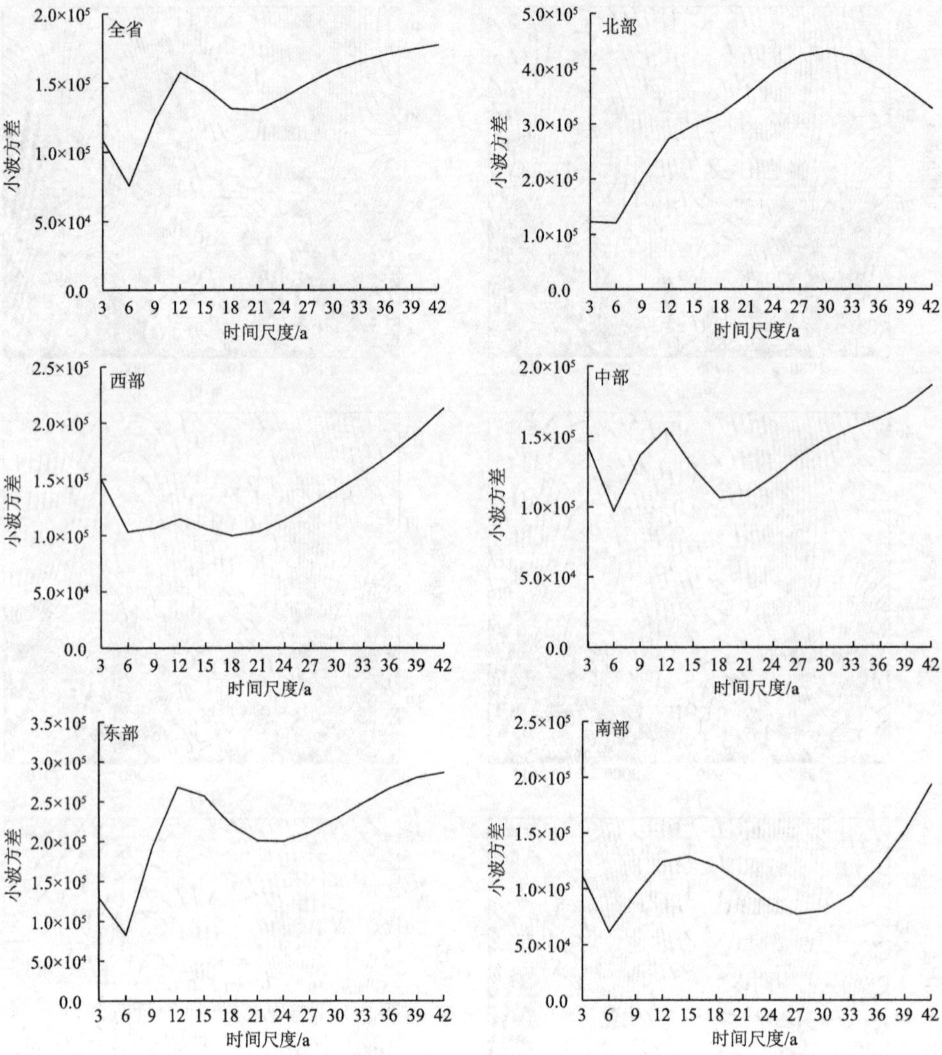

图 1.12　黑龙江省生长季日照小波方差

相关系数 $R=0.72$，达极显著性水平。黑龙江省生长季日照时数随着纬度和经度增大及海拔升高而减少，总体表现为南多北少、西多东少、低处多高处少，三江平原大部为1300～1400 h，松嫩平原大部地区在 1400 h 以上。

1.2.7　未来气候情景

本书使用的未来情景数据为 BCC_CSM1.1 模式的模拟结果，此模式为一个大气—海洋—陆面—海冰耦合的全球气候耦合模式，水平分辨率为 T42，网格距约为 2.8°，研究时长为 2016—2060 年，共 45 a，基准时段为 1951—2005 年。选用 RCP8.5 和 RCP4.5 二个典型浓度路径未来情景，RCP 后的数字代表该情景在 2100 年达到的辐射强度分别约为 8.5 W/m² 和 4.5 W/m²。

1.2.7.1　平均气温

以基准时段为参考，2 种气候情景未来 45 年内各时段平均气温均呈现升高趋势，且秋季和冬季升温幅度大，春季和夏季升温幅度小，RCP8.5 情景较 RCP4.5 情景升高幅度大。同时，在 2016—2060 年间，2 种模式下不同时段的平均气温均以不同的速率不断升高。

1.2.7.2 降水

以基准时段为参考，2 种气候情景未来 45 年内全省平均年降水量有所增加，其中以冬季和春季为增加趋势，夏季为减少趋势，RCP4.5 情景秋季和作物生长季均减少，RCP8.5 情景秋季增加，作物生长季几乎无变化。同时，在 2016—2060 年间，RCP8.5 情景下四季降水量总体变化趋势均为缓慢增加，RCP4.5 情景下冬季和夏季的总体变化趋势为逐渐减少，春季和秋季为缓慢增加，全年仍表现为逐渐减少的趋势。

1.2.7.3 辐射

以基准时段为参考，2 种气候情景未来 45 年内夏季和秋季有所增加，春季和冬季减少，全年和生长季总体均表现为增加趋势，其中 RCP8.5 情景较 RCP4.5 情景增加幅度大。同时，在 2016—2060 年间，RCP8.5 情景下除秋季和生长季总体趋势为缓慢增加外，春季、夏季、冬季及全年均为减少趋势；RCP4.5 情景下冬季和夏季的总体变化趋势为逐渐减少，春季和秋季为增加趋势，全年及生长季仍表现为逐渐减少的趋势。

1.2.7.4 负积温

与基准时段比较，2 种气候情景下未来 45 年负积温均有显著增加，且 RCP8.5 情景较 RCP4.5 情景增加幅度大。同时，在 2016—2060 年间，2 种气候情景下负积温的总体变化趋势为逐渐增加，RCP8.5 情景较 RCP4.5 情景增加速度快。

1.2.7.5 小结

通过上述分析可知，在未来 45 年间，无论哪种气候情景，黑龙江省气候的总体变化趋势均为暖湿化，且以冬季气温升高最为明显。年总降水量虽然有增加趋势，但是年内各季节间分布不均，作物生长季降水量表现为不变或减少趋势，加之同时段平均气温升高，故对作物生长存在一定不利影响。

第 2 章　农业气象监测评估方法

2.1　监测评估产品制作方法

本节主要介绍农业气象监测产品和预测产品的制作方法流程及发布规范[1]。

2.1.1　监测产品

农业气象监测产品包括农业气象旬报、农业气象月报、生态与农业气象信息、农业气象情报、土壤水分监测公报等。

制作方法包括对比分析,统计模型、经验指标分析等。

产品结构包括提要、前期气候概况、监测结果概况、影响评价、未来天气趋势预报、生产建议等:

①提要:简明扼要的概括本期产品监测内容、影响及结论。

②前期气候概况:概述前期的平均气温、平均气温距平,降水总量、总日照时数、大风、积温及其与历年同期的比较。旬、月报要简述主要天气过程及出现日期。分布图可用等值线图、曲线图或直方图表示。如果出现灾情,则概述对农业生产有影响的气象灾害种类、灾害出现时间、发生程度、影响区域及造成的损失。

③监测结果概况:简明扼要的阐述监测结果、监测结果与历史同期的对比。

④影响评价:分析气温、降水、日照条件对农业生产影响及利弊。

⑤未来天气趋势预报:简述未来气温、降水等趋势预报结论,对未来气象条件对农业生产的利弊影响进行预评估。

⑥生产建议:根据下一旬、月、季、年天气气候预测或农业年景展望,结合农业生产对气象条件的要求与反应,提出行之有效的、内容具体的农业生产对策和建议。

2.1.1.1　农作物长势监测

农作物长势监测产品的发布形式如下。

(1)农业气象旬报、农业气象月报

①发布时间

4 月 20 日—9 月 30 日时段内,对旬(月)内农作物的生长状况进行监测,并在下一旬初(月初)对监测结果进行发布。

②监测内容

监测内容包括大宗农作物的发育进程、发育程度、植株高度、植株密度、生长状况等。

③制作方法

对比分析,气候模型分析等。

④产品内容

利用地面实时监测资料,依据不同监测指标(如生育期延迟天数指标(表 2.1),安全抽雄

(穗)期指标(表 2.2)、评估方法,分析不同区域的作物发育进程的早晚、长势的优劣。结合天气预报等信息,对未来气象条件如何影响农作物生长发育做出预测,对秋季作物能否安全成熟做出评估,并以此为基础决定是否提出促早熟等建议和措施。

表 2.1　玉米、水稻生育期延迟天数指标

低温冷害类型等级	玉米				水稻			
	作物发育期	开始日期(月-日)	结束日期(月-日)	生育期延迟天数/d	作物发育期	开始日期(月-日)	结束日期(月-日)	生育期延迟天数/d
一般延迟型	出苗—七叶期	5-12	6-21	4～5	返青—分蘖期	6-01	6-30	3～5
严重延迟型	出苗—七叶期	5-12	6-21	＞5	返青—分蘖期	6-01	6-30	＞5
一般延迟型	出苗—抽雄期	5-12	7-31	5～6	返青—抽穗期	6-01	8-11	4～6
严重延迟型	出苗—抽雄期	5-12	7-31	＞6	返青—抽穗期	6-01	8-11	＞6
一般延迟型	出苗—乳熟期	5-12	8-31	6～7	返青—乳熟期	6-01	8-31	4～6
严重延迟型	出苗—乳熟期	5-12	8-31	＞7	返青—乳熟期	6-01	8-31	＞6
一般延迟型	出苗—成熟期	5-12	9-30	6～8	返青—成熟期	6-01	9-30	6～7
严重延迟型	出苗—成熟期	5-12	9-30	＞8	返青—成熟期	6-01	9-30	＞7

表 2.2　安全抽雄(穗)期指标

低温冷害类型	玉米(抽雄)	水稻(抽穗)			
	抽雄日期	早熟品种	中熟品种	中晚熟品种	晚熟品种
一般延迟型	7 月 28 日之前	7 月 25 日—8 月 5 日	8 月 5 日—8 月 8 日	8 月 8 日—8 月 10 日	8 月 11 日—8 月 16 日
严重延迟型	8 月 1 日之前				

产品一般包括摘要、前期气象条件分析、农作物长势评估及农业生产的影响分析、未来时段天气条件对农作物长势的可能影响、生产措施及减灾生产建议。要求摘要重点突出、归纳合理、概括准确;分析内容观点明确、逻辑性强;生产建议合理、适用、具有针对性。

⑤发布对象

发布对象包括:省委、省政府、农村、涉农企业、专业户、上下和同级业务及管理部门。

(2)生态与农业气象信息、农业气象情报

①发布时间

4 月 20 日—9 月 30 日时段内,对当前所处关键生育期内农作物的生长状况进行定期(生态与农业气象信息)、不定期(农业气象情报)监测,并发布监测结果,其中生态与农业气象信息在下一旬初发布,农业气象情报为不定期发布。

②监测内容

监测内容包括大宗农作物的发育进程、发育程度、植株高度、植株密度、生长状况等。

③制作方法

对比分析,气候模型分析等。

④产品内容

利用地面实时监测资料,依据不同监测指标(如生育期延迟天数指标,安全抽穗期指标等)、评估方法,分析不同区域的作物发育进程的早晚、长势的优劣。结合天气预报等信息,对未来气象条件如何影响农作物生长发育做出预测,对秋季作物能否安全成熟做出评估,并以此为基础决定是否提出促早熟等建议和措施。

产品一般包括摘要、前期气象条件分析、农作物长势评估及农业生产的影响分析、未来时段天气条件对农作物长势的可能影响、生产措施及减灾生产建议。要求摘要重点突出、归纳合理、概括准确；分析内容观点明确、逻辑性强；生产建议合理、适用、具有针对性。

⑤发布对象

发布对象包括：省委、省政府、农村、涉农企业、专业户、上下和同级业务及管理部门。

2.1.1.2 农作物生育期气象条件监测

气象条件监测的产品形式包括：

(1)旬(月)气象条件监测(农业气象旬报、农业气象月报)

①发布时间

4 月 20 日—9 月 30 日时段内，对旬(月)内气象条件进行监测，并在下一旬初(月初)对监测结果进行发布。

②监测内容

监测内容包括旬(月)内的平均气温、有效积温、降水量、日照时数、大风日数等气象因子。

③制作方法

对比分析，气候模型分析等。

④产品内容

依据监测结果，结合历史数据、灾害指标、适宜度指标等，评价气象条件对农作物生长发育的影响，并提出相关生产建议和措施。结合天气预报等信息，对未来气象条件如何影响农作物生长发育做出预测，对秋季作物能否安全成熟做出评估，并以此为基础决定是否提出促早熟等建议和措施。

产品一般包括摘要、前期气象条件分析、气象条件对农业生产的影响分析、未来时段天气条件对农作物长势的可能影响、生产措施及减灾生产建议。要求摘要重点突出、归纳合理、概括准确；分析内容观点明确、逻辑性强；生产建议合理、适用、具有针对性。

⑤发布对象

发布对象包括：省委、省政府、农村、涉农企业、专业户、上下和同级业务及管理部门。

(2)农作物关键生育期气象条件监测(生态与农业气象信息、农业气象情报)

①发布时间

4 月 20 日—9 月 30 日时段内，对农作物关键生育期气象条件进行定期(生态与农业气象信息)、不定期(农业气象情报)监测，并发布监测结果，其中生态与农业气象信息在下一旬初发布，农业气象情报为不定期发布。

②监测内容

监测内容包括农作物关键生育期内的平均气温、有效积温、降水量、日照时数、大风日数等气象因子。

③制作方法

对比分析，气候模型分析等。

④产品内容

依据监测结果，结合历史数据、灾害指标、适宜度指标等，评价气象条件对农作物生长发育的影响，并提出相关生产建议和措施。结合天气预报等信息，对未来气象条件如何影响农作物生长发育做出预测，对秋季作物能否安全成熟做出评估，并以此为基础决定是否提出促早熟等建议和措施。

产品一般包括摘要、前期气象条件分析、气象条件对农业生产的影响分析、未来时段天气条件对农作物长势的可能影响、生产措施及减灾生产建议。要求摘要重点突出、归纳合理、概括准确；分析内容观点明确、逻辑性强；生产建议合理、适用、具有针对性。

⑤发布对象

发布对象包括：省委、省政府、农村、涉农企业、专业户、上下和同级业务及管理部门。

2.1.1.3　土壤水分监测

(1)监测时间

黑龙江省气象部门在每年的 2 月 28 日—11 月 8 日进行土壤水分监测，具体的观测时间为每旬的第 8 日(8 日、18 日、28 日)，监测结果发布时间为每旬的最后一日(10 日、20 日、30 日或 31 日)，根据具体情况可酌情推迟到下一旬 1 日进行发布。如出现旱、涝灾情，影响到农作物正常生长，黑龙江省气象部门通常会启动加密观测，观测时间为每旬的第 3 日(3 日、13 日、23 日)，监测结果发布时间为每旬的第 5 日(5 日、15 日、25 日)，根据具体情况可酌情推迟到每旬的第 6 日进行发布。

黑龙江省气象科学研究所通过多年摸索实践，总结出一套适合于本省的旱涝指标，该标准以土壤相对湿度作为评判标准(表 2.3)。

表 2.3　旱涝指标

旱涝等级	重旱	轻旱	正常	偏涝
土壤相对湿度/%	≤50	50～70	70～90	>90

(2)编制内容

一般包括摘要、前期气象条件分析、未来时段气候变化趋势对土壤墒情变化及农牧业生产利弊影响、适时生产建议。要求摘要重点突出、归纳合理、概括准确；分析内容观点明确、逻辑性强；生产建议合理、适用、具有针对性。

(3)分析内容

利用地面实时监测资料，依据土壤墒情监测、评估方法和墒情等级指标，针对主要气象条件对不同区域土壤墒情的变化影响，给出墒情等级和影响区域分析结果。通过分析，给出土壤墒情等值线着色分析图，结合下一时段气候预测信息，重点阐述土壤墒情可能变化对农业生产的利弊影响。

(4)生产建议

根据前期土壤墒情分析评估结果，给出具体措施和生产建议。

2.1.1.4　农业气象灾害监测

(1)水稻障碍型冷害监测

①发布形式

生态与农业气象信息、农业气象情报、农业气象旬报和农业气象月报。

②监测时间

穗分化期或称孕穗期(一般在 7 月中旬至 7 月下旬)、抽穗开花期(一般处于 7 月、8 月上旬前后)，水稻对低温较为敏感，这两个时期出现较强降温天气，会对生殖器官的形成、发育及结实造成严重影响，产生障碍型冷害，减产幅度10%以上，严重年份减产50%以上。在水稻孕穗期期间的20 d内，如果有连续2 d以上日平均气温低于17 ℃，则会发生一般程度的孕穗期障碍型冷害；水稻开花期间连续2 d以上日平均气温低于18 ℃左右，也会发生一般程度的花期障碍型冷害。不同品种熟区水稻障碍型冷害监测指标见表2.4。

表2.4 水稻障碍型冷害日平均气温及其持续期监测指标

等级	早熟区		中熟区		晚熟区	
	孕穗期	开花期	孕穗期	开花期	孕穗期	开花期
轻度	连续2 d的T_a≤16.0 ℃	连续3 d的T_b≤18.0 ℃，或连续2 d的T_b≤17.0 ℃	连续2 d的T_a≤17.0 ℃	连续3 d的T_b≤19.0 ℃，或连续2 d的T_b≤18.0 ℃	连续2 d的T_a≤17.5 ℃	连续3 d的T_b≤19.5 ℃，或连续2 d的T_b≤18.5 ℃
中度	连续3 d的T_a≤16.0 ℃，或连续2 d的T_a≤15.0 ℃	连续4 d的T_b≤18.0 ℃，或连续3 d的T_b≤17.0 ℃，或连续2 d的T_b≤16.0 ℃	连续3 d的T_a≤17.0 ℃，或连续2 d的T_a≤16.0 ℃	连续4 d的T_b≤19.0 ℃，或连续3 d的T_b≤18.0 ℃，或连续2 d的T_b≤17.0 ℃	连续3 d的T_a≤17.5 ℃，或连续2 d的T_a≤16.5 ℃	连续4 d的T_b≤19.5 ℃，或连续3 d的T_b≤18.5 ℃，或连续2 d的T_b≤17.5 ℃
重度	连续4 d以上T_a≤16.0 ℃，或连续3 d以上T_a≤15.0 ℃	连续5 d以上T_b≤18.0 ℃，或连续4 d以上T_b≤17.0 ℃，或连续3 d以上T_b≤16.0 ℃	连续4 d以上T_a≤17.0 ℃，或连续3 d以上T_a≤16.0 ℃	连续5 d以上T_b≤19.0 ℃，或连续4 d以上T_b≤18.0 ℃，或连续3 d以上T_b≤17.0 ℃	连续4 d以上T_a≤17.5 ℃，或连续3 d以上T_a≤16.5 ℃	连续5 d以上T_b≤19.5 ℃，或连续4 d以上T_b≤18.5 ℃，或连续3 d以上T_b≤17.5

注：T_a为抽穗前20 d内的日平均气温，T_b为抽穗后10 d内的日平均气温。

③制作方法

利用地面实时监测资料，依据监测指标、评估方法，分析不同区域的障碍型冷害等级和影响。结合下一时段气温变化等预报预测信息，重点阐述未来时段障碍型冷害发生、发展、加重区域，对水稻生产的影响。

产品一般包括摘要、前期气象条件分析、适时灾情评估及农业生产的影响分析、未来时段灾情变化趋势可能影响预警、生产措施及减灾生产建议。要求摘要重点突出、归纳合理、概括准确；分析内容观点明确、逻辑性强；生产建议合理、适用、具有针对性。

④发布对象

水稻障碍型冷害监测产品的发布对象包括：省委、省政府、农村、涉农企业、专业户、上下和同级业务及管理部门。

(2)水稻延迟型冷害监测

①发布形式

生态与农业气象信息、农业气象情报、农业气象旬报和农业气象月报。

②监测时间

水稻从移栽至成熟阶段(一般为5—9月)出现持续性低温，会导致生长季积温短缺，生长发育进程明显推迟，致使秋霜前不能完全成熟，导致明显减产，即发生水稻延迟型冷害。

水稻延迟型冷害监测从水稻移栽即开始，到水稻成熟结束。目前水稻延迟型冷害监测产品中应用的监测指标包括：气温距平指标、积温指标、低温指数指标、P 指数指标。

气温距平指标：《北方水稻低温冷害等级：GB/T 34967—2017》中规定，以 5—9 月平均和的距平值作为冷害的划分指标，在不同的热量区域（早熟区、中熟区、晚熟区，即表 2.5 中 5—9 月平均气温和的多年平均值所对应的地区），冷害指标不同，具体指标见表 2.5，表中 ΔT_{5-9} 为 5—9 各月平均气温之和的距平值，利用该指标，首先要根据 5—9 月平均气温之和的多年平均值确定早熟区、中熟区、晚熟区，然后再利用 ΔT_{5-9}，确定是否发生轻度、中度、严重冷害或没有冷害。该指标体系以 5—9 月平均气温高低为基础，将水稻延迟型冷害分为轻度、中度、严重三级，是适应现代水稻种植的延迟型冷害指标。

表 2.5　水稻延迟型冷害监测指标 ΔT_{5-9}　单位：℃

等级	早熟区		中熟区		晚熟区	
	≤83	83～88	88～93	93～98	98～103	>103
轻度冷害	−1.0～−1.5	−1.4～−1.9	−1.7～−2.1	−1.9～−2.6	−2.4～−3.1	−2.9～−3.6
中度冷害	−1.5～−2.0	−1.9～−2.2	−2.1～−2.6	−2.6～−3.2	−3.1～−3.8	−3.6～−4.2
严重冷害	<−2.0	<−2.2	<−2.6	<−3.2	<−3.8	<−4.2

积温指标：取水稻生长季≥10 ℃活动积温距平作为水稻延迟型低温冷害监测指标。水稻熟性分区标准见表 2.6，水稻延迟型低温冷害积温距平监测指标见表 2.7。

表 2.6　熟性分区标准　单位：℃ · d

品种区域	移栽—安全齐穗期≥10 ℃活动积温	移栽—安全成熟期≥10 ℃活动积温
早熟区	1432	2185
中熟区	1530	2380
晚熟区	1600	2490

表 2.7　水稻延迟型低温冷害积温距平监测指标　单位：℃ · d

等级	早熟区		中熟区		晚熟区	
	移栽—安全齐穗期	移栽—安全成熟期	移栽—安全齐穗期	移栽—安全成熟期	移栽—安全齐穗期	移栽—安全成熟期
轻度	$-50 \leqslant \Delta\sum T_{10} < -40$	$-60 \leqslant \Delta\sum T_{10} < -50$	$-60 \leqslant \Delta\sum T_{10} < -50$	$-70 \leqslant \Delta\sum T_{10} < -60$	$-70 \leqslant \Delta\sum T_{10} < -60$	$-80 \leqslant \Delta\sum T_{10} < -70$
中度	$-60 \leqslant \Delta\sum T_{10} < -50$	$-70 \leqslant \Delta\sum T_{10} < -60$	$-70 \leqslant \Delta\sum T_{10} < -60$	$-80 \leqslant \Delta\sum T_{10} < -70$	$-80 \leqslant \Delta\sum T_{10} < -70$	$-90 \leqslant \Delta\sum T_{10} < -80$
严重	$\Delta\sum T_{10} < -60$	$\Delta\sum T_{10} < -70$	$\Delta\sum T_{10} < -70$	$\Delta\sum T_{10} < -80$	$\Delta\sum T_{10} < -80$	$\Delta\sum T_{10} < -90$

低温指数指标：王艳华等[2]基于作物在其生长发育过程中对气温耐受性的差异，定义了一个度量低温事件的综合指标：持续低温指数（consecutive cold day index，CCDI）。CCDI 综合考虑了作物不同生长阶段对气温耐受力的差异和低温持续时间对其生长发育的影响，能够较好地反映极端低温事件对作物的影响，而且研究发现 CCDI 与作物产量的波动密切相关。参

考王艳华等[2]的研究成果，综合考虑水稻的发育期和生育特性，假定5月21—9月30日为水稻于自然环境下生长发育的生长季，将持续低温指数CCDI定义为水稻普遍意义的水稻生长季(5月20—9月30日)多年日平均最低气温与对应日最低气温之差超过3 ℃，且持续3 d以上的日总数。CCDI用以下公式判识：

$$Y_0=\begin{cases}1 & T_i-\overline{T}_i<-3 \quad \text{连续 3 d 以上}\\ 0 & T_i-\overline{T}_i\geqslant-3 \text{ 或 } T_i-\overline{T}_i<-3 \quad \text{连续 2 d 以下}\end{cases} \tag{2.1}$$

$$I_{\mathrm{CCDI}}=\sum Y_0 \tag{2.2}$$

式中：Y_0为某站某年水稻移栽—成熟期内CCDI的单日数；I_{CCDI}为某站某年持续低温指数总日数；T_i为某观测站某年作物生长期内第i日最低气温；$\overline{T}_i$为某观测站某年作物生长期内第i日1971—2000年日最低气温平均值序列的5 d滑动值。

根据CCDI的定义，考虑不同区域气候特点及热量状况，参照5—9月平均气温距平指标判识结果，通过反复对比分析，初步建立CCDI冷害指标。将黑龙江稻作区分为2个区域，即Ⅰ区为黑龙江省的黑河大部、伊春地区、松嫩平原西部部分地区；Ⅱ区为黑龙江省中南大部。建立的CCDI指标如下：当某年CCDI>5 d时，Ⅱ区出现冷害，但若CCDI≤6 d则Ⅰ区不出现冷害；当某年CCDI>6 d时，Ⅰ区出现冷害，此时Ⅱ区也出现冷害。以此对不同区域进行冷害判识。

P指数指标：为实现水稻延迟型冷害动态的监测和预报，引入日积温概念，以7月31日、8月10日、8月20日、8月31日、9月10日、9月20日为中间节点，计算基于气温日变化与当量积温理论的6个时段积温和生长季积温，构建水稻延迟型冷害动态监测预测指标体系，P指标计算方法为

$$P=(T-\overline{T})/\overline{T}\times100\% \tag{2.3}$$

式中：P为某年某时段水稻积温与历史同期积温百分比；T为水稻生长季或时段积温；$\overline{T}$为近30 a生长季或时段积温。基于气温日变化的作物生长季积温计算方法为

$$T=\sum\sum_{i=1}^{n}(t_i\times\gamma)/n \tag{2.4}$$

式中：T为水稻生长季积温；t_i为一天中i时刻的气温；γ为水稻温强系数，n为一天24 h。以日最高气温和日最低气温模拟气温日变化时，假设：①当日最高气温比最低气温晚12 h，最高气温出现12 h也是次日最低气温出现的时间；②气温从最低值至最高值及从最高值至最低值的时段内按正弦规律变化，计算公式为

$$t_i=\alpha\sin\omega_i+\beta \tag{2.5}$$

式中：t_i为i时刻的气温；α、β为模型参数；ω_i为i时刻对应的时角。

升温阶段：即从气温最低值至气温最高值公式为

$$t_i=\alpha\sin\left(\frac{3\pi}{2}+\frac{i\pi}{12}\right)+\beta \tag{2.6}$$

降温阶段：即从气温最高值至气温最低值公式为

$$t_i=\alpha\sin\left(\frac{5\pi}{2}+\frac{i\pi}{12}\right)+\beta \tag{2.7}$$

式中：$\beta=\dfrac{Yt_{\max}+Yt_{\min}}{2}$，取每小时间隔模拟一个气温值，即一天24 h模拟24个值，获得一天中的每小时的气温值。

在不同气温强度的水平下，水稻完成发育的活动积温与有效积温都不是个常数，图2.1中各点为水稻发育阶段中，气温与之对应的温强系数，进一步进行方程模拟，发现气温与温强系数呈极显著的二次曲线关系，假定无论籼稻或者粳稻，对同一气温的反应一致，利用方程可获得水稻生育阶段各气温对应的温强系数。

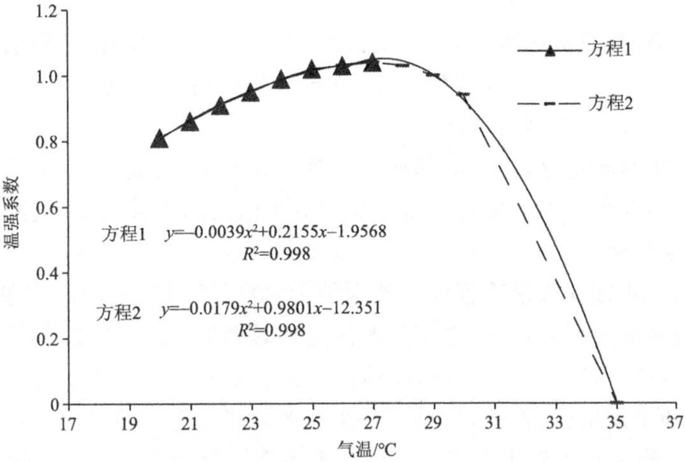

图2.1　水稻生育期间气温与温强系数的关系

基于日气温24 h变化和温强系数，即考虑一天当中气温的周期性变化，又遵循水稻对不同气温感应不同的生育特点，其获得的生长季积温，与作物生育特性紧密结合，使农学和生物学意义更为明确，能够反映出作物生长发育期间获得的热量程度，指示其是否发生了热量亏缺，可用于指导农业生产和防灾减灾。

根据《中国气象灾害大典·黑龙江卷》中关于冷害年的记载及各县市的水稻相对气象产量确定了水稻延迟型冷害监测P指数指标，见表2.8。为实现对水稻延迟型冷害的时时监测和预警，以7月31日为起报节点，可进行逐旬水稻延迟型冷害监测预警。

表2.8　水稻延迟型冷害监测P指数指标

程度		
轻度	中度	重度
$-4 \geqslant P > -7$	$-7 \geqslant P > -10$	$P \leqslant -10$

③制作方法

利用地面实时监测资料，依据不同监测指标、评估方法，分析不同区域的水稻障碍型冷害等级和影响。结合下一时段气温变化等预报预测信息，重点阐述未来时段水稻障碍型冷害发生、发展、加重区域，对水稻生产的影响。

产品一般包括摘要、前期气象条件分析、适时灾情评估及农业生产的影响分析、未来时段灾情变化趋势可能影响预警、生产措施及减灾生产建议。要求摘要重点突出、归纳合理、概括准确；分析内容观点明确、逻辑性强；生产建议合理、适用、具有针对性。

④发布对象

水稻延迟型冷害监测产品的发布对象包括：省委、省政府、农村、涉农企业、专业户、上下和同级业务及管理部门。

(3)玉米延迟型冷害监测

①发布形式

生态与农业气象信息、农业气象情报、农业气象旬报和农业气象月报。

②监测时间

黑龙江纬度较高、热量资源匮乏,玉米生长季(一般为5—9月)时常出现持续性低温,导致积温短缺,使得作物生长缓慢、发育期延迟,进而导致其在霜前不能正常成熟,造成产量降低,品质下降,即发生所谓的玉米延迟型冷害。

玉米延迟型冷害监测从播种期(南部地区4月下旬开始,北部地区5月1日前后开始。),至成熟期结束。目前玉米延迟型冷害监测产品中应用的监测指标包括:气温距平指标、积温距平指标、安全抽雄期指标。

气温距平指标:《北方春玉米冷害评估技术规范:QX/T 167—2012》中规定,以5—9月平均和的距平值作为冷害的划分指标,在不同的热量区域(即表2.9中5—9月平均气温和的多年平均值所对应的地区),冷害指标不同,具体指标见表2.9,表中ΔT_{5-9}为5—9月各月平均气温之和的距平值,利用该指标,首先要根据5—9月平均气温之和的多年平均值确定热量分区,然后再利用ΔT_{5-9},确定是否发生轻度、中度、严重冷害或没有冷害。该指标体系以5—9月平均气温高低为基础,将玉米延迟型冷害分为轻度、中度、严重三级,是适应现代玉米种植的延迟型冷害指标。

表2.9　玉米延迟型冷害监测指标 ΔT_{5-9}

等级	热量分区/℃					
	≤80	80～85	85～90	90～95	95～100	>100
轻度冷害	$-1.4<\Delta T_{5-9}\leqslant-1.1$	$-1.9<\Delta T_{5-9}\leqslant-1.4$	$-2.4<\Delta T_{5-9}\leqslant-1.7$	$-2.9<\Delta T_{5-9}\leqslant-2.0$	$-3.1<\Delta T_{5-9}\leqslant-2.2$	$-3.3<\Delta T_{5-9}\leqslant-2.3$
中度冷害	$-1.7<\Delta T_{5-9}\leqslant-1.4$	$-2.4<\Delta T_{5-9}\leqslant-1.9$	$-3.1<\Delta T_{5-9}\leqslant-2.4$	$-3.7<\Delta T_{5-9}\leqslant-2.9$	$-4.1<\Delta T_{5-9}\leqslant-3.1$	$-4.4<\Delta T_{5-9}\leqslant-3.3$
严重冷害	$\Delta T_{5-9}\leqslant-1.7$	$\Delta T_{5-9}\leqslant-2.4$	$\Delta T_{5-9}\leqslant-3.1$	$\Delta T_{5-9}\leqslant-3.7$	$\Delta T_{5-9}\leqslant-4.1$	$\Delta T_{5-9}\leqslant-4.4$

积温距平指标:《北方春玉米冷害评估技术规范:QX/T 167—2012》也规定了以≥10 ℃活动积温距平作为玉米延迟型低温冷害指标(表2.10)。

表2.10　玉米延迟型低温冷害积温距平(H_a)监测指标　　单位:℃·d

等级	早熟区	中熟区	晚熟区
出苗—七叶期	$H_a<-30$	$H_a<-35$	$H_a<-40$
出苗—抽雄期	$H_a<-40$	$H_a<-45$	$H_a<-50$
出苗—乳熟期	$H_a<-45$	$H_a<-50$	$H_a<-55$

安全抽雄期指标:马树庆等[3]的研究表明,尽管不同玉米品种所需热量条件差异较大,播种期和成熟期差异也较大,但如果在适宜的气候区种植,其抽雄期也基本相同或相近。研究表明如果7月28日前后还没有进入抽雄普遍期,很容易发生中、轻度低温冷害;如果8月1日前

后还没有进入抽雄普遍期，很容易发生严重低温冷害。

③制作方法

利用地面实时监测资料，依据不同监测指标、评估方法，分析不同区域的玉米延迟型冷害等级和影响。结合下一时段气温变化等预报预测信息，重点阐述未来时段玉米延迟型冷害发生、发展、加重区域，对玉米生产的影响。

产品一般包括摘要、前期气象条件分析、适时灾情评估及农业生产的影响分析、未来时段灾情变化趋势可能影响预警、生产措施及减灾生产建议。要求摘要重点突出、归纳合理、概括准确；分析内容观点明确、逻辑性强；生产建议合理、适用、具有针对性。

④发布对象

玉米延迟型冷害监测产品的发布对象包括：省委、省政府、农村、涉农企业、专业户、上下和同级业务及管理部门。

(4)霜冻监测

①发布形式

生态与农业气象信息、农业气象情报、农业气象旬报和农业气象月报。

②监测时间

春霜冻对黑龙江省农业生产的影响相对较小，个别年份在幼苗生长期间遭遇霜冻，影响幼苗正常生长。黑龙江省作物出苗至成熟集中于 5 月上旬至 9 月下旬，在这一期间如果气温下降比较明显，日最低气温比较低，植株顶部、叶尖或少部分叶片就会受冻，如果部分受冻部位仍然可以恢复，受害株率小于 30%，粮食作物减产幅度在 5%以内，那么此次霜冻过程可以定义为一次轻霜冻；如果气温下降很明显，日最低气温很低，植株上半部叶片大部分受冻，且不能恢复，幼苗部分被冻死，受害株率在 30%～70%，粮食作物减产幅度在 5%～15%，那么此次霜冻过程就为一次中霜冻过程；一旦气温下降特别明显，日最低气温特别低，植株冠层大部叶片受冻死亡或作物幼苗大部分被冻死，受害株率大于 70%，粮食作物减产幅度在 15%以上，那么这就是一次重霜冻过程。《作物霜冻害等级：QX/T 88—2008》中对黑龙江省三大农作物（玉米、水稻、大豆）不同等级霜冻监测指标做了具体规定（表 2.11），当最低气温达到监测指标并产生重大影响时，即发布农田霜冻监测评估信息。

表 2.11　霜冻监测指标　　单位：℃

等级	玉米			水稻			大豆		
	苗期	开花期	乳熟期	苗期	开花期	乳熟期	苗期	开花期	乳熟期
轻度霜冻	−1.0～−2.0	−0.0～−1.0	−1.0～−2.0	0.0～−0.5	0.0～−0.5	0.0～−0.5	−1.0～−2.0	0.0～−1.0	0.5～0.0
中度霜冻	−2.0～−3.0	−1.0～−2.0	−2.0～−3.0	−0.5～−1.0	−0.5～−1.0	−0.5～−1.0	−2.0～−3.0	−1.0～−2.0	0.0～−1.0
重度霜冻	−3.0～−4.5	−2.0～−3.0	−3.0～−4.0	−1.0～−2.0	−1.0～−2.0	−1.0～−2.0	−3.0～−4.5	−2.0～−3.0	−1.0～−2.5

③制作方法

重点考虑最低气温的程度、霜冻出现时间与多年平均值比较的早晚程度和农作物发育期；同时，利用地面观测资料，分析出现霜冻的区域和范围、受害作物、受害程度，对农作物生长的影响。运用作物生长动力模型，估算成灾程度，并对不同等级灾害分布范围和面积，以及对农作物的影响程度、损失进行分析评估，得出定性的监测评估结论。重点描述前期气温条件，农作物生长发育状况，本次天气过程降温幅度，地面最低温度实况，霜冻出现区域、范围，不同等级灾害分布范围以及成灾程度；依据天气预报结论，预估近期内气温状况，如有无再次出现霜冻的可能、气温回升或下降幅度等。

根据监测评估结论，结合霜冻出现时作物所处的发育期、受冻作物及受冻程度、近期天气状况，提出生产措施建议。根据霜冻可能的影响程度提出相应的对策建议。比如，霜冻出现日期比多年平均值偏早，影响不大；若霜冻出现日期比多年平均值明显偏晚，则根据偏晚天数、霜冻程度提出必须防御措施建议。霜冻的防御措施包括：农业技术措施（培育抗寒品种，加强田间管理，培育壮苗，增强抗逆性）、灌水法（霜冻来临前 1～2 天灌水，提高土壤热容量和导热率，直接给土壤带来热量，增加地面空气湿度，降温时水汽凝结放出潜热）、熏烟法（用杂草、蒿秆堆放成堆，霜冻来临前点火薰烟）、覆盖法（用草苫、草帘、席子、草灰等或用土覆盖在被保护的作物上面，可使地面热量不易散失）、加热法（用特制加热器、燃烧液体或固体燃料对局部空气直接加热）、喷雾法（把水滴均匀洒到作物叶面上，可释放潜热）。

产品一般包括摘要、前期气象条件分析、适时灾情评估及农业生产的影响分析、未来时段灾情变化趋势可能影响预警、生产措施及减灾生产建议。要求摘要重点突出、归纳合理、概括准确；分析内容观点明确、逻辑性强；生产建议合理、适用、具有针对性。

④发布对象

霜冻灾害监测产品的发布对象包括：省委、省政府、农村、涉农企业、专业户、上下和同级业务及管理部门。

(5)农业干旱监测

①监测时间

与土壤水分监测同步进行。监测区域包括黑龙江省两大平原等区域，其中松嫩平原以旱田为主，且春季降水少、蒸发量大，春旱发生频繁，是农业干旱监测的重点区域。农业干旱监测可分为土壤相对湿度监测（表 2.3）、降水距平百分率监测（表 2.12）、农区连续无有效降水日数监测（表 2.13）等。其中土壤相对湿度监测为定期监测，以干旱监测公报形式发布，发布时间为每旬的最后一日（10 日、20 日、30 日或 31 日），根据具体情况可酌情推迟到下一旬 1 日进行发布；如旱情较严重，黑龙江省气象部门通常会启动加密监测，监测结果发布时间为每旬的第 5 日（5 日、15 日、25 日），根据具体情况可酌情推迟到每旬的第 6 日进行发布。降水距平百分率监测、农区连续无有效降水日数监测、干旱形态监测为不定期监测，一般以生态与农业气象信息、农业气象情报形式发布。

表 2.12 降水距平百分率(P_a)监测指标

等级	降水距平百分率/%		
	月尺度	季尺度	年尺度
无旱	$P_a>-40$	$P_a>-25$	$P_a>-15$
轻旱	$-60<P_a\leqslant-40$	$-50<P_a\leqslant-25$	$-30<P_a\leqslant-15$
中旱	$-80<P_a\leqslant-60$	$-70<P_a\leqslant-50$	$-40<P_a\leqslant-30$
重旱	$-95<P_a\leqslant-80$	$-80<P_a\leqslant-70$	$-45<P_a\leqslant-40$
特旱	$P_a\leqslant-95$	$P_a\leqslant-80$	$P_a\leqslant-45$

表 2.13　农区连续无有效降水日数(*D*)监测指标　　单位:d

干旱等级				
无旱	轻旱	中旱	重旱	特旱
$D<16$	$16\leqslant D\leqslant 25$	$26\leqslant D\leqslant 40$	$41\leqslant D\leqslant 60$	$D>60$

②编制内容

一般包括摘要、前期气象条件分析、适时旱情评估及农业生产的利弊影响分析、下一旬旱情变化趋势可能影响预警、防旱抗旱措施及减灾生产建议。要求摘要重点突出、归纳合理、概括准确;分析内容观点明确、逻辑性强;生产建议合理、适用、具有针对性。

③分析内容

利用地面实时监测资料,依据土壤墒情干旱监测、评估方法和干旱等级指标,针对主要气象条件对不同区域旱情等要素的变化影响,给出旱情等级和影响区域分析结果。通过分析,给出旱情等值线着色分析图。结合下一时段气候变化等预报预测信息,重点阐述下一时段旱情发生、发展、加重区域,或者可能缓解、解除区域,对农牧业生产的利弊影响。

④生产建议

根据下一时段的干旱变化趋势或发生、发展、持续影响预警结果,针对农业生产活动,提出适时农业防旱抗旱及减灾具体措施和生产建议。

2.1.2　预测产品

总体要求:预报服务产品大致由摘要、主要内容和生产建议三个部分组成。摘要简明扼要、简述预报结论,提出生产建议;内容要求预报依据科学合理,理由充分、观点明确、预测预报准确,重点突出、逻辑性强;生产建议具有针对性、可操作性、适用。重大气象预报材料要经过集体会商,领导签发后方可按发送范围送交或寄出。

2.1.2.1　农业气象产量预报

(1)内容

摘要:精炼简要概述,指出影响当年农业产量丰歉的主要气象要素,最终形成综合的影响结论和总的预报结果。

预报结论:此部分需要有表格,预报结论表述清楚,包括预报的单、总产数字或丰歉趋势;与前一年和历史最高、近几年最低产量相比较的增减产幅度;产量的地区分布概况。

预报依据:分播种期、生长期两个时段,评价气象条件对农业产量形成的利弊影响,目前作物长势、采用何种预报方法。最终说明形成预报结果的理由。

未来天气气候事件可能影响及展望:利用中期、长期预报结果,分析未来天气气候事件对农业产量形成的可能影响。

生产建议:未来天气和气候预测;弥补前期不足或防御未来不利气象条件应采取的措施或应重视的问题;充分利用未来有利气象条件,提出夺取丰收的具体建议和措施。

(2)种类和发表方式

农业气象产量预报业务服务工作的重点是玉米、水稻、大豆及粮食总产的产量预报。

农作物产量预报一般分三次进行,即趋势预报、定量预报和订正预报。预报项目包括总产和单产。在进行农业气象产量定量预报后,如果后期天气、气候条件对农作物产量有较大影响，需进行订正预报，时间由区、市自行确定。订正预报制作后应及时传输给上一级业务单位及业务主管单位。

(3)预报方法

农业气象预报是根据农业生产和气象条件的关系，对过去和现在的气象实况以及未来可能出现的气象条件进行分析鉴定，并提出相应的建议以供生产部门使用的一种专业预报。目前黑龙江省采用的农业气象产量预报方法主要为构建玉米、水稻、大豆(三大作物)产量动态预报模型。针对黑龙江省玉米、水稻、大豆生产的实际情况，以三大作物主产县(市)为研究区，利用1949—2014年三大作物产量资料(单产、总产、面积)，在前人研究的基础上，基于历史丰歉气象影响指数、气候适宜度指数、综合关键气象因子、积分回归及WOFOST模型等方法构建黑龙江省三大作物产量动态预报模型并进行模型检验，于2016—2018年进行了玉米、水稻、大豆产量预报应用。该方法可实现逐旬滚动产量预报，全面、动态、客观地预测三大作物产量，为保障国家粮食安全提供可靠的科学依据。

预报因素主要考虑气象因素：气温、降水、日照、空气湿度、大气环流特征等；生物因素，包括作物等的种类和品种特征、物候期、叶面积光合强度、呼吸强度、蒸腾量等；土壤因素，包括土壤温度、湿度、物理结构等。

①产量趋势预报：单产、总产趋势按表2.14统计。

表2.14　农业气象产量预报(X)单产、总产趋势　%

预报等级	增产年	平产年	减产年
单产	$P \geqslant 1.5$	$-1.5 \leqslant P < 1.5$	$P < -1.5$
总产	$P \geqslant 2.5$	$-2.5 \leqslant P < 2.5$	$P < -2.5$

预报用语：增产年、平产年、减产年。

增减百分比(P)=[(当年实产－上年实产)/上年实产]×100%

当年实产和上年实产为同级国家统计部门公布的各作物平均单产和总产量。

②定量预报、订正预报：在定量预报制作后，若后期天气、气候条件对作物产量影响较大，应在定量预报发布后15 d内制作订正预报，订正预报精确度评分按定量预报的标准进行。

③预报时效：产量预报产品应按规定时间传输给上一级业务单位及业务主管单位，其余发送单位由各地区自行确定，但应按有关规定注意保密。

指令性预报作物及粮食总产的趋势预报和定量预报产品传输的具体时间见表2.15，其余作物的预报时间参考表2.15的时间由各地区气象部门自行确定。产量预报产品在规定时间以前传输即为准时，否则为迟报。

表2.15　农业气象产量预报预报时效

预报作物	趋势预报	定量预报	订正预报
水稻	7月15日	8月25日	根据天气气候变化
玉米	7月15日	8月25日	
大豆	7月15日	8月25日	
粮食(豆)总产	7月15日	8月25日	

由于作物产量订正预报制作时间视后期天气、气候条件而定，因此对时效不作硬性要求。制作订正预报后应通过网络传输发布，同时报有关业务管理部门。

趋势预报用语，必须按本办法的规定使用，严禁用模棱两可、含糊不清的词语。定量预报在开展对外服务时可预报一个幅度值，但幅度不得超过产量的 4%。

2.1.2.2　农用天气预报

(1)内容

以服务农业为出发点，根据短中期天气预报、短期气候预测、当前作物生长状况和农业气象条件监测，以玉米和一季稻主要发育期适宜气象指标、主要农事活动适宜气象指标以及农业气象预报评估技术为基础，针对当前气象条件或未来天气预报对气温、降水、日照、土壤相对湿度等气象要素及其对作物生长发育可能造成的影响做出诊断与分析，为农业生产全过程提供农事活动的气象指导服务。

(2)预报方法

建立了黑龙江省玉米、一季稻主要发育期适宜气象指标库，建立了玉米、一季稻主要农事活动适宜气象指标库，建立了农用天气预报知识库，从而建立综合评价指标体系。以Windows XP 为平台，Visual Basic 6.0 等具有可视化对象的语言编译，研制开发了黑龙江省农用天气预报系统，为农业生产提供快速、及时、高效、科学的气象指导和参考服务。农用天气预报系统的主要功能是利用农用天气预报知识库，在作物发育期的基础上，考虑主要的农事活动，以作物发育期适宜气象指标和农事活动适宜气象指标为判断标准，对农业气象条件进行评估分析，进而分析气象条件对作物生长发育是否有利、某种气象条件下是否合适进行农事活动，实现玉米、水稻的农用天气预报。通过与农业气象情报数据相连接，利用灾害判定指标，对主要灾害干旱、霜冻和冷害实现预警分析。

(3)制作流程

收集粮食主产区气温、雨情等气象资料，收集各地灾情情况，收集省气象台提供的未来 3 d 或 7 d 预报及短期重大天气指导、各种不定期分析材料等，收集省气候中心提供的未来 15 d 以上(如月预报)预报，收集黑龙江省各农业气象观测站提供的前一周内本站观测作物的所处发育期(如双城站玉米处于出苗普遍期，或始期，或末期)、发育期早晚(与历年比)、株高、苗情、积温距平。不定期和农委沟通全省农业生产和灾情情况，随时和全省各地区及各市县沟通农业生产和灾情情况，做好记录。每年在农业生产的关键季节及作物生长发育关键期，针对土壤旱涝、生产情况、作物长势、灾害情况及产量形成状况进行 5 次实地调研，以玉米、水稻、大豆为主，时间分别为春播期(4 月)、苗期(5 月末 6 月初)、营养生长转至生殖生长关键期(7 月)、产量形成初期(8 月)、灌浆成熟期(9 月)，对相应的调查内容进行专项分析，形成调研报告，上报省局相关处室及所领导，并备农用天气预报使用。每周周一和周五(或不定期)收集资料后开始制作农用天气预报产品，对收集的气象资料、农业气象资料等进行综合分析，编撰形成农用天气预报信息，信息主要对当前的作物生长情况、气象条件、灾害情况进行分析，综合天气预测，定性(或定量)分析评价气象条件对作物生长发育和产量形成的影响，气象条件是否适宜进行农事活动，并提出相应的农业生产建议。逢周一、周五(或不定期)上报所长审阅定稿后，上报省局相关处室及其他相关农业部门。

2.1.2.3 春耕春播气象服务专报

(1)发布时间

黑龙江省春耕春播期(3月中旬至5月中旬的每周二)。

(2)发布内容

①提要:简述对主要作物春耕春种有重要影响的农业气象条件(地温、气温等热量和土壤水分分布状况等),概括预测结果。

②结论:通过文字、图表说明适宜播种的区域。

③依据:利用地温监测、预测结果,参考4—5月气温、降水、墒情趋势预测,分析温、湿度现状和未来变化趋势,并与上一年和常年结果比较,根据春玉米播种适宜指标,给出不同区域玉米适宜播种日期,重点分析适宜播种日期提前或推迟原因,综述适宜播种的理由。根据日平均气温稳定通过5 ℃的初日,未来天气气候变化趋势的预测结果等简述各地区适宜育秧日期,与常年和上一年度比较,分析适宜育秧日期提前或推迟原因;综述适宜育秧的理由。

④生产建议:针对目前生产状况,提出能够在适宜播种日期内进行播种的措施和建议。在干旱地区或春旱年份,为抢墒抗旱应注意适时早播;土壤相对湿度超过85%,容易烂种,可在适播期内适当晚播。

(3)制作方法

地温、土壤水分等气象要素的预测可采用经验统计模型、气候预测模型等方法,或借用已有的预报结果,或通过统计相关法、物候学法等直接建立日期预测模型。

(4)技术指标

气温:春玉米气温稳定通过7 ℃即可播种,播种后气温高于9 ℃有利于出苗,但播后降温,气温过低,会使出苗缓慢,并易造成粉籽。出苗后,日最低气温低于−1 ℃,遭受霜冻,日最低气温高于5 ℃,植株可缓慢生长。

水稻育秧期播种至出苗棚内苗床气温要大于10 ℃(棚外日平均气温大于5 ℃),最适苗床气温为25～30 ℃(棚外日平均气温大于12 ℃)。苗期前期(一叶一心)苗床气温要求在25～30 ℃(棚外日平均气温大于12 ℃)。随着稻苗生长,要求气温逐渐降低,中期(二叶一心)苗床气温要调节在20～25 ℃。后期要接近外界气温。育秧期播种至出苗棚内苗床气温大于40 ℃(棚外晴天日最高气温大于15 ℃)、最低气温小于5 ℃(棚外日最低气温0 ℃左右)不利出苗,容易受害。水稻种子发芽前后,连阴4～5天,地温连续小于10 ℃,易造成烂种烂芽现象。苗期苗床气温小于14 ℃稻苗生长缓慢,小于或等于3 ℃幼苗受害。苗床气温出现大于35 ℃高温(棚外日最高气温13～15 ℃)时,抑制稻苗生长;大于40 ℃(棚外日最高气温大于15 ℃)易引起高温烧苗。

大豆日平均气温稳定通过6～7 ℃即可播种,土壤化冻15～20 cm,气温12～16 ℃有利于种子发芽。气温低于6 ℃,影响出苗,尤其播后降温,气温过低,会使出苗缓慢。大豆播种如果过早,由于气温不足,并不能提早出苗,而使膨胀后的种子长期处在土壤中,容易感染各种病害而降低出苗率。一般苗期日最低气温降至0～1 ℃,地面最低温度低于零下2 ℃,叶部开始受冻害。

小麦日平均气温稳定通过0 ℃以上,土壤解冻3～5 cm即可开始播种,播种后气温3～5 ℃有利于出苗。

水分：对于春玉米、大豆、小麦来说，耕层（0～10 cm）土壤相对湿度为 70%～90%对播种和出苗有利。土壤相对湿度在 70%以下，土壤偏旱，播种后持续干旱会影响种子发芽，使出苗缓慢；土壤相对湿度在 90%以上，土壤偏湿，不利于适时播种，播种后土壤仍偏湿，同时伴随低温，易出现粉籽烂籽，影响出苗率。当播种时耕层土壤有旱象，若黑龙江省西南部地区出现过程雨量为 15 mm 以上的降水则会缓解甚至解除干旱，对播种和出苗有利，其他农区出现 25 mm左右的降水，即对播种和出苗有利。出苗后，若过程雨量在30 mm左右，或者 0～30 cm 土层土壤相对湿度为 70%～90%对幼苗生长最有利；若过程雨量不足 15 mm，或者持续无雨 15 d 以上，或者 0～30 cm 土层土壤相对湿度低于 70%，都会出现干旱，对植株生长不利。过程雨量多于 50 mm，或者 0～30 cm 土层土壤相对湿度持续多日高于 90%，则土壤偏涝，不利植株根系发育，影响营养物质吸收，使植株生长缓慢。

水稻育秧期要保证苗床土壤相对湿度为 70%～90%，即土壤不干旱不偏湿，对水稻出苗和秧苗生长有利。三叶期以前，只要床土不缺水，就不用浇水，如果发现叶尖早晚无露珠或中午叶卷曲，则要及时补水，并一次浇透，切不可少量勤浇。三叶期以后，要经常检查床土水分状况，当出现缺水时立即浇水，仍然是要一次浇透。

大风：风速小于 4 级有利播种。风速大于 4 级即不利播种，尤其播种后出现大于 6 级的大风天气，容易风扒种子外漏影响出苗，易造成缺苗断条。

晴朗微风天气，有利发挥塑料薄膜的增温效应。阴雨天影响薄膜的增温效应。6 级以上大风，易吹开或撕裂薄膜。

(5)预测用语

早(5 d 以上)、偏早(3～5 d)、正常(−2～2 d)、偏晚(−3～−5 d)、晚(−5 d 以上)。

2.1.2.4　秋收气象服务专报

(1)发布时间

黑龙江省秋收期(9 月下旬至 10 月中旬的每周二、周五)。

(2)发布内容

①提要：简述对主要作物秋收工作有重要影响的农业气象条件(气温、降水和土壤水分分布状况等)，概括预测结果。

②结论：通过文字、图表说明适宜收获的区域。

③主要内容：根据收获期间的气温、降水、土壤墒情、实时灾情监测资料，依据玉米、水稻、大豆等作物成熟收获期所需的农业气象指标，结合前期作物发育情况，综合评述近期主要气象条件对作物成熟、收获和收获后晾晒的利弊影响程度。利用短期天气预测结果，参考 9—10 月气温、降水、墒情趋势预测，分析温、湿度现状和未来变化趋势，并与上年和常年结果比较，结合前期作物发育情况，分地市预报近 3 d 天气条件对大田作物成熟、收获和收获后晾晒的影响，重点关注降水对作物收获和收获后晾晒的影响。

④生产建议：针对目前生产状况及未来天气气候变化趋势，提出在适宜收获区内进行收获及粮食晾晒的措施和建议。

(3)技术指标

玉米乳熟需要多晴朗、少阴雨、日照充足的天气，此种气象条件有利玉米灌浆；日平均气温低于 16 ℃、土壤干旱、多阴雨、少光照均不利于玉米籽粒灌浆。玉米成熟时多阴天、多雨、寡照的天气最不利成熟。水稻乳熟至成熟期间要求天气晴好，水分充足，气温高于 20 ℃，每天光照

>8 h 最有利；一般日平均气温<18 ℃，不利灌浆，气温在 13～15 ℃以下，灌浆缓慢，日平均气温<12 ℃，不利成熟。

2.1.2.5 病虫害发生发展气象潜势预报

(1)内容要求

包括提要、预报结论、预报依据、未来气象条件可能对农业病虫害影响及展望、生产建议。

提要：简要概述气象条件对病虫害越冬、发生发展或流行的影响及发生的区域。

预报结论：此部分主要用文字叙述，可加表格或图增加预报结论的可视性。文字叙述需说明病虫害发生的趋势(或发生面积、程度、时间等)，包括严重区域、非严重区域。

预报依据：叙述气象条件对病虫害越冬、发生、发展、流行等的影响，指出对主要病虫害发生的有利或不利的气象条件，说明形成预报结果的理由。

未来天气气候事件可能影响及展望：利用未来天气气候趋势预测结果，分析未来天气气候事件对病虫害发生、发展或流行的影响，要和预报结论相吻合。

建议：利用预报结论，结合当地主要病虫害对气象条件的要求与反应，提出防治的具体措施和建议。

(2)预报种类和发布方式

病虫害预报业务服务工作的重点可根据各地市当地特点，选择特定地区或者一种有代表的病虫害开展预报，不定期发布。

(3)预报方法

采用长年代病虫害灾情资料和气象资料，通过对病虫害发生流行与大气环流、地面气象因子的相关关系分析，筛选出影响病虫害发生流行的主要环流因子、气象因子及其影响时段，基于大气环流特征量、地面气象因子，分别建立病虫害中期、长期预测预报模式。

2.1.2.6 农业干旱监测预报

(1)发布时段

以每年土壤开始解冻到封冻前，一般在 3 月上旬至 11 月上旬时段进行。每旬产品规定为下一个旬的逢 2 日发布；根据需要加密观测，发布时间规定为每一旬的逢 6 日发布。

(2)编制内容

一般包括摘要、前期气象条件分析、适时旱情评估及农业生产的利弊影响分析、下一旬旱情变化趋势可能影响预警、防旱抗旱措施及减灾生产建议。要求摘要重点突出、归纳合理、概括准确；分析内容观点明确、逻辑性强；生产建议合理、适用、具有针对性。

(3)分析内容

利用地面实时监测资料，依据土壤墒情干旱监测、评估方法和干旱等级指标，针对主要气象条件对不同区域旱情等要素的变化影响，给出旱情等级和影响区域分析结果。通过分析，给出旱情等值线着色分析图。结合下一时段气候变化等预报预测信息，重点阐述下一时段旱情发生、发展、加重区域，或者可能缓解、解除区域，对农牧业生产的利弊影响。

(4)生产建议

根据下时段的干旱变化趋势或发生、发展、持续影响预警结果，针对农业生产活动，提出适时农业防旱抗旱及减灾具体措施和生产建议。

2.2 常用研究方法

2.2.1 实验方法

2.2.1.1 水分胁迫试验

以国家自然科学基金项目"东北地区大豆干旱形成的时序特征及多源协同诊断研究"的大豆生育关键期水分控制试验实施方案为例,介绍水分胁迫试验,方法如下。

(1)制定试验目的

探索大豆生长、结实、产量及光合生理对关键生育期水分胁迫的反应规律,建立大豆—水分相关模式和干旱等级指标。

(2)选择试验场地

试验在庆安县农业气象观测站进行。试验地距气象观测场50 m,地势平坦,土壤、肥力为当地中等水平。土壤物理性状有测定数据。

(3)试验设计

①水分控制方法

采用人工水分控制。建立挡雨棚和人工灌水实现水分控制。下雨时用塑料布遮盖棚顶,雨后卷起,自然通风透光。非控制期敞开雨棚,靠自然降水。此阶段如持续无雨发生自然干旱,需要灌溉,使土壤水分基本适宜。记录灌溉量,核算雨量。

a. 确定灌溉量:灌水后使0～30 cm土层内的土壤含水量达到水分控制量上线标准,因此,灌水量等于0～30 cm土层内的控制上限值减去实测0.3 m土层的土壤含水量,即:

灌水量(mm或m^3)=上限水量(0.3 m深)—实测土壤含水量(0.3 m深)

b. 灌溉方法:为了严格控制灌溉量,必须计算好灌水所用时间。用管道灌溉,根据出水口直径、流速等计算好灌水时间。具体计算方法根据量水用具的具体情况决定。

(一旦下雨没来得及遮盖,应及时记录降水量,加测土湿,并调整灌水量。)

②试验处理及目标

黑龙江省庆安县普遍推广的中熟品种,播种至成熟所需活动积温为2500 ℃·d左右;出苗至成熟所需活动积温为2300 ℃·d左右,全生育期118 d左右。播期为5月10日前后(当地正常播种期)。

灌溉处理:设7个灌溉处理(灌水量和灌水次数)和1个雨养。7个灌溉处理分别为不灌、微灌、少灌、偏少灌、中灌、适灌、多灌,使10～30 cm深土壤湿度的阶段平均值分别为10%、12%、14%、16%、18%、22%和28%左右,土壤分别达到特旱、重旱、偏重旱、中旱、轻旱、不旱(适宜)和(偏涝),干旱期分别维持在25 d、20 d、15 d、7 d左右。记录灌水量,用于核算降水量。田边自然降水地块为适宜水分小区和雨养对照。特旱、重旱、偏重旱、中旱、轻旱地块在防雨棚内,不旱、偏涝、雨养对照在棚外。

小区设置:每小区面积大致6 m^2(2 m×3 m),共18个试验小区和2个对照区。每个小区设耕层隔水膜板、过道和标识牌。每个试验小区4边设保护行,试验区四围10 m范围为大豆田。

播种密度:播种和苗期密度大一些,中后期正常密度。

水分控制时段:a)播种出苗期;b)开花结荚期;c)鼓粒期。

③观测项目和观测方法

a. 大豆观测

开展出苗情况观测，计算出苗率、保苗率。依照《农业气象观测规范》开展大豆生育期、生长状况观测及产量结构分析。各项观测每小区测 3 个点(相当于 3 个重复)。

发育期观测：观测每个小区大豆播种、出苗、三叶、分枝、开花、结荚、鼓粒、成熟。待个别植株进入某发育期后，每天观测一次，10％出现为初期，50％为普遍期，80％为末期。

生长状况观测：叶龄、株高和叶面积。

生物量观测：出苗后每 10 d 测定地上部分各器官(茎(包括叶鞘、分枝)、干叶、绿叶、荚果)和根系生物量(干、鲜重，克)，用天平称重。每个小区每次随机取 3 株；测定鲜重和干重，计算含水率。取样时，尽量将黄叶、枯叶取回测重。

密度观测：三针叶(定苗)和鼓粒期观测大豆生长密度。

产量结构分析：每棵大豆结荚数，落花、落荚数；产量及产量结构(见《农业气象观测规范》)。

光合作用参数测定：视情况请专业人员实施。

b. 土壤湿度观测

用土钻取土烘干法(或便携式土壤水分测定仪)，播种前 5 d 开始，每 5 d 测 1 次土壤湿度(0～10 cm、10～20 cm、20～30 cm，其中灌溉后 1 d 和前 1 d 必须观测)。每小区测 3 个点(相当于 3 个重复)，分别记录，取其平均。

记录每次喷灌水量和时间。

c. 气象观测

观测记录试验开始前 10 d 至试验结束期间的逐日气象数据(最高、最低、平均气温，日降水量、日照时数、平均风速、空气相对湿度，土壤水分。

部分常规观测用气象站数据代替。

④田间管理及记录

田间管理：农事活动正常，中高水平管理。播种前土壤处理，药剂和人工除草，保证地块无杂草、不缺肥、病虫害偏轻，非控制期间不旱。田间管理与普通大豆田管理一致。记录耕作、播种、除草、施肥、灌溉、防病虫害、收获等农事活动的时间和情况，进行田况和病虫害记录。记录水分控制操作情况。

(4)制定组织与管理政策

由项目主持单位、课题承担单位和试验站共同研究制定试验方案。由课题组提供全部试验经费，包括试验成本费(建棚费、补充试验仪器设备、水电费、民工费等)、劳务费和专家费等。黑龙江省气象科研所和吉林省气象台负责试验设计，黑龙江省气象科研所、吉林省气象台和试验站共同开展数据审核及结果分析。试验站具体承担试验实施、观测任务和田间管理(雇 1～2 个临时工负责田间管理)。播种、水分控制期间和秋收测产期间，主持单位研究人员参与试验处理和观测工作。

(5)制定补充说明

①初步方案，根据实际情况，试验方案可适当调整。

②本方案没设干旱持续期处理，可以用干旱实际持续天数(或灌水间隔天数)代替。

③光合作用参数测定请专业人员采用专业仪器测定。

2.2.1.2　低温控制试验

以国家自然科学基金项目"黑龙江省粳稻障碍型冷害量化指标体系研究"、"十四五"国家重点研发计划"作物干旱高低温灾害预警预测与防控技术研发及集成示范"(2022YFD2300200)项目第一课题"东北玉米水稻低温冷害监测评估及预警预测研究"的水稻低温控制试验实施方案为例,介绍低温控制试验,方法如下。

(1)制定试验目的

针对黑龙江省目前水稻生产现状,急需一套有充分科学依据的黑龙江省水稻障碍型冷害量化指标体系,从而合理指导农民稻谷种植,协助政府开展防灾减灾宏观决策,在保证黑龙江省水稻品质和产量、开创品牌效应、增加农民收入、稳定出口创汇等方面提供科技支撑,为黑龙江省的新农村建设作出贡献。为此,我们一直致力于黑龙江省水稻障碍型冷害量化指标体系的研究。

(2)试验地点

试验在黑龙江省农业科学院、黑龙江省农业科学院水稻研究所的试验基地进行,在水稻分蘖期、孕穗期、抽穗期,将水稻移至其人工气候室进行低温处理,处理后再移至室外,直至成熟收获。

(3)试验设计

①品种选择

考虑品种熟期特性(早、中、晚熟品种)和品种抗低温性能,选用黑龙江省、吉林省多个水稻主栽品种,如龙稻 3 号、龙稻 7 号、龙水 16、松水 6、龙水 31、中亚 213 等。

②试验因素确定

障碍型冷害是由于孕穗期和花期异常低温引起不育,导致严重减产。日本的 Akemine 和 Hoshika 用 14 年间 32 个水稻品种的试验数据统计分析了气候因子与不育性的关系,研究发现,气温诱导不育,而光照和湿度则否,由此选定气温为主试验因素,不考虑湿度及光照条件的影响。由于低温持续时间的长短对水稻产生的危害可能不同,因此选定低温持续时间为第一次要因素。考虑品种抗低温差异,选定品种为第二次要因素。在试验关键期(人工控制期)时,可人为将湿度、光照条件等控制在水稻生长发育所需要的范围内。

③试验方法

试验采用大棚钵育苗,在水稻分蘖期、孕穗期(大部分穗的叶枕距在 −5～−1 cm)、抽穗期,将盆栽水稻移至人工气候室,国家自然科学基金项目每个水稻品种分别进行 15 ℃、17 ℃和19 ℃的低温处理,每个低温处理的持续天数分别为 2 d、4 d、6 d 和 8 d,"十四五"国家重点研发计划项目根据东北地区水稻不同发育期所在时间的实际气温变化情况,对低温处理进行了调整,设定了 4 个气温梯度和 3 个时间梯度,分别为 11.5 ℃、13.5 ℃、15.5 ℃、17.5 ℃,每个气温梯度的持续天数分别为 3 d、7 d 和 10 d,低温持续时间结束后即移至自然条件下,同时在室外设对照(control check,CK)试验。为了使人工气候室的低温环境能更好地模拟自然界的气温日变化过程,试验过程中对 1 天中的气温进行变温控制。

试验的调查项目包括:低温处理期间测定剑叶的电解质渗出率、脯氨酸含量、叶绿素含量及叶片的光和特性。低温处理结束时取样调查花粉粒碘及碘化钾反映,从而鉴定花粉的育性,通过显微镜进行观察。收获时调查结实率、空粒率。

为了准确确定水稻对低温的敏感时期,在开始进行低温处理时挂牌标记叶枕距,在低温处理结束后挂牌标记全盆每穗的抽穗日期。结合叶枕距、抽穗期等带有标记的穗进行按穗考种，记载每穗的空壳率。

④观测项目

研究表明，水稻在受冷害后表现性状为：不发芽；稻苗生长缓慢；矮化；变色；穗尖退化；生育期延长；穗不育性；成熟不正常。结合本地的需要，在水稻整个生育期观测各发育期始期、普遍期、末期及水稻株高、叶面积、绿叶数、地上部分鲜干重、叶绿素、分蘖数、光合作用等；在低温处理中和低温处理后着重观测叶片颜色、穗长、穗粒数及千粒重，进而计算水稻空壳率、结实率。

⑤数据分析

为了精确量化指标，分析时将气温内插为1 ℃。试验结果采用统计分析方法进行分析，分析后对结果进行检验，分析得到各气温水平的差异、各持续时间水平的差异、在同一气温下不同持续时间水平的差异、同一持续时间下不同气温水平的差异以及不同品种间的差异等。同时整理、统计水稻多年历史发育期、株高等资料，与观测资料进行对比，通过综合分析，确定低温及其持续时间的长短对水稻产量的影响，从而确定水稻产量受害最重、减产最大的气温水平，构建障碍型冷害气温指标体系。

(4)制定组织与管理政策

根据黑龙江省具体的天气气候状况及品种生长特性，粳稻的育秧和移栽在项目组成员的参与下在黑龙江省农业科学院、黑龙江省农业科学院水稻研究所进行。在粳稻整个生长发育、产量形成和低温处理过程中，从项目参加人中选派专人管理和观测。

2.2.1.3 淹水试验

以国家自然科学基金项目“寒地水稻洪涝致灾机制与灾损量化综合评估方法研究”的水稻淹水试验实施方案为例，介绍淹水试验，方法如下。

(1)制定试验目的

利用水稻淹水试验，开展寒地水稻洪涝灾害指标研究，分析洪涝致灾因子变化特征和规律，探索洪涝致灾机制，明确洪涝致灾临界指标、灾损量化指标体系，为寒地水稻安全生产、合理种植及结构调整提供理论依据。

(2)试验地点

试验在黑龙江省庆安水稻灌溉试验站进行，在水稻孕穗期、抽穗开花期及乳熟初期进行淹水处理试验。

(3)试验设计

①品种选择

根据黑龙江省江河流域分布和气候特征，考虑生产实际，选取3个主栽品种进行试验，即龙粳31、龙稻18、系选1号。

②试验因素确定

由于洪涝灾害发生时情况十分复杂，不同区域发生情况也不尽相同，受试验条件限制，各种情况无法在试验中全部体现。选定水稻3个关键发育期—孕穗期、抽穗开花期及乳熟初期开展试验，此3个发育期也恰是黑龙江省洪涝灾害易发生、淹后产量影响大的时期。黑龙江省发生洪涝灾害多以流域性为主，发生时河道两岸平原区大面积的水稻被淹没，参考前人的研究，设定淹水深度为主试验因素，重点考虑3种常见的淹水深度，即水深为1/3植株高度、2/3植株高度以及全淹没。由于淹水历时的长短对水稻产生的危害不同,因此选定淹水历时为第一次要因素;考虑品种耐涝性不同,选定品种为第二次要因素。试验期间其他条件均为自然条件。

③试验方法

水稻育秧及移栽完全遵从试验当地的农事时间,水稻育秧方式采用大棚钵育苗,播种时间可确定为 4 月 10 日左右。5 月中旬移栽至试验区内,采用盆栽试验,至水稻孕穗期、抽穗开花期及乳熟初期在淹水试验池内分别进行淹水处理。本试验采用裂区设计方法,选定 3 个淹水深度水平:水深 1/3 植株高度、2/3 植株高度、全淹没。选定 2 个淹水历时水平:淹水持续 3 d、7 d,选定 3 个品种:龙粳 31、龙稻 18、系选 1 号,将各因素排列为随机区组,同时设定对照区。

④观测项目

结合本地的需要,在水稻整个生育期观测播种、出苗、三叶、移栽、返青、分蘖、孕穗、抽穗、乳熟、成熟等发育期的始期、普遍期、末期及水稻株高、分蘖数;在淹水前 1 d 以及排水后第 1 d、排水后第 3 d、排水后第 7 d 分别测定水稻叶面积、干物质重量、光合速率;观测淹水后叶片颜色变化,至成熟时调研穗数、穗长、穗粒数及千粒重。所有观测项目的观测方法和标准均依据国家相关规范进行。同步观测试验区的气温、降水、湿度等气象条件。

(4)制定组织与管理政策

根据黑龙江省具体的天气气候状况及品种生长特性,水稻的育秧和移栽在项目组成员的参与下在黑龙江省庆安水稻灌溉试验站进行。在水稻整个生长发育、产量形成和淹水处理过程中,由项目组成员管理、观测和测定。水肥及田间管理按当地常规方法进行。

2.2.1.4　作物分期播种试验

多年来,一直利用作物分期播种试验方法开展农业气象指标构建、验证等工作。“十四五”国家重点研发计划“作物干旱高低温灾害预警预测与防控技术研发及集成示范”(2022YFD2300200)项目第一课题“东北玉米水稻低温冷害监测评估及预警预测研究”设计了水稻田间分期播种(移栽)试验,设定 4 个育秧期和 4 个移栽期,每两个育秧期或移栽期间隔 10 d。观测项目包括发育期、株高、分蘖数、密度、叶面积、干物质重量、生长率、灌浆速度、产量因素和产量结构等。试验可为辨识低温冷害对水稻生育过程中生态参数的影响和反应敏感的特征参数以及验证水稻不同发育期低温冷害指标提供数据支撑。

以科技部公益性行业(气象)科研专项“东北地区春玉米农业气象指标体系研究”的玉米分期播种试验实施方案为例,介绍分期播种试验,方法如下。

(1)制定试验目的

在东北春玉米主产区,选择 10 个具有区域农业气候和农业生产力代表性的玉米农业气象观测站,开展地理分期播种综合平行观测试验。包括发育期和叶龄观测、生长状况观测、生长量观测、产量结构测定、土壤水分观测和气象要素观测。应用试验观测数据,鉴定和诊断气象条件对玉米生长发育和产量结构形成影响,总结农业气象指标和农业气象灾害指标,建立影响定量评估模式。

(2)选择试验场地

观测地段具有代表当地一般地形、地势、气候、土壤和产量水平及主要耕作制度。

整个试验区域长 80 m(垄向),宽 37.2 m(62 根垄),约 3000 m^2,约等于 4.5 亩*。每个播

* 1 亩=1/15 hm^2,下同。

种期设定 4 个重复小区。其中三个小区每个小区大小为垄长 10 m×10 根垄(10×0.6 m=6 m),一个小区大小为垄长 10 m×20 根垄(20×0.6 m=12 m)。做好地段标识。

第一重复小区、第二重复小区、第三重复小区用于玉米发育期、叶龄、株高、密度、产量因素和产量结构分析观测,第四重复小区用于生长量观测,再均分为 A、B 二个取样区。

(3)试验设计

①品种选择

选用一个各试验站点所在县域内普遍推广或即将推广的优良玉米品种进行分期播种试验。另外选用郑单 958 作为通用对照品种。记载玉米品种类型和品种叶数。

②分期播种

各试验站点选定当地多年平均播种期,再分别向前和向后,吉林省和黑龙江省按间隔 7 d,辽宁省按间隔 10 d,各确定 2 个播期,共 5 个播种期开展分期播种试验。通用对照品种郑单 958 在当地多年平均播种期播种(只有一个播种期)。

③试验栽培管理

按当地现行栽培管理技术进行农业生产管理,包括种植密度、施肥、铲趟中耕、病虫害防治等。

田间管理包括:肥管理、栽培措施、病虫害防治、气象灾害等。所有田间管理均按当地生产管理方式进行。保证试验田不受病虫害危害,根据病虫害的发生情况及时防治。施肥水平及栽培措施同大田管理一样,要保证肥料能够满足玉米生长的需求。根据气象部门的相关预报做好重大气象灾害(低温冷害、暴雨、冰雹、早霜冻等)的防御工作和防范措施,保证田间试验的顺利完成。当试验地块发生冰雹、暴雨、低温冷害等气象灾害时,要及时记录记载。并在观测土壤水分、观测生物量、观测发育期等时间内拍摄照片(从不同角度),直观反映试验情况以及试验田植株的动态变化。照片上标记上拍摄时间,作为图像试验观测资料的组成部分上报。

④试验观测项目

a. 玉米发育期和叶龄

包括播种期、出苗期、三叶期、七叶期、拔节期、大喇叭口期、抽雄期、吐丝期、开花期、乳熟期、成熟期共 11 个物候期。

大喇叭口期:心叶丛生,上平中空,状如喇叭;棒 3 叶开始甩开而未展开;最上部展开叶与未展开叶之间叶鞘部位能摸出软而有弹性的雄穗,叶龄指数 60%左右。

观测方法按《农业气象观测规范》中"发育期观测"执行。每个测点连续取样 5 株。

从出苗开始,结合发育期的隔日观测,进行叶龄观测。包括以下观测内容:

叶始见日期:每一叶片叶尖露出 2 cm 日期。

叶展开日期:每一叶片的叶枕从叶鞘中露出可见日期。

叶片衰老枯黄期:每一叶片整个叶片有二分之一部分枯黄日期(因农业气象灾害和病虫害所致应注明)。

叶龄:植株最上部完全展开叶片的叶序数,加上下一叶序数叶片长度与该叶片长度的比值。

叶龄观测与发育期观测同步进行,做好叶序标记(1、6、11 叶)。

b. 玉米株高、茎粗和密度

从出苗开始,在每个发育期普遍期进行植株高度观测。从拔节期开始,在每个发育期普遍期进行茎粗观测。

观测方法按《农业气象观测规范》中“生长高度的测量”执行。

茎粗观测与株高观测同步进行。测量从地面以上第三节最粗部分的直径(在叶鞘外部测量),单位为 mm。每个测点连续取样 5 株。

在玉米定苗和乳熟普遍期进行二次密度观测,乳熟普遍期同时进行单位面积有效株数观测。

观测方法按《农业气象观测规范》中“植株密度测定”执行。

c. 玉米生长量的测定

从三叶普遍期开始,每个发育普遍期进行地上部分,分叶、叶鞘、茎、雄穗和雌穗(穗柄、包叶、穗轴、籽粒和果穗(穗轴+籽粒))进行干物质观测。同时进行叶面积测定。

观测方法按《农业气象观测规范》中“干物质重量测定”和“叶面积测定”执行。A、B 取样区各连续取样 5 株。

从开花普遍期 10 d 以后开始进行观测,以后每隔 5 d 进行一次穗籽粒干物质观测,直至收获。分穗柄、包叶、穗轴、籽粒和果穗(穗轴+籽粒)。在果穗籽粒能够剥离的时候开始穗轴和籽粒观测。同时量取果穗长和果穗粗(mm)。

观测方法按《农业气象观测规范》中“干物质重量测定”执行。

定穗:在第四重复小区的 A、B 二个取样区第一次各量取茎粗和株高相近的 15 个植株,A、B 各取样 5 株进行观测,其余 20 株挂牌。下一次在其中取样观测,同时再量取茎粗和株高与本次取样相近的 20 个植株挂牌。直至观测结束。

d. 玉米产量结构分析

分析项目包括:有效株数、空秆株数,植株高度、穗位高度、雌穗所在叶的叶序数,地上茎节数、每节茎节长度、粗度,果穗长度、粗度、秃尖长度、秃尖比,株籽粒重,百粒重,理论产量,茎秆重,籽粒与茎秆比(经济系数),小区实际产量。

观测方法按《农业气象观测规范》中“玉米产量结构分析”执行。每个测点连续取样 5 株。

e. 玉米生理观测

叶绿素含量、光合速率等。没有观测能力的试验站点不进行观测。

f. 土壤水分观测

在整个试验区域内,从玉米播种至成熟,每旬逢 3、逢 8 观测土壤重量含水率、计算土壤相对湿度,观测层次为 10 cm、20 cm、30 cm、40 cm、50 cm 各土层。从灌浆速度测定开始,同步每隔 5 d 进行观测土壤重量含水率,直到成熟为止。

若在试验区域内有自动土壤水分观测系统进行土壤水分自动观测,观测的土壤水分数据一同收集整理提供项目组。

g. 气象要素观测

在玉米播种至成熟期间,观测日平均、最低、最高气温、日照、风速、水汽压、降水量、蒸发量等逐日气象资料。

若在试验区域内有农田小气候观测系统的逐时(或分)农田小气候观测要素或自动气象要素观测资料一同收集整理提供项目组。

⑤田间管理及记录

做好原始记录和试验数据报表,按要求上报。上述所有观测数据均按以下表格格式统一填写，试验数据表格以 EXCEL 格式存储。并在试验年度内所有观测数据均处理完毕后提交给课题组。

(4)制定组织与管理政策

严格按照《玉米分期播种试验方案》进行项目试验，保证试验质量，严禁弄虚作假。试验中出现问题及时向项目组说明上报，以便及早处理解决。

2.2.1.5　设施农业

以科技部公益性行业(气象)科研专项"东北地区设施农业生产专业天气预报技术研究"的暴雪垮棚试验方案为例，介绍设施农业试验，方法如下。

(1)制定试验目的

在冬季，暴雪发生时，当积雪产生的压力超过温室所承受的压力时，就会发生暴雪垮棚事件，造成经济损失。选择大雪天气进行大暴雪垮棚试验，以得到暴雪垮棚雪量、风向风速指标。

(2)选择试验场地

地点：黑龙江中部双城选择新型日光温室。

(3)试验设计

①时间选择

时间：冬季 12—翌年 3 月。

选择方法：尽量选择预计降雪量较大，容易造成损害的地区，以达到试验目的。

②试验仪器

直尺、电子秤、手提式风速风向仪、照相机。

③积雪和风速测点选择

积雪分布测点选择：温室前部地面 7 个点，温室上放风口附近(在温室的上部棚膜上)，左右方向分成 4 等分取中间及分区线上部位共选择 7 个测点，总计 14 个测点。

风速测点选择：在温室前部对应底边缘线上方 2 m 高度处和 5 m 高度处各取 3 个点(平均分布)，总计 6 个测点。

④试验前准备

租用当地农户的没有作物的大棚，收听当地天气预报，当预报未来 24 h 有暴雪天气时，准备试验用具，到当地大棚待命。

⑤试验测量方法

当地面积雪达到 10 cm 以上时开始试验测量：

雪深测量方法：用直尺测量地面上和棚面上 14 个测点的积雪深度，观测时测点号固定。

积雪密度测量方法：分别在雪深为 10 cm、20 cm 和 30 cm 时，取地面 1 cm^3 或 1 dm^3 的积雪，用天平称重，计算得积雪密度(单位：g/cm^3 或 kg/m^3)，3 次重复。

风速测量方法：在距离温室前部底边线上方 2 m 处和 5 m 处测量，总计 6 个测点，观测时测点号固定(有条件的可以同时测量，没有条件按顺序测量)。

受损程度测量方法：当大棚棚膜开始受损或钢筋支架开始弯曲时测量此时雪深、风向、风速等气象数据，记录大棚棚膜受损或钢架弯曲的时间。如果出现棚膜和钢架继续破损和弯曲的现象，可间隔 10 min 测量损毁程度，测量记录雪深、风速和风向。

⑥观测项目

积雪深度、积雪密度、风速和风向、大棚受损情况、受损程度及时间。

⑦观测间隔

当棚膜没有破损和钢架没有出现弯曲时，半小时一次；当出现棚膜开始受损及钢架弯曲时，10 min 观测一次。

⑧其他观测

利用摄像机、照相机等进行拍摄，记录受害过程和受害程度。

注：在暴雪期间不能达到垮棚的要求时，可采用人工补雪的方式进行，但尽量使雪盖均匀。

(4)制定组织与管理政策

严格按照《试验方案》进行项目试验，保证试验质量，严禁弄虚作假。试验中出现问题及时向项目组说明上报，以便及早处理解决。

(5)制定补充说明

在得知某地发生暴雪垮棚灾害时，派工作人员到受灾地进行灾情调研，调研暴雪发生时的雪深、风速、风向，棚内作物，作物所处发育期，被损毁面积，占总面积比例及大棚受灾情况、受害程度及损失情况。

2.2.2　常用统计方法

2.2.2.1　多元线性回归

(1)基本方法

回归分析是气候预测中应用最为广泛的统计方法。多元线性回归是处理随机变量之间相关关系的一种有效手段。通过大量历史相关数据的分析、计算，建立一个变量(因变量)与若干个变量(自变量)间的多元线性回归方程。经过显著性检验，若回归效果显著，则可将所建立的回归方程可以用于分析、预测及评价[4]。

设因变量 y 与自变量 $x_1,x_2,\cdots,x_m$ 有线性关系，那么建立 y 的 m 元线性回归模型

$$y=\beta_0+\beta_1x_1+\cdots+\beta_mx_m+\varepsilon \tag{2.8}$$

式中：$\beta_0,\beta_1,\cdots,\beta_m$ 为回归系数；ε 为遵从正态分布 $N(0,\sigma^2)$ 的随机误差。

在实际问题中，对 y 与 $x_1,x_2,\cdots,x_m$ 作 n 次观测，即 $y_t,x_{1t},x_{2t},\cdots,x_{mt}$，则有

$$y_t=\beta_0+\beta_1x_{1t}+\cdots+\beta_mx_{mt}+\varepsilon_t \tag{2.9}$$

建立多元回归方程的基本方法是：

①由观测值确定回归系数 $\beta_0,\beta_1,\cdots,\beta_m$ 的估计 $b_0,b_1,\cdots,b_m$，得到 y_t 对 $x_{1t},x_{2t},\cdots,x_{mt}$ 的线性回归方程

$$\hat{y}_t=b_0+b_1x_{1t}+\cdots+b_mx_{mt}+e_t \tag{2.10}$$

式中：$\hat{y}_t$ 为 y_t 的估计；e_t 为误差估计或称为残差；回归系数利用最小二乘法估计。

②对回归效果进行统计检验。

③利用多元线性回归方程进行预报。

(2)回归系数的最小二乘法估计

根据最小二乘法，要选择这样的回归系数 $b_0,b_1,\cdots,b_m$，使

$$Q=\sum_{i=1}^{n}e_t^2=\sum_{i=1}^{n}(y_t-\hat{y}_t)^2=\sum_{i=1}^{n}(y_t-b_0-b_1x_{1t}-\cdots-b_mx_{mt})^2 \tag{2.11}$$

达到极小。为此，将 Q 分别对 $b_0,b_1,\cdots,b_m$ 求偏导数，并令 $\frac{\partial Q}{\partial b_i}=0$，经化简整理可以得到 b_0，$b_1,\cdots,b_m$，必须满足下列正规方程组

$$\begin{cases} S_{11}b_1+S_{12}b_2+\cdots+S_{1m}b_m=S_{1y} \\ S_{21}b_1+S_{22}b_2+\cdots+S_{2m}b_m=S_{2y} \\ \vdots \quad \vdots \quad \vdots \quad \vdots \\ S_{m1}b_1+S_{m2}b_2+\cdots+S_{mm}b_m=S_{my} \end{cases} \tag{2.12}$$

$$b_0=\bar{y}-b_1\bar{x}_1-b_2\bar{x}_2-\cdots-b_m\bar{x}_m \tag{2.13}$$

其中

$$\bar{y}=\frac{1}{n}\sum_{t=1}^{n}y_t,\bar{x}_i=\frac{1}{n}\sum_{t=1}^{n}x_{it} \quad i=1,2,\cdots,m \tag{2.14}$$

$$S_{ij}=S_{ji}=\sum_{t=1}^{n}(x_{it}-\bar{x}_i)(x_{jt}-\bar{x}_j)=\sum_{t=1}^{n}x_{it}x_{jt}-\frac{1}{n}\left(\sum_{t=1}^{n}x_{it}\right)\left(\sum_{t=1}^{n}x_{jt}\right) \quad i=1,2,\cdots,m \tag{2.15}$$

$$S_{iy}=\sum_{t=1}^{n}(x_{it}-\bar{x}_i)(y_t-\bar{y})=\sum_{t=1}^{n}x_{it}y_t-\frac{1}{n}\left(\sum_{t=1}^{n}x_{it}\right)\left(\sum_{t=1}^{n}y_t\right) \quad i=1,2,\cdots,m \tag{2.16}$$

解线性方程组(2.12),即可求得回归系数 b_i,将 b_i 代入方程(2.13)可求出常数项 b_0。

一般情况下,用矩阵来研究多元线性回归更便利,令

$$\boldsymbol{Y}=\begin{bmatrix} y_1 \\ y_2 \\ \vdots \\ y_n \end{bmatrix} \tag{2.17}$$

$$\boldsymbol{X}=\begin{bmatrix} 1 & x_{11} & x_{12} & \cdots & x_{1m} \\ 1 & x_{21} & x_{22} & \cdots & x_{2m} \\ \vdots & \vdots & \vdots & & \vdots \\ 1 & x_{n1} & x_{n2} & \cdots & x_{nm} \end{bmatrix} \tag{2.18}$$

$$\boldsymbol{\beta}=\begin{bmatrix} \beta_0 \\ \beta_1 \\ \vdots \\ \beta_m \end{bmatrix} \tag{2.19}$$

$$\boldsymbol{\varepsilon}=\begin{bmatrix} \varepsilon_1 \\ \varepsilon_2 \\ \vdots \\ \varepsilon_n \end{bmatrix} \tag{2.20}$$

$$\boldsymbol{b}=\begin{bmatrix} b_0 \\ b_1 \\ \vdots \\ b_m \end{bmatrix} \tag{2.21}$$

多元线性回归模型方程(2.8)可以写为矩阵形式

$$\boldsymbol{Y}=\boldsymbol{X\beta}+\boldsymbol{\varepsilon} \tag{2.22}$$

正规方程组(2.12)的矩阵形式则为

$$(\boldsymbol{X}^{\mathrm{T}}\boldsymbol{X})\boldsymbol{b}=\boldsymbol{X}^{\mathrm{T}}\boldsymbol{Y} \tag{2.23}$$

因而，回归系数的最小二乘法估计为

$$\boldsymbol{b}=(\boldsymbol{X}^{\mathrm{T}}\boldsymbol{X})^{-1}\boldsymbol{X}^{\mathrm{T}}\boldsymbol{Y} \tag{2.24}$$

回归系数向量 $\boldsymbol{b}$ 的数学期望为

$$\mathrm{E}(\boldsymbol{b})=\boldsymbol{\beta} \tag{2.25}$$

回归系数向量 $\boldsymbol{b}$ 的协方差阵为

$$\mathrm{E}[(\boldsymbol{b}-\boldsymbol{\beta})(\boldsymbol{b}-\boldsymbol{\beta})^{\mathrm{T}}]=\sigma^2(\boldsymbol{X}^{\mathrm{T}}\boldsymbol{X})^{-1} \tag{2.26}$$

可见，估计值 $\boldsymbol{b}$ 是参数 $\boldsymbol{\beta}$ 的无偏估计。

(3)回归问题的统计检验

如前所述，我们是在假定 y 与 $x_1,x_2,\cdots,x_m$ 具有线性关系的条件下建立线性回归方程的。究竟 y 与 x_i 之间的线性关系是否显著？所建立的回归方程效果如何？这些需进行统计检验来回答。

①回归方程效果的检验

方差分析及 F 检验：检验回归方程效果的优劣及其预测精度可以通过方差分析来实现。

将 y 的总离差平方和 S_{yy} 分解为

$$S_{yy}=U+Q \tag{2.27}$$

其中

$$S_{yy}=\sum_{t=1}^{n}(y_t-\bar{y})^2 \tag{2.28}$$

$$U=\sum_{t=1}^{n}(\hat{y}_t-\bar{y})^2 \tag{2.29}$$

$$Q=\sum_{t=1}^{n}(y_t-\hat{y}_t)^2 \tag{2.30}$$

其中 U 称为回归平方和，在与误差相比意义下，它的大小反映了自变量的重要程度；Q 称为残差平方和，它的大小反映了试验误差对结果的影响。它们的自由度分别为 $f_{yy}=n-1$，$f_U=m$，$f_Q=n-m-1$。可以利用 U 和 Q 的相对大小来衡量回归效果，即检验所建回归方程是否有意义。

构造统计量：

$$F=\frac{U/m}{Q/(n-m-1)} \tag{2.31}$$

原假设 H_0：

$$\beta_0=\beta_1=\cdots=\beta_m=0$$

若 H_0 成立，则认为回归方程无意义。可以证明，当 H_0 为真时，统计量 F 遵从自由度为 m 和 $n-m-1$ 的 F 分布。给定显著性水平 α，若计算值 $F>F_\alpha$，则在显著性水平 α 上拒绝原假设，认为回归方程有显著意义。

复相关系数：回归方程效果的好坏亦可通过复相关系数来进行衡量。一个变量 y 与若干变量 x_i 之间的线性关系可以由一个多元线性回归方程表示。因此，复相关系数是衡量 y 与估计值 $\hat{y}$ 之间线性关系的一个量。复相关系数表示为

$$R=\frac{\sum_{t=1}^{n}(y_t-\bar{y})(\hat{y}_t-\bar{y})}{\sqrt{\sum_{t=1}^{n}(y_t-\bar{y})^2\sum_{t=1}^{n}(\hat{y}_t-\bar{y})^2}} \tag{2.32}$$

可以证明，复相关系数为

$$R=1-\frac{Q}{S_{yy}} \tag{2.33}$$

R 的绝对值越大，表示回归效果越好。

②自变量作用的检验

上述利用方差分析和复相关系数检验回归方程的总体效果，并不能说明每个自变量 x_i 都有效果。检验各个自变量对 y 的作用是否显著，需要逐一对自变量进行检验。

原假设 H_0：

$$\beta_i=0(i=1,2,\cdots,m) \tag{2.34}$$

构造统计量：

$$F_i=\frac{b_i^2/C_i}{Q(n-2)} \quad (i=1,2,\cdots,m) \tag{2.35}$$

其中

$$C_i=\left[\sum_{t=1}^{n}(x_{it}-\overline{x}_i)^2\right]^{-1} \tag{2.36}$$

式中：Q 为残差平方和，由方程(2.30)求出。统计量 F_i 遵从分子自由度为 1，分母自由度为 $n-2$ 的 F 分布。若 $F_i>F_\alpha$，则拒绝原假设，认为 x_i 在显著性水平 α 上对 y 的作用是显著的。

(4)利用回归方程进行预测

将给定的样本值 $x_{1t+1},x_{2t+1},\cdots,x_{mt+1}$ 代入回归方程，即可得到一步预测

$$\hat{y}_{t+1}=b_0+b_1x_{1t+1}+\cdots+b_mx_{mt+1} \tag{2.37}$$

实际使用时，应该给出 $\hat{y}_{t+1}$ 给定显著性水平的置信区间。当样本量 n 较大且 x_{it+1} 接近于 $\overline{x}_i$ 时，则可以近似地认为

$$y_{t+1}-\hat{y}_{t+1} \tag{2.38}$$

遵从 $N(0,\sigma)$。给定显著性水平 $\alpha=0.05$，则

$$P(\hat{y}_{t+1}-1.96\sigma<y_{t+1}<\hat{y}_{t+1}+1.96\sigma)=0.95 \tag{2.39}$$

其中 σ 未知，用无偏估计量

$$S_y=\sqrt{\frac{Q}{n-m-1}} \tag{2.40}$$

代替。因此，y_{t+1} 的 $\alpha=0.05$ 的置信区间为$(\hat{y}_{t+1}-1.96S_y,\hat{y}_{t+1}+1.96S_y)$。

2.2.2.2　百分位法

统计学中，如果将一组数据从小到大排序，并计算相应的累计百分位，则某一百分位所对应数据的值就称为这一百分位的百分位数。可表示为：一组 n 个观测值按数值大小排列，如处于 $p\%$ 位置的值称第 p 百分位数。

2.2.2.3　Mann-Kendall 突变检验法

研究突变的方法有很多，Mann-Kendall 方法（简称 M-K 方法）是研究突变的一种常用方法。与其他方法相比，其优点在于检验范围较宽，人为因素较少，定量化程度较高。这种方法直观，计算方便。

第一步，对样本序列$\{X_t\}$，$t=1,2,3,\cdots,k$，且 $k\leqslant N$ 构造一个统计量

$$d_k=\sum_{j=1}^{k}\sum_{i=1}^{j-1}a_{ij} \tag{2.41}$$

其中，当 $1 \leqslant i < j$，$x_j > x_i$ 时，$a_{ij}=1$，否则 $a_{ij}=0$。

可见，秩序列 d_k 是第 j 时刻数值大于 i 时刻数值个数的累计数。

第二步，令 $k=1,2,3,\cdots,N$，计算 N 个统计量 UF_k。统计 d 表示长度为 k 的序列 $X_1,\cdots,X_k$ 中按大小顺序排列的样本个数，称为顺序统计量

$$UF_k=\frac{d_k-E(d_k)}{\sqrt{\mathrm{var}(d_k)}}(1 \leqslant k \leqslant N) \tag{2.42}$$

式中：$UF_1=0$，$E(d_k)$ 是累计数 d_k 的均值和方差，在 $X_1,\cdots,X_N$ 相互独立且有连续分布时可由下式计算得出

$$E(d_k)=\frac{k(k-1)}{4} \tag{2.43}$$

$$\mathrm{var}(d_k)=\frac{k(k-1)(2k+5)}{72} \tag{2.44}$$

此时 UF_k（k 固定时）服从标准分布。

第三步，将序列 $\{X_t\}$ 反向构成序列 $X_N,X_{N-1},\cdots,X_1$，再重复上述过程，同时使

$$UB_k=-UF_k \tag{2.45}$$

其中，$k=N,N-1,\cdots,1$，$UB_1=0$。

分析绘出的 UF_k 和 UB_k 曲线图。若 UF_k 的值大于 0，则表明序列呈上升趋势，小于 0 则表明呈下降趋势，当它们超过临界线时，表明上升或下降显著。如果 UF_k 和 UB_k 两条曲线出现交点，且交点在临界线之间，那么交点对应的时刻便是突变开始的时间。

2.2.2.4　滑动 *t* 检验法

按照两个序列样本平均值之差是否显著的 t 检验计算公式，当两个子序列样本单元数目 $n_1 \neq n_2$ 时，t 统计量为

$$t=\frac{x_1-x_2}{s \times \sqrt{\frac{1}{n_1}+\frac{1}{n_2}}} \tag{2.46}$$

$$s=\sqrt{\frac{n_1 s_1^2+n_2 s_2^2}{n_1+n_2-2}} \tag{2.47}$$

采取滑动的办法连续设置基准点，依次按上述方程计算统计量。由于滑动的连续计算，可得到统计量序列 $t_i[i=1,2,3,\cdots,n-(n_1+n_2)+1]$。

给定显著性水平 α，查 t 分布表得到临界值 t_α，若 $|t_i|<t_\alpha$，则认为基准点前后的两子序列均值无显著差异，否则认为在基准点时刻出现了突变。

以上两种突变分析方法，虽然都是对气候序列的均值进行分析，但在使用过程中，由于分析的气候序列在时间尺度上有长有短，对于时间尺度较长的资料序列，有可能在研究时段内会出现多次突变，用 M-K 方法可同时检测出多次突变。所以说 M-K 方法对时间尺度较长的资料序列的突变分析较适合，但是对于长序列资料使用 M-K 方法检测时，有时出现假突变点，这时可同时使用滑动 t 检验法对该点进行进一步的确定，所以说以上两种方法在对气候序列的突变分析过程中各有利弊。

2.2.2.5　*Z* 检验法

用线性倾向估计方法考察气候序列的变化趋势，其变化趋势是否显著可以通过 Z 检验方

法对相关系数的显著性检验进行判断。

对于气候序列 x_i，在 i 时刻（$i=1,2,3,\cdots,n-1$），有

$$r_i=\begin{cases}+1 & \text{当 } x_j>x_i \text{ 时}\\ 0 & \text{当 } x_j<x_i \text{ 时}\end{cases}\quad (j=i+1,\cdots,n) \tag{2.48}$$

可见，r_i是 i 时刻以后的数值 $x_i(j=i+1,\cdots,n)$大于该时刻值 x_i的样本个数。

计算统计量

$$Z=\frac{4}{n(n-1)}\sum_{i=1}^{n-1}r_i.-1 \tag{2.49}$$

显见，对于递增直线，r_i序列为 $n-1,n-2,\cdots,1$，这时 $Z=1$，对于递减直线 $Z=-1$，Z 值在 1～－1 之间变化。

给定显著性水平 α，假定 $\alpha=0.05$，则判据

$$Z_{0.05}=1.96\left[\frac{4n+10}{9n(n-1)}\right]^{1/2} \tag{2.50}$$

若$|Z|>Z_{0.05}$，则认为变化趋势在 $\alpha=0.05$ 显著性水平下是显著的。

给定显著性水平 α，假定 $\alpha=0.01$，则判据

$$Z_{0.01}=2.58\left[\frac{4n+10}{9n(n-1)}\right]^{1/2} \tag{2.51}$$

若$|Z|>Z_{0.01}$，则认为变化趋势在 $\alpha=0.01$ 显著性水平下是显著的。

2.2.2.6　层次分析法

层次分析法(analytic hierarchy process，AHP)，在 20 世纪 70 年代中期由美国运筹学家托马斯·塞蒂(T. L. Saaty)正式提出。它是一种定性和定量相结合的、系统化、层次化的分析方法。由于它在处理复杂的决策问题上的实用性和有效性，很快在世界范围得到重视。它的应用已遍及经济计划和管理、能源政策和分配、行为科学、军事指挥、运输、农业、教育、人才、医疗和环境等领域。

层次分析法的基本思路与人对一个复杂的决策问题的思维、判断过程大体上是一样的。不妨用假期旅游为例：假如有 3 个旅游胜地 A、B、C 供你选择，你会根据诸如景色、费用和居住、饮食、旅途条件等一些准则去反复比较这 3 个候选地点。首先，你会确定这些准则在你的心目中各占多大比重，如果你经济宽绰、醉心旅游，自然分别看重景色条件，而平素俭朴或手头拮据的人则会优先考虑费用，中老年旅游者还会对居住、饮食等条件给予较大关注。其次，你会就每一个准则将 3 个地点进行对比，譬如 A 景色最好，B 次之；B 费用最低，C 次之；C 居住等条件较好等。最后，你要将这两个层次的比较判断进行综合，在 A、B、C 中确定哪个作为最佳地点。

(1)层次分析法的基本步骤

①建立层次结构模型。在深入分析实际问题的基础上，将有关的各个因素按照不同属性自上而下地分解成若干层次，同一层的诸因素从属于上一层的因素或对上层因素有影响，同时又支配下一层的因素或受到下层因素的作用。最上层为目标层，通常只有 1 个因素，最下层通常为方案或对象层，中间可以有一个或几个层次，通常为准则或指标层。当准则过多时(譬如多于 9 个)应进一步分解出子准则层。

②构造成对比较阵。从层次结构模型的第 2 层开始，对于从属于(或影响)上一层每个因

素的同一层诸因素，用成对比较法和1～9比较尺度构造成对比较阵，直到最下层。

③计算权向量并做一致性检验。对于每一个成对比较阵计算最大特征根及对应特征向量，利用一致性指标、随机一致性指标和一致性比率做一致性检验。若检验通过，特征向量（归一化后）即为权向量：若不通过，需重新构造成对比较阵。

④计算组合权向量并做组合一致性检验。计算最下层对目标的组合权向量，并根据公式做组合一致性检验，若检验通过，则可按照组合权向量表示的结果进行决策，否则需要重新考虑模型或重新构造那些一致性比率较大的成对比较阵。

(2)层次分析法的优点

运用层次分析法有很多优点，其中最重要的一点就是简单明了。层次分析法不仅适用于存在不确定性和主观信息的情况，还允许以合乎逻辑的方式运用经验、洞察力和直觉。也许层次分析法最大的优点是提出了层次本身，它使得买方能够认真地考虑和衡量指标的相对重要性。

(3)应用层次分析法的注意事项

如果所选的要素不合理，其含义混淆不清，或要素间的关系不正确，都会降低AHP法的结果质量，甚至导致AHP法决策失败。

为保证递阶层次结构的合理性，需把握以下原则：

①分解简化问题时把握主要因素，不漏不多；

②注意相比较元素之间的强度关系，相差太悬殊的要素不能在同一层次比较。

2.2.2.7　产量预报研究方法

以中国气象局"国内外产量预报专项"的基于作物产量历史丰歉气象影响指数构建黑龙江省大豆产量预报模型研究方法为例，介绍产量预报常用研究方法，方法如下。

(1)处理资料

资料来源：研究资料为45个气象观测站有观测资料以来的大豆单位面积单产和总产，观测站逐日气象资料包括最高气温、最低气温、降水量和日照时数。

产量资料处理方法

利用常规方法分别计算每年大豆比上一年单产增减率(ΔY_i，%)，公式为

$$\Delta Y_i=((Y_i-Y_{i-1})/Y_{i-1})\times 100\% \tag{2.52}$$

式中：i为i年；$i-1$为第i年的上一年；ΔY_i为第i年与$i-1$年平均单产的丰歉值；Y_i和Y_{i-1}分别为第i年与第$i-1$年大豆平均单产。

发育期资料处理：发育期资料统一采用2002—2004年3 a的平均值，主要用来判断预测大豆所处的发育阶段，根据该发育阶段的生理指标计算当天的有效气温。

气象资料处理：根据模型需要，确定各气象因子及其计算方法。

日平均气温(t_a，℃)。根据日最高(t_h，℃)、最低气温(t_l，℃)计算，公式为

$$t_a=(t_h+t_l)/2 \tag{2.53}$$

日有效气温($\hat{t}_a$，℃)。大豆发育期为播种、出苗、三真叶、旁枝、开花、结荚、鼓粒和成熟，各发育期所需上限气温分别为39 ℃、39 ℃、36 ℃、36 ℃、30 ℃、30 ℃、30 ℃和25 ℃，下限气温分别为7 ℃、7 ℃、17 ℃、17 ℃、18 ℃、18 ℃、14 ℃和9 ℃。可根据不同情况计算日有效气温。

①当日最高气温低于大豆的上限气温，日最低气温高于大豆的下限气温时，计算公式为

$$\hat{t}_a=(t_h+t_l)/2(t_h\leqslant t_{max}\text{且 }t_l\geqslant t_{min}) \tag{2.54}$$

式中：t_{max}为大豆的上限气温；t_{min}为大豆的下限气温。

②当日最高气温高于上限气温时，计算公式为

$$t_a=\begin{cases}\left(\dfrac{t_{max}+t_1}{2}\right)\times\left[1-\dfrac{(t_h-t_{max})}{k_1}\right] & t_{max}+a>t_a>t_{max}\text{或}t_a\geqslant t_{max}+a\quad\text{不超过 3 d}\\ 0 & t_a\geqslant t_{max}+a\quad\text{连续 3 d 以上}\end{cases}\tag{2.55}$$

式中：$t_{max}+a$ 为大豆不同发育期的最小致死上限气温，这里取 $a=5$，因为连续 3 d 以上超过大豆各发育期上限气温 5 ℃，即导致大豆死亡；k_1为日最高气温高于大豆上限气温时计算有效气温的折算系数，取 $k_1=5$，即气温每高于大豆各生育期上限气温 1 ℃，气温有效性减少 20%。

③当日最低气温低于大豆的下限气温时，计算公式为

$$t_a=\begin{cases}\left(\dfrac{t_{min}+t_a}{2}\right)\times\left[1-\dfrac{(t_{min}-t_1)}{k_2}\right] & t_{min}-b<t_1<t_{min}\text{或}t_1\geqslant t_{min}-b\quad\text{连续 3 d 及以下，且}\dfrac{t_h+t_1}{2}>0\\ 0 & \dfrac{(t_a+t_1)}{2}\leqslant 0\\ 0 & t_1\geqslant t_{min}-b\quad\text{连续 3 d 以上}\end{cases}\tag{2.56}$$

式中：$t_{min}-b$ 为大豆各发育期最大致死下限气温，取 $t_{min}-b=-3$；k_2为最低气温低于大豆的下限气温时计算有效气温的折算系数，取 $k_2=t_{min}+3$。

积温：从播种日开始，每 5 d(月末为 6 d)累计逐日区域平均气温，从 5 月 1 日开始，分别计算到 5 月 5 日、5 月 10 日、5 月 15 日、5 月 20 日……9 月 30 日的积温，形成积温序列。根据同样方法和区域平均日有效气温计算得到有效积温序列。

分段累积降水量和分段累积日照时数：利用区域平均降水量分时段计算降水量累积值和日照时数累积值。5 月 1 日至预报日的时段累积值分别称作累积降水量和累积日照时数。

标准化降水量、分段标准化降水量、标准化日照时数和分段标准化日照时数：在大豆的生长发育过程中，降水量的时间分布和降水量具有同样的重要性，为了考虑降水量及其时间分布差异对大豆生长发育的影响，将累积降水量进行标准化处理，处理后的降水量称之为标准化降水量($\hat{p}_i$)

$$\hat{p}_i=\frac{p_i}{S_{p_i}}\tag{2.57}$$

$$S_{pi}=\sqrt{\frac{\sum_{i=1}^{m}(p_i-\overline{p})^2}{m-1}}\tag{2.58}$$

式中：$\hat{p}_i$ 为标准化降水量；p_i为累积降水量；S_{pi}为累积降水量的标准差；m 为样本长度；p 为累积降水量平均值。分段标准化降水量、标准化日照时数和分段标准化日照时数计算方法与此类似。

气象要素变化量：由于相邻两年作物平均单产的变化主要是由相邻两年气象条件差异引起的，因此，对所有的气象因子都要做如下处理

$$\Delta X_i=X_i-X_{i-1}\tag{2.59}$$

式中：ΔX_i为相邻两年气象因子的差值；X_i和 X_{i-1}分别为第 i 年和第 $i-1$ 年的积温、有效积温、累积降水量、分段累积降水量、标准化降水量、分段标准化降水量、累积日照时数、分段累积日照时数、标准化日照时数、分段标准化日照时数共 10 种气象因子值。

(2)动态预报模型构建

基本原理:研究认为,对同一地点相邻两年间,土壤类型、作物品种、农业投入相对稳定,气象因子是决定相邻单位面积产量波动的主要影响因素

$$\Delta Y = F(\Delta x) \tag{2.60}$$

式中:ΔY 为相邻两年单产的变化,称作作物产量气象影响指数;Δx 为相邻两年气象要素的变化量。

关于作物产量气象影响指数的计算,最理想的方法应该是通过试验研究获得,但由于气候条件、地理背景和作物品种等因素的差异较大,大量的实验研究在短期内难以实现。尽管目前国内已经开展了一些这方面的试验研究,但由于不同试验的研究结果差异甚大,且代表性不够,因此,现阶段以试验研究为基础计算作物产量气象影响指数仍无法在具体业务中实现。为此,参考以往研究成果,先通过气象因子综合聚类方法筛选气象相似年,再根据相似年产量变化特点计算分析年作物产量气象影响指数,建立黑龙江省大豆产量预报模型。

①计算气象因子综合聚类指标

相似距离

$$d_k = \sqrt{\left(\sum_{j=1}^{N} \Delta X_{ij} - \Delta X_{kj}\right)^2} \tag{2.61}$$

相关系数

$$r_{ik} = \frac{\sum_{j=1}^{N} (\Delta X_{ij} - \Delta \overline{X}_i)(\Delta X_{kj} - \Delta \overline{X}_k)}{\sqrt{\sum_{j=1}^{N} (\Delta X_{ij} - \Delta \overline{X}_i)^2 \sum_{j=1}^{N} (\Delta X_{kj} - \Delta \overline{X}_k)^2}} \tag{2.62}$$

综合聚类指标

$$C_{ik} = \frac{r_{ik}}{d_k} \times 100\% \tag{2.63}$$

式中:k 为预报年;i 为历史上的任意一年;j 为气象要素的序号;ΔX_{kj} 为预报年作物播种至发布预报时第 j 个气象要素变化量;ΔX_{ij} 为历史上任意一年同一时段同类气象要素变化量;N 为样本长度;C_{ik} 为预报年(k 年 ΔX_{kj} 与历史上任一年(i 年)的综合聚类指标,C_{ik} 越大,则认为预报年(k 年)与历史该年的相似程度越高。

②选择相似年型

在不考虑作物品种变化的条件下,同一地区的不同年份,相邻两年的气象条件变化如果相似,则其产量的变化也应相近。但由于作物品种的不断更新、农业生产力水平的不断提高、发布预报时刻之后气象条件的不断变化等诸多原因,使得气象条件变化最相似年份作物产量变化不一定最接近。因此,在建模阶段,根据历史资料,选取 C_{ik} 值最大的三个相似年型。

③产量计算方法

聚类分析过程中,从日照(累积日照、分段累积日照、标准化日照、分段标准化日照)、气温(积温、有效积温)和降水(累积降水量、分段标准化降水量、标准化降水量、分段标准化降水量)3 类因子中分别选取 1 个因子,共 32 种组合,通过对比所选气象相似年产量变化值与预报年的实际产量变化值,选定预报值与实际值最接近的组合,最终确定具体的 ΔY 的计算方法。

a. 两因子组合分析

根据32种组合的预报试验结果，对每种组合的某两个单因子的6个预报试验结果与实际产量丰歉值进行分析对比，可选择某个单因子3个预报试验结果的平均值，也可选择预报结果中符号一致结果的平均值，再进行4种组合，以此确定预报方法。

b. 三因子组合分析

根据32种组合的预报试验结果，对每种组合的某个单因子的3个预报试验结果与实际产量丰歉值进行分析对比，可选择3个预报试验结果的平均值，也可选择预报结果中符号一致结果的平均值，再进行8种组合，以此确定预报方法。

c. 大概率分析

根据32种组合的预报试验结果，综合分析每种组合的9种预报试验结果，根据预报增产(或减产)结果的概率大小，选取概率大的结果的平均为预报方法，其值可用下式计算

$$\Delta Y_k = \begin{cases} \sum \Delta Y_{i(+)} & (l > m) \\ \sum \Delta Y_{i(-)} & (l < m) \end{cases} \tag{2.64}$$

式中：ΔY_k为以大概率方法计算的单产丰歉预报值；$\sum \Delta Y_{i(+)}$为预报试验结果为正的各个值的累加；$\sum \Delta Y_{i(-)}$为预报试验结果为负的各个值的累加；l为预报试验结果为正值的个数；m为预报试验结果为负值的个数。

d. 加权平均分析

在大概率分析的基础上，考虑小概率的预报结果，以概率为权重，综合计算各种预报试验结果，确定预报方法。

$$\Delta Y_k = \frac{\sum \Delta Y_{i(+)}}{l} \times a_{(+)} + \frac{\sum \Delta Y_{i(-)}}{m} \times a_{(-)} \tag{2.65}$$

式中：ΔY_k为以加权平均方法计算的单产丰歉预报值；$\sum \Delta Y_{i(+)}$、$\sum \Delta Y_{i(-)}$、l、m的意义同式(2.64)，$a_{(+)}$、$a_{(-)}$分别为预报试验结果为正值、负值的概率，有

$$a_{(+)} = l/9 \tag{2.66}$$

$$a_{(-)} = m/9 \tag{2.67}$$

e. 综合影响指数分析

分别计算日照、气温和降水三类因子$C_{诀}$值，并求其和得到$C_{诀综}$，把最大的三个$C_{诀综}$值所对应三年的作物产量丰歉作为气象影响指数。可选取3个结果的平均值，也可选取3个中符号一致结果的平均值，确定预报方法

$$C_{诀综} = C_{诀光} + C_{诀温} + C_{诀水} \tag{2.68}$$

式中：$C_{诀综}$为光、温、水综合聚类指标；$C_{诀光}$、$C_{诀温}$、$C_{诀水}$分别为任一组合中的光照、气温和降水的三种因子的聚类指标。

根据上述原理和分析方法，分别对45站1961—2010年大豆进行了自5月1日—9月30日的逐旬的模型构建，研究分析5月31日—9月30日，共13旬预报结果的基础上，确定各站、各时段预报因子和预报方法。

2.2.3 调研方法

以中国气象局“农用天气预报系统建设项目”的黑龙江省调研方法为例，介绍调研方法，方法如下。

(1)明确调研目的

在已有研究成果的基础上,结合实地调研,通过整体分析,建立主要作物玉米、一季稻发育期适宜气象指标库、主要农事活动适宜气象指标库、主要农业气象灾害库。

(2)选择调研地点

黑龙江省是农业大省,松嫩平原和三江平原地势平坦,土壤肥沃,是主要的产粮区域,齐齐哈尔、绥化、哈尔滨、佳木斯四地区的粮食作物播种面积占全省的54%,主要分布着玉米、水稻、大豆三大作物。因此调研地点主要以两大平原为主,包括齐齐哈尔、绥化、哈尔滨、佳木斯、大庆、鹤岗、双鸭山等地区及其20余个市县。

(3)制定调研内容

黑龙江省幅员辽阔,南北跨越约10个纬度,气候的区域特征较为明显,共划分为五个农业气候带,栽培的作物品种繁多,种植格局复杂,根据黑龙江省具体的生产特点、气候特征和发生灾害情况,针对玉米和一季稻,主要对农事活动、农民的想法和看法展开调研工作,同时调研作物长势、作物品种、灾害情况等,并与各地市气象局和农委沟通相关情况。

黑龙江省玉米和一季稻的农事活动有所不同,针对2个作物的具体特点拟定了调研内容(表2.16,表2.17)。

表2.16　一季稻农事活动调研项目

选种	怎么选的?是根据政府指导政策?当地气象条件选择(热量条件)? 还是根据自己的经验? 选择品种的时候考虑哪些问题?以产量高为主?品质好不好?
耕翻整地	什么时候整地?是不是也是根据自己的经验整地? 还是根据天气条件来进行?还是根据农时进行?
施肥	是不是根据不同生育期进行了不同的施肥,比如分蘖肥、穗肥、粒肥等? 不同生育期间的施肥时间? 在施肥时是不是根据天气情况?比如晴天施肥,雨前施肥还是雨后施肥? 具体的施肥时间?或者是上午施,还是下午施?
灌溉	根据发育期灌溉?还是发现水田缺水即灌溉? 灌溉时间? 灌溉量如何确定?根据自己的经验?
稻田除草	怎么除草?人工?用药? 若用药,什么时候用药?比如中午? 用药时考虑天气情况吗?雨后用药等?
病虫害防治	有没有防治病虫害的意识?采用什么方法?化学还是物理? 若用药,什么时间用?根据天气情况吗?

表2.17　玉米农事活动调研项目

选种	怎么选的?是根据政府指导政策?当地气象条件选择(热量条件)? 还是根据自己的经验? 选择品种的时候考虑哪些问题?以产量高为主?品质好不好?
耕翻整地	什么时候整地?是不是也是根据自己的经验整地? 还是根据天气条件来进行?还是根据农时进行?

续表

施肥	是不是根据不同生育期进行了不同的施肥,比如拔节肥、穗肥、粒肥等? 不同生育期间的施肥时间? 在施肥时是不是根据天气情况?比如晴天施肥,雨前施肥还是雨后施肥? 具体的施肥时间?或者是上午施用,还是下午施用?
灌溉	根据发育期灌溉?还是发现缺水即灌溉? 灌溉时间?灌溉量如何确定?根据自己的经验?
除草	怎么除草?人工?用药?若用药,什么时候用药?比如中午? 用药时考虑天气情况吗?雨后用,还是其他时间用药?
铲趟	是根据发育期进行吗?用什么方法?人工?机械?一般是什么时候进行铲趟?
间苗与补苗	间苗、补苗什么时间进行?
病虫害防治	有没有防治病虫害的意识? 采用什么方法?化学还是物理? 若用药,什么时间用?根据天气情况吗?

(4)调研情况分析

调研过程中,与农民朋友沟通交流,询问当地主栽作物品种情况,调研他们对玉米、水稻等作物主要发育期的主要农事活动的理解、看法和做法,如选择施肥时间、是否根据天气情况、是否根据作物发育期进行施肥等。了解他们对气候条件的关注程度、对于防灾减灾的举措以及对气象部门工作的需求。同时也通过项目组成员的观察和图片拍摄获取了相关的信息。

①农民响应情况分析

农民朋友进行积极回应,多数农民朋友表示,了解自家当前栽培品种,但调研区域内的种植品种多而杂,无法确定主栽品种。对于更早的栽培品种则不明确。经过交流了解到,多数农民朋友对天气变化比较关注,每天基本都收听天气预报,但不了解科学种田的技术方法,不知道何时施用增产肥、何时喷施防治病虫害的药剂,对于科学的田间管理的步骤和环节也不甚了解,例如,多数农民仍是“靠天吃饭”的想法,播种出苗后只按照常规进行相应的铲趟、施肥,对玉米最多进行 2 次铲趟、1 次施肥甚至不施,且多数情况下不进行田间管理,对于旱、涝、低温等不采取措施。问及是否需要气象部门提供农事的气象服务,回答是迫切需要。由此可见,农用天气预报对于农民朋友有效利用天气、合理利用气候资源、提高科学种田水平,从而获得增产增收具有十分重要的意义。对于农事活动的做法,针对玉米和水稻,不同区域的农民朋友做法不同,通过了解,将其采取的措施和方式总结如下。

●玉米

选择品种:a. 在政府指导下,考虑产量,选择品种(双城)。b. 根据天气变化情况,随机选择(龙江)。c. 首先考虑产量,同时在种子站的推荐下,选择相应品种,栽培的品种基本一年一更新(富锦)。d. 选择品种以产量高、产量稳定、品质好为主(肇东)。

耕翻整地:基本都选在春天,4 月份。

施肥:a. 不根据生育期进行,若有雨天,雨前施肥,对于上、下午施用无所谓(双城)。b. 基本不根据生育期进行,只进行两次施肥,第一次是播种时施足底肥,第二次是在七叶期趟二遍地时(6 月下旬)施用。若有雨天,在雨前施用。具体的施肥时间不定(龙江)。c. 主要是播种时施足底肥,第二次施肥较少(富锦)。d. 不根据作物生育期进行,一次性施好底肥,提高有机肥搭配，追肥补肥效果不好，追肥在雨前（肇东）。

灌溉：调研区域内基本不灌溉。

除草：不同地区方式不同，有的是人工除草，有的使用药剂。若有雨天，选在雨后用药。

铲趟：a. 在小苗 4、5 叶时和拔节期，铲完即趟，机械为主（双城）。b. 铲趟 2 遍，分别在 5 月份和 7 月 1 日前后（龙江）。c. 进行 2～3 次铲趟，机械深松。小苗期、株高在 70～80 cm 以及 6 月初或中旬进行（富锦）。d. 苗期中耕，机械（肇东）。

间苗补苗：一般不补苗。有的铲时间苗，有的地区使用单粒播种机播种，不需要间苗。

病虫害防治：基本都是药剂拌种。出苗后若有病虫害则在雨后晴天喷施，有的地方则不防治。

●水稻

选择品种：a. 在政府指导推荐下，选择产量高、米质好的品种。b. 选择产量高的品种，并考虑品种的抗倒伏、抗病虫、抗逆性。

耕翻整地：方式不同，有的地区秋翻地，有的地区春翻地，翻地时看天气，一般最低气温在 3 ℃以上、最高气温在 10～15 ℃之间时翻地。在 4 月上旬育秧，5 月中旬移栽。

施肥：不根据生育期施肥。a. 施足底肥。b. 在育秧 2～3 叶期施肥。c. 施肥时考虑天气，看苗看天施肥，气温不能太高，湿度在 80%以下，多数选在晴天施用。

灌溉：根据田间水层情况，不定期进行灌溉。有时晒田。

稻田除草：使用除草剂，在整地时、返青后使用。

病虫害防治：使用药剂，晴天喷洒。

②实地考察情况分析

深入到田间，看作物长势，看土壤，观察株形，观测发育期，看灾害情况等。如 2009 年黑龙江省发生了历史少见的干旱和延迟型低温冷害，对作物播种、出苗、植株生长发育造成较大的影响，通过实地调研可见，在干旱和低温冷害的共同影响下，当年前期作物长势不如历史同期，苗情不一，发育延迟。同时与调研地区的气象局座谈，并与当地农委等部门进行沟通，了解当地农业生产状况、作物长势、产量情况、灾害情况。

2009 年 4 月 10—18 日考察情况：主要考察土壤旱涝状况。考察组深入田间地头及农户，对松嫩平原、三江平原的主要农区旱田（玉米田、大豆田）和水田进行了实地调研。调研结果表明：由于 2009 年 4 月中旬黑龙江省大部农区出现降水，部分地区的旱情得到缓解甚至是解除，除松嫩平原西部及三江平原个别县市耕层土壤有旱象外，其他大部农区墒情较好。因此 2009 年黑龙江省大部农区的旱田土壤墒情是近几年同期较好的一年，大部农区农户已购买了化肥、种子，并对农机具进行了检修，大部地区农户调研时正进行玉米根茬清理及土壤镇压等春整地活动。

2009 年 6 月 4—7 日考察情况：由于黑龙江省 5 月持续多风、高温、少雨天气，大部地区出现旱情，基于此对黑龙江省干旱状况较为严重的齐齐哈尔地区和佳木斯地区进行了实地考察。考察结果表明：5 月 28 日开始出现降水天气，降水分布不均，部分地区旱情得到缓解，因此齐齐哈尔市大部农区耕层土壤墒情有所好转，但西南部部分县市墒情仍然较差。佳木斯北部市县出现大面积降水，基本缓解旱象，但桦川县降水明显偏少，旱情依然严重。少雨多大风高温天气导致作物出苗期、幼苗期生长所处的耕层失墒迅速，旱情严重。具体表现的受旱作物主要是玉米、大豆、杂豆、葵花等作物。佳木斯地区播后玉米田干土层已达 14 cm，部分地块出现炕种现象；大豆田调研，干土层已达 12 cm，旱情较重。在水田方面，由于提前开泵灌水，大部分地区已完成插秧工作。苗期的受旱作物表现症状如各个地块的玉米底部两个叶片变黄，严重的地块玉米幼苗失水萎蔫和打绺。

2009 年 7 月 7—10 日考察情况：夏季开始，黑龙江省的天气发生了极大的转折：气温偏低，降水偏多，日照偏少，至 6 月末黑龙江省农区中东部耕层土壤有涝象。因此对黑龙江省涝象较为严重的鹤岗和佳木斯地区进行了实地调研。调研结果表明：由于 6 月中旬以来，黑龙江省东部地区持续降水天气，导致鹤岗和佳木斯农区 0～30 cm 土层偏涝，加之伴随的低温及寡照，对玉米、大豆和水稻等作物生长不利。调研地块可见，水稻根系发育不良，发育进程拖后，与往年此时期相比少 1 片叶，植株细小嫩弱。玉米和大豆受 5 月干旱、6 月低温寡照和涝象的影响，长势不如往年，发育偏晚，植株矮小，接近地面部分甚至有黄叶，叶面积较小，出现严重的营养生长不良现象。

2009 年 8 月 17—19 日考察情况：2009 年作物生长季黑龙江省的气候条件较为复杂特殊，先后经历干旱、低温、干旱，针对此种情况，对齐齐哈尔地区、大庆地区和绥化地区的部分县市进行了实地调研。考察结果表明：大田作物的生育期与历年相比普遍晚 8～9 d，部分地区玉米受干旱的影响不大，长势颇好，结实率较高，部分地区玉米植株底部叶片发黄，单棒粒数不多；大豆受 6 月份低温寡照影响植株偏矮，受 8 月干旱影响植株底部叶片有 2～3 片黄叶，而局部地块除植株较为矮小外，未受到太大影响；水稻植株高度与历年相似，每穴 15～20 个分蘖，单穗100～120 粒，发现有空壳现象。

③主要作物主产区及发育期分析

农用天气预报旨在为农业、农民服务，因此服务内容应注重针对性、适用性、可行性和科学性。黑龙江省地域辽阔，区域气候存在明显差异，各种作物的分布具有一定的格局，存在集中栽培区域，即主产区。在正常的气候条件下，某一地区的作物发育期也基本在某一时间区间内。为了更好地提供服务、发挥气象的指导作用，农用天气预报不应进行泛泛的服务，而是针对不同区域、不同作物、不同发育期提供具体的气象服务，从而达到农业防灾减灾、农民增产增收的目的。

2.2.4 作物模型方法

作物模型即作物模拟模型，又称为作物生长模型。它从系统科学的观点出发，以作物或植物为对象，综合气候、作物、土壤、管理等因素，运用数学物理方法和计算机技术，对作物生育期内光合、呼吸、蒸腾等重要生理生态过程及其与气象、土壤等环境条件以及耕作、灌溉、施肥等技术条件的关系进行定量描述和预测，再现农作物生长发育及产量形成过程。作物模型具有机理性、解释性、动态性和综合性强等特点，它可描述作物生长及产量形成及其与生态环境因子间关系的动态变化的整体过程，目前已被应用于产量预报、风险分析及评估、气候影响评估、经济效益评估等领域。

以 WOFOST(WOrld FOod STudies)模型为例。WOFOST 模型是较早引入我国的作物模型之一，起源于世界粮食研究中心(Centre of World Food Study，CWFS)组织的多学科综合的世界粮食潜在产量的研究项目，由荷兰瓦赫宁根农业大学(Wageningen Agricultural University)和世界粮食研究中心共同开发研制，以一天为时间步长，模拟特定的土壤和气候条件下一年生作物生长的动态解释性普适模型。该模型可通过改变作物参数模拟不同作物的生长过程，这种模拟基于植物的生态生理过程，主要包括物候发育、同化作用、呼吸作用、蒸腾作用、干物质的分配及干物质形成。WOFOST 模型可以模拟三种水平下的作物生长：潜在生长条件、水分限制和养分限制。潜在生长条件是保证营养元素和水分等有最佳供应，作物产量仅由辐射、气温和作物特性决定；水分限制生产条件，假设营养元素的供给仍然是最佳的，但要考虑土壤有效水分对蒸发和作物产量的影响；养分限制条件要考虑 N、P、K 三种元素对作物产量的影响。模型的结构如图 2.2 所示。

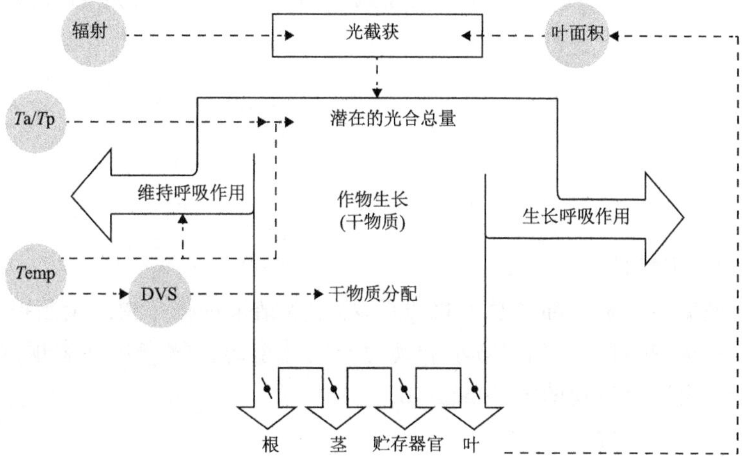

图 2.2　WOFOST 模型结构示意图

在国际上，欧盟已将 WOFOST 模型成功应用于作物生长监测和农业产量预测等日常业务。在我国，作物生长模拟模型在气候变化影响评估、农业气象灾害预警和产量预报领域也得到了试用，并取得了初步成效。WOFOST 模型的开发旨在探索提高发展中国家农业生产力的可能性，着重强调其在研究定量土地评价、区域产量预报、风险分析和年际间产量变化及气候变化影响的量化中的应用。本节介绍了基于 WOFOST 作物模型的作物发育期预报、产量预报、生长状况定量评价及农业气象灾害影响评估方法。

2.2.4.1　作物发育期模拟

作物各器官的生长由其本身特性所决定，而各生育期发展的速率则受到气温和光周期的影响。作物模型一般将发育期分成不同的阶段，采用无量纲模拟发育进程，用 DVS 表示。WOFOST 采用“有效积温法”模拟作物发育期。当有效积温累积值达到某一发育阶段（“出苗至开花”或“开花至成熟”）所需的积温时，即认为作物完成某发育阶段的生长。对于大多数一年生作物，作物出苗时 DVS 为 0，花期 DVS＝1，成熟 DVS＝2。其余发育期可以结合已有观测资料通过推算求得，比如，利用东北玉米观测资料，计算了拔节期、抽雄期、乳熟期 DVS，分别为：拔节期 DVS 为 0.60，抽雄期 DVS 为 0.90，乳熟期 DVS 为 1.60（仅供参考）。

DVS 计算公式为

$$I_{\mathrm{DVS}}=\frac{\int T_{ei}}{T_{\mathrm{req}}} \tag{2.69}$$

式中：T_{req} 为作物发育进入到下一阶段所需要的有效积温（℃ · d）；$\int T_{ei}$ 为日累计有效积温（℃ · d）；T_{ei} 为逐日有效气温，计算公式为

$$T_{ei}=\begin{cases}0 & T_i\leqslant T_{\mathrm{b}}\\ T_i-T_{\mathrm{b}} & T_{\mathrm{b}}<T_i<T_{\mathrm{e,max}}\\ T_{\mathrm{e,max}}-T_{\mathrm{b}} & T_i\geqslant T_{\mathrm{e,max}}\end{cases} \tag{2.70}$$

式中：T_i为日平均气温(℃)；T_b位作物发育下限气温(℃)；$T_{e,max}$位作物发育上限气温(℃)。

除有效积温外，一些作物的发育速率也受到光周期(P)的影响。在 WOFOST 模拟中可以用光周期降低因子(F_{pr})解释。F_{pr}可由最佳光周期(p_o)和临界光周期(p_c)计算得到，如公式(2.71)。由此也可得到发育阶段 DVS，如公式(2.72)。

$$F_{pr}=\frac{p-p_c}{p_o-p_c} \quad (0\leqslant F_{pr}\leqslant 1) \tag{2.71}$$

$$I_{DVS} = F_{pr}\cdot\frac{\int T_{ei}}{T_{req}} \tag{2.72}$$

2.2.4.2 农作物产量预报

利用作物模型输出的地上部分总干物质重、穗重等结果进行作物产量预报的方法有 3 种：直接模拟作物产量法、相对产量预报方法和动力－统计型的作物产量动态预测模型。各地可根据预报准确率确定适合当地的方法。

(1)直接模拟作物产量法

最简单而直接的方法是利用前期实时气象资料、1～7 d 预报资料(MOS 资料等)及后期气候平均值组成全生育期完整的气象数据，运行作物模型，在不同时间段动态模拟作物生长。以籽粒灌浆后储存器官干物质累积量为预测的作物产量(Y_f)，即

$$Y_f = TWSO_{end} - TWSO_{gf} \tag{2.73}$$

式中：$TWSO_{end}$为预报年最终储存器官干物质累积量(kg/hm^2)；$TWSO_{gf}$为预报年灌浆前储存器官干物重(kg/hm^2)。

(2)相对产量预报方法

为了减小模型模拟精度对作物产量预报结果的影响，提高产量预报准确率，采用比值法预报作物单产。具体做法是：利用前期实时气象资料、1～7 d 预报资料(MOS 资料等)及后期气候平均值组成全生育期完整的气象数据，运行作物模型，模拟当年作物生物量(地上部分总生物量或储存器官干物质累积量)；同时利用上年的实际气象资料运行模型得到上年作物生物量。计算本年的生物量与上年生物量的相对百分比，作为产量增减幅度的预报，根据作物上年的实际产量和预报的增减幅度得到本年的作物产量预报值，公式为

$$Y_{f,i}=Y_{r,i-1}\times(1+\Delta D) \tag{2.74}$$

$$\Delta D=(W_i-W_{i-1})/W_{i-1} \tag{2.75}$$

式中：$Y_{f,i}$为某年的产量预报值；$Y_{r,i-1}$为上一年的实际产量；ΔD为模型模拟的地上部分总生物量或储存器官干物质累积量两年间增减幅度；W_i和W_{i-1}分别为预报年和上年的模型模拟的地上部分总生物量或储存器官干物质累积量。

(3)动力－统计型的作物产量动态预测模型

具体步骤为：①采用统计方法将社会产量分离为趋势产量和气象产量，并计算相对气象产量百分率；②将相对气象产量与模拟的不同发育阶段累积干物质重量进行相关分析，建立动力－统计型产量动态预测模型。③在作物生长的中后期，利用预报年前期实时模拟的累积干物质重量动态地预测气象产量，进而借助趋势产量预测最终产量。

2.2.4.3 作物生长状况定量评价

利用作物模型输出的生长发育进程(variable development stage，DVS)、叶面积指数(leaf

area index，LAI）、地上部分总干物质重（total above ground production，TAGP）、储存器官干物质重（total dry weight of storage organs，TWSO）以及叶片干重（total dry weight of leaves，TWLV）等结果，结合当地实际情况，选择其中一种或几种输出结果，通过统计分析和对比的方法，建立评价指标，定量评价作物生长发育状况。

(1)评价方法的建立

多年平均值统计方法。多年平均值计算建议采用先模拟后平均的方法。即以近 10 年（或 5 年）每年逐日气象资料驱动作物模型，对模拟生成的逐日生物量进行多年平均。根据输出的逐日多年平均值，分别统计生成逐旬和关键生育期的多年平均值，并统计各指标的多年最大值、最小值、标准差等，以反映年际间变化范围。分析与上一年或近几年差别时，也可取近 3～5 a 平均值。值得注意的是，在计算多年平均值时，需剔除典型灾害年份的模拟结果。

距平百分率计算。①以当年气象数据为基础进行模拟，将作物模型输出的当前的模拟值与正常年景、上年度或者典型年份（丰歉、旱涝、高温、低温）进行对比，计算得到逐旬和关键生育期的输出要素距平百分率，以此作为作物生长状况定量评价基础。②分别利用近 10 年（或 5 年）每年逐日气象资料进行模拟获得最终生物量、产量等作为基准值；以旬为单位将当年播种以来实时气象观测资料对近 10 年历史气象资料逐年进行更新后重新模拟；以更新后的模型模拟结果与上一次（上一旬）模拟结果作差值并以平均产量或生物量为分母计算百分率，作为上一次预报至本次预报期间气象要素变化造成的产量波动，以此作为上一次预报至本次预报期间农业气象条件优劣的评价基础。该方法可避免发育期不同步造成的误差，采取模拟的最终生物量或产量一定程度上也可以反映前后气象条件的互补效应。

定量评价。各地方可结合当地农业生产实际，选择其中一种或几种输出结果的距平百分率，当选择因素 2 个或以上时可采取加权或等权平均进行综合，以此构建作物长势评价指标和评价模型，定量评价作物生长发育状况。

(2)评价指标的确定

从作物模型输出要素中选择能够反映作物生长状况的模拟结果，主要包括作物生长发育进程（variable development stage，DVS）、叶面积指数（leaf area index，LAI）、地上部分总干物质重（total above ground production，TAGP）、储存器官干物质重（total dry weight of storage organs，TWSO）以及叶片干重（total dry weight of leaves，TWLV）等。指标因子的确定可以通过模型各输出量与实际产量进行相关分析，按不同发育阶段，选取与产量相关达到显著性水平的模型输出量作为评价因子。评价因子等级的确定可参考当年产量变化情况。也可直接参考表 2.18 建立评价指标。

表 2.18　作物生长状况评价距平百分率参考指标[5]

评价结果	地上干物质总重	穗重	叶重
优	>20%	>10%	>10%
良	(10%,20%]	(5%,10%]	(5%,10%]
正常	[−10%,10%]	[−5%,5%]	[−5%,5%]
偏差	[−20%,−10%)	[−10%,−5%)	[−10%,−5%)
差	<−20%	<−10%	<−10%

2.2.4.4　农业气象灾害影响评估

总体思路:将气候平均态驱动下的模拟水平与实际气象要素驱动下的模拟水平对比,通过对比两者之间的差异,确定干旱、低温冷害等灾害对作物生长的影响程度;也可以将灾害发生年的模拟结果与正常年、典型年模拟结果进行比较,确定干旱、低温冷害等灾害对作物生长的影响程度。

(1)低温冷害影响评估

低温冷害是指作物生长发育期间,尽管日最低气温在 0 ℃以上、天气比较温暖,但出现较长时间的持续性低温天气,或者在作物生殖生长期间出现短期的强低温天气过程,日平均气温低于作物生长发育适宜气温的下限指标,从而影响农作物的生长发育或结实而引起减产的农业气象灾害。

WOFOST 模型对作物低温冷害的响应主要体现在发育期延迟、灌浆不充分及无法正常成熟。

评估方法。选择评估站点主栽作物品种参数,本地化 WOFOST 作物生长模型,进行模型区域适宜性分析和检验,在此基础上,以评价年实际逐日气象资料开展作物生长模拟;保持输入模型的其他气象条件(日照、降水等)不变,以各时段逐日平均气温替代实际气温,取平均气温驱动下模拟的作物发育期和贮存器官干物质重作为正常年份该作物的生长状况和产量水平,与评价年实际气温驱动下模拟的作物生长状况及产量水平对比,结合气象资料及冷害指标,进行该区域低温冷害评价。

评估指标。常用的判识低温冷害的指标为减产率、抽雄(抽穗)期延迟日数、灌浆指数等。

①减产率

以籽粒灌浆后的储存器官干物质累积量为模拟产量,则减产率(ΔY_f)的计算公式为

$$\Delta Y_f=\frac{Y_f-\overline{Y}_f}{\overline{Y}_f}\times 100\% \tag{2.76}$$

式中:Y_f为实际气温驱动的模拟产量(kg/hm²);$\overline{Y}_f$ 为平均气温驱动模拟产量(kg/hm²)。$\Delta Y_f>0$ 表示当年增产,$\Delta Y_f<0$ 表示当年减产。以气温驱动产量波动百分率多少为主,以气温距平资料为辅,来确定低温冷害发生的程度,参照农业部门的减产率,划分等级。以水稻为例,划分标准可参考表 2.19(各地也可根据实际情况进行调整)。

表 2.19　北方水稻不同低温冷害等级减产率

等级	轻度	中度	重度
参考减产率/%	[5,10]	(10,15]	(15,100]

②抽雄(抽穗)期延迟日数

延迟性冷害主要是营养生长阶段气温偏低引起的,常造成抽雄(抽穗)期延迟、初霜冻前不能正常成熟、产量下降,因此,以抽雄期延迟日数(ΔD_i)作为判识冷害的一个单项指标,定义为

$$\Delta D_i=D_i-\overline{D_i} \tag{2.77}$$

式中:D_i为第 i 年实际气温驱动的抽雄(抽穗)期日序;$\overline{D_i}$为平均气温驱动的第 i 年抽雄(抽穗)期日序。$\Delta D_i>0$ 说明当年抽雄(抽穗)期延迟,$\Delta D_i<0$ 说明当年抽雄(抽穗)期提前。

③灌浆指数

利用 WOFOST 模型进行作物(玉米、水稻)生长模拟,在作物(玉米、水稻)未能完全成熟时,模拟过程会因气温不适宜作物(玉米、水稻)生长而结束模拟,此时的 DVS<2.0。可见,模

拟结束时 DVS 的大小可以反映作物(玉米、水稻)因热量不足而受影响的程度。因此,将平均气温驱动的不同发育期模拟籽粒重与成熟期模拟籽粒重的比值定义为灌浆指数($\Delta S_{i,j}$),用来反应不同发育指数(DVS)对应的灌浆完成程度,以实际气温驱动的模拟结束时的 DVS 对应的灌浆指数作为判识作物(玉米、水稻)低温冷害的指标。

模拟籽粒重的计算公式为

$$\mathrm{WSO_f}=\mathrm{TWSO}_j-\mathrm{TWSO_{gf}} \tag{2.78}$$

式中:TWSO_j 为预报年 DVS$=j$ 时储存器官干物质累积量(kg/hm^2);$\mathrm{TWSO_{gf}}$ 为预报年灌浆前储存器官干物重(kg/hm^2)。

灌浆指数的计算公式为

$$\Delta S_{i,j}=\frac{\mathrm{WSO}_{i,j}}{\mathrm{WSO}_{i,\mathrm{end}}}\times 100\% \tag{2.79}$$

式中:$\mathrm{WSO}_{i,j}$ 为平均气温驱动的第 i 年 DVS$=j$ 时对应的模拟籽粒重(kg/hm^2);$\mathrm{WSO}_{i,\mathrm{end}}$ 为平均气温驱动的第 i 年成熟期模拟籽粒重(kg/hm^2)。以玉米为例,当 $j<0.9$ 时 $\Delta S_{i,j}=0$,$j=2.0$ 时,$\Delta S_{i,j}=100\%$(出苗期 DVS 为 0,三叶期 DVS 为 0.06,七叶期 DVS 为 0.25,拔节期 DVS 为 0.60,抽雄期 DVS 为 0.90,乳熟期 DVS 为 1.60,成熟期 DVS 为 2.0)。实际气温驱动玉米模拟结束时的 DVS 越小,对应的灌浆指数越小,冷害越严重。

指标使用原则。根据 WOFOST 模型模拟的各站各年 ΔD、ΔS 值即可判断该年是否发生低温冷害或冷害程度,并且规定,ΔD、ΔS 两个指标中有任何一个达到冷害标准,即认为发生了相应程度的冷害,若均达到冷害标准,则冷害的等级程度取最大值。

(2)干旱影响评估

作物受干旱胁迫时会出现一系列生理生化现象,如卷叶、枯叶、蒸腾作用降低以及 CO_2 同化力下降等,并最终导致生物量和产量的降低。WOFOST 模型可用模拟水分限制生产条件下作物的生长发育影响。

①基本原理:平均水分条件下的模拟水平与水分胁迫条件下的模拟水平对比,通过对比两者之间的差异,以确定干旱对作物生长的影响程度。

②评估种类:分为农业干旱监测(在作物生育期内定期监测)与旱情评估(干旱发生后)。

农业干旱监测:在作物生育期内定时(逐日、逐旬或逐周)监测,运行当年气象数据驱动下的潜在条件的模拟水平与水分胁迫条件的模拟水平,将两种模拟水平下的干物质积累、叶面积指数进行对比,通过比较两者之间的差异及与干旱指标对比,确定干旱发生与否及对作物生长发育的影响。

旱情评估:在气候干旱发生后,在拔节期、抽雄期、乳熟期、成熟期分别模拟当年气象数据驱动下的水分胁迫条件的相关生物量与过去 10 年同期平均气候数据驱动下潜在条件的模拟水平。根据旱情评估指标判断干旱的影响等级与影响程度,为决策气象服务提供依据。

2.2.5 农业气象遥感监测评估方法

2.2.5.1 遥感影像薄云雾去除

云和雾的存在使大气能见度降低,使基于遥感平台获取的图像模糊不清,分辨率下降,无法从所获得的图像中获得清晰的地物信息,从而严重影响图像中的信息提取,这将给监测、目标跟踪等方面带来很大的困难。所以,为有效提高图像的运用率,研究怎样有效去除云雾的影响，成为提高图像数据运用率的重要手段。

许多专家对去除薄云雾影响的图像处理方法进行了大量研究，对雾天降质图像的清晰化处理技术主要有：①基于物理模型的复原方法，从物理成因的角度对大气散射规律进行探讨，建立图像的退化模型，并运用先验知识实现场景复原；②基于图像增强的方法，通过增强降质图像的对比度，满足主观视觉要求。从而达到清晰化的目的。对薄云降质图像的清晰化处理主要有多光谱图像去云、图像融合去云和同态滤波去云等技术。

(1)云雾对遥感图像的影响

云雾都是空气中水汽凝结或者凝华的结果，低层云和雾与其他云类在辐射特性、图像纹理特点等方面具有较明显的相似性，同时也存在一些差异。在可见光黑白云图上，颜色的深浅代表了云雾的反照率的大小，通常深颜色表示云的反照率小；浅颜色则表示云的反照率大于1。雾区一般比其他云类显得暗且亮度变化不明显，雾顶光滑，纹理较均匀，边缘也较清晰光滑；而中高层云则显得较亮，并且因为云顶高低起伏较大而显得亮度变化也很大，云中较高处显得十分明亮，较低处则灰暗，其纹理散乱，边界不规则。在红外黑白云图上，深色表示云顶的气温比较高；浅颜色表示云顶的气温比较低。低层云和雾接近地面，气温也基本和地面温度相近，气温较高；显得暗；而中高层云一般比较高，距离地面较远，气温也比较低，显得比较亮。

云和雾对可见光成像的影响有：①云雾对非成像光线的散射。这一部分光在无云雾时不参加成像；有云雾时成为云雾本身的图像，使整个图像对比度降低。②云雾对成像光线的透射衰减。这部分光在有云雾和无云雾时均是有效的成像光线，其衰减强度和穿过云雾的距离呈指数规律，使目标图像的亮度、对比度降低和颜色偏移，云雾较厚时甚至不能使传感器成像。③成像光线被云雾散射后继续成像，在无云雾时，这一部分光被云雾散射，偏离原来的方向，其中的一部分不能成像，另一部分的成像偏离了本来的位置，使图像边缘模糊，并且使图像对比度降低。这三方面的影响最终导致目标影像亮度增强，而对比度和分辨率下降。

(2)薄雾去除处理方法

雾天景物图像不清晰主要是因为大气散射作用使像素点灰度值分布过于集中，对比度减弱。所以，研究主要从两方面进行图像复原，一方面从物理模型入手进行图像复原；另一方面从纯图像处理领域观点进行图像对比度增强。

(3)基于物理模型的薄雾去除方法

光散射现象发生在光的传播过程中，当一束光和悬浮在空气中的粒子发生接触时，因为部分光被粒子散射，致使光强被削弱。散射不但跟粒子的大小、形状等粒子特性有关，而且还依赖于光的波长、偏光状态等。McCartney 于 1975 年提出了著名大气散射模型，即在雾天情况下，大气散射模型中起主导作用的是其中的衰减模型和环境光模型。另外，基于物理模型 1 的复原方法一般需要已知场景深度或者大气条件等先验信息作为复原的前提。在场景深度和精确的大气条件已知时，运用物理模型和图像数据对密性参数进行估计，实现对场景的复原。

运用大气调制转移函数方法。Ropeikat 用一种天气预测大气调制转移函数和景物成像距离的推理估计使由大气所致的退化图像变得清晰。首先对函数进行预测，然后运用大气调制传递函数在频域内对天气退化图像进行复原，通过对景物图像中的衰减进行补偿，就可得到近似良好天气下拍摄的复原图像。

基于 Mie 的大气散射理论方法。Oakley 基于大气散射理论来对图像的对比度进行复原，这种方法用极大似然估计法估计模型参数衰减辐射量和大气光辐射量，然后运用大气散射理论增强因为散射引起的对比度的降低,使图像得到恢复。

Nayar2 基于大气散射理论从两幅或者更多幅恶劣天气下的图像中完全复原其对比度。提出一种描绘恶劣天气是怎样影响景色亮度的单色大气散射模型。Narasimhan 等提出的二色大气散射模型并基于此来探讨不同天气条件景物的彩色变化。通过 2 幅或者更多幅恶劣天气条件下图像计算出景物的完整的 3D 结构并复原出晴朗天气下景物的色彩。Narasimhan 等描述了在不运用精确的天气和深度信息的情况下怎样消除一个场景的单幅图像天气效果的问题,提出了消除一副图像天气效果的 3 种算法。

(4)基于图像处理的薄雾去除

基于直方图均衡化法。直方图均衡化包括全局直方图均衡化和局部直方图均衡化。全局直方图均衡化是把图像的直方图分布改成均匀分布的直方图分布,通过变换使图像信息量较大的灰度区域得到放大,达到对比度增强的目的;局部直方图均衡化使将直方图均衡化分散到图像所有局部区域,通过局部运算叠加图像中感兴趣的局部信息。Oakley 用全局直方图均衡化增强图像对比度。在此基础上发展的局部直方图均衡化包括自适应直方图均衡化、广义自适应直方图均衡化、部分重叠子块直方图均衡化、内插值自适应直方图均衡化。

基于 Retinex 理论的增强方法。Retinex 理论 4 是基于色彩恒常的一种代表性计算理论,全称是视网膜皮层理论,由 Land 于 20 世纪 70 年代初提出。Retinex 理论认为人类知觉到的物体表色由物体对长波、中波和短波光线的反射性质共同决定,而和投射到人眼的光的谱特性关系不大。照度引起的颜色变化一般是平缓的,通常表现为平滑的照明梯度,而由表面变化引发的颜色变化效应则常常表现为突变形式。通过分辨这 2 种变化形式,人们就能将图像的照度变化和表面变化作出区分,从而得知由照度变化引起的表色变化,对彩色图像分解为 RGB 三幅处理,使对表色的知觉保持恒常。自 Retinex 理论提出以来,Land 等从不同的角度提出和发展了不同的 Retinex 算法,其中,较近的版本是 Jobson 等提出的单尺度 Retinex(SSR)算法,和在此基础上发展的多尺度 Retinex(MSR)算法。

(5)薄云的去除处理方法

薄云去除是遥感图像处理中的一个难点,云层的遮挡使传感器无法接受来自地表的信息,卫星就无法获得有效的云层覆盖地区信息,这些地区将成为图像上的"盲区",而且大面积的云层遮挡,严重影响了图像的质量。当云层较薄时,一部分反映地表的信息透过云层被传感器接受,所以,要采取特殊的处理方法。

(6)多光谱图像去云

当前,大多数去除云的方法都是基于多光谱;多光谱图像去云的原理主要是运用多光谱图像中的某些波段对云的较强的敏感性来提取云的信息,然后从原图像中减去薄云薄雾的信息来达到增强目标影像的目的。方法之一是在遥感平台上应用一种仅对云较敏感的传感器,专门用来探测云的信息,然后从普通传感器获得的原始图像上减去云图,得到去除云后的图像;另一种方法是不在遥感平台上添加专门的传感器,而是运用多光谱图像中的某些波段对云较强的敏感性来提取云信息,实际上这种方法和前者在机理上是一致的。这种方法的去云效果非常好,能高效地消除数字图像的云覆盖噪声而不增加任何其他副作用。但是,它要求的前提很高,需要有冗余的波段来去除薄云,在很多应用场合受到限制。

(7)图像融合去云方法

基于多传感器数据融合的方法。多传感器数据融合的方法是随着数据融合技术的发展而兴起的一种新的方法。其原理是在现有条件下，运用不同传感器在不同时间获取的数据，来对有云层覆盖地区的影像进行替换，以消除云覆盖的影响。能较好地去除薄云的影响。但运用多传感器影响进行替换以消除石覆盖的影响，需要解决如下两个方面的问题：①解决云覆盖区域多传感器的配准问题，为了能使替补图像准确地替补到有云的原始图像上去，必须对 2 幅图像进行几何精纠正；②在进行影响替换时要解决可能存在的辐射差异问题。原始和校正图像的云雾污染区运用以上方法可进行相互替补。但需注意的是，2 幅图像在相同区域内不可同时有云或者雾，否则替补无意义。

(8)基于小波变换的单幅图像融合方法

小波变换有多分辨率分析特点，在时间、频率域都具有局部分析能力。图片经多层小波变换，得到最高层的低频近似系数和每一层的高频细节（水平、垂直、对角）系数。变换后所得到系数有特殊性质。近似系数代表图片的背景，频率最低，细节系数代表了图像的高频信息，层数大的细节系数频率较低。在不同尺度的高频子带图像之间存在同构特性，且三个方向上不同尺度下的小波系数能量大小不同，各方向的侧重不同。在同一方向上，有更强的同构性和相似性，且各方向不同尺度下对应频带的相关性是最强的。

受云和雾影响的遥感图片云雾信息主要分布在低频，景物信息占据相对高频。通常应用同态滤波方法，运用巴特沃斯高通滤波器，损失了图像背景的低频成分，使深色的背景变淡，甚至反转，同时也去除了部分有用的高频信息，使图像细节变得模糊。

具体做法如图 2.3 所示，首先对图像按波段分别进行小波分解，然后针对云区主要出现的低频子带，运用其在小波分解后的低频图像数据值上的表现就是云区的低频系数值要比清晰区域的低频系数值大，应用直接将图像上云区的低频系数值减小的办法来达到对图像上有云覆盖区域的低频进行抑制的目的；因为高频区域清晰度降低，需要对图像的高频部分进行适当的补偿，应用非线性函数提升各尺度上细节分量之间的对比度；最后，对调整后的小波分解系数进行小波反变换，就能得到一幅去除了薄云的图像。

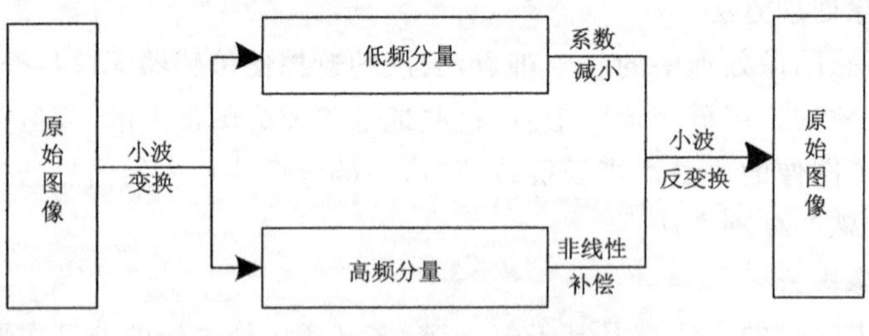

图 2.3　小波变换去云处理流程图

(9)同态滤波去云方法

同态滤波是一种在频域中同时将图像亮度范围进行压缩和将图像对比度进行增强的方法。当一幅图像的动态范围很大，而感兴趣部分的灰度又很暗，图像细节没有办法辨认时，应用一般的灰度级线性变换法不能够取得理想的处理效果。运用同态滤波进行处理，其作用是对图像灰度范围进行调整，通过消除图像上照明不均的问题，增强暗区的图像细节，同时又不损失亮区的图像细节。该方法应用照射分量/反射分量模型对遥感图像进行滤波处理。在遥感图像的薄云区域，薄云主要同反射分量相联系，占据低频成分；地物主要同照射分量相联系，占据高频成分。所以，只要把低频的信息滤掉，就能达到去除薄云的目的。去除低频信息是用傅里叶变换将遥感图像从空间域变换到频率域处理，再将处理后的频率域图像作傅里叶逆变换转换为空间域图像。现在比较流行的遥感处理软件如 ERDAS 等都能实现这些功能。其原理如下。

在薄云区域，卫星所接收到的图像信号 $f(x,y)$ 能简化为地物的照射分量 $f_{\mathrm{i}}(x,y)$ 和云层的反射分量 $f_{\mathrm{r}}(x,y)$ 的乘积，用数学函数式表达为

$$f(x,y)=f_{\mathrm{i}}(x,y)f_{\mathrm{r}}(x,y) \tag{2.80}$$

对式(2.80)两边取对数，则有

$$\ln(f(x,y)=\ln f_{\mathrm{i}}(x,y)+\ln f_{\mathrm{r}}(x,y) \tag{2.81}$$

此过程是一个线性变换，是一个低频成分的函数和高频成分的函数的叠加，能通过傅里叶变换将它们转换到频域，即

$$F\{\ln f(x,y)\}=F\{\ln f_{\mathrm{i}}(x,y)\}+F\{\ln f_{\mathrm{r}}(x,y)\} \tag{2.82}$$

$$Z(u,v)=I(u,v)+R(u,v) \tag{2.83}$$

然后用高通滤波的方法，增强高频，抑制低频，从而使占据低频成分的云的信息从图像信息中剔除出去。即

$$S(u,v)=H(u,v)Z(u,v)=H(u,v)I(u,v)+H(u,v)R(u,v) \tag{2.84}$$

再进行傅里叶逆变换从频域回到空域

$$S(x,y)=f^{-1}\{S(u,v)\}=f^{-1}\{H(u,v)I(u,v)\}+f^{-1}\{H(u,v)R(u,v)\} \tag{2.85}$$

若记：

$$\ln f^{-1}(x,y)=f^{-1}\{H(u,v)I(u,v)\} \tag{2.86}$$

$$\ln f^{-1}(x,y)=f^{-1}\{H(u,v)R(u,v)\} \tag{2.87}$$

并对 $S(x,y)$ 作指数变换，假设经滤波处理后的图像为 $g(x,y)$，则有

$$g(x,y)=\exp\{S(x,y)\}=f'_{\mathrm{i}}(x,y)f'_{\mathrm{r}}(x,y) \tag{2.88}$$

滤波器选择巴特沃思滤波器，具体形式为

$$H(u,v)=\frac{1}{1+(\sqrt{2}-1)[D_0/D(u,v)]^{2n}} \tag{2.89}$$

式中：D_0 为截止频率；$D(u,v)$ 为点 (u,v) 到频率域原点的距离。

这种方法运算相对简便，不需要无云数据做参考，能直接对有云图像进行处理，特别适合处理大面积薄云的情况，或者低频部分主要是云分量的情况。然而，同态滤波对所选中的整个区域进行处理时，不仅处理了有云的区域，同时也影响无云的区域，特别是边界区域受到很大的影响。运用同态滤波等频域去云方法的局限性在于：

(1)将含有 N 个像素的图像进行傅里叶变换，其时间复杂度为 $\mathrm{O}(N^2)$，另外，需要 $1\mathrm{O}(N)$ 的辅助空间，该方法消耗大量的时间和窄间；

(2)为了大幅度提高运算速度，减少计算时间，常常应用快速傅里叶变换，可是对图像的大小作了限制，要求图像的长宽相等且为 2 的整数幂．虽然能应用补 0 等方法弥补此缺陷，但是对超过 1 GB 的遥感图像来说，带来大量的冗余信息；

(3)对有云区域进行处理的时候，同时处理了无云的区域，破坏了无云区域的图像；

(4)运用同态滤波的方法去云，会产生严重的边界效应，边界亮度增高，呈现变白趋势，影响图像判读，效果不好。

2.2.5.2 FY-3A/MERSI 与 Terra/MODIS 在单波段反射率和 NDVI 的对比

风云三号 A 星(简称 FY-3A)是中国第 2 代极轨气象卫星系列风云三号(简称 FY-3)的第 1 颗星,卫星轨道为太阳同步轨道,高度约为距地球表面 836 km,卫星发射窗口为降交点地方时 10:00—10:20[6]。Terra 星是美国国家宇航局为进行对地观测所发射的地球观测系统卫星,卫星轨道也为太阳同步轨道,高度为距地球表面 705 km 左右,每日地方时 10:30 左右过境(http://modis.gsfc.nasa.gov/about/)。FY-3A 与 Terra 星在数据采集时间上接近。MERSI 和 MODIS 分别是装载在 FY-3A 和 Terra 星上的中分辨率成像光谱仪。MERSI 具有 20 个波段(0.410～12.50 μm),星下点分辨率为 250 m(波段 1—5)、1000 m(波段 6—20);MODIS 拥有 36 个波段(0.405～14.385 μm),星下点分辨率为 250 m(波段 1、2)、500 m(波段 3—7)、1000 m(波段 8—36)。两个传感器在辐射度、灵敏度、几何配准的精密度和定标的准确度等条件上都达到较高水平[7,8],可实现全球、全天候、三维、定量、多光谱遥感,在监测大范围气象[9,10]及其衍生自然灾害[11,12]和生态环境变化[13,14]中具有一定作用。

在植被监测方面,由于 MODIS 数据的红光和近红外波段的空间分辨率均为 250 m,因此利用 MODIS 数据,基于植被的红光和近红外的吸收反射特性建立的归一化植被指数(normalized difference vegetation index,NDVI),近 20 年来一直广泛应用于植被监测的研究和业务工作中[15-17]。而 FY-3A/MERSI 数据的红光和近红外波段的空间分辨率也为 250 m,进行 NDVI 的计算在空间和时间上与利用 MODIS 数据计算的结果具有一定的可比性,但由于二者之间的探测器不同,红光和近红外的中心波长和光谱带宽的差异(FY-3A/MERSI 红光和近红外的中心波长分别为 0.650 μm 和 0.865 μm,光谱带宽均为 0.05 μm;MODIS 的红光和近红外的中心波长分别为 0.645 μm 和 0.858 μm,光谱带宽分别为 0.05 μm 和 0.35 μm)以及几何位置的不同可能会造成 2 种数据对于监测同一空间植被指数时产生一定的差异,这种差异在进行较为精确的模型计算等工作时可能会带来影响。

因此,选取 2010 年 5—10 月不同时段、不同植被覆盖类型的区域,对 FY-3A/MERSI 与 Terra/MODIS 在 NDVI 计算结果、红光和近红外波段的反射率上进行对比分析,以期获得这 2 种卫星数据在植被监测中的相关性和差异,为充分利用 FY-3A/MERSI 数据资料,实现 FY-3A/MERSI 数据产品与 Terra/MODIS 数据产品的衔接提供科学参考。

(1)数据来源及处理

FY-3A/MERSI 数据来源于中国气象局佳木斯气象卫星地面站利用光缆传输的数据,为 2010 年 5—10 月覆盖黑龙江省范围的 5 min 块数据,经过辐射定标和几何定位后,生成 HDF 格式的数据。Terra/MODIS 数据来源于美国 NASA EOS 数据中心提供的 1B 数据产品,时间和覆盖范围与 FY-3A/MERSI 一致,产品已经过辐射定标和几何定位,数据格式为 HDF。

两种数据均利用中国气象局卫星气象中心开发的风云三号监测分析服务系统(简称 MAS),转换为等经纬度投影,基准面为 WGS-84 坐标系。转化时未对数据进行大气校正,也未考虑太阳天顶角和几何位置的差异,但由于 FY-3A 和 Terra 两种卫星的过境时间相近,这些因素对数据质量的影响几乎是相同的,作为平行对比试验,只保证了这两种数据处理过程的一致性。

利用 ENVI 软件,选取 2010 年 5—10 月晴空数据进行地理配准,再利用决策树法对云进行判识后剔除,计算 NDVI,再提取红光、近红外波段的反射率以及对应像元的 NDVI 值,统计后进行比较。同时,在此数据基础上,还利用已有的土地分类矢量文件,提取出耕地、森林、草地和建筑用地,统计 FY-3A/MERSI 和 Terra/MODIS 数据在这 4 种土地覆盖类型中红光、近红外波段的反射率以及对应像元的 NDVI 的相关性和差异。数据选取的日期和像元数见表 2.20，表中的所有像元不仅包括这 4 种土地覆盖类型，还包括其他土地覆盖类型。

表 2.20　不同日序选取的像元数

编号	日序	所有像元数	耕地	森林	草地	建筑用地
1	2010147	393669	62184	3177	18632	7953
2	2010178	1222452	9118	96118	23659	181
3	2010179	2491470	27844	206,427	49569	495
4	2010229	1776939	385772	50077	61603	29352
5	2010237	5797656	219861	250169	58823	9132
6	2010250	7485455	139635	292128	28039	9025
7	2010251	5309496	238336	240215	73188	17925
8	2010253	4705216	199149	76985	43237	14485
9	2010254	4732381	358153	270552	40157	19229
10	2010274	1387456	14676	221761	42180	631
11	2010285	2245248	157468	8998	43163	16242
12	2010301	2958560	281928	64040	33243	20075

由于不同波段反射率或 NDVI 的绝对数值范围不同，为比较 2 种数据各波段和 NDVI 之间不同日序的波动情况，把各日序数据逐个波段或指数的差值进行归一化处理，再计算标准差。归一化的方法如下

$$y_i=\frac{x_i-x_{\min}}{x_{\max}-x_{\min}} \tag{2.90}$$

式中：y_i为转换后数值；x_i为转换前数值；$x_{\min}$为转换前样本最小值；$x_{\max}$为转换前样本最大值。

(2)结果与分析

单波段反射率和 NDVI 的相关性：

从 FY-3A/MERSI 和 Terra/MODIS 在不同时序红光(图 2.4a)和近红外(图 2.4b)反射

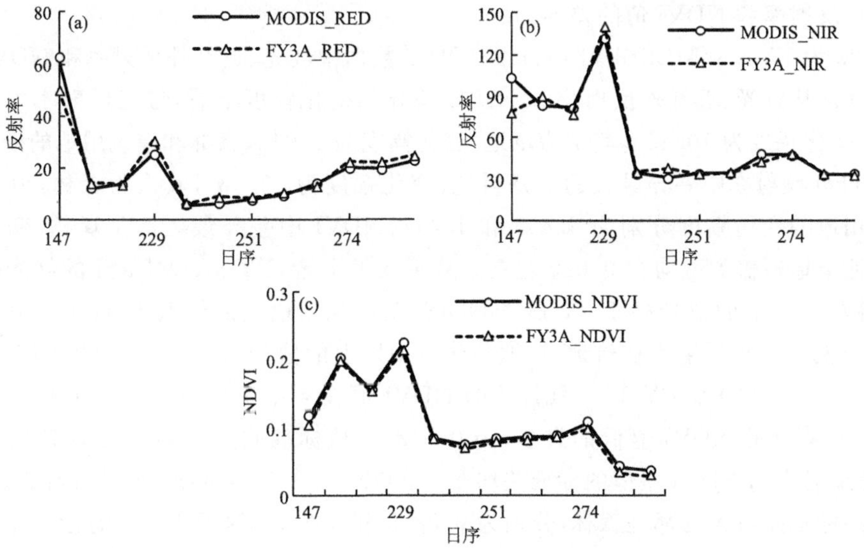

图 2.4　FY-3A/MERSI 和 Terra/MODIS 单波段反射率和 NDVI 日平均值

率的日平均值可见，除时序为2010147的FY-3A/MERSI和Terra/MODIS近红外反射率差异较大外，其他时序的红光和近红外反射率差异很小，曲线接近重合，说明两种数据之间有较强的相关关系。从两种数据不同时序的NDVI变化曲线也能得出相同的结论(图2.4c)。

分别所有像元、耕地、森林、草地和建筑用地，统计FY-3A/MERSI和Terra/MODIS在不同时序红光和近红外反射率日平均值的相关性表明(表2.21)，两种数据的单波段反射率具有极显著的相关性，相关系数均超过0.96，统计显著性sig<0.0001。从不同波段相关性看，红光、近红外反射率在森林中最高，分别达0.9961和0.9985。

用同样的方法比较利用这两颗卫星数据计算出的NDVI的相关系数均超过0.93(表2.22)，统计显著性sig<0.0001。NDVI在所有像元的相关性是最高的，达0.9977；建筑用地次之，为0.9871；森林最小，为0.9398。

表2.21 FY-3A/MERSI和Terra/MODIS单波段反射率的相关系数

像元类别	红光反射率	近红外反射率	像元类别	红光反射率	近红外反射率
所有像元	0.9726**	0.9658**	草地	0.9711**	0.9901**
耕地	0.9724**	0.9837**	建筑用地	0.9689**	0.9834**
森林	0.9961**	0.9985**			

注：*为通过0.05的显著性水平检验；**为通过0.01的显著性水平检验。本章表同。

表2.22 利用FY-3A/MERSI和Terra/MODIS计算的NDVI的相关系数

	所有像元	耕地	森林	草地	建筑用地
相关系数	0.9977**	0.9745**	0.9398**	0.9425**	0.9871**

单波段反射率和NDVI的差异

FY-3A/MERSI和Terra/MODIS在不同时序红光、近红外反射率和NDVI的日平均值存在较强的相关性，但也存在一定的差异，因此分别土地覆盖类型，用FY-3A/MERSI值减去同日Terra/MODIS对应波段反射率和NDVI值，得到两种数据在不同土地覆盖类型中的同日对应波段反射率和NDVI值的差异。

表2.23为FY-3A/MERSI和Terra/MODIS数据中红光、近红外反射率和NDVI差异的描述性统计。从红光、近红外反射率和NDVI差异的变化幅度上看，红光反射率中差异最大的是耕地，变化幅度为10.460，其次为草地，变化幅度为2.047，森林和建筑用地的变化幅度在2以下；近红外反射率中差异最大的也是耕地，变化幅度为19.087，其次为森林，为7.647，草地和建筑用地的变化幅度分别为4.455和1.447；NDVI中差异最大的是森林，变化幅度为0.085，其他土地覆盖类型均在0.020左右。从平均值上看，FY-3A/MERSI的红光反射率在耕地、森林和草地上的值均高于Terra/MODIS，在建筑用地上的值低于Terra/MODIS；FY-3A/MERSI的近红外反射率在耕地、草地和建筑用地上的值均低于Terra/MODIS，在森林上的值高于Terra/MODIS；FY-3A/MERSI的NDVI值在4中土地覆盖类型中均低于Terra/MODIS，其中森林的NDVI值低的最多，为0.0123。从标准差上看，4种土地覆盖类型的红光、近红外反射率和NDVI差值的标准差均在0.2000～0.3500之间波动，其中红光、近红外反射率差值的标准差最大的都是森林，分别为0.3225和0.2775，NDVI差异的标准差最大的是耕地，为0.3273。

表 2.23　FY-3A/MERSI 和 Terra/MODIS 在不同土地覆盖类型下单波反射率和 NDVI 差值的描述性统计

单波反射率和 NDVI	土地覆盖类型	单波反射率和 NDVI 差值的统计结果				
		最大值	最小值	极差	平均值	标准差
RED 反射率	耕地	3.5697	−6.8906	10.460	0.0494	0.2329
	森林	1.5279	−0.2891	1.817	0.4105	0.3225
	草地	0.7389	−1.3084	2.047	0.0662	0.2410
	建筑用地	0.2432	−0.6365	0.880	−0.0109	0.2417
NIR 反射率	耕地	4.9044	−14.1825	19.087	−0.8391	0.2375
	森林	5.2416	−2.4056	7.647	0.5150	0.2775
	草地	1.0326	−3.4227	4.455	−0.1747	0.2455
	建筑用地	0.3455	−1.1017	1.447	−0.0559	0.2401
NDVI	耕地	−0.0003	−0.0275	0.027	−0.0075	0.3273
	森林	−0.0003	−0.0856	0.085	−0.0123	0.2904
	草地	−0.0001	−0.0201	0.020	−0.0035	0.2908
	建筑用地	<0.0001	−0.0014	0.001	−0.0004	0.3180

2.2.5.3　基于多光谱遥感的黑龙江省农作物种植信息提取

●技术路线如图 2.5 所示。

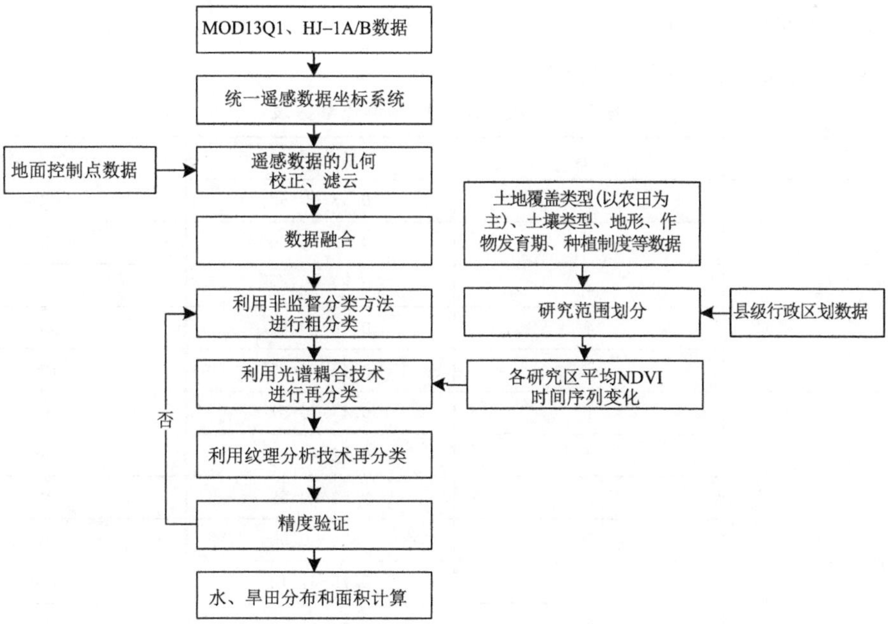

图 2.5　技术路线图

●数据来源

MODIS 系列数据产品：

Terra/MODIS 数据来源于美国 NASA EOS 数据中心提供的 1B 数据产品，时间范围为

2013 年 5—10 月，产品已经过辐射定标和几何定位，数据格式为 HDF。

MOD13A2 数据是美国 NASA LPDAAC（The Land Processes Distributed Active Archive Center）EOS 数据中心提供的 250 m TerraMODIS 16 d 合成植被指数集数据。MOD13A2 以每年第 1 天开始，每隔 16 d 按照统一算法进行合成，每一区域覆盖范围为 10×10 lat/long，数据格式为 HDF-EOS，产品包含归一化植被指数（NDVI）和增强型植被指数（enhanced vegetation index，EVI）2 个植被指数数据集，对应的 NDVI 和 EVI 质量信息数据集，以及红波段（RED）、近红外波段（NIR）和蓝波段（BLUE）3 个合成该植被指数的单波段反射率数据集和其他 4 个数据集。

NASA 将全球横向分为 36 个区域（分别标示 h0—h35）、纵向分为 14 个区域（分别标示为 V0—V13），每一区域覆盖范围为 1200 km×1200 km。在此根据研究需要，选择了黑龙江省区域的资料进行研究。产品文件名中以日序时间说明产品合成时间，已经过辐射校正、大气校正，并剔除了水体、云和云影。该产品采用 Sinusoidal 投影。

环境减灾卫星 A、B 星：

环境减灾卫星 A、B 星资料来源于中国资源卫星应用中心（网址为：http://www.cresda.com/n16/index.html）下载的环境减灾卫星 A、B 星（HJ-1A/1B 星）。该小卫星于 2008 年 9 月 6 日 11:25 成功发射，其中 HJ-1A 星搭载了 CCD 相机和超光谱成像仪（HSI），HJ-1B 星搭载了 CCD 相机和红外相机（IRS）。在 HJ-1A 卫星和 HJ-1B 卫星上装载的两台 CCD 相机设计原理完全相同，以星下点对称放置，平分视场、并行观测，联合完成对地刈幅宽度为 700 km、地面像元分辨率为 30 m、4 个谱段的推扫成像。下载的数据为 2 级产品，是经过辐射校正和系统几何校正的。

HJ-1A/1B 星数据基本参数如表 2.24。

表 2.24　HJ-1A，HJ-1B 通道参数表

平台	波段	光谱范围/μm	空间分辨率/m
HJ-1A 星	1	0.43～0.52	30
	2	0.52～0.60	30
	3	0.63～0.69	30
	4	0.76～0.90	30
	—	0.45～0.95	100
HJ-1B 星	1	0.43～0.52	30
	2	0.52～0.60	30
	3	0.63～0.69	30
	4	0.76～0.90	30
	5	0.75～1.10	150
	6	1.55～1.75	150
	7	3.50～3.90	150
	8	10.5～12.5	300

地面控制点数据：

用于对卫星数据的地理校正，获取方法是结合 Google Earth 软件，确定研究区主要标志物大致位置，然后用手持 GPS 进行地面实际调查，获取实际经纬度，标志物选取以主要高速公路拐角处为主，完成有效定位点 21 个。

农情实时数据：

获取方法是用手持 GPS 定位，调查内容包括：土地覆盖类型(以农田为主)、土壤类型、地形、作物发育期、种植制度、灾情状况等，调查样方为 90 m×90 m，分别 4 个角定位。其中土地覆盖类型、土壤类型和地形的有效调查点为 97 个，作物发育期、种植制度和灾情状况等与作物生长相关的数据有效调查点为 27 个(包含在上述 97 个调查点内)，且每旬均有调查数据。

●NDVI 数据滤波

HANTS 算法：

植被指数的时间谱数据能够反映地表植被生长的动态过程。但是由于数据的采集和处理过程中，存在各种误差，如：卫星传感器、太阳高度角、观测角度的影响，以及云、水汽、气溶胶、土壤背景、植被空间结构等的干扰。虽然 MODIS NDVI 采用了 MVC 方法合成数据，但是局部仍受云等因素的影响，因此需进行平滑处理[18]。时序数据的重建算法都基于以下两个假设：NDVI 的时序变化对应着植被的生长和衰老过程；云和不利的大气条件往往会降低 NDVI 的值，时序数据中的突变点不符合植被生长的渐进过程，应作为噪声点修正[19]。

采用时间序列谐波分析法(harmonic analysis of time series，HANTS)对时间谱数据进行平滑。其核心算法是傅里叶变换和最小二乘法拟合，即将时间谱数据分解成有限个谐波(正弦波或余弦波)，从中选取若干个能反映影像时序特征的谐波进行叠加，达到重构时序数据的目的。这种方法揭示了曲线内部蕴含的周期性，能定量化地测量植被动态，是一种十分有效的植物物候分析手段。其表达式为

$$y_i = A_0 + \sum_{j=1}^{m} A_j \sin(\omega_j i + \theta_j) \quad (i = 0,1,2,\cdots,N) \tag{2.91}$$

式中：A_0 为谐波的预想，等于序列的平均值；A_j 为各谐波的振幅；$\omega_j = 2j\pi/N$ 为各谐波的频率；N 为序列的长度；θ_j 为各谐波的初相位；m 为谐波的个数，等于 $N-1$。

滤波结果分析：

像元水平。选取黑龙江省 2012 年太阳日从第 81—289 d 的 TerraMODIS 16 d 合成NDVI 数据为例，空间分辨率为 250 m，该产品的数字量化值(digital number，DN)在真 NDVI 值的基础上扩大了 10000 倍，因此从 DN 值转化成 NDVI 值的关系式为

$$\mathrm{NDVI} = 0.0001 \times \mathrm{ND} \tag{2.92}$$

选择典型森林、农田、草地、水体、城市用地和未利用地 6 种土地覆盖类型的单个像元，检验 HANTS 方法的有效性。

由图 2.6 可见，重构后原始序列中的极低与极高的离异值得到相应的平滑，更突出了地物变化特征。如在原始序列中，草地的 NDVI 高峰期似乎在第 178～193 d 之间，而在黑龙江省实际的 NDVI 高峰期应该在第 194～209 d 之间，由此可见，HANTS 时间序列重构的方法可以很好地反映植被的生长趋势特征。

单幅数据影像水平。为了从多角度对重建结果进行综合分析，以 2012 年为例，对单幅数据影像进行对比，结果如图 2.7，可见 HANTS 方法可以较好地平滑图像中的奇异值，也对纵向时间序列的影像有一定的延续。

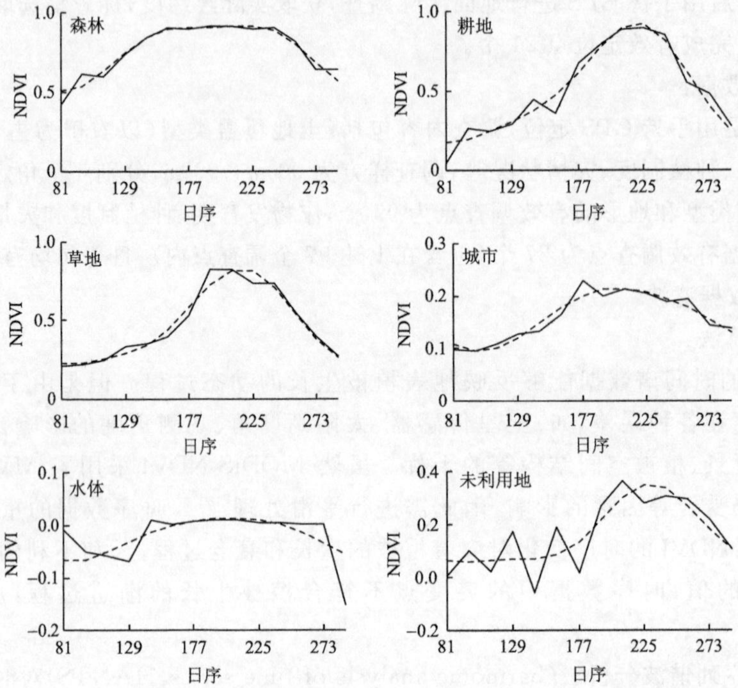

图 2.6　NDVI 时间序列重构后与原始序列的比较

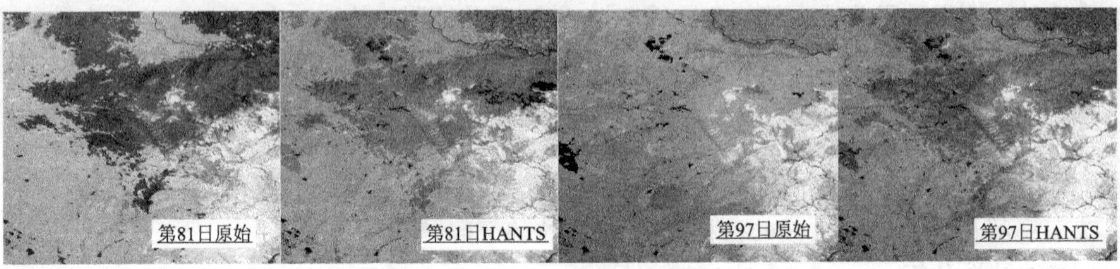

图 2.7　原始影像与重建后结果对比

对全图的基本统计值分析后可见(图 2.8),与原始序列相比,重建后最小值有所下降;在第 145 d 前重建后的最大值小于原始序列的最大值;平均值和方差在重建前后基本无变化。

●研究范围分区

植被类型不同,其生长周期和物候节律也会有所差异,可以利用这种差异进行植被分类[20],NDVI 作为一个常见的遥感指数,能够敏感地反映出植被冠层的生物、物理、化学特征的变化,因此可以利用植被在不同物候条件下的 NDVI 时间序列谱线,来准确地区分不同地物乃至不同植被类型,从而 NDVI 作为土地覆盖分类的一个重要指数被广泛应用[21,22]。

黑龙江省主要农作物生育期为 5—10 月,种植方式为移栽(水稻)和播种(玉米和大豆),由于研究区纬度跨越比较大,因此作物各个发育期的时间跨度也较大,从移栽(播种)到成熟,各个发育期的时间跨度在 25～42 d,均是由南部县(市)开始,结束于北部县(市)。图 2.9 为研究区水稻和旱作作物主要发育期的统计图,分析可见,各发育期均有重叠,纬度

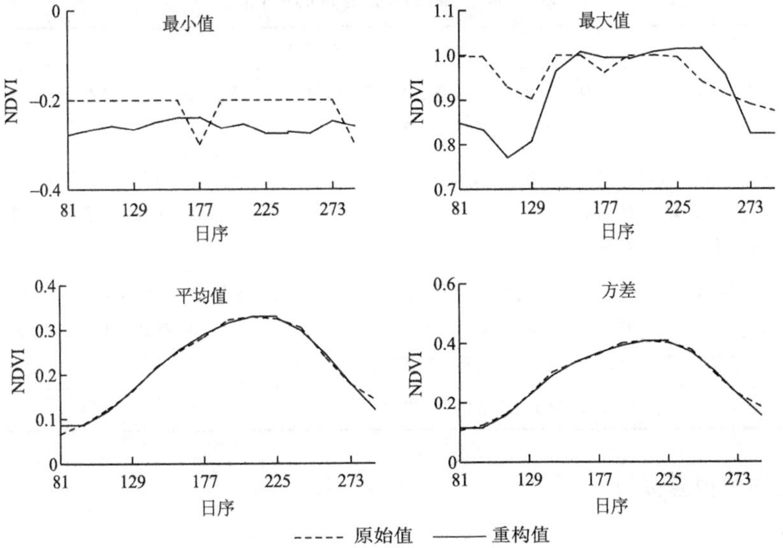

图 2.8　原始 NDVI 序列和 HANTS 算法重建后的统计特征

跨越大导致积温差异是影响水稻发育期的主要因子，同时种植制度也是影响作物发育期的另一个因素[23,24]。

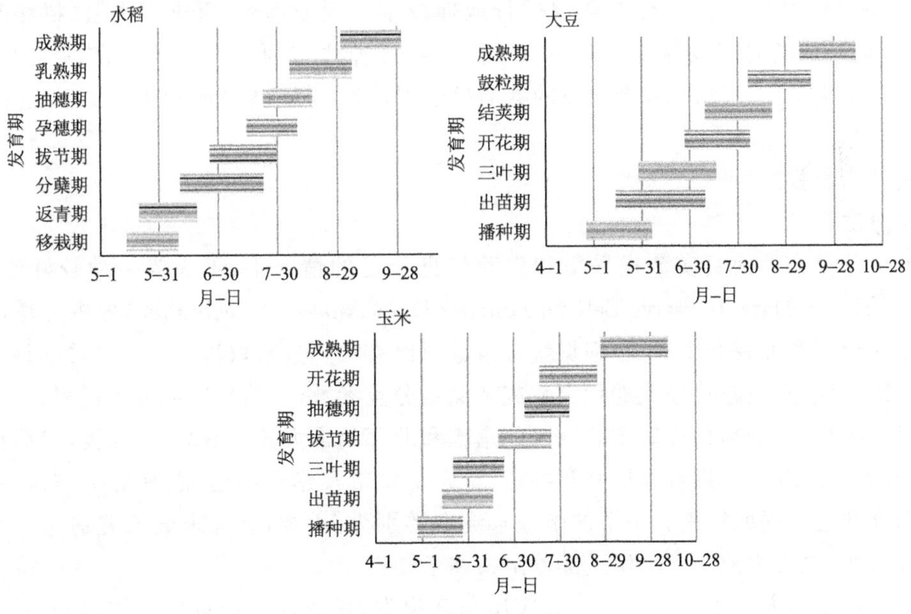

图 2.9　黑龙江省主要农作物生育期统计

为此，利用 2010 年黑龙江省土地利用分类数据，结合 HJ 卫星数据选取采样点，每个县(市)的水田和旱田至少选取 30 个采样点，共选取了 1924 个采样点，分别计算水田和旱田的 NDVI 在上述 8 个时间区间的平均值，根据计算结果，同时综合考虑纬度、行政区划、气象因素、地形、遥感数据特点等因素，对研究区以县(市)为单元把研究区分成东西南北 4 部分(表 2.25)，从而可以减少南北作物发育期不同产生的分类误差。

表 2.25　各区域所包含的县(市)

区域编号	县(市)
1	呼中区、新林区、漠河县、塔河县、呼玛县、嫩江县、黑河市、孙吴县、逊克县、嘉荫县、伊春市、讷河市、五大连池、克山县、北安市、鹤岗市、绥棱县、加格达奇
2	齐齐哈尔、甘南县、克东县、依安县、富裕县、拜泉县、海伦市、齐齐哈尔、龙江县、庆安县、林甸县、明水县、绥化市、望奎县、杜尔伯特、泰来县、青冈县、安达市、大庆市、巴彦县、兰西县、肇东县、呼兰区、肇州县、肇源县、哈尔滨市、双城市
3	萝北县、绥滨县、铁力市、汤原县、桦川县、集贤县、友谊县、佳木斯市、双鸭山市、依兰县、通河县、桦南县、木兰县、勃利市、方正县、宾县、阿城区、林口县、密山市、七台河市、延寿县、鸡东市、海林市、尚志市、鸡西市、五常市、穆棱市、东宁县、牡丹江市、绥芬河市、宁安市
4	抚远县、同江市、富锦市、饶河县、宝清县、虎林市

●农作物种植信息提取

数据融合：

数据融合技术可处理多种传感器或多个时相获取的数据，从而为决策提供更准确和更具特征的信息。在遥感领域的应用已经取得了比较好的效果[25,26]。利用 30 m 分辨率的 HJ 卫星和 250 m 分辨率的 MODIS NDVI 16 d 合成数据。考虑到水田在 5 月中下旬和 7 月中旬时地表发射特征与其他地物有较鲜明的对比，因此选取 HJ 卫星数据的时间为 2012 年 5 月 18—20 日和 7 月 14—17 日数据，除对数据进行地理校正等预处理后，再进行去云、拼接等处理。MODIS 数据选取的时间范围是 2012 年 4—8 月，把 2 种共 10 景数据进行融合，融合后得到一个空间分辨率为 30 m，包含 16 个波段的数据(HJ 卫星数据为 CCD 照相机的 4 个波段，MODI NDVI 8 个波段)。

●种植信息提取

分类方法：

非监督分类在地面真实数据采集和先验信息不足的情况下，不失为一种较好的分类方法[27,28]。采用 IsoData(Iterative Self-Organizing Data Analysis Technique)分析方法，该方法使用最小光谱距离方程产生聚类，根据统计参数对已有类别进行取消、分裂、合并处理，并继续进行下一次迭代，直至超过最大迭代次数或者满足分类参数(阈值)，完成分类过程。

经过多次反复试验，最终确定研究区的南部和北部的最大分类数均为 35 类，然后借助 HJ 卫星、Google Earth 工具进行人机交互判识，首先将城市及建筑用地、固有水体、未利用地、部分旱田和森林逐个提取出来。剩下的南部未确定类别为 11 类，北部未确定类别为 9 类，均包括季节性水体(主要为沼泽和水田)、部分旱田和未知类。

由于所提供的方法主要考虑从业务应用角度出发，黑龙江省产量预报的时间在每年的 8 月末至 9 月初，因此利用地面调查点的信息合并生成 4 月末至 8 月末的水稻和旱作物在各生育期平均 NDVI 变化特征(图 2.10)。利用光谱耦合技术(spectral matching technique)，对未确定类别的 NDVI 变化特征曲线进行相似度分析，能够通过 95%显著性检验的类别均可确定。通过处理，提取出了部分季节性水体和旱田，由此南、北部剩下 4 类和 6 类未确定类别。

水田和沼泽、旱田和未知类的 NDVI 时间序列变化是非常相似的，在 30 m 的多光谱影像中二者也很难区分。有研究表明，当地物的光谱特征比较接近时，纹理信息对区分地物具有一

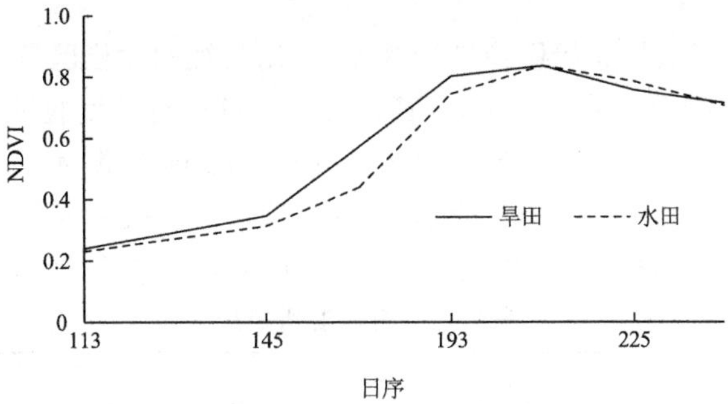

图 2.10　主要作物类型 NDVI 平均值时间变化曲线

定的积极作用，纹理特征辅助光谱特征分类能够一定程度提高遥感影像的分类精度[29,30]。因此引入纹理信息对未确定类再分类，方法是把 HJ 卫星的 2 景图像进行纹理特征计算，与前面波段组合后的图像进行波段组合，然后将未知类提取出来再进行非监督分类，南部和北部地区均分 15 类，再采用人机交互方式，借助 Google Earth 工具、DEM 数据、水系数据等进行判定，直至每一类都有确定的土地覆盖类型为止。

分类结果：

黑龙江省耕地主要分布在三江平原和松嫩平原，此外大、小兴安岭及东部山地也有零星分布。黑龙江省旱田面积大于水田，水田集中的区域主要为三江平原，其他水田零星分布在旱田中间。

统计结果表明(表 2.26)：2013 年耕地总面积为 2.25 亿亩，其中旱田面积为 1.71 亿亩，水田面积为 0.54 亿亩。耕地总面积占前三位的地区为齐齐哈尔、哈尔滨和绥化，面积分别为 4769 万亩、3208 万亩和 3079 万亩。其中旱田面积最大的 3 个地区为齐齐哈尔、绥化和哈尔滨，分别为 3793 万亩、2525 万亩和 2464 万亩；水田面积最大的 3 个地区为佳木斯、齐齐哈尔和哈尔滨，分别为 1184 万亩、976 万亩和 744 万亩。

表 2.26　黑龙江省 2013 年 13 个地区耕地面积　　单位：万亩

地区	总面积	旱田	水田
大庆	1144	974	170
大兴安岭	53	53	0
哈尔滨	3208	2464	744
鹤岗	883	719	164
黑河	1512	1375	137
鸡西	1599	1061	538
佳木斯	2835	1651	1184
牡丹江	1384	1115	269
七台河	179	161	17
齐齐哈尔	4769	3793	976
双鸭山	1635	1099	537
绥化	3079	2525	554
伊春	216	148	68

精度验证：

将分类结果与 HJ 星数据原始影像进行叠加，采用目视判读检验其提取效果，在分类区域范围内随机选取了 240 个分类检验样本，并通过混淆矩阵进行精度验证，结果表明该方法的总体提取效果较为令人满意，总体分类精度为 87.50%，Kappa 系数为 0.8125。表 2.27 为分类混淆矩阵，水田的分类精度为 90.00%，分别有 3.75%的水田被分成旱田和其他类别；旱田的分类精度为 83.75%，有 3.75%的旱田被分为水田，有 7.50%被分为其他类别。

表 2.27 分类混淆矩阵 %

类别	旱田	水田	其他	合计
旱田	83.75	3.75	7.50	31.67
水田	3.75	90.00	3.75	32.50
其他	12.50	6.25	88.75	35.83
合计	100.00	100.00	100.00	100.00

2.2.5.4 基于高光谱数据的主要旱作物分类

●技术路线如图 2.11 所示。

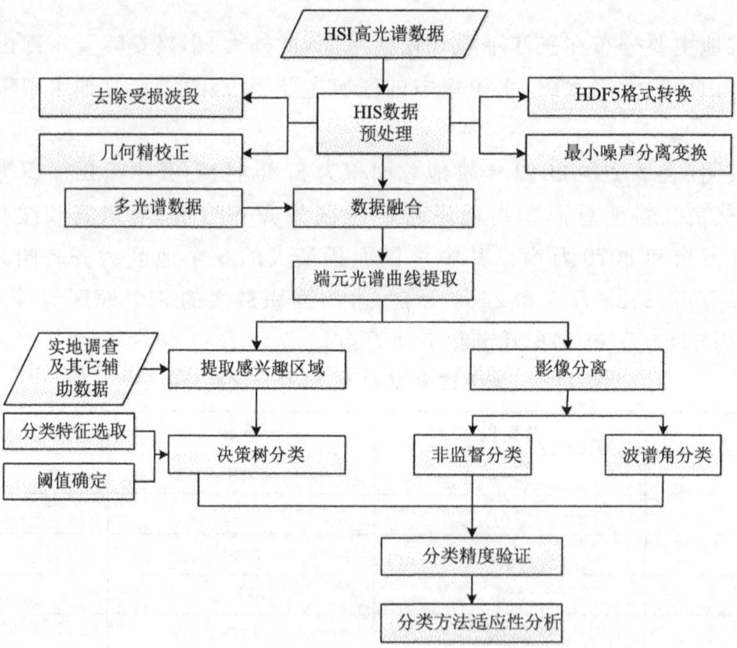

图 2.11 技术路线图

●数据来源

遥感数据来源：

环境减灾卫星资料来源于中国资源卫星应用中心（网址为：http://www.cresda.com/n16/index.html）下载的环境减灾卫星 A、B 星（HJ-1A/1B 星）。其中 HJ-1A 星搭载了 CCD 相机和超光谱成像仪（HSI），HJ-1B 星搭载了 CCD 相机和红外相机（IRS）。在 HJ-1A 卫星和 HJ-1B 卫星上装载的两台 CCD 相机设计原理完全相同，以星下点对称放置，平分视场、并行观测，联合完成对地刈幅宽度为 700 km、地面像元分辨率为 30 m、4 个谱段的推扫成像。下载的数据为 2 级产品，是经过辐射校正和系统几何校正的。

环境减灾小卫星高光谱成像仪的光谱波段达到 115 个，光谱分辨率达到 4nm. 获取的研究区原始 HSI 高光谱数据为辐亮度产品，为 2 级产品，存储格式为 HDF5，包括 6 个文件：产品快视图 JPEG 文件、产品数据拇指图 JPEG 文件、卫星天顶角和方位角 TXT 文档、波段信息 TXT 文档、元数据 XML 文档和 1 个为产品数据内容的 HDF5 图像文件。

与 EO-Hyerion（光谱范围 356～2577 nm）数据相比，HSI 数据（光谱范围 450～950 nm）虽然光谱范围较窄，但重返周期短，既可以满足短时间的监测需求，也增加了获取可用数据的概率，而对于植被分类研究来说，波长范围在 400～2500 nm 之间即可以满足需要，因此 HSI 数据应用具有独特优势。

研究区原始 CCD 相机谱数据为辐亮度产品，为 2 级产品，存储格式为 TIF，包括 6 个文件：产品快视图 JPEG 文件、产品数据拇指图 JPEG 文件、波段信息 TXT 文档、元数据 XML 文档和 4 个 TIF 图像文件。

HJ-1A/1B 星数据基本参数见表 2.28。

表 2.28　HJ-1A，HJ-1B 通道参数表

<table>
<tr><th>平台</th><th>有效载荷</th><th>波段</th><th>光谱范围/μm</th><th>空间分辨率/m</th><th>重访时间/d</th></tr>
<tr><td rowspan="5">HJ-1A 星</td><td rowspan="4">CCD 相机</td><td>1</td><td>0.43～0.52</td><td>30</td><td rowspan="4">4</td></tr>
<tr><td>2</td><td>0.52～0.60</td><td>30</td></tr>
<tr><td>3</td><td>0.63～0.69</td><td>30</td></tr>
<tr><td>4</td><td>0.76～0.90</td><td>30</td></tr>
<tr><td>高光谱成像仪 HSI</td><td>—</td><td>0.45～0.95</td><td>100</td><td>4</td></tr>
<tr><td rowspan="8">HJ-1B 星</td><td rowspan="4">CCD 相机</td><td>1</td><td>0.43～0.52</td><td>30</td><td rowspan="8"></td></tr>
<tr><td>2</td><td>0.52～0.60</td><td>30</td></tr>
<tr><td>3</td><td>0.63～0.69</td><td>30</td></tr>
<tr><td>4</td><td>0.76～0.90</td><td>30</td></tr>
<tr><td rowspan="4">红外多光谱相机 IRS</td><td>5</td><td>0.75～1.10</td><td rowspan="3">150（近红外）</td></tr>
<tr><td>6</td><td>1.55～1.75</td></tr>
<tr><td>7</td><td>3.50～3.90</td></tr>
<tr><td>8</td><td>10.5～12.5</td><td>300（10.5～12.5 μm）</td></tr>
</table>

地面调查数据：

地面控制点数据。用于对卫星数据的地理校正，获取方法是结合 Google earth 软件，确定研究区主要标志物大致位置，然后用手持 GPS 进行地面实际调查，获取实际经纬度，标志物选取以主要高速公路拐角处为主，完成有效定位点 21 个。

农情实时数据。获取方法是用手持 GPS 定位，调查内容包括：土地覆盖类型（以农田为主）、土壤类型、地形、作物发育期、种植制度、灾情状况等，调查样方为 90 m×90 m，分别 4 个角定位。其中土地覆盖类型、土壤类型和地形的有效调查点为 97 个，作物发育期、种植制度和灾情状况等与作物生长相关的数据有效调查点为 27 个（包含在上述 97 个调查点内），且每旬均有调查数据。

●HIS 高光谱数据预处理

去除条带噪声：

由于卫星成像探元阵列的不一致和放大电路的频率响应等因素，导致 HIS 数据产生条纹噪声，较常用去除条带噪声的方法有空域滤波、频域滤波、根据图像自身特征的校正方法等[31-33]，对于已经过系统几何纠正 HSI 数据 2 级产品，图像上的条带噪声不是呈垂直分布，因此在进行去条带噪声之前需要先旋转图像，使条带噪声能沿垂直方向分布，然后再采用“全局去条纹法”去除条带噪声。

图像旋转。采用钮立明等[34]的方法进行图像旋转。首先确定图像两个顶点坐标 $A(x_1,y_1)$ 和 $B(x_2,y_2)$（图 2.12，图 2.13），从而求得两点所在直线与法线夹角的正切值 $\tan\alpha$，进而得到图像旋转的角度 α。α 的求解公式为

$$\alpha=\tan^{-1}[(x_2-x_1)/(y_2-y_1)] \quad (2.93)$$

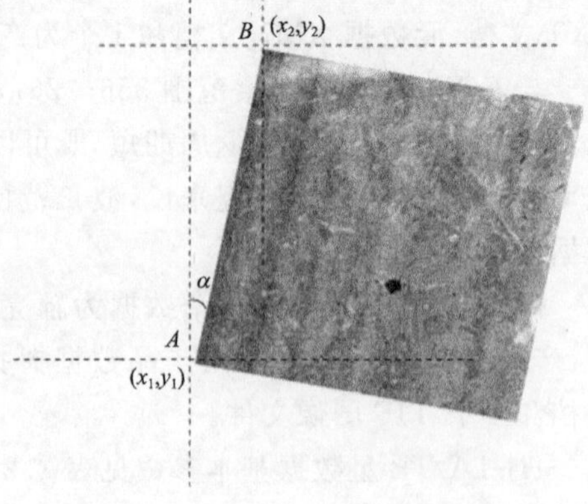

图 2.12　图像旋转角度计算示意图

将各波段数据旋转角度 α 后，图像上的条纹基本上均沿垂直方向分布。显示了图像旋转前后对比情况，可见，旋转后的图像条带均按垂直方向排列。

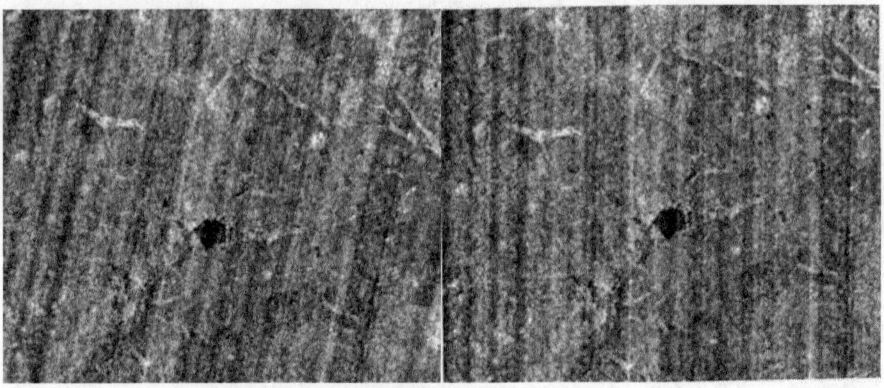

图 2.13　图像旋转前后对比图

垂直条带噪声去除。把图像中的倾斜条带旋转为垂直条带后，采用全局去条纹法[31-34]，通过像元的列平均值、标准差和波段平均值、标准差之间的差异对像元进行分波段线性化修正，消除垂直条纹的影响，公式为

$$D'_{ijk}=\alpha_{ik}\cdot D_{ijk}+\beta_{ik} \quad (2.94)$$

式中：D'_{ijk} 为去条带噪声后图像像元值；D_{ijk} 为原始图像像元值；α_{ik} 为图像增益，β_{ik} 为图像偏移量，计算公式分别为

$$\bar{g}=\frac{1}{mn}\sum_{x=0}^{m-1}\sum_{y=0}^{n-1}F(x,y) \quad (2.95)$$

$$\beta_{ik}=\overline{m_{ik}}-\alpha_{ik}\cdot m_{ik} \quad (2.96)$$

式中：$\overline{m_{ik}}$为 K 波段整个图像的平均值，m_{ik}为第 k 波段第 i 列像元值的平均值。

将去除条纹后的图像按之前计算的角度进行反向旋转，即完成图像的条纹去除[16,34]。

图 2.14 应用上述方法对第 30 波段进行去除条带噪声处理，由图 2.14 可见，去条带前后两幅图差别明显，原有的倾斜条带噪声在去条带处理后已不明显。

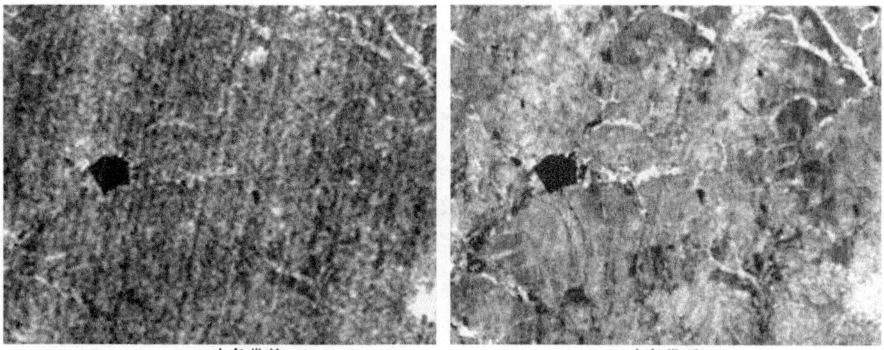

去条带前　　去条带后

图 2.14　条带噪声去除前后对比图

结果评价。为了解上述方法对 HIS 数据条带噪声去除的效果，采用郭兴杰等[35]的评价方法，通过最大值、最小值、灰度均值、标准差、信息熵、平均梯度指标来评价条带去除效果。

灰度均值是指影像中所有像素的灰度平均值，反映的是地物的平均反射强度，是对光谱信息转变度量。公式为

$$\overline{g} = \frac{1}{mn}\sum_{x=0}^{m-1}\sum_{y=0}^{n-1}F(x,y) \tag{2.97}$$

标准差是描述像元值与影像灰度均值的离散程度，是衡量影像信息丰富程度的一个重要指标。标准差越小，效果越好。公式为

$$s = \sqrt{\frac{1}{mn}\sum_{x=0}^{m-1}\sum_{y=0}^{n-1}(F(x,y) - \overline{F}(x,y))^2} \tag{2.98}$$

信息熵是图像信息量的表征方式之一，熵值越大表示所含信息越丰富。图像的信息熵是由全部像素所含信息的熵累计得到，公式为

$$H(x) = -\sum_{i=0}^{255}p(i)l\log_2(p(i)) \tag{2.99}$$

影像的清晰度可采用平均梯度来衡量。平均梯度能够反映图像中微小细节反差和纹理变化的征特 $\Delta yf(i,j)$，表达图像的清晰度。平均梯度越大，图像越清晰，公式为

$$G = \frac{1}{mn}\sum_{x=0}^{m-1}\sum_{y=0}^{n-1}\sqrt{\Delta xf(i,j)^2 + \Delta yf(i,j)^2} \tag{2.100}$$

式中：$\Delta xf(i,j)$，$\Delta yf(i,j)$分别为像素(i,j)点在 x，y 方向上的一阶差分值。

表 2.29 为 HSI 数据第 30 波段去条带噪声前后各评价指标的对比结果，可见，经过去条带处理后，最大值比去条带前有所增加，最小值未改变，灰度均值增加明显，标准差下降明显，信息熵有所增加，平均梯度大幅度增加，说明经处理后图像的地物平均反射强度、影像信息的丰富程度有所增加，图像更加清晰。

表 2.29　HSI 数据去条带噪声结果评价指标

	最大值	最小值	灰度均值	标准差	信息熵	平均梯度
去条带前	10326	43	4563.79	2871.10	5.05	10.24
去条带后	10318	43	4799.63	2288.80	5.11	158.46

大气校正：

这里，应用 ENVI 软件中带有的 FLAASH 大气校正模块进行 HJ-1A HSI 的大气校正处理。HSI 的 2 级产品已经过辐射定标，单位是 100 W/(m^2 · μm · sr)。启动 FLAASH 工具，输入处理图像数据，缩放系数为 1000，将辐射亮度单位转为 FLAASH 要求的 MW/(cm^2 · nm · sr)。然后根据下载图像时带有的 XML 文档填写成像中心点经纬度，传感器类型，高度信息、成像时间等。根据经纬度和成像日期确定大气模型为亚极地夏季热带，水汽反演中选择水汽吸收光谱特征为 820 mm；HSI 数据由于缺少短波红外波段，气溶胶反演选择 None，采用能见度值参与气溶胶去除。设置初始能见度为 40 km，用该值反演气溶胶模型。在高级设置中，修改 MODTRAN 模型的光谱分辨率为 5 cm^{-1}，其余默认设置。

分析图 2.15 可见，大气校正后水体和植被的辐射亮度光谱曲线较校正前发生了明显变化，大气校正前水体在波长 460 nm（蓝光波段）～950 nm（近红外波段）范围内的辐射亮度从 4500 W/(m^2 · μm · sr) 波动下降到 350 W/(m^2 · μm · sr)，而校正后水体基本在 −420～560 W/(m^2 · μm · sr) 之间波动，这更符合水体在不同波段范围内的辐射亮度变化规律；同样，大气校正前的植被辐射亮度在蓝光波段处于很高水平（>10000 W/(m^2 · μm · sr)），之后快速下降，到红光波段已下降到 5000 W/(m^2 · μm · sr) 以下，这段的光谱曲线不符合植被光谱变化的正常规律，而大气校正后的蓝光到红光波段的辐射亮度值在 1100～1300 W/(m^2 · μm · sr) 之间波动，而到了近红外波段才有明显上升，这种变化是符合正常植被光谱变化规律的。

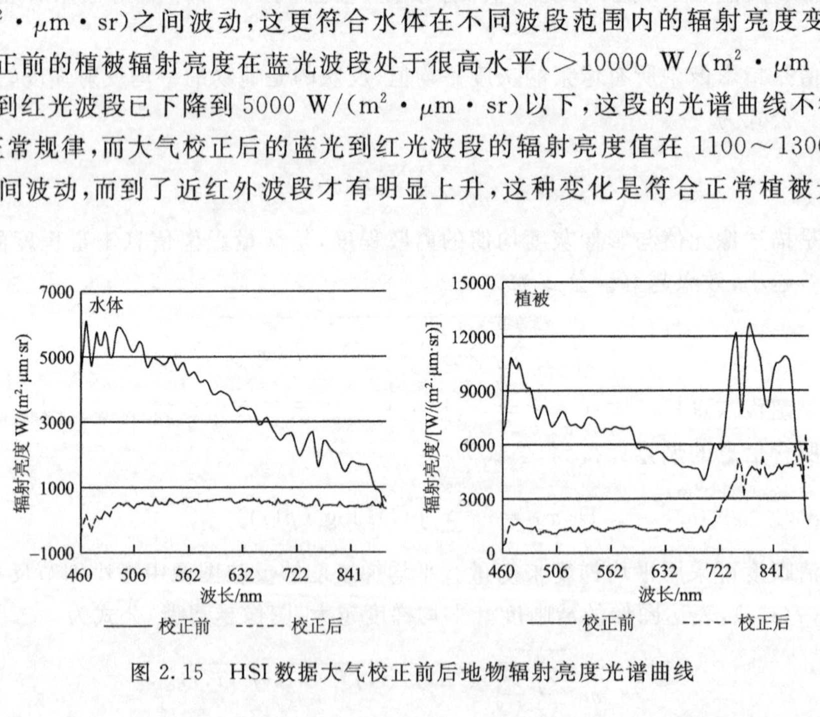

图 2.15　HSI 数据大气校正前后地物辐射亮度光谱曲线

光谱锯齿去除：

由于数据在经过辐射定标、大气校正等处理过程中像元光谱产生连贯的锯齿噪音，因此需要对大气校正后的图像进行处理，参考 Datt 等[16] 的处理方法，用 MNF 转换方法去除图像中像元波谱曲线上的锯齿，再将含有信息量较大的前 20 个波段进行 MNF 反变换，得到光谱优化图像，这种方法不会降低图像的空间分辨率。图 2.16 即为植被和水体光谱曲线优化前后的比较。由图 2.16 可见,优化后曲线的异常抖动减少,且曲线抖动幅度明显降低。

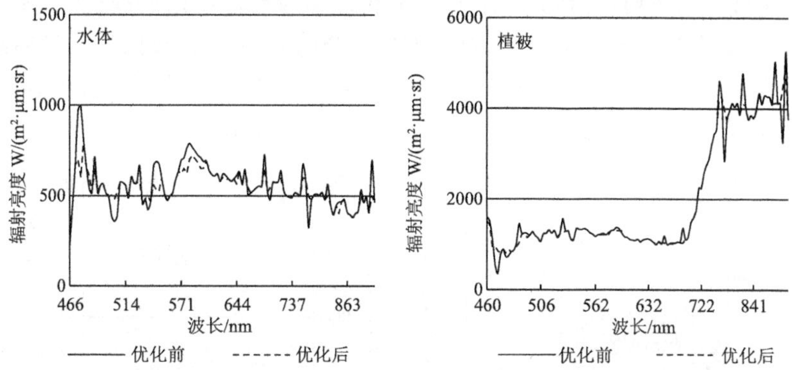

图 2.16　HSI 数据光谱优化前后地物辐射亮度光谱曲线

几何精校正:

HSI 高光谱 2 级产品是已经过系统校正的产品,虽然具有相应的地理投影和相对精准的地理位置,但经系统校正的产品忽略了大气折射等因素造成的几何畸变,无法满足对地理精度的要求,有必要做进一步的几何精校正。选用在时间上与 HIS 数据最邻近的 TM 影像,选取 40 个左右的几何精校正控制点,采用图像对图像的方式进行校正,校正误差控制在 1 个像元内。几何精校正后采用最邻近像元法对数据进行空间分辨率为 100 m 的重采样处理。

数据融合:

由于 HSI 数据的空间分辨率为 100 m,分辨率较低,而与之同时搭载在 HJ-1A 星的还有 CCD 相机,该数据的空间分辨率为 30 m,由于 HJ-1A 的 CCD 数据和 HSI 数据为同一时刻获取的数据,除去的成像信号形影方式不同等的影响外,两个光学系统定标后的数据应该基本一致,因此可以通过 HSI 数据与 CCD 数据融合,从而提高 HSI 数据的空间分辨率。为更好地保持空间文理信息,保持光谱特征,利用 ENVI 软件,采用 Gram-Schmidt Spectral Sharpening 方法进行数据融合。

从图 2.17 可以看出,融合后的 HSI 图像无论从地物的纹理,地物边缘的清晰度、不同地物在亮度的对比上,都有了很大提升,融合后的 HSI 图像从空间分辨率上更接近于 CCD 数据。

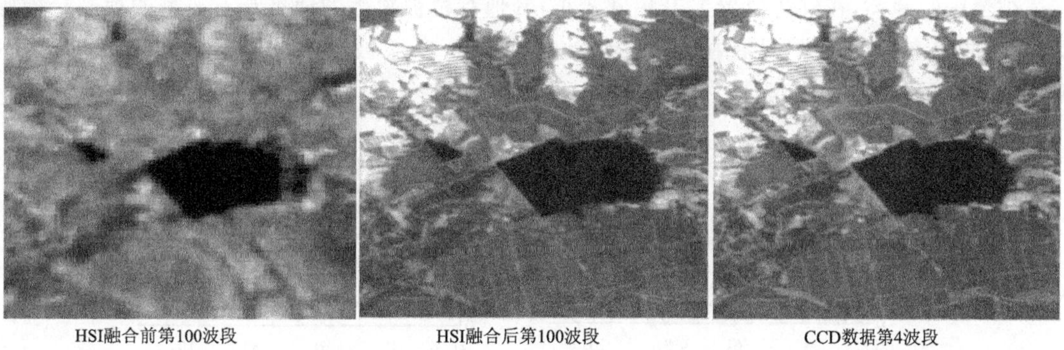

HSI融合前第100波段　　HSI融合后第100波段　　CCD数据第4波段

图 2.17　HSI 与 CCD 数据融合前后图像对比

在融合前、后 HSI 图像和 CCD 图像中，分别水体和植被各取 100 个点，共 600 个点，提取各点的波谱曲线后分类平均，得到分别不同图像和地类的平均波谱曲线（图 2.18），从图 2.18 中可见，HSI 具有更为精细的波谱特征；对比数据融合前后的 HSI 数据的波谱曲线可知，融合后的 HSI 数据比融合前的 HSI 数据的辐射亮度要高，二者的在波峰和波谷处具有较高的一致性，且相关系数较高，水体的相关系数为 0.68，植被的相关系数为 0.87。

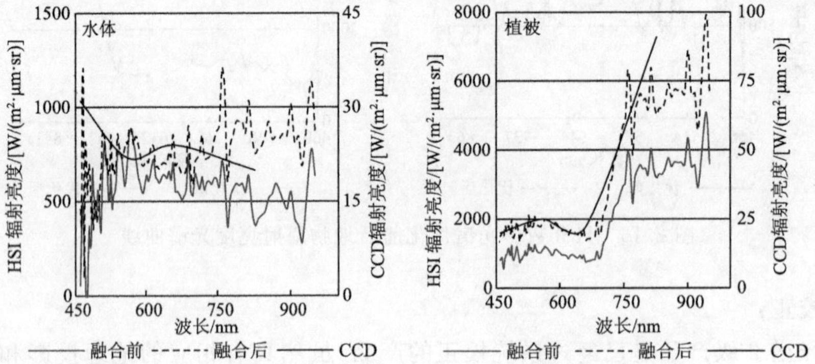

图 2.18　HSI 与 CCD 数据融合前后波谱曲线特征对比

●植被信息提取的最佳波段选取

典型地物光谱特征曲线分析：

样点选取。了解地物光谱特征是分类的基础，根据齐齐哈尔市土地利用特点和分类需要，借助 GPS，在实地调查自然植被、建筑用地和裸地、水体、水田、玉米、大豆、其他作物 7 种土地覆盖类型，得到有效地面调查样点 687 个；其中水体的样点是根据 2015 年 HJ-1A 星的 CCD 相机数据，通过目视解译选取的，共 52 个样点。

地物类型光谱特征提取。为减少野外采集作物光谱产生的大气和尺度效应的影响，从 HSI 影像直接获取端元光谱，具体方法是以实地调查样点为基础，从预处理后的 HSI 数据中提取各地类的样本光谱曲线，再计算每种地类的平均光谱曲线作为每类训练样本点的参考光谱。

图 2.19 显示了以上 7 种土地利用类型在 6 月下旬 HSI 的平均光谱曲线，由于 HSI 的 1—20 波段噪声太大，因此在提取光谱曲线时去除了该范围的波段。由图 2.19 可见，水体具有明显区别于其他地类的光谱特征；裸地和水田在 76—115 波段（红光－近红外波段）区别于其他有植被覆盖的地类，在红边位置上升幅度较小；其他有植被覆盖的地类具有典型的植被光谱特征，光谱曲线走势很相似，只有在 916—97 波段和 996—107 波段不同的植被类型达到的 DN 值范围有明显差异。

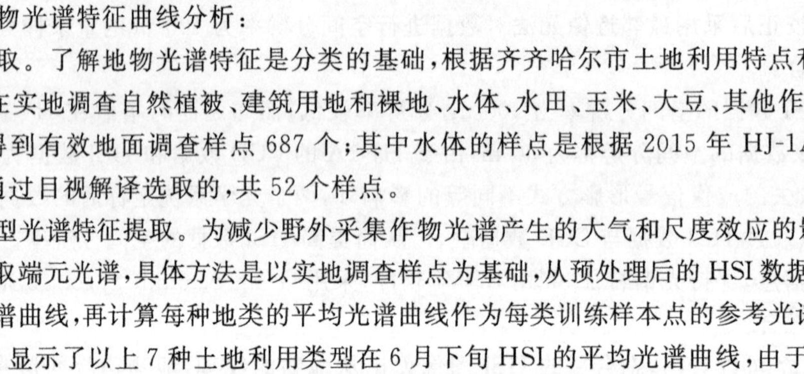

图 2.19　齐齐哈尔市典型地物波谱曲线

最佳波段选取：

波段选取方法。相对于多光谱数据来说，高光谱数据对地物光谱信息的提取能力增强的同时，也存在部分信噪比低和相关性高的波段，以及其他大量冗余的信息，增加了数据后续处理的计算量和计算的复杂性，因此需要根据研究需要，针对信噪比低和相关性高的波段进行数据降维处理，从而提高数据的可利用性[36,37]。

目前的降维方法主要分为基于变换方法和非变换方法降维。基于变换方法降维的主要有主成分分析法(principal component analysis)、正交子空间投影(orthogonal subspace pro jection)、离散小波变换(discrete wavelet transform)等，这几种方法的优点是数据提取效率高，但也改变了图像原有的特性；非变换方法主要是波段选取，该方法保持了图像原有的特性，一般遵循所选取的波段或波段组合包含的信息量要大、波段之间的相关性要小、地物光谱差异要大等原则[38-41]。

基于信息论的最佳波段选择是从研究需要提取有用信息出发，方法主要有熵与联合熵[42,43]、最佳指数法 OIF[44]、自适应波段选择[45]；基于类间可分性的最佳波段选择方法是求取已知类别样本区域间在各波段或者波段组合上的统计距离，主要方法有 Bhattacharyya 距离法、光谱混合距离法均值间的标准距离、离散度 Jeffries-Matusita 距离等；另外，还有基于支持向量机的波段选择[46]、基于自适应子空间的分解[47]等方法。

首先利用基于类间可分性的 Bhattacharyya 距离法和光谱混合距离法，选取最佳 3 波段组合，再结合利用最佳指数法计算结果，确定植被信息提取的最佳波段组合。

基于类间可分性。Bhattacharyya 距离法：基于类间可分性的空间维角度的 Bhattacharyya 距离法(简称 B 距离法)同时兼顾一次统计变量(如平均值)和二次统计变量(如协方差)，计算任意两类对在任意 3 波段组合上的 B 距离，取最大 B 距离的波段组合作为区分该两类对的最佳波段组合，公式为

$$D_{ij}=\frac{1}{8}(\mu_i-\mu_j)^T\left[\frac{\sum i+\sum j}{2}\right]^{-1}(\mu_i-\mu_j)+\frac{1}{2}\ln\left[\frac{\left|\frac{\sum i+\sum j}{2}\right|}{\left(\left|\sum i\right|\left|\sum j\right|\right)^{\frac{1}{2}}}\right] \tag{2.101}$$

光谱混合距离法：光谱混合距离法为基于类间可分性的光谱维角度的最佳波段组合提取方法，此方法计算 HSI 数据在光谱维上任意三波段组合上任意两类对间的距离，混合距离越大，两类对的可分性越大[38]，公式为

$$S_{ij}=\sum_{k=1}^{p}\left|x_{ik}-x_{jk}\right| \tag{2.102}$$

式中：x_{ik} 为 i 类土地覆盖类型在 k 波段的光谱值；x_{jk} 为 j 类土地覆盖类型在 k 波段的光谱值；p 为波段数。

表 2.30 为 Bhattacharyya 距离法和光谱混合距离法计算得到的各类对间的最佳波段组合，参加计算的 HSI 数据为 21—115 波段，选取的波段组合数为 3。由表 2.30 可见，两种方法筛选出的波段组合中，每种土地覆盖类型均包含红光和近红外波段，另一个波段是黄光或橙光波段。

最佳指数法。基于信息论角度的最佳指数因子(optimum index factor，OIF)是由 Chavez[44]等于 1982 年提出的，其主要思想是图像数据所包含的信息量与标准差成正比，而图像数据的独立性与波段间的相关系数成反比，OIF 值越大，表明相应波段组合的相关性越小，

表 2.30 最佳波段组合筛选

土地覆盖分类	波段	
	B距离法	光谱混合距离法
自然植被	33,76,100	40,76,102
裸地	42,81,109	44,80,98
水体	60,76,110	50,80,100
水田	54,86,101	45,78,102
玉米	46,81,103	46,87,100
大豆	60,91,105	49,87,108
其他作物	60,91,105	58,87,106

所包含的信息量越大，该方法综合考虑了各波段间的相关关系和单波段图像的信息量，与波段选择的原则接近，其计算公式为

$$\mathrm{OIF} = \sum_{i=1}^{n} S_i \Big/ \sum_{i=1}^{n} \sum_{j=i+1}^{n} |R_{ij}| \tag{2.103}$$

式中：OIF 为最佳指数因子。

S_i为第 i 个波段的标准差，公式为

$$S_i = \left| \frac{1}{M \times N} \sum_{x=1}^{M} \sum_{y=1}^{N} (f_i(x,y) - \mu_i)^2 \right|^{\frac{1}{2}} \tag{2.104}$$

式中：R_{ij} 为 i,j 两个波段的相关系数，公式为

$$R_{ij} = \frac{\sum_{K=1}^{M-N} (f_{ik} - \overline{f_i})(f_{jk} - \overline{f_j})}{\sqrt{\sum_{K=1}^{M-N} (f_{ik} - \overline{f_i})^2 \sum_{K=1}^{M-N} (f_{jk} - \overline{f_j})^2}} \tag{2.105}$$

式中：n 为全部 N 个波段中选中的子波段；M 为图像的行像素个数；N 为图像的列像素个数。

因此，以表 2.31 筛选出的波段为基础，利用最佳指数法，利用 ENVI 和 MATLAB 软件，计算每 3 波段组合的最佳指数，共有 19656 个结果，列出了前 5 个最佳指数及对应波段组合，其中最佳指数最大的波段组合为 40,78,108。

表 2.31 HSI 数据 3 波段组合的最佳指数

最佳指数	波段		
328.1285	40	78	108
327.9346	42	80	98
327.3574	50	98	105
326.5746	33	81	102
326.0254	54	76	106

●分类实践与精度评价

利用 2015 年 5 月 28 日、6 月 30 和 8 月 10 日的 HJ-1A/1B 星的 HIS 数据，分别采用 ISODATA、决策树和光谱角分类方法，提取齐齐哈尔市的大豆、玉米、水田、其他农作物、水

体、自然植被、建筑用地和未利用地 7 种土地利用类型的分布信息，并对这 3 种分类方法进行精度验证。

ISODATA 分类：

分类结果。ISODATA 迭代法分类方法是通过计算数据空间中均匀分布的类均值，然后按照最小距离原则将剩余像元迭代聚集。应用 ENVI5.0 软件实现 ISODATA 的非监督分类，首先对经预处理的 HSI 数据的第 40、78 和 108 波段，设置 20 个分类类别，通过预分类处理来形成集群（即聚类）。然后在此基础上参照地面控制点数据、1：20 万地形图、同期 TM 数据，综合确定各分类图斑所属的植被类型，同时根据集群的统计参数来调整预置的参量，接着再聚类、再调整。

齐齐哈尔市的土地覆盖类型以农耕地（包括大豆、玉米、水稻和其他作物）为主，总面积为 4557.57 万亩，占该市土地面积的 72.02%，其中大豆主要分布于讷河、克山、甘南、依安、富裕、拜泉和齐齐哈尔市辖区北部，种植面积为 626.65 万亩，占全市土地面积的 9.09%；玉米分布于全市，是该市最主要的土地利用类型，面积为 2701.25 万亩，占全市土地面积的 42.68%；水田主要分布于河流、湖泊等水体附近，面积为 1032.48 万亩，占全市土地面积的 16.31%；其他作物零星分布于全市，面积为 197.19 万亩，占全市土地面积的 3.12%（表 2.32）。

表 2.32　基于 ISODATA 方法的各土地覆盖类型面积统计

类别	面积/万亩	比例/%
其他作物	197.19	3.12
大豆	626.65	9.90
建筑用地及裸地	564.59	8.92
水体	234.44	3.70
水田	1032.48	16.31
玉米	2701.25	42.68
自然植被	972.02	15.36

精度验证。将验证样本叠加到基于 ISODATA 分类结果遥感图像上，计算其混淆矩阵，对分类结果进行精度评价，总体分类精度为 81.28%，Kappa 系数为 0.7713，具体结果见表 2.33。由表 2.33 可见，水体的分类精度最高，取的 52 个地面验证点均落在水体类别中；自然植被的分类精度最低，29 个地面验证点中，有 18 个点错分为玉米，6 个点错分为水体，原因是自然植被所选取的地面验证点多为耕地边的农田防护林和沼泽，由于所用数据的空间分辨率影响，出现了明显的错分现象；大豆的分类精度达 83.33%，取了 108 个验证点，错分的 18 个点中，有 15 个点错分为玉米，而玉米的 110 个验证点中，有 10 个错分为大豆，说明大豆和玉米之间还存在一定的同谱异物的现象。

表 2.33　基于 ISODATA 分类混淆矩阵

类别	大豆	玉米	水田	其他作物	水体	自然植被	建筑用地及裸地	总计
大豆	90	10	1	0	0	1	0	102
玉米	15	98	4	4	0	18	1	140
水田	0	0	32	1	0	2	2	37

续表

类别	大豆	玉米	水田	其他作物	水体	自然植被	建筑用地及裸地	总计
其他作物	1	0	0	45	0	0	0	46
水体	0	0	8	1	52	6	0	67
自然植被	1	1	0	1	0	0	0	3
建筑用地及裸地	1	1	2	1	0	2	52	59
总计	108	110	47	53	52	29	55	454
百分比/%	83.33	89.09	68.09	84.91	100.0	0.00	94.55	

决策树分类：

基于知识的决策树分类方法是遥感影像数据及其他空间数据，通过专家经验总结、简单的数学统计和归纳方法等，获得分类规则并进行遥感分类。基于 CART 算法构建决策树，CART 算法被称为机器学习或专家系统，并提供了一种非参数判别多数据层之间的统计关系，以产生一个二进制的决策树。基本思路是：从树的根节点处的所有训练样本 D0 开始，离散化连续条件属性。计算增益比率，取 Gain Ratio(C0)的最大值作为划分点 V0，将样本分为两个部分 D11 和 D12。对属性 C0 的每一个值产生一个分支，分支属性值的相应样本子集被移到新生成的子节点上，如果得到的样本都属于同一个类，那么直接得到叶子结点相应地将此方法应用于每个子节点上，直到节点的所有样本都分区到某个类中。到达决策树的叶节点的每条路径表示一条分类规则，利用叶列表及指向父结点的指针就可以生成规则表。

分类结果。把利用 78 波段和 108 波段计算 NDVI、第 40 波段、78 波段、108 波段和 ISODATA 分类的初始结果相结合，首先分别自然植被、裸地和建筑用地、水体、水田、玉米、大豆和其他作物，选取各自的感兴趣区域，再利用 CART 算法构建决策树进行分类。

齐齐哈尔市的土地覆盖类型以农耕地(包括大豆、玉米、水稻和其他作物)为主，总面积为 4627.14 万亩，占该市土地面积的 73.11%，其中大豆主要分布于讷河、克山、甘南、依安、富裕、拜泉和齐齐哈尔市辖区北部，种植面积为 640.36 万亩，占全市土地面积的 10.12%；玉米分布于全市，是该市最主要的土地利用类型，面积为 2803.14 万亩，占全市土地面积的 44.29%；水田主要分布于河流、湖泊等水体附近，面积为 1008.26 万亩，占全市土地面积的 15.93%；其他作物零星分布于全市，面积为 175.38 万亩，占全市土地面积的 2.77%(表 2.34)。

表 2.34　基于决策树分类方法的各土地覆盖类型面积统计

类别	面积/万亩	比例/%
其他作物	175.38	2.77
大豆	640.36	10.12
建筑用地及裸地	572.05	9.04
水体	204.54	3.23
水田	1008.26	15.93
玉米	2803.14	44.29
自然植被	924.89	14.61%

精度验证。将验证样本叠加到基于决策树分类结果遥感图像上，计算其混淆矩阵，对分类

结果进行精度评价，总体分类精度为 88.71%，Kappa 系数为 0.865，具体结果见表 2.35。由表 2.35 可见，水体的分类精度最高，取的 52 个地面验证点只有 1 个点错分为水田；自然植被的分类精度最低，50 个地面验证点中，有 1 个点错分为玉米，5 个点错分为水体，3 个错分为水田，原因是自然植被所选取的地面验证点多为耕地边的农田防护林和沼泽，由于所用数据的空间分辨率影响，出现了明显的错分现象；大豆的分类精度达 84.26%，取了 108 个验证点，错分的 17 个点中，有 15 个点错分为玉米，而玉米的 112 个验证点中，有 10 个错分为大豆，说明大豆和玉米之间还存在一定的同谱异物的现象。

表 2.35　基于决策树分类混淆矩阵

类别	大豆	玉米	水田	其他作物	水体	自然植被	建筑用地及裸地	总计
大豆	91	10	1	0	0	0	0	102
玉米	16	99	0	4	0	1	0	120
水田	0	3	55	1	1	3	4	67
其他作物	0	0	0	45	0	0	0	45
水体	0	0	1	1	51	5	0	58
自然植被	0	0	0	1	0	40	0	41
建筑用地及裸地	1	0	0	1	0	1	51	54
总计	108	112	57	53	52	50	55	487
百分比/%	84.26	88.39	96.49	84.91	98.08	80.00	92.73	

光谱角分类：

光谱角分类方法(spectral angle mapper，SAM)是一种光谱的匹配技术，这种技术基于估计像元光谱与样本光谱或是混合像元中亚像元组分光谱的相似性来区分各像元点的光谱曲线。组分是混合像元中亚像元尺度上的混合类型的组分，它代表最细最纯的类型，所以它的光谱是纯净光谱。比起混合像元，它由单一的物质组成，其光谱纯净，可以用来作为具体类别的参考光谱。影像中的大部分像元是由很多类型组分，组成的混合像元。光谱角分类法以运算影像像元光谱与样本参考光谱之间的夹角来区分类别。光谱角分类方法的原理是：把光谱作为矢量投影到 N 维空间上，其 N 维数为试验时选取的所有波段数。N 维空间中，各光谱曲线被看作有方向有长度的矢量，而各光谱之间形成的夹角叫作光谱角。光谱角分类法考虑的是光谱矢量的方向而非光谱矢量的长度。由于光谱矢量的长度关联到影像亮度，而光谱角分类法对亮度值的影响并不敏感。所以当计算影像光谱角的时候，光谱角分类方法仅仅需要光谱矢量的方向而不关注影像本身的亮度。

光谱角分类法的结果是生成一系列的光谱角度图像。在一定光谱角角度允许的范围内每个角度图像对应一个类型组分像元，即每个像元在光谱相似性上有可能对应于被指定的一个样本参考光谱角度值(光谱曲线值)，如果被测像元光谱与所有参考光谱之间的角度超出允许范围，此像元被归为未分类又叫无值类别，光谱角度越小，被估计像元的光谱曲线与参考光谱曲线就越相似，表现在两者之间的地物特性上也越相似，归类的概率和精度就越高。

分类结果。首先对预处理后的数据进行最小噪声分离变换(minimum noise fraction，MNF)，对数据去噪去相关处理，在此基础上利用像元纯净指数及二维散点图在数据的光谱特征空间中寻找端元，将寻找到的端元作为参考光谱对原始图像波谱角填图分类。

齐齐哈尔市的土地覆盖类型以农耕地(包括大豆、玉米、水稻和其他作物)为主，总面积为4557.57万亩，占该市土地面积的72.02%，其中大豆主要分布于讷河、克山、甘南、依安、富裕、拜泉和齐齐哈尔市辖区北部，种植面积为626.65万亩，占全市土地面积的9.90%；玉米分布于全市，是该市最主要的土地利用类型，面积为2701.25万亩，占全市土地面积的42.68%；水田主要分布于河流、湖泊等水体附近，面积为1032.48万亩，占全市土地面积的16.31%；其他作物零星分布于全市，面积为197.19万亩，占全市土地面积的3.12%(表2.36)。

表2.36　基于光谱角分类方法的各土地覆盖类型面积统计

类别	面积/万亩	比例/%
其他作物	197.19	3.12
大豆	626.65	9.90
建筑用地及裸地	564.59	8.92
水体	234.44	3.71
水田	1032.48	16.31
玉米	2701.25	42.68
自然植被	972.02	15.36

精度验证。将验证样本叠加到基于光谱角分类结果遥感图像上，计算其混淆矩阵，对分类结果进行精度评价，总体分类精度为88.50%，Kappa系数为0.8629，具体结果见表2.37。由表2.37可见，水体的分类精度最高，取的52个地面验证点均分为水田；大豆的分类精度最低，108个地面验证点中，有20个错分为玉米，而玉米的112个验证点中，无错分为大豆，说明光谱角分类方法在一定程度上克服了两种作物同谱异物的现象。

表2.37　基于光谱角分类混淆矩阵

类别	大豆	玉米	水田	其他作物	水体	自然植被	建筑用地及裸地	总计
大豆	84	0	1	0	0	0	0	85
玉米	20	106	0	3	0	1	0	130
水田	0	2	49	1	0	4	3	59
其他作物	3	1	0	45	0	0	0	49
水体	0	0	7	1	52	1	0	61
自然植被	0	3	0	2	0	43	0	48
建筑用地及裸地	1	0	0	1	0	1	52	55
总计	108	112	57	53	52	50	55	487
百分比/%	77.78	94.64	85.96	84.91	100	86.00	94.55	

2.2.5.5　极轨卫星监测作物长势

长势，即作物生长的状况与趋势。归一化植被指数(normalized difference vegetation index,NDVI)是一个综合的参数，与叶面积指数LAI、植被覆盖度、发育程度与生物量有关，是遥感监测作物长势常用的指标。

1985年美国国外作物状况评估处(The Foreign Crop Condition Assessment Division,

FCCAD)项目利用卫星以及能够得到的气象、土壤信息进行作物长势评价,建立了作物生长植被指数参考图像数据库;1996 年以来加拿大统计局依据每周长势对比图和 NDVI 过程线进行作物长势监测。欧盟自 1998 年充分利用 CORINE1∶10 万土地覆盖数据库的成果,建立了基于 NDVI 过程的长势监测方法。我国的农情遥感监测系统自 1998 年以来利用当年的 NDVI 图像与去年同期图像比较的方法监测大范围作物的长势,并以此为基础,通过综合农业气象分析,作物长势实时监测和生长过程监测,在县、区划单元、省、主产区、全国 5 个尺度上进行作物生长过程监测。可见,利用遥感手段监测作物长势的技术手段基本成熟。

●数据处理方法

植被指数数据集处理:

利用 MRT 软件,把 MOD13A2 的投影由 Sinusoidal 转换为等经纬度投影,基准面为 WGS-84 坐标系,同时对图像进行镶嵌和剪裁,使其覆盖黑龙江省全境。

植被指数计算:

NDVI 计算:NDVI 曲线是 NDVI 时间序列数据构成的时间信号,它随地表覆盖类型的不同而不同,在时间上呈现出与植被生物学特征相关的周期和变化,呈现出一定的年际和季节变化,是植被生长状态及植被覆盖度的最佳指示因子,也是季节变化和人为活动影响的重要指示器。NDVI 计算公式为

$$\mathrm{NDVI}=\frac{\rho_{\mathrm{nir}}-\rho_{\mathrm{red}}}{\rho_{\mathrm{nir}}+\rho_{\mathrm{red}}} \tag{2.106}$$

式中:NDVI 为归一化植被指数;ρ_{nir} 为近红外反射率;ρ_{red} 为红光反射率。

NDVI 数据集重构:

NDVI 数据滤波。采用 HANTS 算法滤波,具体方法见 2.2.5.3。

数据插值。由于 MOD13A2 数据产品是 16 d 合成植被指数集数据,而黑龙江省现行的植被指数观测周期是 10 d,两种观测结果无法进行直接对比,由于上述两种植被指数观测方法采用的均是最大值合成法,即观测结果均是观测时段内植被指数的最大值,因此在 MOD13A2 数据产品采用 HANTS 方法进行时间序列重构结果的基础上,采用线性插值的方法,计算10 d 为 1 个观测周期的 NDVI 分布。插值方法如下。

图 2.20 中 B 点和 D 点分别为 2 个相邻的观测间隔,即如果 B 点是第 145 d,那么 D 点即为第 161 d;E 点的 NDVI 值即为 B 点对应的 NDVI 值,同理 G 点的 NDVI 值即为 D 点对应的 NDVI 值;C 点为想要求得的太阳日,F 点的 NDVI 值即为 C 点对应的 NDVI 值。利用相似三角形原理,即可求得 F 点的 NDVI 值,结果公式为

$$CF=\frac{BE\cdot BD+BC\cdot GD-BC\cdot BE}{BD} \tag{2.107}$$

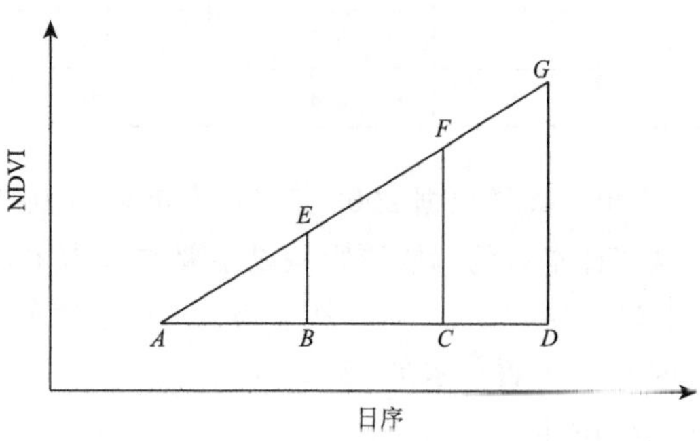

图 2.20　线性插值示意图

插值结果分析:

通过对表 2.38 中逐个单元统计可见,插值后(8 月上旬)的最大值、最小值和平均值均在第 194 d—第 209 d 和第 210 d—第 225 d 之间。

表 2.38 插值结果统计

	最小值	最大值	平均值	方差
第 194 d—第 209 d	−0.227	1.007	0.852	0.076
8 月上旬	−0.223	0.989	0.843	0.079
第 210 d—第 225 d	−0.224	1.003	0.839	0.082

●作物长势分级

作物长势指标分级：

旱田。根据 2000 年、2005 年和 2010 年土地分类结果，选取这 3 年中均为旱田的地点，样本点的选取原则是以主要农区为主，且尽量分布均匀。根据样本点的地理信息分别提取 2001 年—2011 年 5 月上旬—9 月下旬的 NDVI 值，分别不同旬对 NDVI 平均值进行统计，取 95％的置信水平(表 2.39)。

表 2.39 旱田多年 NDVI 平均值范围

月份	旬	NDVI 平均值	样本容量	标准偏差	置信区间	NDVI 平均值范围
5	1	0.25	257	0.45	0.05	0.19～0.30
	2	0.31	308	0.42	0.05	0.27～0.36
	3	0.38	267	0.41	0.05	0.33～0.43
6	1	0.52	301	0.43	0.05	0.47～0.57
	2	0.61	267	0.39	0.05	0.56～0.66
	3	0.70	305	0.38	0.04	0.66～0.74
7	1	0.82	297	0.38	0.04	0.78～0.86
	2	0.86	305	0.40	0.04	0.81～0.90
	3	0.90	294	0.38	0.04	0.85～0.94
8	1	0.85	304	0.40	0.05	0.81～0.90
	2	0.81	275	0.37	0.04	0.76～0.85
	3	0.70	304	0.42	0.05	0.65～0.75
9	1	0.61	268	0.41	0.05	0.56～0.66
	2	0.52	318	0.44	0.05	0.47～0.57
	3	0.36	297	0.43	0.05	0.31～0.41

水田。同样根据 2000 年、2005 年和 2010 年土地分类结果，选取这 3 年中均为水田的地点，这些样本点的选取原则是以主要农区为主，且尽量分布均匀。根据样本点的地理信息分别提取 2001 年—2011 年 5 月下旬—9 月下旬的 NDVI 值，分别不同旬对 NDVI 平均值进行统计，取 95％的置信水平(表 2.40)。

范围验证：

以 2012 年和 2013 年为例，把苗情和 NDVI 平均值范围相对应统计发现，5 月上旬—8 月上旬一类苗所在县(市)的旱田有 75％以上的 NDVI 值大于多年 NDVI 平均值的下限，二类苗所在县(市)的旱田有 80％以上的 NDVI 值小于多年 NDVI 平均值的下限；而从 8 月中旬开始，一类苗所在县(市)的旱田有 70％以上的 NDVI 值在多年 NDVI 平均值范围内，二类苗所在县(市)有 80%以上的 NDVI 值在多年 NDVI 平均值范围以外。可见表 2.39 和表 2.40 中划定的多年 NDVI 平均值范围在很大程度上能够反映旱田作物的长势情况。

表 2.40　水田多年 NDVI 平均值范围

月份	旬	NDVI 平均值	样本容量	标准偏差	置信区间	NDVI 平均值范围
5	1	0.23	305	0.38	0.04	0.19～0.27
	2	0.25	301	0.4	0.05	0.20～0.30
	3	0.27	257	0.37	0.05	0.22～0.32
6	1	0.38	294	0.42	0.05	0.33～0.43
	2	0.48	304	0.41	0.05	0.43～0.52
	3	0.57	297	0.44	0.05	0.52～0.62
7	1	0.73	318	0.43	0.05	0.68～0.78
	2	0.82	308	0.4	0.04	0.78～0.86
	3	0.88	304	0.43	0.05	0.83～0.93
8	1	0.87	267	0.38	0.05	0.82～0.92
	2	0.83	297	0.41	0.05	0.78～0.88
	3	0.71	275	0.45	0.05	0.66～0.76
9	1	0.60	268	0.38	0.05	0.55～0.64
	2	0.48	305	0.39	0.04	0.44～0.53
	3	0.31	267	0.42	0.05	0.26～0.36

另外,正常情况下,从 8 月中旬开始,黑龙江省旱田作物开始进入乳熟普遍期或结荚普遍期,水稻进入乳熟普遍期,此时的 NDVI 值在与常年持平的范围外的变化有两种情况,一种是作物处于正常发育期,NDVI 值大于常年范围,说明作物长势好于常年,NDVI 值小于常年范围,说明作物长势低于常年;另一种是作物发育迟缓,并未进入正常发育期,这时 NDVI 值无论大于还是小于常年范围,作物的长势均低于常年。

级别划分:

根据上述研究结果,把监测年份的作物长势划分为 3 个级别,分别是低于常年、与常年持平和好于常年。NDVI 数值的具体范围见表 2.41 和表 2.42。

表 2.41　作物长势分级参考标准(1)

耕地类型	时间	低于常年	与常年持平	好于常年
旱田	5 月上旬	<0.19	0.19～0.30	≥0.30
	5 月中旬	<0.27	0.27～0.36	≥0.36
	5 月下旬	<0.33	0.33～0.43	≥0.43
	6 月上旬	<0.47	0.47～0.57	≥0.57
	6 月中旬	<0.56	0.56～0.66	≥0.66
	6 月下旬	<0.66	0.66～0.74	≥0.74
	7 月上旬	<0.78	0.78～0.86	≥0.86
	7 月中旬	<0.81	0.81～0.90	≥0.90
	7 月下旬	<0.85	0.85～0.94	≥0.94
	8 月上旬	<0.81	0.81～0.90	≥0.90

续表

耕地类型	时间	低于常年	与常年持平	好于常年
水田	5月上旬	<0.19	0.19～0.27	≥0.27
	5月中旬	<0.20	0.20～0.30	≥0.30
	5月下旬	<0.22	0.22～0.32	≥0.32
	6月上旬	<0.33	0.33～0.43	≥0.43
	6月中旬	<0.43	0.43～0.52	≥0.52
	6月下旬	<0.52	0.52～0.62	≥0.62
	7月上旬	<0.68	0.68～0.78	≥0.78
	7月中旬	<0.78	0.78～0.86	≥0.86
	7月下旬	<0.83	0.83～0.93	≥0.93
	8月上旬	<0.82	0.82～0.92	≥0.92

注:表中数据为 NDVI 值。

表 2.42　作物长势分级参考标准(2)

耕地类型	时间	发育期	低于常年	与常年持平	持平或好于常年
旱田	8月中旬	乳熟期	<0.76	0.76～0.85	≥0.85
		开花期或结荚期	<0.76 或≥0.85	0.76～0.85	
	8月下旬	乳熟期	<0.65	0.65～0.75	≥0.75
		开花期或结荚期	<0.65 或≥0.75	0.65～0.75	
	9月上旬	乳熟期	<0.56	0.56～0.66	≥0.66
		开花期或结荚期	<0.56 或≥0.66	0.56～0.66	
	9月中旬	成熟期	<0.47	0.47～0.57	≥0.57
		乳熟期	<0.47 或≥0.57	0.47～0.57	
	9月下旬	成熟期	<0.31	0.31～0.41	≥0.41
		乳熟期	<0.31 或≥0.41	0.31～0.41	
水田	8月中旬	乳熟期	<0.78	0.78～0.88	≥0.88
		抽穗期	<0.78 或≥0.88	0.78～0.88	
	8月下旬	乳熟期	<0.66	0.66～0.76	≥0.76
		抽穗期	<0.66 或≥0.76	0.66～0.76	
	9月上旬	乳熟期	<0.55	0.55～0.64	≥0.64
		抽穗期	<0.55 或≥0.64	0.55～0.64	
	9月中旬	成熟期	<0.44	0.44～0.53	≥0.53
		乳熟期	<0.44 或≥0.53	0.44～0.53	
	9月下旬	成熟期	<0.26	0.26～0.36	≥0.36
		乳熟期	<0.26 或≥0.36	0.26～0.36	

注:表中数据为 NDVI 值。

结果分析:

以 2013 年 6 月下旬为例,根据以上作物长势等级划分标准,分析黑龙江省水田和旱田作物长势情况。全省绝大多数水田的长势好于常年，占总水田面积的 90.85%；有 5.54%的水田长势于常年持平；只有 3.62%的水田长势低于常年。全省 63.18%的旱田长势高于常年，有 24.34%的旱田长势与常年持平，主要分布于三江平原和松嫩平原东部；有 12.48%的旱田长势低于常年，主要分布于松嫩平原西部。

结合当年的气象条件和农业观测数据可见，2013 年黑龙江省 6 月气温偏高，降水偏少，总体来看，气象条件对大部农区作物生长有利，因此黑龙江省主要农区作物长势好于常年。但由于降水偏少，西部易旱地区的土壤墒情对作物生长会有影响，因此松嫩平原的部分作物长势低于常年。

预期效果：

作物长势监测技术方法适用于水田和旱田的作物长势监测评估业务与科研工作，可以在全省范围内推广使用。统一监测方法的制定有利于各地有效地监测和比较作物长势情况，便于业务使用，也为黑龙江省作物长势的特点和规律的科学研究提供了技术规范和基础。

2.2.5.6　基于 MODIS 的东北三省植被 NPP 潜在气候生产力估算

●数据来源及处理

遥感数据：

所用遥感数据均来源于美国 NASA LPDAAC(The Land Processes Distributed Active Archive Center)EOS 数据中心，包括植被净初级生产力(net primary productivity，NPP)数据(MOD17A3)和土地覆盖类型数据(MCD12Q1)。其中 MOD17A3 数据的空间分辨率为1 km，该数据是利用 BIOME-BGC 模型和光能利用率模型建立的 NPP 估算模型模拟得到的陆地生态系统年 NPP，产品包含 NPP 和植被总初级生产力(gross primary production，GPP)2 个植被指数数据集和对应的质量信息数据集；MCD12Q1 数据空间分辨率为 500 m，该数据是利用当年的 Terra 和 Aqua 星观测所得的数据来描述土地覆盖类型，信息提取技术主要是监督决策树分类，产品包含 5 种不同土地覆盖分类方案的分类结果和对应的质量信息数据集，选用其中的“IGBP 的全球植被分类方案”的结果，包含了 17 个主要土地覆盖类型。

以上两种数据均为 Sinusoidal 投影，所用数据的时间范围为 2001—2013 年，空间范围为东北三省，利用 MODIS Reprojection Tool software(MRT)V4.0 工具进行影像的拼接、重采样(统一空间分辨率为 500 m)和投影转换(由 Sinusoidal 投影转换为 WGS-1984 投影)等预处理。

由于植被与非植被组成的混合像元可能存在诸如像元内土地覆盖类型变化频繁等较多不确定因素，为减小研究结果的误差，在研究过程中根据每年的土地分类结果，提取出无植被覆盖地类(包括水、城市和建筑区、雪和冰、未分类共 4 个种类)，做 1 km 半径的缓冲区后合并，再将无植被覆盖区从对应年份的 NPP 数据中剔除，得到 2001—2013 年植被覆盖区域的 NPP 数据。

地理信息数据：

数字高程模型(DEM)为 SRTM 地形产品 V4.1 版本数据，数据来源于中国科学院计算机网络信息中心国际科学数据镜像网站(http://www.gscloud.cn)，空间分辨率为 90 m。

研究所需省级行政区划数据来自于中国气象局下发的 1∶25 万基础地理信息，对数据进行拓扑检查，去除省界和县界的间隙。地面观测站位置数据为中国气象局下发的矢量数据，以上数据的地理投影均转换为 WGS-1984。

气象数据：

气象数据来源于黑龙江省、吉林省和辽宁省气象局的2001—2013年的196个气象台站逐日整编资料，包括日平均气温、日降水量、日日照时数等基本气象要素，站点的地理位置和海拔高度。

蒸散量：

蒸散量能较客观地反映某一地区的水热平衡状况。计算方法如下。

月潜在蒸散量 ET_i(mm)采用下式计算[48]

$$ET_i=\frac{22d_i(1.6+U_i^{1/2})w_{0i}(1-h_i)}{P_i^{1/2}(273.2+t_i)^{1/4}} \tag{2.108}$$

饱和水汽压 w_0(mmHg)的计算考虑2种情况。

当月平均气温 $0\ ℃<t_i\leqslant 30\ ℃$时：

$$w_{0i}=1.3694\times10^9\exp\left(-\frac{5328.9}{273.2+t_i}\right) \tag{2.109}$$

当月平均气温 $-40\ ℃\leqslant t_i<0\ ℃$时：

$$w_{0i}=2.6366\times10^{10}\exp\left(-\frac{6139.8}{273.2+t_i}\right) \tag{2.110}$$

上面三式中：i 为月份的编号；P_i 为月平均气压(hPa)；t_i 为平均气温(℃)；d_i 为月的天数；U_i 为在10～12m高度处观测的月平均风速(m/s)；w_{0i} 为在气温为 t_i 时的饱和水汽压(mmHg)；h_i 为月平均相对湿度。

年蒸散量(mm)为当年12个月 ET_i 的总和。

气象数据插值：

由于气象观测点多设立在与建筑用地距离较近的位置，其所在像元多为非纯净植被像元，许多气象观测站所在像元在数据预处理阶段已经被剔除，为解决这一问题，对单点观测的气象数据进行插值，使每个纯净植被像元都有气象要素相对应，从而为研究纯净植被像元NPP与气象要素的相关关系做准备。考虑到4—10月为东北三省植被的生长季，因此共选取与植被生长相关的10个气象要素，包括4个气温要素：年平均气温、年≥10 ℃积温、4—10月平均气温、年负积温；2个降水量要素：年降水量和4—10月降水量；2个蒸散量要素：年蒸散量和4—10月蒸散量；2个日照要素：4—10月平均日照时数和4—10月累计日照时数。

Hutchinson[49]认为，气温在山区的空间变率要远远大于Prihodko[50]指出的水平距离气温每6 km变化小于0.6 ℃的结果。同时，Rolland [51]的研究结果也表明，海拔高度每升高100 m，气温下降0.54～0.58 ℃，可见气温要素与经度、纬度和海拔高度具有较好的相关性，但降水量、日照时数和蒸散量与地理因子的相关关系未见确切报道。为求得上述10个气象要素与地理因子确切的相关关系，分别计算上述10个气象要素与各自气象观测站所在地的经度、纬度和海拔高度的复相关系数(表2.43)。分析可见，虽然各个气象要素与地理因子之间的相关性均达到了显著性水平，但只有年平均气温、年≥10 ℃积温、4—10月平均气温和年负积温4个要素的复相关系数 $R>0.9$，与气温因子相关的蒸散量因子的 $R>0.6$，其他要素的 R 均小于0.5。因此，气象要素的插值方法分为2种：一种是逐年分别建立年平均气温、年≥10 ℃积温、4—10月平均气温和年负积与经度、纬度和海拔高度的线性回归模型，利用模型推导空间分辨率为500 m的面数据；另一种是其他气象要素在ARCGIS平台下利用IDW方法进行空间分辨率为500 m的插值运算。

表 2.43　气象要素与地理因子的相关关系

气象要素	R	RMSE	sig	气象要素	R	RMSE	sig
年平均气温	0.947**	0.901	0.000	4—10 月降水量	0.395**	134.842	0.000
年≥10 ℃积温	0.926**	173.061	0.000	年蒸散量	0.665**	111.719	0.000
4—10 月平均气温	0.915**	0.779	0.000	4—10 月蒸散量	0.656**	102.028	0.000
年负积温	0.913**	248.773	0.000	4—10 月平均日照时数	0.435**	0.760	0.000
年降水量	0.431**	142.977	0.000	4—10 月累计日照时数	0.539**	105.571	0.000

●NPP 时空变化特征分析

2001—2013 年东北三省植被单位面积 NPP 年累积量(以下简称 NPP)平均值呈现较明显的空间分异,变化范围为 15～1000 gC/(m^2 · a)。其中辽宁东南部沿海地区和长白山东坡 NPP 的值最高,为 800～1000 gC/(m^2 · a);大、小兴安岭和长白山大部分地区在 600 gC/(m^2 · a)以上;三江平原的 NPP 从北部的 500 gC/(m^2 · a)到南部的 600 gC/(m^2 · a)之间变化;东北平原除南部地区(NPP 为 500～600gC/(m^2 · a))外,大部分地区的 NPP 低于 500 gC/(m^2 · a)。在东北三省,大、小兴安岭和长白山区的主要植被类型为自然植被,东北平原和三江平原为人工植被,由此可见研究区的自然植被 NPP 普遍高于人工植被。

大、小兴安岭和长白山区 NPP 的标准差为 80～180 gC/(m^2 · a),东北平原和三江平原 NPP 的标准差低于 80 gC/(m^2 · a),可见研究区自然植被 NPP 的变化幅度明显大于人工植被,原因主要是自然植被的生长受天气条件影响大于人工植被,人类的干预使干旱、洪涝、霜冻等极端气候事件对人工植被的影响有所降低,从而减少了人工植被 NPP 的波动。

从总体上看 NPP 无显著变化趋势(sig>0.05,并未通过显著性检验),但存在明显的年际波动,最高值出现在 2005 年,NPP 达 361.28 gC/(m^2 · a),之后出现了 2007 年(NPP 为 276.76 gC/(m^2 · a))和 2010 年(NPP 为 287.09 gC/(m^2 · a))两个低谷(图 2.21)。

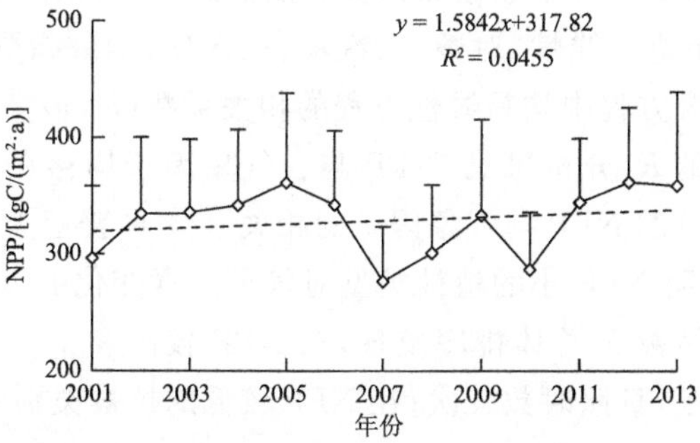

图 2.21　2001—2013 年东北三省 NPP 年际变化

统计不同植被类型 NPP 平均值(记为$\overline{NPP}$)可见(图 2.22),常绿针叶林中$\overline{NPP}$最大,为 390.41 gC/(m^2 · a);稀疏植被中$\overline{NPP}$最小,为 214.06 gC/(m^2 · a)。根据$\overline{NPP}$把东北三省的植被划分为Ⅰ、Ⅱ、Ⅲ三个类别,其中Ⅰ类为$\overline{NPP}$>350 gC/(m^2 · a)的植被,包括常绿针叶林、落叶阔叶林、混交林、稠密灌丛和农田/自然植被拼接;Ⅱ类为 300<$\overline{NPP}$≤350 gC/(m^2 · a)的植被,包括农田和落叶针叶林;Ⅲ类为$\overline{NPP}$≤300 gC/(m^2 · a)的植被,包括稀疏植被、草地、稀疏灌丛和永久湿地。

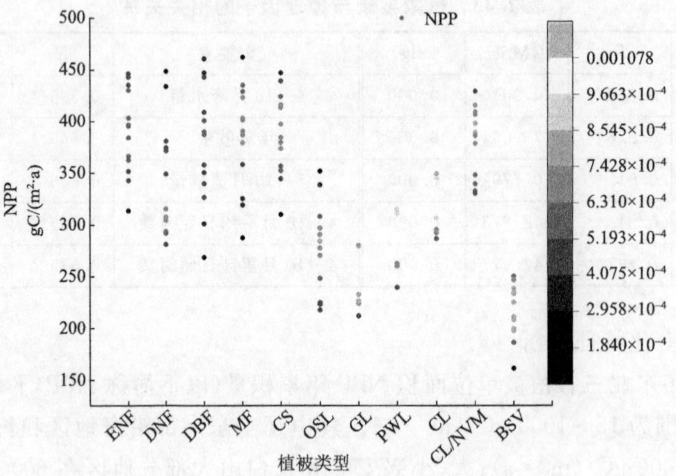

图 2.22　东北三省不同植被类型 NPP

(ENF 为常绿针叶林;DNF 为落叶针叶林;DBF 为落叶阔叶林;MF 为混交林;CS 为稠密灌丛;OSL 为稀疏灌丛;GL 为草地;PWL 为永久湿地;CL 为农田;CL/NM 为农田/自然植被拼接;BSV 为稀疏植被)

●NPP 气候估算模型

由于 NPP 的大小与植被类型[52-54]关系密切,在 ArcGIS 平台下建立 50 km 网格点,并基于逐年 NPP 和经过插值的气象因素面数据,提取各点对应的 NPP 值、气象因素值和植被类型,根据植被发生学的基础原理,分别植被类别(Ⅰ类、Ⅱ类和Ⅲ类),利用 NPP 与各气象要素的相关性,提出植被 NPP 与气象要素模型结构因子,再对各因子进行组合,构建 NPP 气候估算模型。

NPP 与气象因子的相关关系:

基于 2001—2005 年 NPP、气象数据和植被类别数据,以气象因子为自变量,以 NPP 为因变量,在 SPSS 软件平台下进行线性、对数、二次项、三次项、倒数指数、幂函数拟合,结果发现各气象因子与 NPP 的拟合方程中均是线性方程的相关系数(R)最大,表 2.44 列出了 10 个气象因子与 NPP 线性方程的 R,分析可见,NPP 与各气象因子均存在显著/极显著的线性相关关系,而且植被类别Ⅱ和Ⅲ的 NPP 与气象因子的相关系数 R 普遍大于植被类别Ⅰ,植被类别Ⅱ和Ⅲ的 R 总体相当,说明 NPP 小的植被类型对气象因素变化的反应比 NPP 大的植被类型更敏感;另外分析各类别植被 R 总体排序发现,在 NPP 较高和中等的植被类别中,降水是影响其 NPP 的主导气象因子,日照时数其次;在 NPP 较低的植被类别中,气温是主导因子,降水其次。

由于在 $n=95$,置显著性水平为 99%时,拟合方程有意义的 R 值低限为 0.263[55],因此,选取 4—10 月降水量、4—10 月蒸散量和 4—10 月平均日照时数作为植被类别Ⅰ的 NPP 气候估算模型的因变量;选取年平均气温、4—10 月降水量、4—10 月蒸散量和 4—10 月日照时数作为植被类别Ⅱ和Ⅲ的 NPP 气候估算模型的因变量。

NPP 气候估算模型构成及参数确定:

根据上述分析表明,植被类别Ⅰ的单位面积 NPP 与 4—10 月降水量呈正相关,与 4—10 月蒸散量和 4—10 月日照时数均呈负相关,因此植被类别Ⅰ的 NPP 气候估算模型可表示为

表 2.44　气象因子与 NPP 的线性相关系数

植被类别	气象因子		拟合方程	R	sig	样本数
Ⅰ	气温/℃	T_1	$y=4.072x+368.93$	0.2534*	0.000	1295
		T_2	$y=0.0176x+335.32$	0.2163*	0.016	1295
		T_3	$y=3.219x+336.47$	0.2010*	0.016	1295
		T_4	$y=0.0184x+416.1$	0.2595**	0.000	1295
	降水/mm	P_1	$y=0.3079x+207.79$	0.5361**	0.000	1295
		P_2	$y=0.346x+204.01$	0.5453**	0.000	1295
	蒸散量/mm	E_1	$y=-0.1323x+435.84$	0.2882**	0.000	1295
		E_2	$y=-0.1475x+437.73$	0.2939**	0.000	1295
	日照时数/h	S_1	$y=-44.573x+691.18$	0.4503**	0.000	1295
		S_2	$y=-2.0715x+7012.2$	0.3635**	0.000	1259
Ⅱ	气温/℃	T_1	$y=14.782x+245.69$	0.5882**	0.000	1304
		T_2	$y=0.0521x+160.67$	0.2371*	0.014	1304
		T_3	$y=19.356x+18.582$	0.5261**	0.000	1304
		T_4	$y=-0.1239x-21.803$	0.1272*	0.021	1304
	降水/mm	P_1	$y=0.244x+195.98$	0.6041**	0.000	1304
		P_2	$y=0.235x+213.15$	0.7005**	0.000	1304
	蒸散量/mm	E_1	$y=-0.0453x+341.34$	0.2515*	0.014	1304
		E_2	$y=-0.0832x+361.42$	0.3155**	0.000	1304
	日照时数/h	S_1	$y=-45.615x+659.52$	0.6354**	0.000	1304
		S_2	$y=-0.066x+427.59$	0.3725**	0.000	1304
Ⅲ	气温/℃	T_1	$y=27.874x+75.171$	0.6808**	0.000	817
		T_2	$y=0.1825x-362.96$	0.6469**	0.000	817
		T_3	$y=41.15x-433.22$	0.6187**	0.000	817
		T_4	$y=0.0091x+397.81$	0.1117*	0.041	817
	降水/mm	P_1	$y=0.3995x+84.504$	0.5505**	0.000	817
		P_2	$y=0.3151x+101.07$	0.6075**	0.000	817
	蒸散量/mm	E_1	$y=-0.0124x+215.77$	0.1257*	0.037	817
		E_2	$y=-0.0768x+275.73$	0.2675**	0.000	817
	日照时数/h	S_1	$y=-37.12x+516.81$	0.6136**	0.000	817
		S_2	$y=-0.3421x+826.92$	0.5239**	0.000	817

注：表中 T_1 为年平均气温，T_2 为年≥10 ℃积温，T_3 为 4—10 月平均气温，T_4 为年负积温，P_1 为年降水量，P_2 为 4—10 月降水量，E_1 为年蒸散量，E_2 为 4—10 月蒸散量，S_1 为 4—10 月平均日照时数，S_2 为 4—10 月累计日照时数。

$$\mathrm{NPP}_{\mathrm{I}}=\frac{P_x/b_1+e_1}{E_x/c_1+S_x/d_1+f_1}\times k_1 \tag{2.111}$$

式中：P_x 为像元 x 所在位置的 4—10 月降水量(mm)；E_x 为像元 x 所在位置的 4—10 月蒸散量(mm)；S_x 为像元 x 所在位置的 4—10 月日照时数(h)；b_1、c_1、d_1 分别为 4—10 月降水量、4—10

月蒸散量和4—10月日照时数的调节系数；e_1、f_1和k_1为模型的调节系数。

植被类别Ⅱ的单位面积NPP与年平均气温和4—10月降水量均呈正相关，与4—10月蒸散量和4—10月日照时数均呈负相关，因此植被类别Ⅱ的单位面积NPP气候估算模型可表示为

$$\mathrm{NPP}(T,P,E,S)_{\mathrm{II}}=\frac{T_x/a_2+P_x/b_2+e_2}{E_x/c_2+S_x/d_2+f_2}\times k_2 \tag{2.112}$$

式中：T_x为像元x所在位置的年平均气温(℃)；P_x为像元x所在位置的年降水量(mm)；E_x为像元x所在位置的4—10月蒸散量(mm)；S_x为像元x所在位置的4—10月日照时数(h)；a_2、b_2、c_2、d_2分别为年平均气温、4—10月降水量、4—10月蒸散量和4—10月日照时数的调节系数；e_2、f_2和k_2为模型的调节系数。

植被类别Ⅲ的单位面积NPP与年平均气温和4—10月降水量均呈正相关，与4—10月蒸散量和4—10月日照时数均呈负相关，因此植被类别Ⅲ的单位面积NPP气候估算模型可表示为

$$\mathrm{NPP}(T,P,E,S)_{\mathrm{III}}=\frac{T_x/a_3+P_x/b_3+e_2}{E_x/c_3+S_x/d_3+f_3}\times k_3 \tag{2.113}$$

式中：T_x为像元x所在位置的年平均气温(℃)；P_x为像元x所在位置的年降水量(mm)；E_x为像元x所在位置的4—10月蒸散量(mm)；S_x为像元x所在位置的4—10月日照时数(h)；a_3、b_3、c_3、d_3分别为年平均气温、4—10月降水量、4—10月蒸散量和4—10月日照时数的调节系数，e_3、f_3和k_3为模型的调节系数。

在SPSS平台下，利用2006—2010年50 km间隔的网格点数据对模型的参数进行求算，公式(2.111)的最终结果为

$$\mathrm{NPP}_{\mathrm{I}}=\frac{P_x/711.092+1.167}{E_x/801.251+S_x/5.0170+1.838}\times 770.017 \tag{2.114}$$

4—10月降水量的调节系数$b_1=711.092$，与植被类别Ⅰ分布的NPP较高地区的4—10月降水量接近，可以认为b_1代表了植被类别Ⅰ的最适降水量；4—10月蒸散量的调节系数$c_1=801.251$，高于东北三省平均年蒸散量(592 mm)，也高于4—10月降水量调节系数，表明东北大部分地区的水分输入小于输出；4—10月日照时数的调节系数$d_1=5.0170$，低于东北三省4—10月平均水平(东北三省4—10月平均日照时数为7.5 h)，可以认为该地区的日照基本能够满足植被生长需要。

最终结果分别为公式(2.115)和公式(2.116)

$$\mathrm{NPP}_{\mathrm{II}}=\frac{T_x/8.007+P_x/600.014+1.22}{E_x/799.141+S_x/5.008+1.974}\times 484.671 \tag{2.115}$$

$$\mathrm{NPP}_{\mathrm{III}}=\frac{T_x/9.370+P_x/624.010+0.520}{E_x/754.481+S_x/5.845+4.106}\times 823.508 \tag{2.116}$$

年平均气温的调节系数$a_2=8.007$和$a_3=0.9.370$，与植被类别Ⅱ和Ⅲ分布的NPP较高地区的平均气温接近，可以认为a_2和a_3分别代表了植被类别Ⅱ和Ⅲ的最适气温；c_2、c_3和d_2、d_3的生物学意义与c_1和d_1相近。

模型验证：

以2011—2012年50 km间隔的网格点NPP数据为实测值，利用同时期气象数据，分别植被类别，基于各自植被类别的NPP气候估算模型求得的NPP数据为模拟值，二者比较结果见

表 2.45。分析可见,3 个植被类别实测 NPP 与模拟 NPP 的相关系数均超过了 0.8,达到了极显著性水平;NPP 范围、平均值、标准差和标准误均较接近,说明上述 3 个 NPP 气候估算模型均可用。但模拟值都存在数值范围和标准差均小于实测值的问题,分析原因可能与模型结构有关。

表 2.45　模拟值与实测值比较

植被类别	类型	范围	平均值	标准差	样本数	标准误	R
Ⅰ	实测值/(gC/m^2)	364.50	397.57	64.05	982	2.50	0.8491**
	模拟值/(gC/m^2)	318.17	384.19	47.08	982	1.52	
Ⅱ	实测值/(gC/m^2)	249.90	279.06	49.17	1047	1.22	0.8185**
	模拟值/(gC/m^2)	206.58	295.93	38.49	1047	0.98	
Ⅲ	实测值/(gC/m^2)	296.51	224.58	32.11	817	2.48	0.8267**
	模拟值/(gC/m^2)	258.39	221.59	24.84	817	1.89	

模型应用:

利用不同植被类别下的 NPP 气候估算模型,计算 2013 年东北三省 NPP 气候潜力,并与对应年份实测 NPP 进行对比。研究区 NPP 气候潜力范围为 422～1100 gC/(m^2 · a),其中大兴安岭和松嫩平原西南部较低,为 422～600 gC/(m^2 · a),研究区东南部较高,为 801～1100 gC/(m^2 · a)。

大兴安岭和小兴安岭北部地区的 NPP 实测值更接近 NPP 气候潜力,NPP 气候潜力比实测值高 0～200 gC/(m^2 · a),占研究区总面积的 12.70%;有占研究区总面积 28.49%的地区的 NPP 气候潜力比 NPP 实测值高 401～600 gC/(m^2 · a),主要分布在辽宁省大部、东北平原与小兴安岭和长白山交界处;其他地区的 NPP 气候潜力比 NPP 实测值高 201～400 gC/(m^2 · a)。可见研究区北部山区的 NPP 实际值更接近于 NPP 气候潜力,而南部地区的 NPP 实际值明显低于 NPP 气候潜力,说明南部地区通过改进生产管理措施等手段 NPP 还有较大的上升空间。

2.2.5.7　黑龙江省农作物低温冷害与植被指数关系

●研究地区、资料及方法

研究区域:

选择了黑龙江省 28 个基准站,均匀地分布在全省作物生长区内,具有一定的代表性。完全可以反映全省作物的生长状况。

●资料与方法

拟进行 NDVI 与低温冷害的关系研究,考虑到 NDVI 资料的获取性,因此选择热量资源较好的 2008 年(作物生长期内≥10 ℃积温值为 2480 ℃)与发生低温冷害的 2009 年(作物生长期内≥10 ℃积温值为 2371 ℃)进行对比分析。气象资料包括黑龙江省 28 个基准站 2008 年、2009 年 4 月上旬至 10 月下旬逐旬平均气温,遥感资料包括 2008 年 4 月上旬到 2008 年 10 月上旬及 2009 年 4 月上旬到 2009 年 10 月上旬的 EOS/MODIS 数据,资料来自于黑龙江省气象科研所遥感中心。

遥感资料的处理及 NDVI 值的提取:

遥感资料的处理及 NDVI 值的提取过程为(图 2.23):①将 EOS 遥感图像,进行 NDVI 最大值多天合成得到的每旬遥感图像；②用ENVI软件打开另存为TIF格式文件；③在ARCGIS9.3软件中，打开TIF格式的NDVI图像，转换成img栅格文件；④将此栅格文件进行Asia_North_Albers_Equal_Area_Conic投影转换；⑤以黑龙江省农田矢量文件为地图，进行extraction by mask，剪裁出黑龙江省农田范围的NDVI栅格文件；⑥以农田范围的NDVI栅格文件为地图范围，将省界和县界矢量文件进行Features to Raster转换，生成黑龙江省省界和县界栅格文件；⑦将黑龙江省农田范围的NDVI栅格文件与黑龙江省省界和县界栅格文件用空间分析中的combine工具合并，生成带有省界和县界的黑龙江省农田范围的NDVI栅格文件。

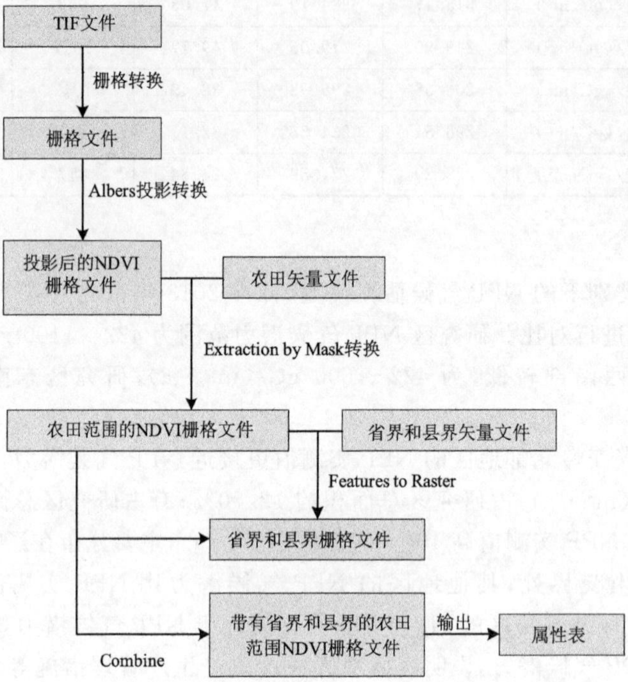

图 2.23 遥感资料的处理及NDVI值的提取技术路线

NDVI值选取与处理：

此栅格文件属性表中带有县界名称以及县界中每个NDVI值和像素值。将此栅格文件的属性导出生成DBF文件，用Excel打开，筛选所要研究的县界区域数据进行分析。

根据作物的生长周期，选取每个研究区域的4月上旬到10月上旬，将每个研究区域的每旬NDVI值进行处理，剔除水体和云的NDVI值之后，将剩余耕地的NDVI值进行计算，求出每个旬的平均NDVI值。公式为

$$f = \frac{\prod_{i=1}^{n} \text{NDVI}_i \times P_i}{\sum_{i=1}^{n} P_i} \tag{2.117}$$

式中：f为每旬的平均NDVI值；NDVI_i为每个像元的NDVI的数值，P_i为每个NDVI值所对应的像素值。

耕地信息提取：

采用决策树方法，利用ENVI软件，基于EOS/MODIS的作物播种前期、出苗期、生长旺

盛期和收获期 1、2 波段数据和 NDVI 数据，对 2009 年黑龙江省耕地进行提取。

●结果分析

通过对所研究区域的每旬 NDVI 值的分析处理，计算出每旬的平均 NDVI 值，得到了一个从 4 月上旬到 10 月上旬的平均 NDVI 值变化曲线图。通过曲线图的变化，结合旬平均气温的数据，分析说明了研究区域中，NDVI 值与作物生长状况，气象要素对作物生长的影响在 NDVI 值中的表现，以及 NDVI 与低温冷害之间的相关性。

耕地信息提取：

采用比较适合黑龙江省实际状况的决策树分类法，利用 2009 年的遥感数据资料进行了分类。

研究区域的 NDVI 数据结果：

为了便于分析，将 NDVI 值均扩大 100 倍，计算出各地区 2008 年与 2009 年的旬平均 NDVI值，得到了 2008 年与 2009 年的各站点的旬平均 NDVI 值。图 2.24 为黑龙江省 28 个站点的 NDVI 平均曲线图。

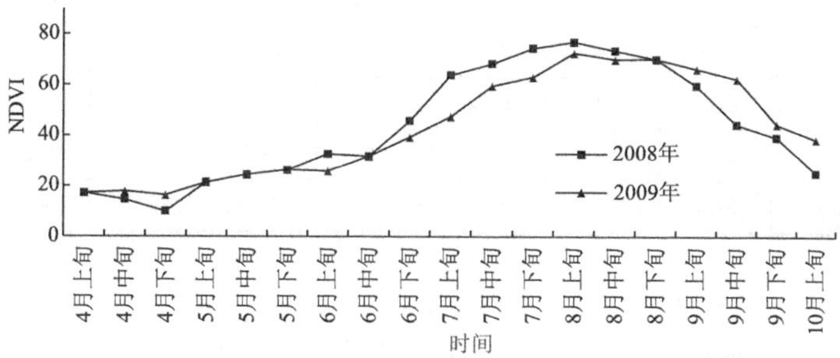

图 2.24　2008 年、2009 年黑龙江省作物主产区 NDVI 平均值曲线图

从 2008 年和 2009 年逐旬 NDVI 值的变化来看，从 4 月份播种前期到 5 月份播种出苗至 10 月上旬，NDVI 值随着生育期的变化而发生改变，随着作物的发芽生长，NDVI 值逐旬增加，到 8 月中旬作物生长达到最旺盛的时期，NDVI 值也达到了顶峰，随着作物成熟期的开始，NDVI 值开始逐旬降低，到 10 月上旬趋于平缓。

综上分析可以得出，在作物播种的前期和初期，2008 年与 2009 年 4 至 5 月的 NDVI 值差别不是很明显，相似度较高，这是由于播种前期与初期，大田均是裸地的缘故。随着作物的出苗生长，所表现出来的 NDVI 值逐渐发生变化，2008 年 NDVI 值的上升与变化幅度要比 2009 年大一些，时间要提前些。根据作物的生长周期与特性分析，从 5 月中下旬开始，是大部分作物的出苗期，逐渐开始发育生长。由图 2.24 中明显看出，2008 年作物的出苗期要好于 2009 年。随着作物的生长发育，在 2008 年和 2009 年的 8 月中旬，作物生长均达到最旺盛时期，但是 2009 年的 NDVI 值略低于 2008 年。进入 9 月份之后，随着早霜的来临以及作物成熟期的到来，2008 年和 2009 年 NDVI 值均呈现下降趋势。9 月份之后 NDVI 值下降的幅度 2008 年要比 2009 年大一些，说明 2009 年作物生长前期(5 月下旬至 8 月上旬)作物生长缓慢；后期作物开始趋于成熟的阶段，植被指数开始下降，与 2008 年相比，2009 年下降缓慢，说明作物晚熟，导致 NDVI 值下降趋缓，发育期延后。

为了验证上述分析，我们对 2008 年和 2009 年玉米实际发育期进行了调查(资料来自于农气试验站)，从观测结果可以看出2009的出苗期大多晚于2008年，各发育期都偏晚，作物成熟天数偏多。如表2.46所示。

表 2.46 2008年、2009年玉米生育期

年份	站名	播种普遍期(月-日)	出苗普遍期(月-日)	三叶普遍期(月-日)	七叶普遍期(月-日)	拔节普遍期(月-日)	抽穗普遍期(月-日)	开花普遍期(月-日)	乳熟普遍期(月-日)	成熟普遍期(月-日)	播种到成熟天数/d
2008	海伦	5-8	5-24	6-4	6-16	7-8	7-19	7-22	8-26	9-28	143
2009	海伦	5-6	5-24	6-8	6-22	7-14	8-2	8-4	8-30	10-2	149
2008	富锦	5-6	5-22	5-30	6-16	6-24	7-22	7-24	8-22	9-18	135
2009	富锦	5-8	5-24	6-10	6-26	7-6	7-25	7-27	8-27	9-28	143
2008	泰来	4-28	5-14	5-28	6-18	7-8	7-25	7-29	8-22	9-28	153
2009	泰来	4-28	5-12	5-26	6-18	7-8	7-25	7-30	8-22	9-28	153
2008	安达	4-30	5-18	5-31	6-20	7-8	7-22	7-26	8-28	9-18	141
2009	安达	4-30	5-16	5-30	6-18	7-14	7-26	7-31	8-28	9-20	143
2008	佳木斯	5-18	5-30	6-6	6-18	7-4	7-24	7-25	8-14	9-22	127
2009	佳木斯	5-12	5-26	6-14	6-24	7-14	7-27	7-28	8-28	10-2	143
2008	哈尔滨	5-1	5-19	5-24	6-10	6-24	7-18	7-24	8-16	9-16	139
2009	哈尔滨	5-6	5-17	5-26	6-6	7-12	7-25	7-27	8-26	10-8	156

图2.25是根据表2.46对海伦、富锦、泰来、安达、佳木斯、哈尔滨6个站点的2008年与2009年平均发育期对照曲线图。由图2.25可以看出，2009年作物发育期滞后于2008年。

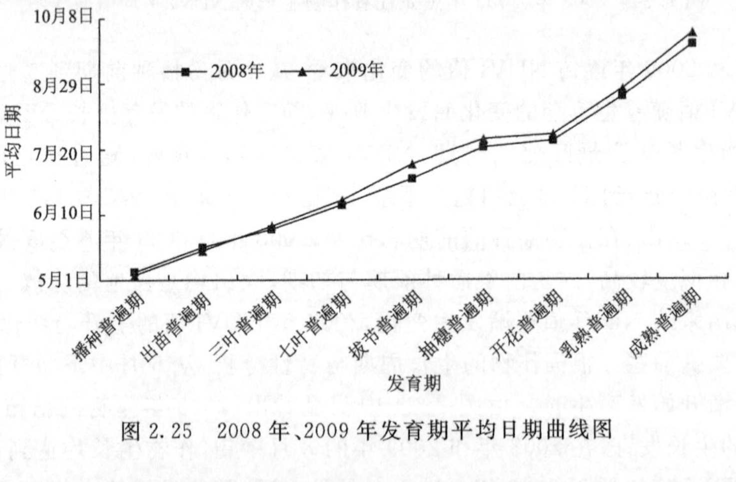

图 2.25 2008年、2009年发育期平均日期曲线图

此外，我们对2003年至2012年黑龙江省的粮食总产进行了对比分析(图2.26)，结果发现2009年与2008年的粮食总产的增幅明显低于往年的增幅，进一步验证了遥感监测的结果。

研究区域的旬平均气温分析：

图2.27显示了2008年和2009年4月上旬至于10月上旬逐旬平均气温的变化，2009年6月、7月旬平均气温均显著低于2008年同期，造成2009年6—7月的积温量比2008年低109 ℃·d。大部分代表站点，2009年8月下旬至9月中旬的旬平均气温也低于2008年同期。

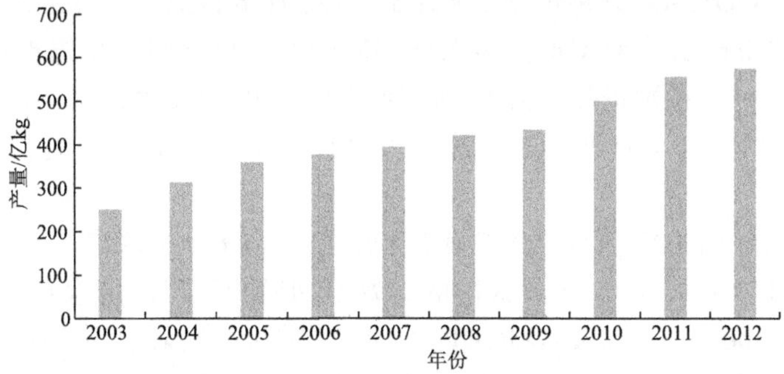

图 2.26　2003—2012 年黑龙江省粮食总产统计图

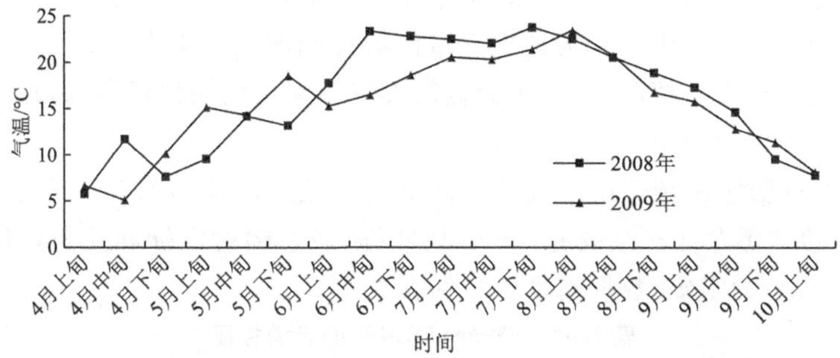

图 2.27　2008 年和 2009 年 4 月上旬至 10 月上旬全省平均逐旬平均气温变化图

植被指数与旬平均气温的相关分析：

经计算得出，4 月上旬至 10 月上旬的逐旬 NDVI 与同期旬平均气温的相关系数，2008 年和 2009 年分别为 0.78 和 0.59，2008 年和 2009 年全序列相关系数为 0.70，均通过 0.005 显著性检验，可见植被指数和旬平均气温具有显著的相关性，它作为低温冷害进行监测诊断的一个指标具有一定的科学性。

2.2.5.8　基于遥感的黑龙江省农田干旱监测

●数据来源及处理

遥感数据：

MODIS 系列数据产品。在研究 FY-3A/MERSI 与 Terra/MODIS 对比时，应用的 Terra/MODIS 数据来源于美国 NASA EOS 数据中心提供的 1B 数据产品，时间范围为 2010 年 5—10 月，产品已经过辐射定标和几何定位，数据格式为 HDF。

但由于研究区逐日晴空资料获取困难，在计算干旱监测指数时，采用美国 NASA LPDAAC(The Land ProcessesDistributedActiveArchive Center) EOS 数据中心提供的 1 km TerraMODIS 8 d 合成地表温度指数集 MOD11A2 与 250 m TerraMODIS 16 d 合成植被指数集 MOD13A2。

NASA 将全球横向分为 36 个区域(分别标示 h0—h35)、纵向分为 14 个区域(分别标示为 V0—V13)，每一区域覆盖范围为 1200 km×1200 km[56]。在此根据研究需要，选择了黑龙江省主要位于 h26v03 和 h26v04 区的资料进行研究。产品文件名中以日序时间说明产品合成时间，已经过辐射校正、大气校正，并剔除了水体、云和云影。该产品采用 Sinusoidal 投影。

植被指数集(MOD13A2)以每年第 1 天开始,每隔 16 d 按照统一算法进行合成,每一区域覆盖范围为 10×10 lat/long,数据格式为 HDF-EOS,产品包含归一化植被指数(NDVI)和增强型植被指数(EVI)2 个植被指数数据集,对应的 NDVI 和 EVI 质量信息数据集,以及红波段(RED)、近红外波段(NIR)和蓝波段(BLUE)3 个合成该植被指数的单波段反射率数据集和其他 4 个数据集。

地表温度指数集(MOD11A2)以每年第 1 天开始,每隔 8 d 按照统一算法进行合成。每一区域覆盖范围为 1100 km×1100 km,数据格式为 HDF-EOS,产品包含日间和夜晚的地表温度(land surface temperature,LST),MODIS 31 和 32 波段的发射率等数据集。

FY-3A 数据。FY-3A 卫星于 2008 年 5 月 27 日发射,2008 年 6 月 30 日—10 月 31 日成功进行了在轨测试,。FY-3A 卫星轨道高度 831 km,轨道倾角 98.81°,白天自北向南绕地球运行。卫星绕地球一周大约需要 102 min,降交点地方时约为 10 时 05 分,回归周期约 5 d。

该星携带 11 台仪器,其中 9 台为初次上星仪器探测波段覆盖紫外、可见光、红外和微波,最大特点是具有全天候大气探测能力,可为数值天气预报提供初始场资料,在环境监测方面具有可达 250 m 分辨率的可见光和红外波段资料。

FY-3A/MERSI 数据来源于中国气象局佳木斯气象卫星地面站利用光缆传输的数据,为 2010 年 5—10 月覆盖黑龙江省范围的 5 min 块数据,经过辐射定标和几何定位后,生成 HDF 格式的数据。FY-3A/MERSI 数据基本参数见表 2.47。

表 2.47 FY-3A/MERSI 的光谱特征

波段	中心波长/μm	光谱带宽/μm	空间分辨率/m
1	0.47	0.05	250
2	0.55	0.05	250
3	0.65	0.05	250
4	0.865	0.05	250
5	11.25	2.5	250
6	1.64	0.05	1000
7	2.13	0.05	1000
8	0.412	0.02	1000
9	0.443	0.02	1000
10	0.49	0.02	1000
11	0.52	0.02	1000
12	0.565	0.02	1000
13	0.65	0.02	1000
14	0.685	0.02	1000
15	0.765	0.02	1000
16	0.865	0.02	1000
17	0.905	0.02	1000
18	0.94	0.02	1000
19	0.98	0.02	1000
20	1.03	0.02	1000

中巴地球资源卫星（CBERS-2）数据。利用中巴地球资源卫星（CBERS-2）数据对利用 MODIS 和 FY-3A 数据的土地覆盖类型分类结果进行精读验证，并评价土壤湿度地面观测点的代表性。数据来源于中国资源卫星应用中心，为 2 级服务产品，该产品经过了辐射校正和几何校正。

CBERS-2 是中国和巴西联合研制的第一代资源卫星中的第二颗卫星，该星为太阳同步回归冻结轨道，轨道高度 778 km，降交点地方时为上午 10:30 左右，回归周期为 26 d，传感器种类有 CCD 相机、IRMSS 和 WFI。选用的是 CCD 相机数据，该数据分为 5 个波段，基本参数见表 2.48。

表 2.48　CBERS 的 CCD 相机基本参数

传感器类型	参数
波段	1:0.45～0.52 μm
	2:0.52～0.59 μm
	3:0.63～0.69 μm
	4:0.77～0.89 μm
	5:0.51～0.73 μm
辐射量化	8 bit
扫描宽度	113 km
波段像元数	5812 pit
空间分辨率	30 m
侧视功能	±32°
视场角	8.32°

FY-3A/MERSI 与 Terra/MODIS 对比。数据处理及处理方法见 2.2.5.2 节 FY-3A/MERSI 与 Terra/MODIS 在单波段反射率和 NDVI 的对比。

MOD11A2 数据。MOD11A2 数据为 MODIS/Terra 地表温度（land surface temperature，LST）温度的 8 d 合成产品，该产品的空间分辨率为 1000 m，在 1200 km×1200 km 的网格中提供平均 8 d、每个像素的 LST，MOD11A2 中的每个像素值是 8 d 内收集到的所有相应 MOD11A1 LST 像素的简单平均值。

MOD13Q1 数据。MOD13Q1 数据为 MODIS/Terra 叶面积指数（vegetation indices，VI）温度的 16 d 合成产品，该产品的空间分辨率为 250 m，该产品的算法从 16 d 的所有采集中选择可用的最佳像素值。使用的标准是低云层，低视角和最高的 NDVI/EVI 值。第一种是归一化差分植被指数（NDVI），它被称为现有的国家海洋大气局高级甚高分辨率辐射计（NOAA-AVHRR）衍生的 NDVI 的连续性指数。第二个植被层是增强植被指数（enhanced vegetation index，EVI），在高生物量区域提高了敏感性。产品已在第 3 阶段进行验证。

利用 MRT 软件，把 MOD11A2 和 MOD13A2 的投影由 Sinusoidal 转换为等经纬度投影，基准面为 WGS-84 坐标系，同时对图像进行镶嵌和剪裁，使其覆盖黑龙江省全境。

NDVI 计算。收集了 2010 年 4—10 月逐日的 FY-3A/MERSI 数据，数据格式为 HDF，对数据进行等经纬度投影，坐标系统统一为 Geographic Lat/Lon-WGS-84，并进行几何校正。然后按下式计算 NDVI

$$NDVI=\frac{\rho_{nir}-\rho_{red}}{\rho_{nir}+\rho_{red}} \tag{2.118}$$

式中：NDVI 为归一化植被指数；ρ_{nir} 为近红外波段；ρ_{red} 为红光波段。

为减少云的影响，再对日 NDVI 进行以旬为时间步长的最大值合成处理。

地面观测数据：

土壤相对含水量数据来源于黑龙江省 73 个气象观测站的土壤相对湿度观测报表，观测项目包括观测时间干土层厚度和 10 cm、20 cm、30 cm、40 cm、50 cm 深度的土壤相对湿度。

观测站点代表性检验：

由于 MODIS 数据的空间分辨率为 250 m，利用土壤相对湿度观测站点（简称站点，下同）的地理坐标提取的地表温度和植被信息的像元大小为 0.0025°×0.0025°，提取出像元的植被覆盖率是多少无法判定，如果植被覆盖率小于某个阈值，基于植被信息计算的干旱指数的可显著性水平会大大下降。因此，在 ENVI 软件的支持下，对数据做如下处理：

①以 2010 年的 MODIS 的植被数据产品为配准图，对 2010 年的 CBERS 影像做地理配准；

②从 MODIS 影像中，提取出包含土壤相对湿度观测站的像元，再基于提取像元的覆盖范围，在 CBERS 影像中提取对应的土地覆盖信息，把逐个站点周围的土地覆盖状况分成耕地和非耕地，然后计算每个站点周围耕地所占的比例。

一般认为，耕地覆盖超过 60％的像元为研究土壤相对湿度的有代表性的像元，黑龙江有代表性的土壤相对湿度观测站点为 34 个，均匀分布于全省的大部分农业区。

●黑龙江省旱耕地提取

耕地提取方法见 2.2.5.3 节基于多光谱遥感的黑龙江省农作物种植信息提取。

NDVI 值对比：

数据处理及处理方法见 2.25.2 节 FY-3A/MERSI 与 Terra/MODIS 在单波段反射率和 NDVI 的对比。

LST 对比：

如图 2.28 所示，FY-3A/MERSI 与 Terra/MODIS 数据计算的 LST 曲线变化趋势一致，说明两种数据之间有较强的相关关系，统计分析表明，2 种数据的相关系数为 0.9812，sig＜0.0001，两种数据的 LST 值具有极显著的相关性。

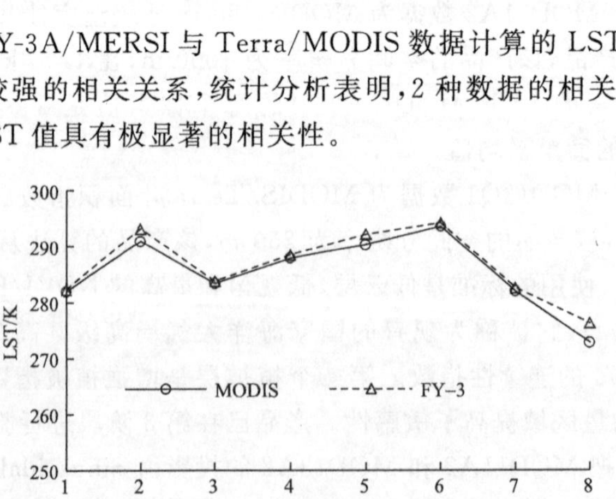

图 2.28　FY-3A/MERSI 与 Terra/MODIS 的 LST 日平均值

用 FY-3A/MERSI 值减去同日 LST 值，得到两种数据的同日 LST 值的差异（图 2.29），分析可见,LST 值差异为 0.176～3.561,均值为 1.411。说明 FY-3A/MERSI 的 LST 值普遍大于 Terra/MODIS 的 LST 值。

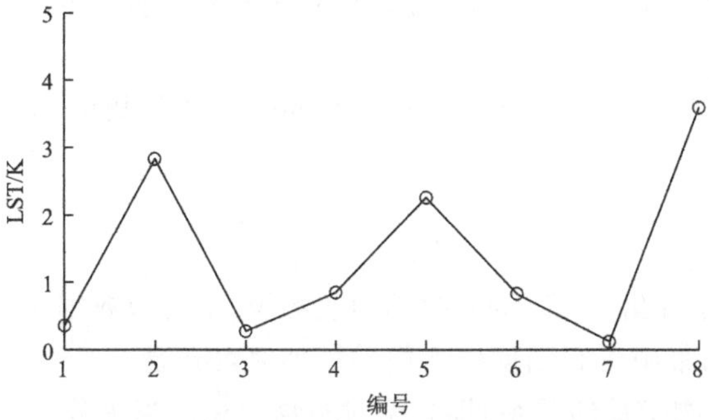

图 2.29　FY-3A/MERSI 与 Terra/MODIS 的 LST 差值比较干旱指数计算

监测指标筛选原则:

农业干旱遥感指标集建立原则是以[57]等提出干旱指标的评判原则,建立具有普适性、实用性、易理解性、理论性、时效性和无量纲性的指标集,具体体现在:

①普适性指考虑指数的变率,广泛适用于农业干旱遥感监测指数在全时空范围具有可比性。

②实用性指干旱指数的方便使用程度。指数从遥感数据预处理到指数的生成、模型的标定以及农业旱情遥感监测方面,已形成了标准的数据集,合理高效的数据处理与业务监测工作流程。

③易理解性考虑干旱指数的目的性和合理性,作为一个业务应用的干旱指数不仅应为科学界理解,而且应被相关公众所理解

④理论性要以高质量的观测资料和准确的评价方法为基础。以作物在受到水分胁迫时其光谱特征变化为基础,以土壤水分作为生态学"最小因子""限制因子",明确在不同时空尺度下同指数的适应性与不确定性,为旱情遥感监测指标集作为理论基础。在兼顾指数实用性的前提下保证所利用不同遥感指数进行旱情监测的理论性。

⑤时效性是指数描述干旱景象时间的长期程度。利用遥感数据可以在高时间分辨率下进行地表观测,并计算相应的指数进行旱情监测。

⑥无量纲性是易理解性的要素之一。所用的指数均为利用统计学方法所得,为无量纲量,容易理解,具有可比较性。

指数计算方法:

VCI。植被状态指数(vegetation condition index,VCI)是由 Kogan[58]提出的,该方法能够消除 NDVI 空间变化,减少地理或生态系统变量的影响,使不同地区之间具有可比性。公式为

$$VCI_j=\frac{NDVI_j-NDVI_{min}}{NDVI_{max}-NDVI_{min}}\times 100\% \tag{2.119}$$

式中:VCI_j 为 j 时植被状态指数;$NDVI_j$ 为 j 时的 NDVI 值;$NDVI_{max}$ 为所有图像中本像元最大的 NDVI 值;$NDVI_{min}$ 为所有图像中本像元最小的 NDVI 值。

VCI_j 是 NDVI 在 j 时的相对于 NDVI 最值的百分比。VCI 指数假设植被 NDVI 最大值在最佳的天气中得到,考虑到土壤影响的吸收,有利的天气条件可以刺激生态系统资源的利

用,促进植被生长。最小值在非有利的情况下得到(如干旱),其通过生态系统资源的减少(干旱年缺水减少了土壤营养的吸收),直接抑制植被的生长。这样,如果有足够长的 NDVI 序列数据,就可以从中提取出 $NDVI_{max}$ 和 $NDVI_{min}$,反映出极端气候状况,计算的 VCI 结果在不同地区的比较更为合理。

TCI。气温条件指数(temperature condition index,TCI)是由 Kogan[59] 基于能量平衡原理提出的,公式为

$$TCI_j=\frac{T_{max}-T_{sj}}{T_{max}-T_{min}}\times 100\% \tag{2.120}$$

式中:TCI_j 为 j 时气温条件指数;T_{sj} 为 j 时的地表亮温;T_{max} 为数据集中所有图像中本像元最大地表亮温;T_{min} 为数据集中所有图像中本像元最小地表亮温。

TCI 强调气温与植物生长的关系,即高温对植物生长。当水分缺乏伴随着高温出现时,就可以确定由于热效应到这植被健康的微小变化。

VHI。由于 VCI 和 TCI 指数对植被的反映在时空上存在不同的差异,Kogan[58] 通过研究旱情对植被生长环境,利用 TCI 和 VCI 复合而成的植被健康指数 VHI 可以很好地对旱情进行监测。公式为

$$VHI=a\times VCI+(1-a)\times TCI \tag{2.121}$$

式中:a 为 VCI 的权重;$(1-a)$为 TCI 的权重,权重是由 VCI 和 TCI 对 VHI 的贡献来确定。

改进能量指数(modified energy index,MD)。根据土壤热力学理论,地球表面接收太阳辐射以后,经过复杂的转换又以长波辐射的形式向外发射能量,长波辐射使地表温度升高。能量指数模式的基本思路是:土壤越干燥,经过转换向外放出的长波辐射越强,表现为地表和植冠温度越高;相反,因为土壤中或植被中的水分吸收了一部分太阳辐射,土壤越湿润,经过转换向外放出的长波辐射越弱,表现为地表和植冠温度越低。

参照徐祥德等[60] 构建的能量指数模式,其数学表达式为

$$D=\frac{1-\rho_{nir}}{T} \tag{2.122}$$

式中:ρ_{nir} 为近红外光的反照率(光谱范围为 750～1100 nm);T 为远红外亮温(光谱范围为10～12.5 μm)。

由于土壤和植被对近红外光和远红外亮温的影响不同,在生长季,单个像元的植被覆盖度为 0～100%,因此植被覆盖度的高低会直接影响能量指数的计算结果。引入了 NDVI 来代替单个像元的植被覆盖度,对上述的能量指数公式进行变形,得到

$$MD=D\cdot NDVI=\frac{(1-\rho_{nir})\cdot NDVI}{T} \tag{2.123}$$

式中:MD 为改进能量指数;NDVI 为归一化植被指数。

●遥感干旱监测指标的适应性分析

在对旱情遥感指数适应性分析时,由于不同干旱遥感监测指标对旱情敏感性或适应性主要表现在与土壤湿度的紧密程度,因此在评价农业旱情遥感指数的适应性时以土壤的相对湿度作为参考标准。在分析不同指数与土壤湿度变化的紧密程度时,将其相关性作为旱情监测适应性评价的指标。

指数敏感性分析:

VCI。由于作物叶面受到旱情引起的水分胁迫时叶面的含水量以及叶绿素会降低,红光

的反射率降低，与同期健康叶面 NDVI 相比，NDVI 值降低，其 VCI 值有减少的趋势，因此 VCI 的变化与土壤相对湿度的变化在理论上趋势相近，通过分析 VCI 与土壤相对湿度变化的紧密程度来确定作物叶面状况，从而反映 VCI 在监测旱情时的适应性。

全省大部分土地的 VCI 在 30 以下，还有近 30％的土地 VCI 低于 20。到了 7 月中下旬，全省的 VCI 有明显升高，只有大兴安岭地区、齐齐哈尔地区北部、嫩江地区西南部和绥化地区西南部出现集中连片的 VCI 低于 30 外，其他大部分地区 VCI 已升到 30 以上。

从气象观测数据分析，6 月上、中旬，全省气温比历年同期偏高 3.0～7.0 ℃，而降水量比历年同期偏低 2～10 成，因此出现了全省的 VCI 普遍较低的现象。从 6 月下旬到 7 月中旬，全省气温与历年同期基本持平，而降水量比历年同期高 1～3 成，因此出现了图 2.30 的全省 VCI 普遍升高的现象。由图 2.30 可见，VCI 对土壤墒情的变化有一定的敏感性。

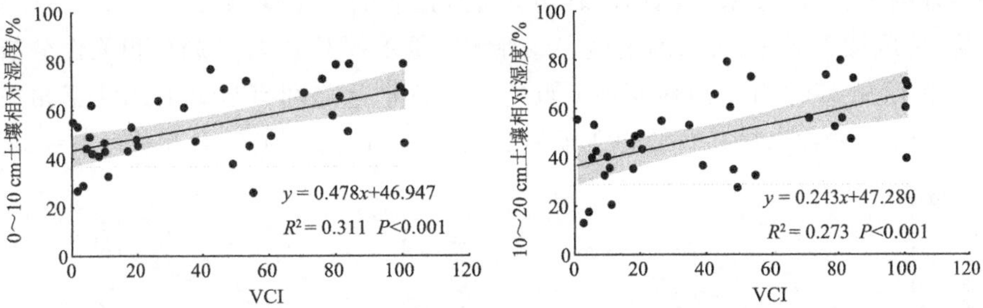

图 2.30　VCI 与土壤相对湿度关系

利用散点图来验证 VCI 干旱指数与实测土壤相对含水量之间的相关性，实地验证点为选取的代表性站点。由于从 NASA 网上下载的 NDVI 数据产品为 16 d 合成数据，且常规地面土壤水分观测时间是每月的 8 日、18 日和 28 日，同时还有每月逢 3 的加密观测，因此，对于 2010 年 177—192 太阳日的遥感监测结果，选取 6 月 28 日、7 月 3 日和 7 月 8 日对应地面观测站的土壤观测数据的平均值与之进行相关性分析，192—208 太阳日的遥感监测结果选取 7 月 13 日、7 月 18 日和 7 月 23 日的地面观测数据的平均值进行相关性分析。

验证结果图 2.30 显示，VCI 与对应观测点的 0～10 cm 和 10～20 cm 土壤相对含水量的散点图和线性关系。分析可见，VCI 和对应地面观测点的土壤含水量之间有一定的正相关关系，其中与 0～10 cm 土壤含水量之间的线性相关系数比 10～20 cm 的高，且都达到的显著相关水平(sig＜0.05)，但相关性较低，最大的 R^2 也只有 0.311。

TCI。当旱情发生时，土壤的蒸散作用加大，作物用以蒸腾的水分需求量也加大。当土壤水分减少，不能满足蒸散发时，作物叶孔关闭，土壤用以蒸散的水分减少，潜热减少，显热增加，冠层的气温上升。有研究表明[61]，干旱发生时冠层温度相对常年偏高，当有充分的水用以蒸散发时，温度就会下降。因此当旱情发生时，作物的 TCI 与土壤水分的变化趋势相一致。因此，通过分析 TCI 与土壤湿度变化的紧密程度就可以确定作物冠层温度在反映旱情时的适应性。

全省大部分土地的 TCI 在 30 以下，还有近 50％的土地 TCI 接近于 0，说明该时段的 TCI 几乎为近 10 年的最低点；到了 7 月中旬后半段，全省的 TCI 有明显升高，只有大兴安岭的很少土地低于 30 外，其他大部分地区 TCI 已升到 60 以上；而 7 月中旬全省的 TCI 出现全面回落的现象，嫩江地区南部、绥化地区、哈尔滨地区、牡丹江地区和大庆地区部分地区的 TCI 又回到 30 以下。

从气象观测数据分析，6 月下旬全省气温与历年同期相比偏高 3～8 ℃，而降水与历年同期相比，除杜尔伯特蒙古族自治县降水量高 6 倍，哈尔滨地区大部、绥化地区大部、鸡西地区大部降水量高 1 倍左右外，其他县(市)低近 1 倍；到了 7 月上旬，全省气温与历年基本持平，降水量除绥化地区部分县(市)低于历年同期水平外，其他大部分县(市)的降水量均高于历年同期水平，这解释了全省 TCI 普遍升高的现象；而 7 月中旬全省的气温比历年同期高 1～2 ℃，降水量在大兴安岭、嫩江、绥化、哈尔滨地区部分县(市)比历年同期偏少 1～8 成。由此可见，TCI 对土壤墒情的变化有一定的敏感性。

利用散点图来验证 TCI 干旱指数与实测土壤相对含水量之间的相关性，实地验证点为代表性站点。由于从 NASA 网上下载的 LST 数据产品为 8 d 合成数据，且常规地面土壤水分观测时间是每月的 8 日、18 日和 28 日，同时还有每月逢 3 的加密观测，因此，以上 3 个时段的遥感监测结果，选取如表 2.49 所示的土壤实地观测数据的平均值与之进行相关性分析，结果如图 2.31。分析可见，TCI 和对应地面观测点的土壤含水量之间有显著的线性正相关关系，其中与 10～20 cm 土壤含水量之间的线性相关系数比 0～10 cm 的高，且相关系数要高于 VCI。

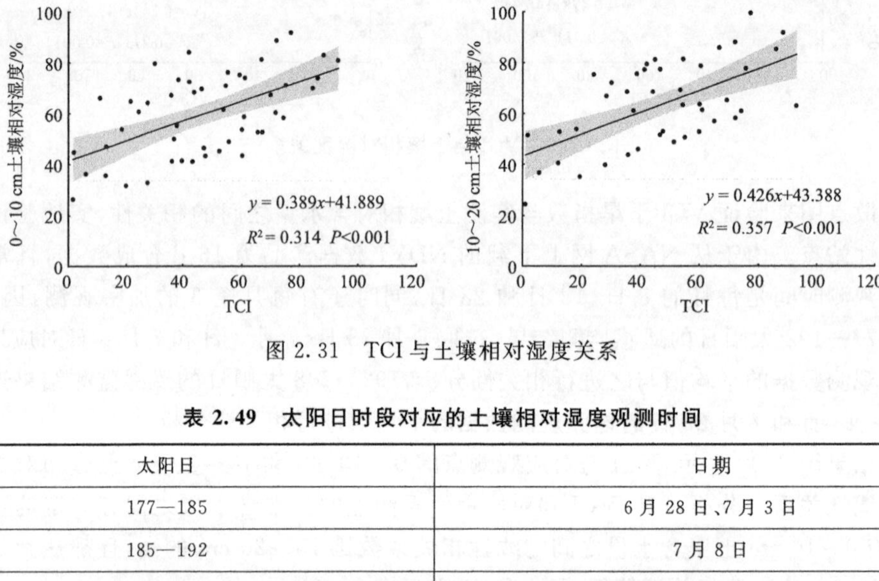

图 2.31 TCI 与土壤相对湿度关系

表 2.49 太阳日时段对应的土壤相对湿度观测时间

太阳日	日期
177—185	6 月 28 日、7 月 3 日
185—192	7 月 8 日
193—201	7 月 13 日、7 月 18 日

VHI。植被在受到水分胁迫时，植被的 NDVI 和 LST 都会发生变化，由于 VCI 存在一定延时性，TCI 不存在延时性，但波动性较大[62]。而 TCI 包含温度的即时性在一定的程度上克服了 VCI 的延时性，同时 VCI 包含的叶面状态忍耐性带来的平稳性在一定的程度上克服了温度的波动性，因此利用 VHI 在一定的程度上克服了 VCI 和 TCI 的缺点。

全省大部分土地的 VHI 在 30 以下，还有近 60%的土地 VCI 低于 20。到了 7 月中下旬，全省的 VHI 有明显升高，只有嫩江地区南部、绥化地区、哈尔滨地区、牡丹江地区和大庆地区部分地区出现集中连片的 VHI 低于 30 外，其他大部分地区 VHI 已升到 30 以上。

从气象观测数据分析，6 月上、中旬，全省气温比历年同期偏高 3.0～7.0 ℃，而降水量比历年同期偏少 2～10 成，因此出现了全省的 VHI 普遍较低的现象。从 6 月下旬到 7 月中旬，全省气温与历年同期基本持平，而降水量比历年同期多 1～3 成。由此可见，VHI 对土壤墒情的变化有一定的敏感性。

利用散点图来验证 VCI 干旱指数与实测土壤相对含水量之间的相关性，实地验证点为代表性站点。由于从 NASA 网上下载的 NDVI 数据产品为 16 d 合成数据，且常规地面土壤水分观测时间是每月的 8 日、18 日和 28 日，同时还有每月逢 3 的加密观测，因此，对于 2010 年 177—192 太阳日的遥感监测结果，选取 6 月 28 日、7 月 3 日和 7 月 8 日对应地面观测站的土壤观测数据的平均值与之进行相关性分析，192—208 太阳日的遥感监测结果选取 7 月 13 日、7 月 18 日和 7 月 23 日的地面观测数据的平均值进行相关性分析。

验证结果图 2.32 显示，VHI 与对应观测点的 0～10 cm 和 10～20 cm 土壤相对含水量的散点图呈显著的线性正相关关系（sig＜0.05），其中与 0～10 cm 土壤含水量之间的线性相关系数比 10～20 cm 的高，R^2 明显高于对应的 VCI 和 TCI。

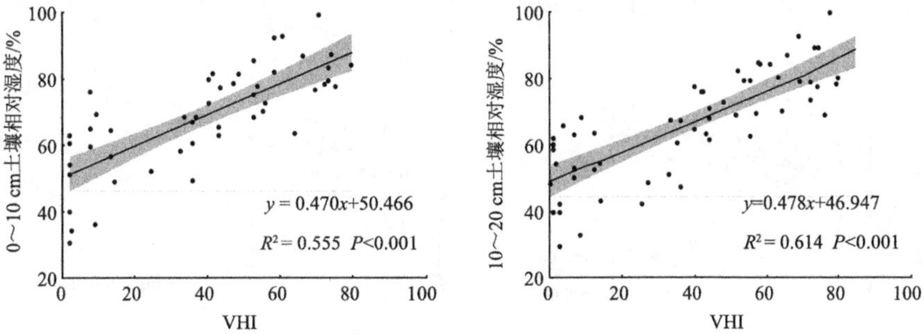

图 2.32　VHI 与土壤相对湿度关系

齐齐哈尔地区、大庆地区、哈尔滨市西部、佳木斯地区、双鸭山地区和七台河地区部分县市的 MD 超过了 0.6，其中还有超过 20％的土地 MD 超过 0.8。6 月 27 日全省范围内的 MD 值普遍升高了 0.1～0.2，到了 7 月 13 日，全省的 MD 值均下降到 0.5 以下，只有大庆和齐齐哈尔地区的部分县（市）的 MD 值为 0.4～0.5，其他大部分地区的 MD 值在 0.4 以下。

这一现象可由 6 月 25 日—7 月 13 日的全省的降水状况得到很好的解释：从 6 月 23 日起，全省即无有效降水出现；到 6 月 27 日，除五常、肇源和宾县有 1～3 mm 的降水外，全省大部分地区均无有效降水，因此出现了从 6 月 25—27 日，全省的 MD 值出现明显上升的现象。6 月 28 日—7 月 12 日，发生了全省范围内的降水，普遍降水量超过 30 mm，其中在大庆、齐齐哈尔、佳木斯、绥化和哈尔滨地区的降水量普遍超过 60 mm，大大提高了当地的土壤相对含水量。

据实地观测数据分析，截至 6 月 29 日，0～30 cm 土层黑龙江省松嫩平原西部和北部、哈尔滨地区东部、三江平原西部及牡丹江大部等 34 个县市土壤相对湿度在 70％以下，土壤处于偏旱状态；截至 7 月 14 日，0～30 cm 土层黑龙江省松嫩平原东部、黑河地区南部、鸡西地区西部及齐齐哈尔市土壤处于偏旱状态，其他大部农区土壤相对湿度为 70％～90％，墒情正常。

由此可见，MD 值的变化与降水量的变化有一定的关系。因此，利用散点图来验证 MD 干旱指数与实测土壤相对含水量之间的相关性，实地验证点为代表性站点。同时，在验证点选取的过程中，还引入了观测站的降水实况数据，对验证点的代表性做进一步筛选：

分析 6 月 25 日的 MD 和地面观测资料之间的关系。由于常规地面土壤水分观测时间是每月的 8 日、18 日和 28 日，其中还有每月逢 3 的加密观测，对于 6 月 25 日和 6 月 27 日的 MD 指数计算结果，分别选取了 6 月 23 日和 6 月 28 日的地面观测数据与之对应。对比 6 月 25 日—28 日的每日降水量的实况资料，发现在这个时段只有 6 月 27 日在五常、肇源和宾县有降水，且降水量小于 4 mm，在数据统计过程中已经将这 3 个观测站剔除。

虽然 7 月 13 日的降水实况记录显示，佳木斯地区、绥化地区、大庆地区、齐齐哈尔地区和鸡西地区部分县(市)有不同程度的降水，但当日 FY-3A 卫星过黑龙江省境内的时间是 10:39(北京时，下同)，而实际降水时间多发生在 11:00 以后，发生在 10:39 之前降水的 2 个实地观测站由于没有代表性早已剔除。

图 2.33 中分布显示了 6 月 25 日、6 月 27 日和 7 月 13 日的 MD 与对应观测点的 0～10 cm和 10～20 cm 土壤相对含水量的散点图和线性关系。分析可见，MD 和对应地面观测点的土壤含水量之间有较好的正相关关系，其中与 0～10 cm 土壤含水量之间的线性相关系数 R^2 在 0.4 以上，10～20 cm 的 R^2 在 0.2 以上。

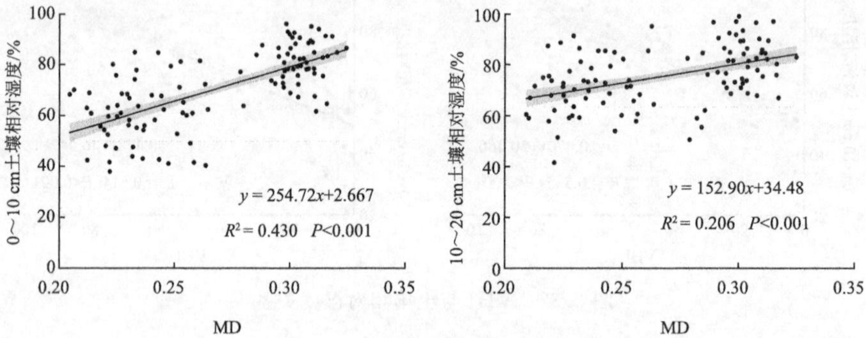

图 2.33　MD 与土壤相对湿度关系

●应用实例

土壤墒情等级指标。按照黑气候发〔1998〕62 号文件《关于改变旱涝评价指标及加测土壤墒情的通知》中规定，土壤相对湿度(土壤重量含水率占田间持水量百分比)评价旱涝的量级标准为(土壤相对湿度用 I 表示)：严重干旱为 $I \leqslant 50\%$；偏旱为 $50\% < I \leqslant 70\%$；正常级为 $70\% < I \leqslant 90\%$；偏涝级为 $I > 90\%$.

干旱监测指数适应性分析。由表 2.50 可见，总体上 TCI 与土壤相对湿度的相关性最高，其次是 MD，再次是 VHI，VCI 最低。根据最短监测时间，这 4 个指数分为两类，一类是以多天合成遥感数据为基础的监测指数，如最短以 8 d 为时间单位的监测指数 TCI，最短以 16 d 为时间单位的监测指数 VCI 和 VHI；另一类是以 1 d 遥感数据为基础的监测指数，如 MD。根据表 2.50 的结果，选取 TCI、VHI 和 MD 进行土壤墒情监测，为验证这 3 个指数的适应性，把监测时间定为 2011 年 4 月，根据 TCI 和 MD 指数本身对数据的要求，TCI 的监测时段为 4 月 7—14 日，MD 的监测时间为 4 月 13 日。

TCI。除大兴安岭北部地区有少量云覆盖外，全省绝大部分地区均可实现有效监测，全省干旱地区主要分布在南部，其中齐齐哈尔西部、绥化北部、哈尔滨西部和佳木斯中部的部分县(市)出现严重干旱，各土壤墒情面积分布如表 2.51。土壤墒情正常的面积最大，占全省和耕地面积的 60%以上，偏旱的土地面积次之，占 20%以上，严重干旱和偏涝的土地面积较小，占

10%以下。同时发现,有 62.10%严重干旱的土地是耕地,其他土壤墒情等级中,耕地所占的比例为 20%～40%。

表 2.50　干旱监测指数与土壤相对湿度的相关系数

指数	土层深度	
	0～10 cm	10～20 cm
VCI	0.311	0.273
TCI	0.314	0.357
VHI	0.614	0.555
MD	0.430	0.206

表 2.51　利用 TCI 进行监测的 2011 年 97—104 太阳日黑龙江省 0～10 cm 土壤墒情等级面积统计

土壤墒情等级	全省		耕地	
	面积/km^2	比例/%	面积/km^2	比例/%
严重干旱	16128.07	3.66	10014.77	6.92
偏旱	91753.49	20.84	33976.72	23.46
正常	307680.07	69.89	94218.05	65.06
偏涝	24681.62	5.61	6607.92	4.56

除大兴安岭北部地区有少量云覆盖无法实施有效检测外,全省无严重干旱的土地,偏旱的土地主要分布在南部的部分县市,分布均为中干旱和严重干旱的地块。各土壤墒情面积分布如表 2.52。土壤墒情正常的面积最大,占全省和耕地面积的 70%以上,偏旱的土地面积次之,占 20%左右,偏涝的土地面积较小,在 5%以下。同时发现,有 41.41%偏旱的土地、29.87%正常的土地和 1.89%偏涝的土地是耕地。

表 2.52　利用 TCI 进行监测的 2011 年 97—104 太阳日黑龙江省 10～20 cm 土壤墒情等级面积统计

土壤墒情等级	全省		耕地	
	面积/km^2	比例/%	面积/km^2	比例/%
严重干旱	0.00	0.00	0.00	0.00
偏旱	93318.08	19.80	38643.04	26.44
正常	358710.42	76.13	107163.57	73.31
偏涝	19178.53	4.07	362.48	0.25

VHI。除大兴安岭北部地区有少量云覆盖外,全省绝大部分地区均可实现有效监测。表 2.53 中可见,全省干旱地区主要分布在西南部和东部,其中齐齐哈尔西部、绥化北部、哈尔滨西部、佳木斯中南部和牡丹江地区东北部的部分县(市)出现严重干旱,各土壤墒情面积分布。土壤墒情正常的面积最大,占全省和耕地面积的 46.18%,偏旱的土地面积次之,占 32.06%,严重干旱和偏涝的土地面积较小,占 10%左右。同时发现,有 44.74%严重干旱和 40.75%偏旱的土地是耕地,其他土壤墒情等级中,耕地所占的比例在 30%以下。

表 2.53 利用 VHI 进行监测的 2011 年 97—112 太阳日黑龙江省 0～10 cm 土壤墒情等级面积统计

土壤墒情等级	全省		耕地	
	面积/km²	比例/%	面积/km²	比例/%
严重干旱	46869.98	10.11	20967.56	14.36
偏旱	148605.5	32.06	60561.08	41.49
正常	214083.3	46.18	56972.63	39.03
偏涝	54035.41	11.66	7470.18	5.12

除大兴安岭北部地区有少量云覆盖外，全省绝大部分地区均可实现有效监测。全省干旱地区主要分布在西南部和东部，严重干旱所占比例极少。各土壤墒情面积分布如表 2.54。土壤墒情正常的面积最大，占全省和耕地面积的 58.55%，偏旱的土地面积次之，占 35.59%，严重干旱和偏涝的土地面积较小，占 6%以下。同时发现，有 48.45%严重干旱和 41.05%偏旱的土地是耕地，其他土壤墒情等级中，耕地所占的比例在 30%以下。

表 2.54 利用 VHI 进行监测的 2011 年 97—112 太阳日黑龙江省 0～10 cm 土壤墒情等级面积统计

土壤墒情等级	全省		耕地	
	面积/km²	比例/%	面积/km²	比例/%
严重干旱	16453.28	3.54	7972.34	5.46
偏旱	126552.32	27.25	51946.19	35.59
正常	315006.42	67.83	85458.98	58.55
偏涝	6421.22	1.38	589.68	0.40

MD。晴空处的严重干旱和偏旱地块主要出现在黑龙江省西部，其中哈尔滨东部、绥化地区西部出现集中连片的严重干旱地块，齐齐哈尔地区、大庆地区大部分县(市)以偏旱为主，黑河地区北部和加格达奇地区南部有部分地块出现偏涝的现象。各土壤墒情面积分布如表 2.55。土壤墒情正常的面积最大，占全省面积的 59.87%，偏旱的土地面积次之，占 16.48%，严重干旱和偏涝的土地面积较小，各占 12%左右。同时发现，有 22.68%严重干旱和 33.19%偏旱的土地是耕地，其他土壤墒情等级中，耕地所占的比例在 20%以下。

表 2.55 利用 MD 进行监测的 2011 年 97—112 太阳日黑龙江省 0～10 cm 土壤墒情等级面积统计

土壤墒情等级	全省		耕地	
	面积/km²	比例	面积/km²	比例
严重干旱	44949.97	12.05%	24879.21	22.68%
偏旱	61507.60	16.48%	36412.99	33.19%
正常	223392.94	59.87%	46806.16	42.66%
偏涝	43280.30	11.60%	1610.40	1.47%

晴空处的干旱地块主要出现在黑龙江省西部，集中连片偏旱的地块，主要分布于哈尔滨东部、绥化地区西部。各土壤墒情面积分布如表 2.56。土壤墒情正常的面积最大，占全省和耕

地面积的 66.45%，偏旱的土地面积次之，占 18.22%，严重干旱和偏涝的土地面积较小，占 11%以下。同时发现，有 95.47%严重干旱和 56.89%偏旱的土地是耕地，其他土壤墒情等级中，耕地所占的比例在 22%以下。

表 2.56　利用 MD 进行监测的 2011 年 97—112 太阳日黑龙江省 10～20 cm 土壤墒情等级面积统计

土壤墒情等级	全省		耕地	
	面积/km²	比例/%	面积/km²	比例/%
严重干旱	16940.74	4.54	16173.25	14.74
偏旱	67987.92	18.22	38676.19	35.25
正常	247955.47	66.45	52931.12	48.25
偏涝	40246.68	10.79	1928.20	1.76

综合评价：

在代表性站点所在像元，把利用各指数反演的土壤相对湿度所对应的土壤墒情等级与农业气象观测站实测的土壤墒情进行对比，得到表 2.57，表中吻合表示两种手段监测的土壤墒情等级一致，不吻合表示不一致，并统计出等级差异，以农气站实测数据为标准，例如偏高 1 级表示遥感观测结果比农气站实测的土壤墒情高，如果农气站实测的土壤墒情为偏旱，那么遥感观测结果即为正常，以此类推。

由表 2.57 可见，遥感指数反演的 0～10 cm 深度土壤墒情吻合程度均超过 50%，明显高于 10～20 cm 深度的吻合程度。在 0～10 cm 深度中，MD 的吻合程度最高，达到 64.00%，TCI 和 VHI 的吻合程度相近，分别为 51.52%和 50.00%。在不吻合中，TCI 监测的土壤墒情等级以偏高为主，而 VHI 和 MD 监测的以偏低为主。

表 2.57　遥感监测与观测站测定的土壤墒情等级吻合度

指数	吻合判断	差异	0～10 cm 吻合程度/%	10～20 cm 吻合程度/%
TCI	吻合		51.52	42.42
	不吻合	偏高 1 级	27.27	18.18
		偏高 2 级	3.03	0.00
		偏低 1 级	18.18	33.33
		偏低 2 级	0.00	6.06
VHI	吻合		50.00	41.18
	不吻合	偏高 1 级	11.76	8.82
		偏高 2 级	0.00	0.00
		偏低 1 级	23.53	35.29
		偏低 2 级	14.71	14.71
MD	吻合		64.00	64.00
	不吻合	偏高 1 级	4.00	4.00
		偏高 2 级	0.00	0.00
		偏低 1 级	20.00	24.00
		偏低 2 级	12.00	4.00

●遥感干旱监测指标的不确定性分析

农业旱情固有的不确定性：

农业旱情发展的复杂性。从农业旱情发展分析，一般农业旱情发生在气象干旱之后，但很难明确农业旱情的出现与结束；另外作物对水分胁迫有一定的抵抗性，在旱情发生和发展中很难明确这种抵抗性与降水之间的明确关系。

作物最直接的水分来源是土壤，因此大量研究与应用利用土壤水分的变化来反映出农业受旱情胁迫的程度。同样土壤中水分的变化是一个动态的过程，作物对土壤中水分的吸收也是一个动态变化的过程，并相对于土壤中的水分变化有延时的效果。同时对于相同的作物在不同生育期其对水分的需求是不一样，也存在以需水为标准的旱情评价不确定性。因此在全生育期利用同一土壤标准来评价农业旱情，也必然导致作物旱情监测结果的不确定性。不同(种)作物在同一个时间，由于其具有不同的生育需水，用同一个标准来评价同一时期的所有作物的水分胁迫作用也不正确。

作为农业旱情的承载体涉及大气，水，土壤，植被。不同类型的大气，水，植被以及土壤之间，其在空间上的物质成分与物质结构呈连续、逐渐变化，不存在分界线。因此承载体在空间分布上的不确定性注定农业旱情的分布以及程度变化上也是渐变、过渡，不存在旱与不旱的分界线，也不存在不同程度旱情分界线。

农业旱情指标的不确定性。农业旱情指标划分比较复杂，在研究农业旱情方面存在各种各样定性和定量指标，比较常用且较为成熟的指标主要有气象指标、作物指标等。但是农业旱情的发生与发展有着极其复杂的机理，它不可避免地受到各种自然的或人为因素的影响：气象条件、水文条件、作物布局、作物特点、作物生长状况、耕作制度、栽培条件等。上述因素对所有的指标产生影响，而农业旱情指数不可能全面地反映出农业旱情的所有方面，因此不同的农业旱情指数在监测农业旱情时存在不确定性。

作物的水分供应主要来自土壤，土壤水分含量丰歉对作物的生长发育有直接的影响。当土壤水分降低到一定程度时作物就会出现干旱。一般以耕作层(0～25 cm)土壤含水量为评价指标。土壤相对含水量可以在一定的程度上消除土壤质地的影响。由于土壤含水量指标是目前最容易采集，并且研究较多，已成为应用最广泛的农业旱情指标之一。但是不同作物对土壤含水量要求有很大差异，在实际的农业旱情监测中用同一个指标评价标准对所有的作物进行监测，没有考虑作物的生理特征，因此以土壤含水量作为农业旱情监测指标在物种与时间上存在监测标准的不确定性。表 2.58 为 1993 年与 2002 年全国几个主要测站作物凋萎系数，对比 10 年间不同地区的作物凋萎系数可以发现，在 10 cm 处海城与莎车凋萎系数相差 29%，20 cm 处哈尔滨与莎车作物凋萎系数相差达到 31%；对比 10 年间同一地区的作物凋萎系数可以发现，其值相差 0～17%，如哈尔滨站 20 cm 处的作物凋萎系数相差达到 17%)，在南宫站两个时段保持不变(19%)。用以上标准进行旱情等级监测，相差 1 个等级左右，因此利用土壤湿度对农业旱情进行评价时，其监测指标存在不确定性。

遥感信息的不确定性。遥感数据利用域模型来模拟连续的地物或自然现象。而空间域模型(栅格)是一个连接时空位置和属性的数组，虽然域的空间分布可以描述许多地理现象的空间差异，但是因函数值与真值一般不吻合，故不确定性存在于数据域模型中，这种不确定性在数据的处理过程中一直存在。

表 2.58 不同地点不同时间的作物凋萎系数[62] %

站点	1993 年 10 cm	2002 年 10 cm	1993 年 20 cm	2002 年 20 cm
哈尔滨	35	38	30	47
海城	40	40	27	30
锦州	20	27	24	24
南宫	19	19	19	19
莎车	18	16	11	18
吐鲁番	24	26	29	32
乌兰乌苏	25	23	16	18
伊利	36	43	22	27

不同的地物或自然现象没有明确的边界，利用域模型计算的栅格数据中含有多种地物的光谱信息，很少有纯像元(特别是中低分辨率的遥感数据)，几乎所有的像元都是混合像元，不论采用何种先进的算法只能得出不同地物所占的比例而不能确定它们所处的位置，并随着几何分辨率的降低，不确定性随之增加。

在遥感数据的采集过程中传感器的采样点不仅获得地面所对应地物的波谱信息，而且还掺杂邻近地物的波谱信息，因此像元本身存在不确定性。另外在电磁波波传输当中，一方面传感器在运行状态下有一定的衰变，这种衰变加大对地物成像带来的不确定性，另一方面传感器信号接收受到云层、水汽、臭氧、汽溶胶、大气的影响，作物在可见光波段以及热红外波段有很大的影响。由于在数据的获取过程中受到以上因素的影响，加上在处理过程中人为因素的影响，增加了数据初级产品的属性不确定性、位置不确定性，以及时间维上的不确定性。

干旱监测指标产生的不确定性：

VCI 的不确定性。VCI 指数计算是利用日 NDVI 最值与同一时段的 NDVI 最值计算。在可见光波段，叶绿素起主要的光谱响应作用，对红光有强烈的吸收作用。但是不同的作物在相同的健康条件下，如果叶绿素含量一样，其对红光的反射特性也是不一样的，导致不同作物对红光反射特性的不确定性。另外在不同的时期，作物的发育水平不一样，这种发育水平同时也决定了作物体内叶面含水，作物细胞结构，作物叶绿素含量等，因此在相同时段不同作物以及相同作物在相同时段，其在可见光与近红外吸收谷与反射峰值不一样，由此计算的 NDVI 值也不一样。

同时针对中等分辨率数据(MODIS 或 FY-3)，分辨率较低，大多像元为混合像元，在一个像素中，由于种植方式，物种以及结构不一样，因此增加了 NDVI 值代表性的不确定，降低年际间 NDVI 值的比较性，由此计算的 VCI 不确定性也随之增加。

TCI 的不确定性。作物叶面水汽蒸腾是一种冷却过程，所需要能量是太阳辐射和对流提供，当太阳辐射一定，当土壤水分充足时，作物蒸散作用加强，需水增加。如果土壤水分充足，作物可以从土壤中吸取充足的水分，通过气孔进行蒸腾将太阳的辐射能量转化成潜热。相反，土壤水分不足时，作物体内水分减少，作物叶面气孔关闭，通过减少蒸腾来保持体内的生理用水。但是太阳能量不能被汽化，作物叶面吸收的一部分太阳能使得作物叶面温度上升，同时冠层的空气温度也上升，显热能量增加加大了作物与冠层的红外热辐射。因此利用作物冠层温度可以反映作物受土壤水分的胁迫作用。在同一时期，当太阳辐射一定时，可以认为当作物叶面温度超过一般平均水平时,作物受到水分胁迫,有受旱的可能性。当作物叶面温度较低时,说明有充足的水分进行蒸腾作用,作物受到水分胁迫的可能性低。

大量研究结果表明作物冠层表面温度、地温和气温表现为一致的日变化规律性。在午后14:00(地方时)左右作物冠层温度达到最高,而早晨和傍晚温度较低,表现为明显的中间高两头低形式。在作物的需水敏感期,作物冠层表面温度在14:00左右较好地反映出作物受水分胁迫的程度。

但由于卫星有漂移在一个重复周期内不可能在同一个地方时对同一个地点进行成像,且相邻天同一个地点卫星过境在时间上相差较大十至几十分钟不等,作物温度的变化如上所述变化非常明显,若直接采用这个时段温度进行作物水分胁迫分析,可比性较差。另一方面用于计算 TCI 的最大最小冠层温度是利用 12—16 时段温度最大最小值,而没有统一归一到一个地方时,因此温度的最大最小值也存在不确定性。

另外,水分过多也会导致叶面气孔关闭,叶面状态变差,蒸腾作用降低,使叶表面温度增加。同样在对作物冠层温度反映方面也存在种植数据、品种对温度的影响。因为不同的作物,在不同的生育期以及形态特征都会影响到对地表比辐射产生影响,又增加了 TCI 的不确定性。

VHI 的不确定性。VHI 是利用温度与作物叶面状态计算出来的对作物健康进行评价的量。由于 VHI 只是对农业旱情引起的冠层温度以及作物叶面状态作为农作物健康衡量的因子。一方面土壤水分成为作物限制因子,如果在作物忍耐(抗旱)性差、自我调节下降时,作物的叶面状态会降低,冠层温度上升,其健康状态变差;另一方面当土壤水分长期过于饱和,超过作物的忍耐性,作物的生理机能降低,但是一般温度比较低,在这方面温度与作物叶面状态的变化趋势刚好相反。后一种变化没有规律,很难确定那个指数更适合作衡量作物健康的量。此外作物的健康程度不仅是由以上几个因素确定的,在作物生长环境中的任何因素都有可能成为影响作物健康的一个主要成分。因此在衡量作物健康因子时存在不确定性。以上的不确定性决定了作物健康不确定性的多样性、不可控制和不可预见性。

主要把作物的叶面状态与冠层温度作为作物健康评价的主要指标。作物健康指数是在二者受水分胁迫时对作物健康状况的一个综合体现,其权重的确定受到多种因素的影响。利用二者与土壤湿度的相关性系数作为评价因子,在方法上只是以二者与土壤湿度的敏感性作为其度量的一个标准,其生物学理论依据需要进一步的扩充。另外,在利用相关性作为其权重评价依据时,主要是利用旱情区划中的地面土壤观测数据与指数数据来计算权重,其代表性还值得深入的研究。同时 VCI 与 TCI 的适应性也对 VHI 的不确定性产生影响。

在 TCI 计算中由于在同一个卫星重复周期内,相同像元的成像时间不一致,这种不一致导致 TCI 的对比性降低。对 VCI 指数分析,其延时性较大,而 TCI 不存在延时性,但是其波动性较大。而 VHI 包含温度的即时性在一定的程度上克服了 VCI 的延时性,同时 VCI 包含的叶面状态忍耐性带来的平稳性在一定的程度上克服了气温的波动性,因此利用 VHI 在一定的程度上克服了 VCI 和 TCI 的缺点。另外在对 VHI 计算时,由于 VCI 或 TCI 适应性存在差别,并不能保证同一个区划中的 VCI 与 TCI 都有较好的适应性,因此当其中一个指数适应性较低时,虽然可以通过权重来限制其适应性,但是该指数的不确定性仍然会传递给 VHI,同样适应性好的指数,由于权重较大,其传递的不确定性也会增加,因此 TCI 与 Vcl 指数不光影响 VHI 的适应性也影响其不确定性。

2.2.5.9 水稻延迟型冷害动态监测

●数据来源与处理

遥感数据：

植被指数集数据(MOD13Q1)。所用数据的时间覆盖为 2000—2009 年，空间范围为东北地区。

Terra\MODIS 1B 数据。MODIS 1B 数据在 ENVI 5.0 软件平台下进行数据投影、辐射校正、几何精校正、图像裁切等预处理，其中几何精校正数据以近期 Landsat-8 OLI 为标准进行。

Landsat 数据。来源于美国地质勘探局(United States Geological Survey，USGS)网站。Landsat-8 上携带有两个主要载荷：OLI 和 TIRS。OLI 陆地成像仪包括 9 个波段，空间分辨率为 30 m，其中包括一个 15m 的全色波段，成像宽幅为 185 km×185 km。其他 Landsat TM 数据和 Landsat8 数据类似，发布的数据标示 L1T，做过地形参与的几何校正，一般情况下可以直接使用而不需要做几何校正。

下载 2000—2009 年可用的 LandsatTM 或 LandsatOLI 数据，在 ENVI 5.0 软件平台下作为标准数据对 Terra/MODIS 数据进行几何校正。

地面观测数据：

日平均气温数据来自于东北三省 196 个地面气象台站，水稻发育期数据来自于东北三省 36 个水稻发育期观测站。另外还收集了各地的灾情数据，主要包括受灾种类、地理位置、受灾程度、受灾面积等内容。

土地覆盖类型调查数据用手持 GPS 定位，调查内容包括：土地覆盖类型(以农田为主)、土壤类型、作物发育期、种植制度、灾情状况等。其中土地覆盖类型有效调查点为 331 个，作物发育期、种植制度和灾情状况等与作物生长相关的数据有效调查点为 126 个(包含在上述 331 个调查点内)，且每旬均有调查数据。

地理信息数据：

数字高程模型(DEM)为 SRTM 地形产品 V4.1 版本数据，空间分辨率为 90 m，数据来源于中国科学院计算机网络信息中心国际科学数据镜像网站(http://www.gscloud.cn)，经重采样处理后与 MODIS 影像的空间分辨率一致。

研究所需的县级和省级行政区划数据来自于中国气象局下发的 1∶25 万基础地理信息，数据投影转换为 WGS-1984，并对数据进行拓扑检查，去除省界和县界的间隙。

地面观测站位置数据为中国气象局下发的矢量数据。

●水稻延迟型冷害判识

水稻冷害年的确定：

依据《北方水稻低温冷害等级：GB/T 34967—2017》[63] 中规定的东北地区不同区域水稻冷害年 5—9 月平均气温之和的距平指标(表 2.59)，确定 2000—2009 年发生冷害的区域。

2000—2009 年发生水稻延迟型冷害的区域主要集中在黑龙江省的大、小兴安岭，三江平原大部和松嫩平原中部，其中水稻种植区(三江平原和松嫩平原)发生次数为 1～2 次；这 10 年间吉林省和辽宁省只有很少量的县(市)发生过 1～2 次的水稻延迟型冷害。东北三省发生水稻延迟型冷害的年份主要集中在 2002 年、2003 年、2008 年和 2009 年，其中 2009 年有 25 个县(市)发生了延迟型低温冷害。

表 2.59 东北地区不同热量区域的水稻冷害年气象指标 单位：℃

$\sum\overline{T}_{5-9}$	≤83	83.1～88	88.1～93	93.1～98	98.1～103	>103
轻度冷害指标 ΔT_{5-9}	−1.0～−1.5	−1.1～−1.8	−1.3～−2.0	−1.7～−2.5	−2.4～−3.0	−2.7～−3.5
中度冷害指标 ΔT_{5-9}	−1.5～−2.0	−1.8～−2.2	−2.0～−2.6	−2.5～−3.2	−3.0～−3.8	−3.5～−4.2
严重冷害指标 ΔT_{5-9}	<−2.0	<−2.2	<−2.6	<−3.2	<−3.8	<−4.2

注：$\sum\overline{T}_{5-9}$ 为 5—9 月平均气温之和的多年平均值；ΔT_{5-9} 为当年 5—9 月平均气温之和的距平值。

水稻种植信息提取：

东北地区水稻为单季稻，从移栽期到孕穗期为水稻识别的最佳时期，为明确承灾体和提取水稻各发育期植被指数，增强后续研究的针对性，基于多时相 MOD13A2 数据识别水稻种植区域[64]，具体方法是首先把经过滤波处理后的 5—8 月的 MOD13A2 数据与相近时像的 Landsat 数据融合以提高数据的空间分辨率，再利用纹理分析、ISODATA 非监督分类、遥感数据融合和光谱耦合等方法，分别提取 2000—2009 年东北三省水稻的种植分布区，再利用对应年份的 Landsat 数据，根据目视解译结果选取水田种植区域进行精度验证，保证每个年份遥感解译结果的精度在 85%以上。

水稻延迟型冷害判识指标选择：

NDVI 和 EVI(enhanced vegetation index)被广泛应用于土地覆盖变化、气候变化、农作物信息提取、植被与环境因子的变化等研究和业务工作中[17,65-67]。通过对比 NDVI 和 EVI 在水稻发育期监测的准确程度，选择适合水稻发育期监测的指标。

选取 2000 年、2001 年、2004 年、2005 年、2006 年和 2007 年的未发生低温冷害和灾情报表中未发生其他灾害的观测点，提取观测点所在像元的 NDVI 值和 EVI 值，作为水稻各发育期植被指数参考值范围研究的基础数据。由于东北地区水稻种植模式为移栽，利用遥感手段监测到的发育期是从移栽期至成熟期，而且 MOD13A2 产品的时间间隔是 16 d，因此，在 1 年中的 5—9 月每个观测点能得到 9 个 NDVI 或 EVI 值，6 年可得到 54 个值，在 Matlab 软件平台下，以日序为自变量，以 NDVI 或 EVI 为因变量对每组数据进行拟合，每个拟合方程的 R^2 均达到 0.9 以上，再根据拟合方程反查地面观测得到的每个发育期(从移栽到成熟)日期对应的 NDVI 值和 EVI 值，由此得到每个发育期对应的 NDVI 数据集和 EVI 数据集，再对每发育期数据集进行非参数检验，结果表明每个发育期的 NDVI 数据集和 EVI 数据集均服从正态分布，在 Metlab 软件的支持下做出每个发育期的密度函数图，划分水稻发育期参考值范围，获取方法如图 2.34，图中横坐标为 NDVI 或 EVI 值，3 条曲线为 3 个相邻发育期 NDVI 或 EVI 值的正态分布密度函数图，x_1 和 x_4 为发育期 2 的 99%的双侧分位数，x_2 为发育期 1 的 99%的右侧分位数，x_3 为发育期 3 的 99%的左侧分位数，取 x_2 和 x_3 之间的 NDVI 或 EVI 范围为发育期 2 的参考值范围。

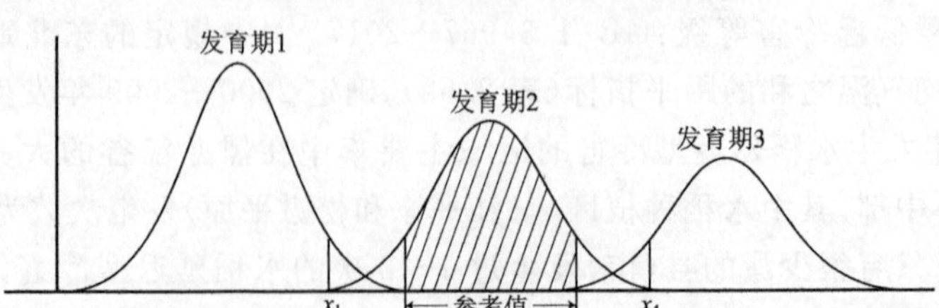

图 2.34 水稻发育期参考值范围获取方法示意图

由此每个发育期对应的参考值范围制定如表 2.60，表中各发育期指的是发育普遍期，因此各个相邻发育期的范围并未形成闭合区间，两个发育期范围中间的空区间为两个发育期的过渡阶段，即图 2.34 中的(x_1,x_2)和(x_3,x_4)。

表 2.60　水稻各发育期 NDVI 和 EVI 参考值范围及判识准确率

发育期	参考值范围		准确率/%	
	NDVI	EVI	NDVI	EVI
移栽期	－0.21	－0.24	80.05	80.48
返青期	0.31～0.42	0.25～0.34	76.21	77.62
分蘖期	0.52～0.61	0.45～0.53	70.18	76.26
拔节期	0.78～0.82	0.60～0.70	72.48	80.23
孕穗期	0.84～0.92	0.77～0.83	78.01	81.48
抽穗期	0.78～0.81	0.70～0.75	70.54	76.2
乳熟期	0.66～0.75	0.54～0.64	72.42	77.18
成熟期	0.44～0.52	0.37～0.43	76.26	76.44

按照 2002 年、2004 年、2006 年和 2008 年观测记录中各发育普遍期的时间，提取水稻的 NDVI 和 EVI 值，再到表 2.60 中查找各发育期对应的参考值范围，统计遥感判识发育期与地面观测发育期的一致性。结果表明，利用 EVI 的参考值范围判识水稻发育期的准确率普遍高于 NDVI，尤其在拔节期和抽穗期更突显利用 EVI 观测的优势，原因可能与 NDVI 以植被指数饱和为代价来减少大气影响，而 EVI 倾向于低值和更宽的值域，在高密度植被时不易达到饱和有关[68,69]。

●东北水稻延迟型冷害动态监测

无观测点发育期推算：

由于东北三省只有 36 个农业气象观测站，每个观测站数据只对周围小范围物候现象有代表性，而东北三省的气候和地形相差较大，仅有的观测数据无法代表相距观测站较远地区的水稻发育期情况，因此需要对没有发育期观测数据的地区进行数据插补，美国昆虫学家 Hopkins[70] 认为，北美洲温带植物发育阶段同经度、纬度和海拔高度有关，并提出了霍普金司定律，但利用所观测的数据验证，该定律并不适用于东北三省水稻发育期推算，因此，以发育期日序为因变量，以经度、纬度和海拔高度为自变量，利用 2000 年、2001 年、2004 年、2005 年、2006 年和 2007 年数据建立线性回归方程。表 2.61 列出了不同发育期的回归方程，方程中 Y 代表日序，log 代表经度(°)，lat 代表纬度(°)，alt 代表海拔高度(m)，各发育期的日序与经度、纬度和海拔高度都具有极显著的相关性。

表 2.61　水稻发育期回归方程

发育期	回归方程	R	sig	RMSE	样本数
移栽期	Y＝82.336＋0.968log－1.297lat－0.012alt	0.285	0.000	6.669	216
返青期	Y＝113.036＋0.531log－0.899lat＋0.010alt	0.400	0.000	6.574	216
分蘖期	Y＝66.667＋1.165log－1.071lat＋0.006alt	0.346	0.000	7.616	216
拔节期	Y＝180.243＋0.445log－0.974lat－0.001alt	0.215	0.002	6.359	216

续表

发育期	回归方程	R	sig	RMSE	样本数
孕穗期	Y=127.893+1.262log−1.816lat−0.021alt	0.403	0.000	7.653	216
抽穗期	Y=202.681+0.768log−1.884lat−0.007alt	0.474	0.000	5.074	216
乳熟期	Y=170.152+1.131log−1.734lat−0.019alt	0.457	0.000	6.099	216
成熟期	Y=338.930−0.457log−0.399lat−0.012alt	0.306	0.000	7.072	216

利用上述拟合方程计算有观测记录测站水稻发育期的日序,并与观测记录的日序作对比,统计结果如图 2.35a,图中序号Ⅰ—Ⅷ分别对应移栽期、返青期、分蘖期、拔节期、孕穗期、抽穗期、乳熟期和成熟期,就单个测站看,总体上推算的日期比实际观测日期普遍提前,其中移栽期和分蘖期无差异,拔节期拖后 2 d,其他发育期提前了 2~3 d;图 2.35a 中的最小值,即各测站发育期提前日数的范围在 6~16 d,拔节期和成熟期的提前较多,其他发育期提前 10 d 左右;图 2.35a 中的最大值,即各测站发育期拖后日数的范围在 9~15 d,移栽期—拔节期提前 10 d 左右,孕穗期—成熟期提前 14 d 左右。

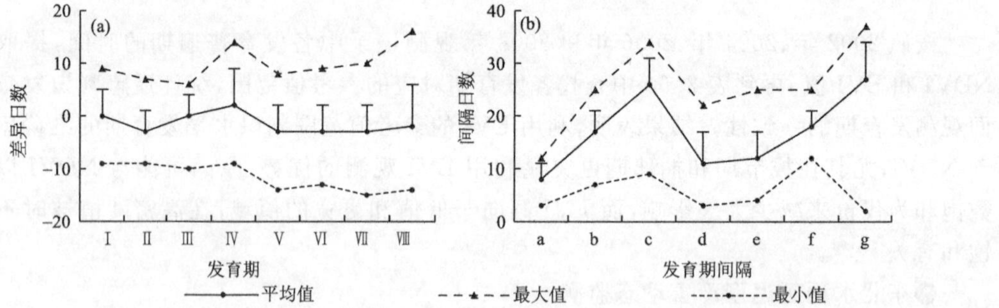

图 2.35 水稻发育期间隔日数统计和水稻发育期拟合值与观测值差异日数统计

图 2.35b 中 a—g 分别代表两个相邻发育期间隔,即 a 代表返青期与移栽期的间隔,b 代表分蘖期与返青期的间隔,以此类推。分析可见,两个相邻发育期间隔范围在 8~27 d,其中拔节期与分蘖期间隔、成熟期与乳熟期间隔较长,分别为 26 d 和 27 d,返青期和移栽期间隔平均为 8 d,其他两个相邻发育期间隔在 15 d 左右。把图 2.35a 与图 2.35b 结果进行对比发现,推算的发育期与实际观测发育期的差异日数明显小于两个相邻发育期之间的间隔日数,证明该方法基本能够满足延迟型冷害监测精度要求,建立拟合方程推算发育期的方法可行。

延迟型低温冷害监测结果与分析:

在水稻各发育期模型构建的基础上,制作各静态发育期空间分布图,参考程勇翔[40]的方法,利用 ENVI+IDL 工具通过一块滑动筛选版与各静态发育期数据相比较,得到逐日水稻发育期分布图,其核心表达式为

$$D=(\lim f(x)=0)\cap(a\neq 0) \tag{2.124}$$

式中:$f(x)=x-a$,x 为筛选版图层,其值为指定的水稻发育期中的任意一个日序;a 为各发育期分布图中的值;D 为发育期。由于是以每个发育普遍期的时间点数据为基础进行发育期模型构建的,利用该模型推算的每个像元的发育期也只能是时间点,任选的监测日期不可能与推算的发育期日期完全吻合,但由于水稻的发育期是时间段,对于某一像元而言,利用无限函数

选取最接近指定监测日期的推算的发育期来解决这一问题。

以 2009 年 5 月 24 日(日序 144 d)和 8 月 7 日(日序 219 d)为例，判识东北三省水稻发育期情况。5 月 24 日东北地区水稻绝大多数处于正常发育期，到 8 月 7 日水稻发生了大范围的发育期延迟，发生区域主要集中在黑龙江和吉林的西部地区，该监测结果与 2009 年 5 月中旬和 8 月上旬的农业气象情报监测记录在时间和空间上相一致。分析气温数据可见，5 月各地气温距平为 0～3 ℃，而 6 月和 7 月绝大部分地区气温距平为 −1～−3 ℃，出现了明显的低温现象，而 2009 年的农业灾害统计年鉴并未有除低温冷害以外的其他大范围灾害的记录。该监测结果与张丽文等[71]利用热量指标对东北地区水稻延迟型冷害的监测结果一致。

2.2.5.10　利用环境减灾卫星遥感监测冰雹灾害

●研究资料

据黑龙江省 2011 年 8 月 18 日 14:00BST(北京时，下同)地面图(图略)，地面有一冷式切变线，移动迅速，每小时移速约 150 km，利用黑龙江省自动站加密信息分析 17:00 哈尔滨、巴彦、木兰和北林、兰西形成一个闭合的低值系统，该低值系统向东北方向移动时产生冰雹、大风。从 17:30 哈尔滨地区的雷达回波图(图略)中可见，木兰县及周边都有较强的雷达回波，表明该地区有强对流天气出现。

冰雹灾害资料来自哈尔滨气象台，时间为 2011 年 8 月 18 日 17—19 时。

遥感资料来源于中国资源卫星应用中心(网址为：http://www.cresda.com/n16/index.html)下载的环境减灾卫星 A、B 星(HJ-1A/1B 星)。其中 HJ-1A 星搭载了 CCD 相机和超光谱成像仪(HSI)，HJ-1B 星搭载了 CCD 相机和红外相机(IRS)。在 HJ-1A 卫星和 HJ-1B 卫星上装载的两台 CCD 相机设计原理完全相同，以星下点对称放置，平分视场、并行观测，联合完成对地刈幅宽度为 700 km、地面像元分辨率为 30 m、4 个谱段的推扫成像。

下载的数据为 2 级产品，是经过辐射校正和系统几何校正，并将校正后的图像映射到指定的地图投影坐标下的产品数据。卫星资料的时间为 2009—2011 年雹灾前后，选取表 2.62 中的时间点进行研究，这是由于：(1) HJ-1A 星和 1B 星联合扫描同一地区的时间周期为 2 d 左右；(2)剔除研究区有云污染的轨道数据；(3)考虑植物受灾后 NDVI 反应的时间因素。另外，因 2011 年 8 月 18 日的数据为 12:46 获得，而冰雹灾害发生在 17:30 左右，因此将这幅图像划分为灾前数据。以 8 月 18 日 17:30 左右为时间节点对 2009—2011 年遥感进行分组分析。

将下载的每幅图像用木兰县的边界数据裁切后，利用 20 个地面控制点进行几何精校正。

表 2.62　用于分析用遥感资料时间

组别	描述	时间
1	时间节点前	2009-08-16，2010-08-17，2011-08-18
2	时间节点后 8～9 d	2010-08-26，2011-08-27
3	时间节点后 12～14 d	2009-08-30，2010-09-1，2011-09-1

●冰雹灾害区域的植被指数分析

植物遭受冰雹袭击后，枝叶会受损，甚至秃光，并且受损的枝叶会变黄。当植物叶片由绿色变黄或变红时，其在近红外波段的反射率会降低，而在红光波段的反射率会升高。因此，受到冰雹灾害植物的反射率会发生相应的改变[11,72,73]。由于 NDVI 能提高数据对土壤背景、水体背景的识别能力，同时削弱大气散射的影响[74]，因此可以考虑应用 NDVI 对雹灾区域进行监测。

为此到遭受冰雹灾害的区域进行实地踏查，从中选取 5 个遭受冰雹灾害面积较大的区域，选取原则是这 5 个实地调查点要包含冰雹灾害发生最轻和最重的区域，但每个调查点内部遭受冰雹灾害的程度要均一，然后定位，按照表 2.62 中给出的时间，统计每个区域各时间点的 NDVI 平均值。再选取 2—3 个纬度相同、植被相同、面积相似的未遭受雹灾区域，同样统计表 2.62 中各时间点每个区域 NDVI 平均值。

在遭受冰雹灾害区域，2009 年、2010 年和 2011 年在时间节点前（组别 1）的 NDVI 几乎相等；在时间节点后 8—9 d（组别 2），2009 年和 2010 年的 NDVI 虽有所下降，但下降幅度分别只有 6.26％和 4.23％，而 2011 年的 NDVI 下降了 55.71％；在时间节点后 12—14 d（组别 3），2009 年和 2010 年的 NDVI 较灾前分别下降了 4.16％和 4.23％，2011 年的 NDVI 较灾前下降了 62.86％。而同纬度未遭受冰雹灾害的区域，由于植物发育的原因，NDVI 的下降幅度均在 11％以内，属正常下降范围。可见植物遭受冰雹灾害后的一段时间内，NDVI 出现了异常下降的现象，与未遭受冰雹灾害的区域差别明显，说明利用 NDVI 来判识遭受冰雹灾害区域是可行的。

●基于遥感的冰雹灾害区域的监测

根据图 2.36 中的误差线范围，得到了 2011 年 8 月 27 日五个调查点中 NDVI 最大值和最小值，即为遭受冰雹灾害最轻和最重区域的 NDVI 值。根据 NDVI 值下降的比例将冰雹灾害分为 3 级，其中 1 级为 2011 年 8 月 27 日的 NDVI 值较同像元 2011 年 8 月 26 日的 NDVI 值下降 50％以上，2 级为 NDVI 下降 45％～50％，3 级为 NDVI 下降 40％～45％。分析可见，遭受冰雹灾害区域为 127°38′—127°55′E，北纬 45°55′—46°6′N，倾角大约为 135°的狭长地带，冰雹灾害最严重的区域为张喜宝屯、于保刚屯、红伟村一带，中心地带为东经 127°48′，北纬 46°1′。遭受冰雹灾害的总面积为 82.17 km^2，其中 1 级灾害的面积为 6.18 km^2，2 级灾害的面积为 28.75 km^2，3 级灾害的面积为 47.24 km^2。

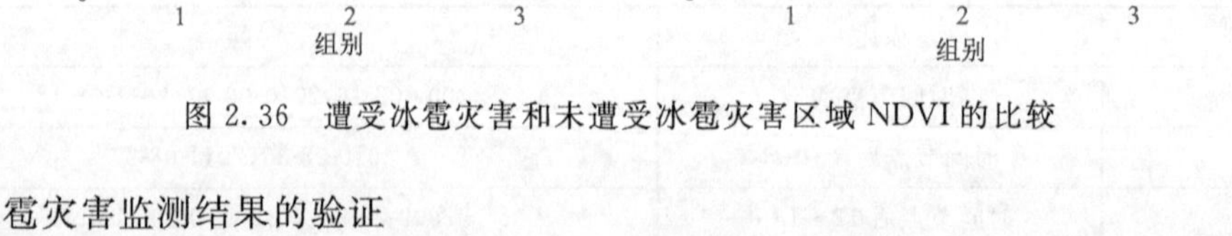

图 2.36 遭受冰雹灾害和未遭受冰雹灾害区域 NDVI 的比较

●冰雹灾害监测结果的验证

根据冰雹灾害监测结果，在木兰县南部随机选取 30 个验证点，原则为验证点包含遭受冰雹灾害不同等级地点和未遭受雹灾的地点，然后通过实地调查走访和当地气象部门协助，根据实地冰雹灾害情况，把冰雹灾害等级分为轻度、中度和重度受灾 3 个等级，分别对应遥感监测中的 3 级、2 级和 1 级冰雹灾害，结果见表 2.63。由表 2.63 黑龙江省木兰县遥感监测冰雹灾害结果的检验可见，遥感监测冰雹灾害的平均准确率为 86.67％，各级别冰雹灾害监测准确率均超过了 80％。其中中度冰雹灾害的监测准确率最高，为 90.00％，表现为监测抽样点数多于实际发生样点；轻度冰雹灾害的监测准确率次之，为 87.50%，表现为监测抽样点数少于实际发生样点；重度冰雹灾害的准确率最低，为 83.33%，表现为监测抽样点数少于实际发生样点数。

表 2.63　黑龙江省木兰县遥感监测冰雹灾害结果的检验

指标	1 级(重度)	2 级(中度)	3 级(轻度)	合计
实地调查个数	12	10	8	30
监测样点数	10	13	7	30
实地调查与监测一致样点数	10	9	7	26
准确率/%	83.33	90.00	87.50	86.67

第3章 农业气象服务指标

3.1 作物生长气象指标

3.1.1 文献指标

收集整理专家学者在不同时期从不同角度建立的作物、灾害等农业气象指标，为农业气象服务提供一定的参考和指导。

3.1.1.1 玉米

玉米是喜温喜湿作物，生育期的天数为80～150 d，≥10 ℃积温为1800～2700 ℃·d，玉米在生育前期、中期和后期的需水量是一个由少到多又到少的变化过程，各发育期耗水量指标见表3.1，气象指标见表3.2，气象条件见表3.3。

表3.1 玉米各生育期的耗水量

生育期	播种—出苗	出苗—拔节	拔节—抽穗	抽穗—灌浆	灌浆—腊熟	腊熟—收获	全生育期
日耗水量/mm	1.4	1.8	4.3	5.0	4.4	1.4	
阶段耗水/%	3.1	17.8	29.6	13.8	31.5	4.4	
耗水量/mm	12～14	65～80	110～135	50～60	115～110	16～20	375～400

表3.2 玉米主要发育期气象指标

发育期	最适气温下限/℃	最适气温上限/℃	最高气温下限/℃	最高气温上限/℃	最低气温下限/℃	最低气温上限/℃	适宜土壤相对湿度下限/%	适宜土壤相对湿度上限/%
播种	18	25	40	45	7	9	70	90
出苗	18	20	40	45	1	5	70	90
七叶	18	20	40	45	10	15	70	90
拔节	20	24	40	45	10	18	70	90
抽雄	25	28	32	35	18	17	70	90
乳熟	20	24	26	30	10	16	70	90
成熟	20	22	26	30	10	16	70	80

表3.3 玉米主要发育期气象条件

发育期	有利气象条件	不利气象条件
播种	气温高于9 ℃有利出苗。	气温过低容易造成粉种；土壤干旱种子易发生芽干、吊干现象。
出苗	气温在18 ℃以上，土壤相对湿度为70%～90%，有利幼苗生长。	出苗后日最低气温低于1 ℃，地面最低气温低于−2 ℃，植株死亡。

续表

发育期	有利气象条件	不利气象条件
出苗至七叶期	气温 18～20 ℃，雨量 60～80 mm，土壤相对湿度 70%～90%。	气温低于 10 ℃、日平均日照时数少于 7 h，对植株生长不利；雨量不足 30 mm 易干旱，大于 100 mm 易出现涝象。
拔节期	气温在 20 ℃以上、雨量 60～80 mm、土壤相对湿度 70%～90%。	气温低于 10 ℃、日平均日照时数少于 7 h，对植株拔节生长不利。
抽雄开花期	对气温极为敏感，气温 25～28 ℃为宜。	气温低于 18 ℃或连续数小时＞35 ℃会使大量花粉死亡；空气相对湿度＞80%及连阴雨易引起病害；大风、高温、干旱或低温、连阴雨天气妨碍授粉会降低结实，影响产量。
乳熟期	晴朗、少阴雨、日照充足有利灌浆。	日平均气温低于 16 ℃、土壤干旱、多阴雨、少光照均不利于玉米籽粒灌浆。
成熟期	晴朗、日照充足有利成熟。	多阴天、多雨、寡照的天气最不利成熟。

3.1.1.2 水稻

水稻是喜热作物，≥10 ℃积温为 2200～2750 ℃·d 的热量条件，对日长不敏感，对气温变化具有一定的耐性，植株矮秆、硬秆，叶短而直立，这样的株型既抗倒伏，又能充分利用太阳光辐射，各发育期气象指标见表 3.4，气象条件见表 3.5。

表 3.4 水稻主要发育期气象指标

发育期	最适气温下限/℃	最适气温上限/℃	最高气温下限/℃	最高气温上限/℃	最低气温下限/℃	最低气温上限/℃	适宜土壤相对湿度下限/%	适宜土壤相对湿度上限/%
播种	10	12	15	18	0	5	70	90
出苗	10	12	15	18	0	5	70	90
移栽	16	18	32	35	13	15	70	90
返青	16	18	32	35	5	13	70	90
分蘖	25	30	33	35	17	20	70	90
孕穗	25	32	33	40	15	17	70	90
抽穗	25	32	35	37	17	20	70	80
乳熟	23	28	32	35	13	15	70	90
成熟	23	28	32	35	12	15	70	90

表 3.5 水稻主要发育期气象条件

发育期	有利气象条件	不利气象条件
播种至出苗期	苗床内气温＞10 ℃（日平均气温在 5 ℃以上），最适床温为 25～30 ℃（日平均气温在 12 ℃以上）。	播种至出苗苗床内最高气温＞40 ℃（晴天日最高气温在 15 ℃以上）、最低气温＜5 ℃（日最低气温在 0 ℃左右）不利水稻出苗，以致受害。
移栽期	日平均气温≥14 ℃，需要 4～5 d 晴天；适宜气温为 16～18 ℃。	移栽至返青期遇 5 级（8.0～10.7 m/s）以上大风影响插秧，大风后易引起浮秧；移栽后，遇连阴雨或日平均气温≤13 ℃、日最低气温＜5 ℃，返青迟缓。
分蘖期	最适气温 25～30 ℃，光照充足，水分充沛。	气温过高或过低都会抑制分蘖，气温低于 17 ℃分蘖受阻，低于 20 ℃对阶段发育有影响。阴雨天气多、光照少、水层过深易贪青倒伏，也易发生稻瘟病。

续表

发育期	有利气象条件	不利气象条件
孕穗期	对气温要求最高的时期，适宜气温最好要在20 ℃以上，最适气温在25 ℃左右，水分适宜，光照充足。	在花粉母细胞减数分裂期若遇连续低温，即日平均气温连续2 d以上≤17 ℃，则出现障碍型冷害，导致颖花退化，发生空壳现象，造成减产。
抽穗至开花期	气温20 ℃以上，相对湿度70%～80%，光照充足，微风天气。	连阴雨天气，风速>7 m/s，相对湿度<15%，对水稻抽穗开花不利；气温低于19 ℃，抽穗困难；日平均气温连续3 d以上≤19 ℃的天气，会出现障碍型冷害，形成空瘪粒。
乳熟至成熟期	天气晴好，水分充足，气温高于20 ℃，日照>8 h。	一般日平均气温<18 ℃，不利灌浆，气温在13～15 ℃以下，灌浆缓慢，日平均气温<12 ℃，不利成熟。

3.1.1.3　大豆

相对于玉米，大豆比较喜凉，更适宜在黑龙江省栽培，对于黑龙江省北部冷凉湿润、半湿润地区来说，大豆具有一定的优势。但大豆的耐旱性相对于玉米却较差，干旱地区若种植大豆则处于劣势，各发育期气象指标见表3.6，气象条件见表3.7。

表3.6　大豆主要发育期气象指标

发育期	最适气温下限/℃	最适气温上限/℃	最高气温下限/℃	最高气温上限/℃	最低气温下限/℃	最低气温上限/℃	适宜土壤相对湿度下限/%	适宜土壤相对湿度上限/%
大豆播种	18	20	39	41	6	7	70	90
大豆出苗	18	20	39	41	6	7	70	90
大豆第三真叶	21	25	34	36	16	17	70	90
大豆开花	22	25	28	30	17	18	70	90
大豆结荚	22	25	28	30	17	18	70	90
大豆鼓粒	21	23	28	30	13	14	70	90
大豆成熟	19	20	24	25	8	9	70	90

表3.7　大豆主要发育期气象条件

发育期	有利气象条件	不利气象条件
播种至出苗	耕层地温稳定通过6～7 ℃即可播种，土壤化冻15～20 cm，气温12～16 ℃、土壤相对湿度在70%～90%有利于种子发芽、出苗。	气温低于6 ℃，土壤相对湿度在70%以下，影响出苗，尤其播后降温，气温过低，土壤偏湿，会使出苗缓慢，甚至出现粉种烂种。一般苗期日最低气温降至0～1 ℃，地面最低气温低于−2 ℃，叶部开始受冻害。
出苗至第三真叶期	气温在20～22 ℃、土壤相对湿度为70%～90%，对植株快速生长最为有利。	日平均气温低于16 ℃，对大豆幼苗生长发育有抑制作用。
第三真叶至开花期	大豆需水关键期，0～30 cm土层土壤相对湿度在70%～90%，或者雨量在100～180 mm；气温22～25 ℃。	日平均气温低于17 ℃，花芽不能进行分化，开花时低于20 ℃落花严重。
开花至结荚期	产量形成关键时期，8月平均气温为19～21 ℃对大豆结荚有利。	日平均气温低于17 ℃，对大豆生长发育有抑制作用；高温低湿或低温高湿天气对大豆开花、结荚不利。白天气温高于27 ℃时间过长，多阴雨，风速大于5 m/s会使花、荚大量脱落，造成减产。

续表

发育期	有利气象条件	不利气象条件
结荚至成熟期	气温在 15～18 ℃、50 cm 土层土壤相对湿度在 70%～90%时，对大豆灌浆成熟有利。	鼓粒期，日平均气温低于 13 ℃，影响大豆灌浆。成熟期间，气温低于 8 ℃不利于大豆成熟；低温天气，气温剧降到 1 ℃以下影响成熟；连阴雨，对大豆成熟不利。收获时遇久晴炎热、大风天气会使豆荚爆裂，造成损失。

3.1.2 调研指标

在生产过程中以及田间管理方面，农民朋友对于作物生长所需气象条件、主要农事活动所需气象条件等积累一定的经验，因此，根据黑龙江省具体的生产特点、气候特征和发生灾害情况，针对玉米、水稻和大豆，开展实地调查工作，得到调研指标。

调查地点：黑龙江省的松嫩平原、三江平原为主，包括齐齐哈尔、绥化、哈尔滨、佳木斯、大庆、鹤岗、双鸭山、牡丹江等地。

对于作物生长发育所需气象指标，很多农民没有概念。少部分农民根据多年种田的经验，结合相关的科普知识，提供了一些不全面的指标。他们认为，在黑龙江省，作物生长季内不同时期的气温基本均能满足作物不同阶段生长发育的需求，若期间出现低温，即使可能造成作物生长延迟，一般在后期气温升高的情况下均可弥补回来，基本不造成影响。对于水分，水稻需水最多，其次是大豆，玉米是耐旱性最强的作物，黑龙江省降水的变率较大，因此可能导致旱涝的发生，对作物生长均会产生不利的影响。光照对作物生长发育具有不可或缺的作用，整个生长季的光照基本可以满足作物生长的需求(表 3.8)。水稻易发生稻瘟病、二化螟，玉米易发玉米螟，大豆易发蚜虫，均需及时防治，其中水稻发生稻瘟病的有利条件是高湿后出现大雾天且高温，其他病虫害发生的有利气象条件不明确。对于水稻、玉米、大豆的冷害、干旱、霜冻等指标不掌握。

表 3.8　作物生长发育调查指标

指标名称	气温条件	水分条件	光照条件	灾害条件
玉米生长	气温条件基本满足； 气温高低影响不大； 白天气温 20～30 ℃适宜； 乳熟前夜晚气温不低于 5 ℃即可； 成熟期夜晚气温不低于 0 ℃即可。	一生需求水分约 300 mm 左右	一般情况下均会满足	易发的灾害指标不明确
水稻生长	早晨气温＞10 ℃、白天气温 17～18 ℃即可移栽； 返青后气温条件基本满足； 白天气温 20～30 ℃较好； 夜晚气温不低于 5 ℃即可； 孕穗抽穗时气温 25～26 ℃最适宜； 乳熟成熟期夜晚气温不低于 5 ℃即可。	蒸腾和蒸发合计约在 1200 mm 内	一般情况下均会满足	高湿后出现大雾天且高温利于稻瘟病发生，其他易发灾害的指标不明确
大豆生长	人豆喜凉，气温条件基本满足； 气温高低影响不大； 白天气温 20～30 ℃适宜； 乳熟前夜晚气温不低于 5 ℃即可； 成熟期夜晚气温不低于 0 ℃即可。	一生需求水分约 400 mm 左右	一般情况下均会满足	易发的灾害指标不明确

3.1.3　统计指标

利用多年的长序列资料和试验资料，从不同的角度建立了区域的作物生长—产量与气候的统计关系，获取气象因素对作物影响的指标。

3.1.3.1　玉米

(1)土壤湿度与玉米产量(百粒重)的关系：利用观测站的玉米百粒重观测资料，采用线性回归方法，分析玉米百粒重与玉米全生育期、拔节孕穗期、抽雄吐丝期的土壤湿度的关系，玉米百粒重与关键生育期土壤相对湿度呈显著(sig＜0.05)或极显著(sig＜0.001)的相关关系(表3.9)。

表 3.9　玉米产量(百粒重)与各生育期土壤湿度的相关关系及回归方程

站号(站名)	生育期	R^2	F	sig	方程
50844 泰来	全生育期	0.658	7.706	0.014*	$y=-1.191x^2+0.011x+60.986$
	拔节孕穗期	0.541	4.716	0.044*	$y=1.105x^2-0.006x-15.066$
	抽雄吐丝期	0.764	12.984	0.003**	$y=-0.115x^2+0.002x+30.218$
	抽雄前 10 d	0.779	14.078	0.002**	$y=-0.303x^2+0.003x+38.01$
	抽雄前 10 d 降水量	$R=0.622$		0.041*	$y=0.015x^2+32.098$
50851 青冈	全生育期	0.803	18.293	0.001**	$y=-107.309x^2+0.676x+4262.516$
	拔节孕穗期	0.571	5.997	0.022*	$y=-52.099x^2+0.341x+2007.133$
	抽雄吐丝期	0.494	4.392	0.047*	$y=-52.609x^2+0.35x+1992.502$
	抽雄前 10 d	0.461	3.843	0.062	$y=-22.287x^2+0.163x+782.892$
	抽雄前 10 d 降水量	$R=0.254$		0.425	$y=0.05x+28.316$
50955 双城	全生育期	0.388	5.396	0.015*	$y=-127.997x^2+0.786x+5212.972$
	拔节孕穗期	0.492	8.229	0.003**	$y=-115.467x^2+0.686x+4861.426$
	抽雄吐丝期	0.203	2.161	0.146	$y=-56.662x^2+0.352x+2300.081$
	抽雄前 10 d	0.234	2.598	0.104	$y=-29.234x^2+0.174x+1243.447$
	抽雄前 10 d 降水量	$R=0.254$		0.253	$y=-0.098x+83.305$

(2)各季节气温日较差与玉米产量的显著相关关系：春季、夏季、农事活动期的气温日较差升高，玉米产量下降，而秋季气温日较差升高，玉米产量升高。以海伦站为例，春季气温日较差每降低 1 ℃，玉米产量升高 96.1444 g/m^2，秋季气温日较差每升高 1 ℃，玉米产量升高 104.38 g/m^2(表 3.10)。

表 3.10　各季节气温日较差与玉米产量的显著相关关系

站名	季节	方程
海伦	春季	$y=-96.1444x+1769.9$
勃利	春季	$y=-151.52x+2359.3$
肇源	夏季	$y=-135.02x+2180.2$
海伦	秋季	$y=104.38x-520.27$
巴彦	秋季	$y=102.84x-407.41$
泰来	农事活动期(3—10 月)	$y=-238.52x+3609.1$

(3)玉米相对气象产量与气象条件间的显著相关关系：相对气象产量 y(气象产量与趋势产量的比值)与不同时段的气象要素 x(气温、降水、日照)呈正相关关系：

5月中旬气温：$y=0.0187x-0.2596$，5月中旬气温每升高1 ℃，玉米相对气象产量升高0.0187。

6月中旬气温：$y=0.0163x-0.3201$，6月中旬气温每升高1 ℃，玉米相对气象产量升高0.0163。

5月下旬降水：$y=0.0032x-0.058$，5月下旬降水每增加1 mm，玉米相对气象产量升高0.0032。

7月中旬日照：$y=0.0026x-0.2175$，7月中旬日照每增加1 h，玉米相对气象产量升高0.0026。

7月下旬日照：$y=0.0024x-0.1966$，7月下旬日照每增加1 h，玉米相对气象产量升高0.0024。

8月下旬日照：$y=0.0025x-0.2173$，8月下旬日照每增加1 h，玉米相对气象产量升高0.0025。

7月日照：$y=0.0013x-0.305$，7月日照每增加1 h，玉米相对气象产量升高0.0013。

3.1.3.2　水稻

采用曲线估计的二次项回归方法建立水稻5—9月气温和距平与水稻单产相关关系，由表3.11可见，所选代表站点水稻5—9月气温和距平与水稻实际单产具有极显著的相关关系($P<0.01$)，相关显著性略有不同，总体上西部地区多数县(市)相关性好于东部县(市)，位于西部的讷河，R^2 高达0.59，东部的富锦 R^2 最小，为0.199。从相关关系还可看出，在一定温度范围内，随着5—9月气温和气温距平(x)的下降，水稻单产(Y)呈下降趋势，即在5—9月气温和气温距平达到延迟型冷害阈值指标值的情况下，5—9月气温和气温距平下降幅度越大(表征延迟型低温冷害程度越重)，水稻单产下降越多。在一定气温条件下，5—9月气温和距平每下降1 ℃ · d，水稻单产下降293.5～676.4 kg/hm^2。

表3.11　黑龙江省代表站水稻5—9月气温和气温距平与水稻单产的相关关系

站名	R^2	回归方程
讷河	0.590**	$y=-15.8x^2+480.7x+4382.7$
北安	0.360**	$y=-8.3x^2+416.7x+3984.7$
龙江	0.460**	$y=-15.8x^2+500.4x+4603.3$
海伦	0.405**	$y=-14.4x+460.5x+4631.2$
绥棱	0.458**	$y=-14.0x^2+430.9x+5281.4$
同江	0.336**	$y=-27.5x^2+389.0x+4632.7$
绥滨	0.387**	$y=-17.8x^2+308.2x+4063.2$
富锦	0.199**	$y=-60.7x^2+352.4x+5876.2$
泰来	0.225**	$y=-18.7x^2+274.8x+4065.1$
绥化	0.567**	$y=-14.2x^2+504.5x+5407.8$
肇东	0.519**	$y=-26.4x^2+598.5x+6144.0$
庆安	0.494**	$y=-16.2x^2+517.4x+5403.1$

续表

站名	R^2	回归方程
桦南	0.359**	$y=-15.7x^2+403.1x+4973.8$
集贤	0.274**	$y=-18.9x^2+384.9x+4810.1$
宝清	0.304**	$y=-16.6x^2+473.5x+4817.1$
肇源	0.286**	$y=-27.9x^2+512.7x+4844.4$
双城	0.514**	$y=2.2x^2+678.6x+5748.8$
阿城	0.538**	$y=-24.7x^2+559.9x+5866.8$
木兰	0.441**	$y=-10.5x^2+411.7x+4631.5$
通河	0.385**	$y=-26.6x^2+402.4x+4929.8$
方正	0.373**	$y=-17.5x^2+432.1x+5596.1$
延寿	0.491**	$y=-11.7x^2+480.3x+5868.4$
尚志	0.589**	$y=-7.4x^2+639.7x+5323.8$
铁力	0.395**	$y=-24.6x^2+500.1x+4701.9$
汤原	0.461**	$y=-13.0x^2+488.6x+4951.9$
佳木斯	0.284**	$y=-18.3x^2+447.4x+4869.1$
依兰	0.372**	$y=-30.1x^2+514.3x+5169.2$
桦川	0.323**	$y=-32.4x^2+375.0x+5328.1$
虎林	0.447**	$y=-20.0x^2+500.5x+4775.2$
密山	0.467**	$y=-7.9x^2+489.0x+4864.5$
鸡东	0.506**	$y=-9.9x^2+491.9x+5604.9$
五常	0.558**	$y=-11.4x^2+664.0x+6423.3$

采用二元线性回归方法分析1971年黑龙江省水稻实际单产与孕穗期障碍型冷害期间平均气温和低温持续时间的关系(剔除了未发生障碍型冷害的龙江、泰来、杜尔伯特、肇源、肇东、五常、讷河、海伦),发现水稻实际单产与孕穗期障碍型冷害期间平均气温和低温持续时间具有极显著的相关关系($r=0.8038$,$P<0.01$),回归方程为

$$Y=-17795.33+1234.177x_1-104.208x_2 \tag{3.1}$$

式中:Y为水稻单产(kg/hm²);x_1为孕穗期障碍型冷害期间平均气温(℃);x_2为孕穗期障碍型冷害持续的日数(d)。孕穗期障碍型冷害期间平均气温每下降1 ℃,水稻单产降低1234.177 kg/hm²,孕穗期障碍型冷害持续时间每延长1 d,水稻单产下降104.208 kg/hm²。由此可见,孕穗期障碍型冷害期间平均气温越低、低温持续时间越长,水稻单产越低,说明孕穗期障碍型冷害对水稻产量影响较大。

采用二元线性回归方法分析了黑龙江省5个区域(东、西、南、北、中)1961—2006年粳稻气候生产力与障碍型冷害期间平均气温和冷害持续时间的关系(分别剔除各区域未发生障碍型冷害的年份),发现各区域障碍型冷害期间平均气温与粳稻气候生产力的相关关系不显著,而障碍型冷害持续时间对粳稻气候生产力影响显著,能够说明冷温度的累积效应,即冷积温,是指粳稻在生殖生长阶段遭遇低温冷害期间的气温与不受害气温(>18 ℃)相比减少的温度之和。统计数据表明,在黑龙江省夏季,自然界气温(日均气温)极大幅度骤降的概率较小,因

此，当冷害期间气温相当，则冷害持续时间越长，冷积温积累越多，则对粳稻产量影响越大。冷害持续时间对粳稻气候生产力的影响还具有明显的区域差异，以 Y 表示粳稻气候生产力，x_1 表示障碍型冷害期间平均气温，x_2 表示持续日数，则粳稻气候生产力与障碍型冷害期间平均气温及持续时间的回归方程为

北部：$Y=6060.29+152.1x_1-119.89x_2$

东部：$Y=6314.11+163.31x_1-213.60x_2$

南部：$Y=6957.44+124.46x_1-133.84x_2$

相关性均极显著（$P<0.01$），冷害持续时间每延长 1 d，北部、东部和南部粳稻气候生产力分别下降 119.89 kg/hm^2、213.60 kg/hm^2、133.84 kg/hm^2，西部和中部影响不显著。分析其原因，基本与冷害发生规律相符合，也反映了区域气候与产量的相关性，但中部地区为冷害频发重发区，相关却不显著，除考虑地形因素外，其原因仍有待于进一步深入研究。

利用多年资料分析了水稻千粒重与气象要素的关系，汤原籽粒千粒重与 8 月上旬、8 月下旬以及 8 月平均气温具有显著的正相关关系（均通过 0.05 的显著性检验），说明 8 月份的气温对产量形成的影响较大，在一定气温范围内，气温高，千粒重高。汤原千粒重与气温的关系如下：

8 月上旬气温：$Y=0.3553x+16.611$，8 月上旬气温每升高 1 ℃，水稻千粒重升高 0.3553 g。

8 月下旬气温：$Y=0.4945x+15.041$，8 月下旬气温每升高 1 ℃，水稻千粒重升高 0.4945 g。

8 月气温：$Y=0.7095x+9.9648$，8 月气温每升高 1 ℃，水稻千粒重升高 0.7095 g。

五常籽粒千粒重与 9 月中旬平均气温具有显著的正相关关系（通过 0.05 的显著性检验）：$Y=0.2776x+20.456$，9 月中旬气温每升高 1 ℃，水稻千粒重升高 0.2776 g。

宁安籽粒千粒重与 7 月中旬、7 月平均气温具有显著的正相关关系（通过 0.05 的显著性检验）：

7 月中旬气温：$Y=0.5559x+13.374$，7 月中旬气温每升高 1 ℃，水稻千粒重升高 0.5559 g。

7 月气温：$Y=0.7723x+8.6544$，7 月气温每升高 1 ℃，水稻千粒重升高 0.7723 g。

在一定程度上，水稻产量的形成与 7—9 月的气温条件关系密切，说明盛夏至初秋的气温对水稻产量的形成很重要。

春季、秋季的气温日较差与水稻产量存在显著的相关关系，春季气温日较差与产量呈反相关关系，春季气温日较差降低，水稻产量升高，而秋季气温日较差升高，水稻产量升高。例如，宁安站春季气温日较差每降低 1 ℃，水稻产量升高 92.235 g/m^2，汤原站秋季气温日较差每升高 1 ℃，水稻产量升高 81.238 g/m^2（表 3.12）。

表 3.12　各季节气温日较差与水稻产量的显著相关关系

站名	季节	方程
宁安	春季	$Y=-92.235x+2028.3$
穆棱	春季	$Y=-203.37x+3595.5$
五常	春季	$Y=-115.46x+2151.2$
汤原	秋季	$Y=81.238x-330.41$

3.1.3.3　**大豆**

利用大豆实际单产资料，采用一元二次回归方法分析大豆实际单产与土壤湿度的关系，从宁

安站来看，大豆实际单产与土壤湿度具有极显著的相关关系($P<0.01$)，宁安站的回归方程为

$$Y=-28.363x^2+1448.1x-16183 \tag{3.2}$$

式中：Y 为大豆实际单产(kg/hm^2)；x 为土壤湿度(%)。方程相关系数为 0.613。当 $16.523\%<x<34.533\%$时，随着土壤湿度的增加，大豆单产明显增加，当 $X=25.5\%$时，即宁安站的土壤湿度处于较为适宜状态时，大豆产量 Y 达到最高，然后随着土壤湿度的增加，大豆产量呈下降趋势。由此可见，土壤水分适宜与否对大豆产量的形成具有重要影响，土壤偏干或偏湿均对大豆增产不利。

双城大豆百粒重与月平均气温的回归方程为

$$Y=1.1686x+0.7056 \tag{3.3}$$

式中：Y 为大豆百粒重；x 为 9 月平均气温。可见，在一定气温范围内，随着 9 月平均气温的增加，大豆百粒重增加，说明 9 月平均气温对大豆结实和籽粒饱满度具有重要影响。

五大连池大豆百粒重与 6 月下旬、6 月的平均气温呈负相关关系。

6 月下旬气温：$Y=-0.4365x+27.815$；

6 月气温：$Y=-0.5677x+29.749$。

6 月下旬大豆处于开花期，大豆为喜凉作物，高温不利于开花，在一定程度上说明 6 月若出现高温天气不利于大豆生长和开花，并最终影响产量。

3.1.3.4 作物发育期气象条件统计

利用农业气象台站发育期观测资料和逐日气象资料，逐年计算大豆、玉米和水稻各发育期的日平均气温、日平均最低气温、日平均最高气温、总降水量(水稻无此项)及日平均日照时数，并分别计算上述 5(水稻为 4 项)项的 20%和 80%保证率作为当地对应生育期气象条件的上、下界限值(表 3.13、表 3.14、表 3.15)。

表 3.13 黑龙江省玉米各发育期气象条件

气象条件	发育期	下限	上限	气象条件	发育期	下限	上限
平均气温/℃	播种—出苗	12.4	15.3	降水量/mm	播种—出苗	15	26.9
	出苗—三叶	15.1	18.6		出苗—三叶	15	18.3
	三叶—七叶	17.1	20.4		三叶—七叶	2.7	56.9
	七叶—拔节	19.5	22.5		七叶—拔节	17.8	76.2
	拔节—抽穗	21.2	23.3		拔节—抽穗	19.5	107.9
	抽穗—吐丝	20.8	23.6		抽穗—吐丝	13	52.5
	吐丝—乳熟	19.8	21.9		吐丝—乳熟	26.4	121.1
	乳熟—成熟	14.1	17.1		乳熟—成熟	18.1	64.3
最低气温/℃	播种—出苗	5.7	8.6	日照/h	播种—出苗	6.7	8.9
	出苗—三叶	8.7	12.0		出苗—三叶	6.4	9.8
	三叶—七叶	11.4	14.1		三叶—七叶	6.3	9.8
	七叶—拔节	14.5	16.9		七叶—拔节	6.3	9.1
	拔节—抽穗	16.6	18.5		拔节—抽穗	6.0	8.7
	抽穗—吐丝	16.3	19.1		抽穗—吐丝	4.7	8.9
	吐丝—乳熟	15.1	17.2		吐丝—乳熟	5.7	8.1
	乳熟—成熟	8.5	11.7		乳熟—成熟	6.4	4.5

续表

气象条件	发育期	下限	上限	气象条件	发育期	下限	上限
最高气温/℃	播种—出苗	18.6	22.0				
	出苗—三叶	20.9	25.4				
	三叶—七叶	22.7	26.7				
	七叶—拔节	24.6	28.3				
	拔节—抽穗	25.8	28.5				
	抽穗—吐丝	25.3	28.6				
	吐丝—乳熟	24.7	27.1				
	乳熟—成熟	20.0	23.1				

表 3.14　黑龙江省水稻各发育期气象条件

气象条件	发育期	下限	上限	气象条件	发育期	下限	上限
平均气温/℃	移栽—返青	14.4	18.2	最高气温/℃	移栽—返青	17.8	22.4
	返青—分蘖	17.2	20.4		返青—分蘖	22.4	26.6
	分蘖—拔节	20.5	22.8		分蘖—拔节	25.6	28.3
	拔节—孕穗	21.0	23.2		拔节—孕穗	25.5	28.2
	孕穗—抽穗	20.9	23.5		孕穗—抽穗	25.2	28.4
	抽穗—乳熟	19.8	22.2		抽穗—乳熟	25.0	27.3
	乳熟—成熟	15.4	17.8		乳熟—成熟	21.8	24.0
最低气温/℃	移栽—返青	8.8	11.8	日照/h	移栽—返青	6.0	9.4
	返青—分蘖	8.4	14.3		返青—分蘖	6.3	9.5
	分蘖—拔节	15.7	17.8		分蘖—拔节	6.0	8.7
	拔节—孕穗	16.7	18.7		拔节—孕穗	5.1	8.3
	孕穗—抽穗	16.8	19.3		孕穗—抽穗	4.4	8.6
	抽穗—乳熟	15.0	17.8		抽穗—乳熟	5.9	8.2
	乳熟—成熟	9.6	12.5		乳熟—成熟	6.7	8.3

表 3.15　黑龙江省大豆各发育期气象条件

气象条件	发育期	下限	上限	气象条件	发育期	下限	上限
平均气温/℃	播种—出苗	13.1	15.7	降水量/mm	播种—出苗	15	33.5
	出苗—三叶	15.9	18.9		出苗—三叶	15	41.1
	三叶—开花	19.3	21.3		三叶—开花	29.8	110.8
	开花—结荚	20.5	22.8		开花—结荚	24.5	97.8
	结荚—鼓粒	19.0	21.2		结荚—鼓粒	43.3	126.7
	鼓粒—成熟	13.8	16.3		鼓粒—成熟	21.0	91.2

续表

气象条件	发育期	下限	上限	气象条件	发育期	下限	上限
最低气温/℃	播种—出苗	5.9	8.8	日照/h	播种—出苗	6.4	8.9
	出苗—三叶	9.5	12.4		出苗—三叶	5.9	9.9
	三叶—开花	13.6	15.6		三叶—开花	6.3	8.8
	开花—结荚	15.7	17.9		开花—结荚	5.0	8.1
	结荚—鼓粒	14.2	16.6		结荚—鼓粒	5.2	7.7
	鼓粒—成熟	8.1	10.8		鼓粒—成熟	6.4	8.1
最高气温/℃	播种—出苗	19.3	22.6				
	出苗—三叶	21.5	25.4				
	三叶—开花	24.5	27.2				
	开花—结荚	25.3	28.0				
	结荚—鼓粒	23.8	26.3				
	鼓粒—成熟	19.7	22.6				

3.1.4 试验指标

通过田间试验、人工控制试验，经统计分析，获得试验指标。

3.1.4.1 玉米 3—18 片叶每片叶展开所需≥10 ℃积温指标

玉米 3—18 片叶每片叶展开所需≥10 ℃积温指标：玉米从第 3 片叶至第 18 片叶，每一片叶从可见至展开所需≥10 ℃积温基本约在 70 ℃ · d 左右，第 7 片稍多，约 100 ℃ · d。上一片叶展开至下一片展开所需≥10 ℃积温约为 45～140 ℃ · d。

实际上，玉米叶片数和其展开日期在某种程度上能够反映玉米品种熟型以及玉米生长速度。试验数据显示，玉米每片叶从可见至展开所需时间多为 3 d，第 3 片叶、第 4 片叶、第 7 片叶需要 5 d；上一片叶完全展开至下一片叶完全展开所需时间多为 5 d，个别为 3 d、6 d 或 8 d，这与气温的高低有极大关系。从积温看，从第 3 片叶至第 18 片叶，每一片叶从可见至展开所需≥10 ℃积温基本约在 70 ℃ · d 左右，第 7 片稍多，连续 3 年试验显示第 7 片叶从始见至展开均需 5 d，分析可能是该玉米品种自身生育特性，因此所需积温多。上一片叶展开至下一片展开所需≥10 ℃积温约为 46～140 ℃ · d(表 3.16)。从某种角度来说，此积温可作为推断玉米发育进程的热量指标，则结合前期气候条件、未来天气预测以及玉米生长状况，即可对玉米生育进程进行预测分析。

表 3.16　2011—2013 年龙江县玉米试验田玉米 3—18 片叶每片叶展开日期及所需积温

叶片	每片叶展开所需积温/℃ · d	叶片	上一片叶展开至下一片展开所需积温/℃ · d
3 叶	74.7	3—4 叶	81.9
4 叶	65.8	4—5 叶	69.6
5 叶	56.0	5—6 叶	78.1
6 叶	54.1	6—7 叶	138.3
7 叶	102.8	7—8 叶	96.4
8 叶	73.9	8—9 叶	77.8

续表

叶片	每片叶展开所需积温/℃·d	叶片	上一片叶展开至下一片展开所需积温/℃·d
9 叶	70.9	9—10 叶	64.3
10 叶	71.1	10—11 叶	45.9
11 叶	68.9	11—12 叶	89.3
12 叶	66.9	12—13 叶	96.3
13 叶	72.3	13—14 叶	45.9
14 叶	67.5	14—15 叶	59.8
15 叶	68.3	15—16 叶	62.8
16 叶	71.2	16—17 叶	95.0
17 叶	70.2	17—18 叶	93.0
18 叶	70.3		

3.1.4.2　阶段性短时表层土壤轻旱对玉米生长发育影响

在 2011 年 8 月 23 日对试验的玉米农田进行墒情观测，测墒结果显示自然条件和灌溉条件的两个试验区出现了轻微干旱，即表层 0～30 cm 土层土壤相对湿度分别为 65%和 66%，则马上对 8 月 23 日测墒后的灌溉条件的试验区采取了灌溉措施，该区土壤墒情转为正常状态，后期从自然条件的试验区的观测数据看，此次轻旱持续了 13 d，但从两区玉米后期发育期观测数据来看，灌溉以后，两区玉米乳熟和成熟时间仍一致，可见土壤的轻微干旱对玉米发育基本无影响。因此，在一定程度上可以说明处于乳熟期的玉米对土壤轻旱反应不敏感，即此时的≤13 d 的阶段性土壤轻旱对玉米的发育进程基本不存在负效应作用。

3.1.4.3　不同土壤水分对玉米叶面积影响的指标

不同土壤水分对玉米叶面积影响的指标：在一定土壤湿度范围内，叶面积随着土壤湿度的增加而增加。从玉米单株叶面积的变化图可以看出(图 3.1)，玉米叶面积变化呈抛物线形，从三叶至抽雄左右，玉米单株叶面积在逐渐增加，抽雄开花以后，叶面积减少，反映了玉米的生长变化过程。从农田不同的土壤湿度条件来看，灌溉条件下的玉米田土壤湿度一直保持适宜状态，所以玉米叶面积要比自然条件下的高一些，因此适宜的土壤墒情能够促进玉米植株生长，对干物质累积具有正效应作用。而土壤干旱则为反作用，不利于玉米叶片生长。统计分析自然条件下和灌溉条件下玉米单株叶面积之差以及表层土壤相对湿度之差，并分析二者的相关关系发现，二者具有极显著的线性正相关关系，方程为 $y=28.338x+50.898$，其中 y 为单株叶面积之差；x 为表层土壤相对湿度之差；方程相关系数为 0.598，通过 0.01 的显著性检验。

3.1.4.4　不同土壤水分对玉米干物质累积影响的指标

不同土壤水分对玉米干物质累积影响的指标：在一定土壤湿度范围内，干物质随着土壤湿度的增加而增加。

试验表明，在玉米乳熟期间，若出现旱象，灌溉与未灌溉的玉米田相比，灌溉对玉米后期生长和产量形成还是有利的。经分析，灌溉条件与自然条件下的土壤相对湿度差与叶片干重差、茎干重差和单株干重差有显著的相关性(表 3.17)，即灌溉条件下比自然条件下的土壤相对湿度升高，玉米的叶片干重、茎干重和单株干重均呈增加趋势。可见，玉米生长期间，土壤水分的

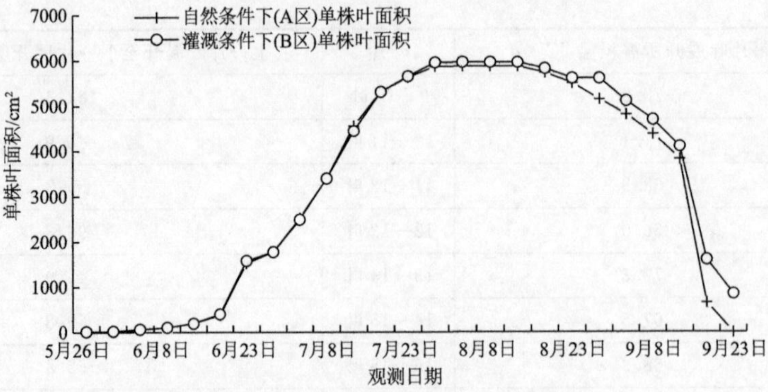

图 3.1　玉米试验田玉米单株叶面积的变化

增高，有利于玉米积累干物质，对产量形成有利。

表 3.17　灌溉条件与自然条件下的土壤相对湿度差与玉米干物质的关系

要素	线性方程	相关系数 r
叶片干重	$y=0.561x+0.111$	0.860**
茎干重	$y=0.134x-0.056$	0.676*
单株干重	$y=2.133x+1.037$	0.800**

注：* 为通过 0.05 的显著性水平检验；** 为通过 0.01 的显著性水平检验。

3.1.4.5　不同土壤水分对玉米产量影响的指标

不同土壤水分对玉米产量影响的指标：在品种相同、肥力相当、气候条件一致的情况下，在玉米全生育期内，当出现干旱时，若采取灌溉措施，分析对比“非灌溉区”和“灌溉区”两种小区的产量，得出“灌溉”比“非灌溉”株籽粒重增产率为 11.0%，百粒重增产率为 5.8%，理论产量增产率为 5.1%。

试验结果表明(表 3.18)，在品种相同、肥力相当、气候条件一致的情况下，灌溉区的玉米产量比非灌溉区有不同程度的增产。从玉米穗部性状分析，灌溉区的玉米穗长和穗粗比非灌溉区的好。灌溉区的籽粒重、百粒重和每穗粒数也分别比非灌溉区高 11.0%、5.8%和 4.9%。说明灌溉区的籽粒比非灌溉区的籽粒大，粒数多。产量对比，灌溉区相对较高，在试验区范围内高出 736.95 kg。这说明土壤水分的多少直接影响玉米产量水平。

表 3.18　不同土壤水分处理玉米产量及其构成因子比较

要素	A 区	B 区	灌溉增产/%
穗长	25.60	26.45	3.3
穗粗	4.95	5.25	6.1
单株粒重/g	218.68	242.78	11.0
百粒重/g	41.11	43.48	5.8
理论产量/(kg/hm²)	14586.90	15323.85	5.1
每穗粒数/粒	532.50	558.50	4.9

3.1.4.6　玉米生育后期干旱对玉米产量影响的指标

玉米生育后期，干旱对玉米产量影响的指标：在完全自然条件下，玉米蜡熟期至完熟期，≥13 d的持续干旱将使玉米减产 5%以上。

在 2011—2013 年的试验中，对 3 年全自然条件下(无灌溉)的理论产量进行对比分析发现，2011—2013 年小区 A 的理论产量逐年升高，分别为 798.39 g/m^2、1146.52 g/m^2、1197.44 g/m^2。进一步分析 3 年土壤水分资料，结果显示，2011 年从 9 月 13 日开始，自然条件下的试验田表层土壤出现旱象，直至 9 月 26 日玉米完全成熟，干旱持续了 13 d，此时段玉米处于蜡熟期，仍需要适宜的土壤水分，2012、2013 年此期间自然条件下的试验田表层土壤湿度持续在 80%以上，分别为 86%、92%，土壤墒情较好，对后期籽粒提高饱满度非常有效，可使产量进一步提升。通过综合分析，结果表明，在完全自然条件下，蜡熟期至完熟期，≥13 d 的持续干旱将使玉米减产 5%以上。

3.1.4.7　水稻障碍型冷害指标

水稻障碍型冷害指标：通过 2 年的人工气候室低温控制试验，分析获得敏感性品种 17 ℃和耐冷性强的品种 16 ℃的低温临界指标，敏感性品种 17 ℃低温持续 2 d 以上水稻受害；耐冷性强的品种在 16 ℃以下的低温持续 2 d 以上表现受害；同时分析得到水稻抽穗前 14～18 d 为对低温最敏感的时期。

3.1.4.8　水稻分期移栽获得指标

利用试验观测数据，通过分析发现，与对照(control check，CK))相比，当积温不同程度偏少时，水稻产量出现不同程度下降(表 3.19)，偏少越多，减产越明显，说明在水稻生育期内，热量不足会造成水稻不同程度的减产。

表 3.19　水稻不同积温水平下的减产幅度

与 CK 相比的生育期间≥10 ℃的有效积温 $\Delta\sum T$/℃·d	与 CK 相比的大约减产幅度/%
偏少 25～60	<10
偏少 60～100	10～20
偏少 100～200	20～30
偏少>200	>30

据研究，水稻分蘖前期的分蘖成穗率高，后期的分蘖成穗率很低，因此研究有效分蘖临界期较有意义。通过分析发现：分蘖速度与气温有关，只有当气温达到某一程度时，才能够促进分蘖快发，因此早播水稻前期分蘖较慢。而正常播、略晚播分蘖时气温较高，则分蘖较快。因此早播、正常播、略晚播三个播期几乎在同一时间达到有效分蘖临界期。通过对比分析，得到如下指标：当最高气温低于 25 ℃，或最低气温低于 16 ℃时，分蘖速度会受到影响(表 3.20)。

表 3.20　水稻分蘖气温

项目	有效分蘖适宜最高气温 (最适宜最高气温)	有效分蘖适宜最低气温 (最适宜最低气温)	有效分蘖适宜平均气温 (最适宜平均气温)
气温	25～30 ℃ (27～28 ℃)	16～19 ℃ (17～18 ℃)	21～23 ℃ (22.5～23 ℃)

3.1.5 综合指标

3.1.5.1 黑龙江省玉米本地化适宜气象指标

基于黑龙江省1981—2014年逐日气象观测资料及玉米气象产量资料，分析气象要素对产量的影响，结合回归方程，确定某一时段适宜气象指标，即每一旬、每二旬、每三旬、每四旬全省四个区的适宜气象指标，以1区为例见表3.21—表3.24。

表3.21 气象要素每一旬玉米适宜指标

地区	每一旬(月/旬)	T(气温)/℃	R(降水量)/mm	S(日照时数)/h
1区	5/上	11.0～12.0	15.0～18.0	76.0
	5/中	14.0	12.0～15.0	80.0
	5/下	16.0～17.0	15.0～18.0	91.0～94.0
	6/上	18.0	25.0	82.0
	6/中	20.0	30.0～33.0	74.0～78.0
	6/下	21.0～22.0	33.0	81.0～84.0
	7/上	21.0～23.0	49.0	73.0～76.0
	7/中	22.0	47.0	75.0
	7/下	22.0	56.0	72.0～75.0
	8/上	22.0～23.0	42.0	70.0～72.0
	8/中	20.0～21.0	28.0～33.0	73.0
	8/下	19.0	38.0～42.0	80.0～83.0
	9/上	17.0	20.0	77.0
	9/中	14.0	17.0～19.0	76.0
	9/下	12.0	14.0	73.0

表3.22 气象要素每二旬玉米适宜指标

地区	每二旬(月/旬)	T/℃	R/mm	S/h
1区	5/上—5/中	25.0～27.0	29.0	157.0
	5/中—5/下	30.0～32.0	29.0	175.0
	5/下—6/上	35.0～36.0	40.0	176.0
	6/上—6/中	39.0	57.0～63.0	162.0
	6/中—6/下	41.0～42.0	63.0～67.0	160.0～163.0
	6/下—7/上	43.0～44.0	82.0	157.0～160.0
	7/上—7/中	44.0～45.0	96.0	146.0～150.0
	7/中—7/下	45.0	103.0	145.0～150.0
	7/下—8/上	44.0～45.0	102.0～109.0	144.0～147.0
	8/上—8/中	42.0～44.0	77.0	139.0～143.0
	8/中—8/下	40.0～41.0	71.0	157.0
	8/下—9/上	36.0	56.0	161.0
	9/上—9/中	31.0	36.0	154.0
	9/中—9/下	26.0	33.0～37.0	150.0

表 3.23 气象要素每三旬玉米适宜指标

地区	每三旬(月/旬)	T/℃	R/mm	S/h
1 区	5/上—5/下	42.0～44.0	44.0	252.0
	5/中—6/上	49.0～51.0	55.0	257.0
	5/下—6/中	55.0～56.0	71.0～75.0	256.0
	6/上—6/下	59.0～61.0	90.0～96.0	237.0～244.0
	6/中—7/上	63.0～64.0	113.0～118.0	236.0～239.0
	6/下—7/中	65.0～66.0	129.0	231.0～234.0
	7/上—7/下	66.0～67.0	153.0	223.0～226.0
	7/中—8/上	66.0～68.0	145.0	218.0～222.0
	7/下—8/中	65.0～66.0	133.0	215.0～219.0
	8/上—8/下	62.0～63.0	113.0	223.0～228.0
	8/中—9/上	56.0～58.0	91.0	234.0
	8/下—9/中	50.0	75.0～79.0	238.0
	9/上—9/下	43.0	51.0	227.0

表 3.24 气象要素每四旬玉米适宜指标

地区	每四旬(月/旬)	T/℃	R/mm	S/h
1 区	5/上—6/上	61.0～62.0	69.0	334.0
	5/中—6/中	69.0～71.0	86.0～91.0	337.0
	5/下—6/下	76.0～78.0	104.0～109.0	334.0～339.0
	6/上—7/上	81.0～83.0	139.0～145.0	316.0～321.0
	6/中—7/中	85.0～87.0	158.0	310.0～314.0
	6/下—7/下	87.0～89.0	186.0	307.0～310.0
	7/上—8/上	88.0～90.0	195.0	295.0～298.0
	7/中—8/中	87.0～89.0	180.0	289.0～294.0
	7/下—8/下	84.0～86.0	170.0	299.0～304.0
	8/上—9/上	79.0～80.0	134.0	298.0～304.0
	8/中—9/中	70.0～72.0	108.0	311.0
	8/下—9/下	62.0	90.0～96.0	304.0～309.0

按照玉米的气候区划，将黑龙江省划分为四个区，玉米高产稳产区(1 区)：青冈、北林、肇东、兰西、巴彦、肇州、哈尔滨、双城、呼兰、阿城、宾县、木兰、通河、延寿；玉米高产区(2 区)：北安，克山、克东、甘南、富裕、依安、拜泉、海伦、明水、绥棱、鹤岗、萝北、佳木斯、同江、抚远、富锦、绥滨、望奎、安达、庆安、铁力、汤原、依兰、桦川、桦南、集贤、宝清、双鸭山、肇源、方正、尚志、勃利、林口、密山、鸡东、五常、穆棱、宁安、七台河、鸡西、虎林、海林、牡丹江、东宁、绥芬河；玉米稳产区(3 区)：龙江、齐齐哈尔、泰来、林甸、杜尔伯特；玉米低产不稳产区(4 区)：呼玛、加格达奇、爱辉、嫩江、孙吴、逊克，讷河，五大连池、嘉荫、汤旺、丰林、饶河、伊春、大庆。

3.1.5.2　黑龙江省水稻本地化适宜气象指标

以本地实际能够出现的气象要素值为准，采用 K-means 聚类方法对实际气象要素进行聚类分析，充分考虑如上水稻产量与气象条件关系的分析结果、水稻产量较高年份的气象条件，再综合参考已有的研究指标、调研指标、试验指标等，同时依据黑龙江省的气候特征和实际生产情况，通过对比分析得到黑龙江省 5 个区域水稻 5 月上旬—9 月下旬各旬本地化气象指标(表 3.25—表 3.29)。指标的建立基于实际情况出发，根据水稻生育特性及黑龙江省水源满足情况，因此建立水稻气象指标时不考虑降水。

(1)旬气象指标

表 3.25　黑龙江省北部地区水稻各旬本地化气象指标

北部地区(月/旬)	平均气温/℃		最低气温/℃		最高气温/℃		日照时数/h	
	下限值	上限值	下限值	上限值	下限值	上限值	下限值	上限值
5/上	9.3	13.0	2.8	5.0	13.3	20.9	72.8	100.9
5/中	10.4	16.9	1.6	7.7	13.5	25.1	56.2	86.5
5/下	12.7	19.3	4.2	11.5	19.8	27.2	76.7	119.1
6/上	13.6	22.0	8.8	13.9	18.7	29.5	61.9	129.0
6/中	14.4	21.1	10.7	13.0	18.6	28.8	53.9	115.1
6/下	19.5	23.8	13.2	17.0	24.9	29.9	82.2	109.9
7/上	20.7	25.3	14.8	18.4	26.5	31.8	69.6	121.3
7/中	19.1	23.6	13.0	17.6	23.5	30.1	63.1	104.1
7/下	19.4	22.9	14.8	18.6	24.6	28.1	66.8	109.0
8/上	18.5	23.7	14.3	17.4	23.4	29.9	58.6	108.1
8/中	18.0	19.9	13.3	15.4	23.3	24.7	61.6	79.5
8/下	16.8	18.6	12.4	13.9	20.7	25.4	71.1	91.0
9/上	16.5	18.3	10.0	13.6	23.4	25.5	70.2	107.6
9/中	12.0	14.2	5.3	9.8	18.7	19.5	59.4	75.6
9/下	5.0	13.8	1.3	5.6	11.3	22.3	50.3	84.8

表 3.26　黑龙江省中部地区水稻各旬本地化气象指标

中部地区(月/旬)	平均气温/℃		最低气温/℃		最高气温/℃		日照时数/h	
	下限值	上限值	下限值	上限值	下限值	上限值	下限值	上限值
5/上	9.4	16.2	4.9	8.4	14.2	23.7	65.7	90.5
5/中	10.9	19.4	4.6	11.7	17.3	27.4	69.3	91.9
5/下	12.4	18.9	6.9	11.5	18.7	26.1	70.5	91.3
6/上	16.2	23.5	10.8	16.4	21.2	30.7	69.4	115.4
6/中	14.7	23.2	11.7	16.7	18.6	29.4	60.2	97.3
6/下	17.8	24.7	13.2	17.9	22.9	30.8	78.9	118.3
7/上	20.8	26.6	17.0	19.4	25.3	33.9	73.2	101.7
7/中	20.1	23.2	16.5	18.5	24.4	27.9	87.1	100.6

续表

中部地区（月/旬）	平均气温/℃		最低气温/℃		最高气温/℃		日照时数/h	
	下限值	上限值	下限值	上限值	下限值	上限值	下限值	上限值
7/下	21.9	22.6	18.0	18.7	26.2	27.3	60.9	79.7
8/上	20.4	26.5	16.7	21.4	24.5	32.4	88.4	103.9
8/中	19.9	23.3	15.9	19.2	24.2	27.9	64.9	93.0
8/下	18.0	19.6	11.7	14.1	22.7	25.5	81.0	108.7
9/上	13.7	17.9	8.8	11.0	19.6	25.4	76.8	106.7
9/中	14.0	17.1	8.5	13.0	19.9	22.6	64.7	75.5
9/下	10.7	13.4	3.6	7.8	18.5	19.8	66.0	98.7

表 3.27　黑龙江省西部地区水稻各旬本地化气象指标

西部地区（月/旬）	平均气温/℃		最低气温/℃		最高气温/℃		日照时数/h	
	下限值	上限值	下限值	上限值	下限值	上限值	下限值	上限值
5/上	10.0	10.9	4.4	5.8	15.6	16.4	61.7	82.0
5/中	12.5	20.8	5.8	13.4	18.8	28.4	90.1	95.2
5/下	16.4	20.2	9.5	14.1	23.5	26.9	83.7	106.7
6/上	13.4	24.5	8.5	17.4	18.1	31.2	57.0	116.9
6/中	15.6	24.4	12.0	17.6	19.5	30.8	55.6	95.2
6/下	18.7	26.2	13.9	19.4	23.4	32.6	81.0	117.1
7/上	22.9	26.3	17.1	20.0	27.7	32.7	75.1	114.4
7/中	20.4	25.5	16.9	20.2	24.6	30.7	50.7	117.4
7/下	20.1	23.6	15.7	19.0	24.9	28.2	71.7	96.6
8/上	20.6	26.7	15.6	22.1	25.7	32.3	61.8	85.3
8/中	19.6	20.0	13.3	16.7	23.3	25.9	74.2	120.4
8/下	18.8	20.8	14.5	15.2	23.9	26.8	69.9	100.0
9/上	12.6	19.6	8.3	12.5	17.6	26.9	71.0	107.6
9/中	15.0	16.6	10.8	11.6	19.7	22.0	68.5	86.3
9/下	9.7	15.7	4.1	8.8	15.2	23.2	50.0	92.2

表 3.28　黑龙江省南部地区水稻各旬本地化气象指标

南部地区（月/旬）	平均气温/℃		最低气温/℃		最高气温/℃		日照时数/h	
	下限值	上限值	下限值	上限值	下限值	上限值	下限值	上限值
5/上	10.7	15.8	4.1	8.8	16.0	22.8	52.5	85.7
5/中	11.7	19.7	6.2	12.3	17.7	27.5	59.1	88.8
5/下	14.9	18.5	9.4	11.5	20.8	24.8	69.0	88.2
6/上	14.2	24.0	10.3	16.6	18.3	31.2	76.5	112.2
6/中	16.0	24.4	12.3	17.4	20.5	31.2	66.2	100.3

续表

南部地区（月/旬）	平均气温/℃		最低气温/℃		最高气温/℃		日照时数/h	
	下限值	上限值	下限值	上限值	下限值	上限值	下限值	上限值
6/下	20.6	24.7	15.9	18.5	25.8	30.9	82.6	120.6
7/上	21.9	22.7	15.9	18.9	26.1	29.0	60.7	104.7
7/中	20.8	25.1	17.0	18.8	25.9	31.1	59.9	110.1
7/下	20.3	26.0	16.5	21.6	24.8	30.6	55.4	84.1
8/上	20.7	25.1	15.8	21.5	25.4	29.4	55.6	75.1
8/中	21.2	22.9	16.7	18.1	25.6	28.6	65.8	98.0
8/下	18.6	22.9	14.3	18.1	23.5	28.5	62.7	88.9
9/上	16.2	19.1	11.4	12.8	22.3	25.6	70.4	102.9
9/中	11.1	16.8	5.2	11.9	17.4	22.5	58.5	85.7
9/下	11.9	15.3	4.9	8.8	17.8	23.7	69.0	98.1

表 3.29 黑龙江省东部地区水稻各旬本地化气象指标

东部地区（月/旬）	平均气温/℃		最低气温/℃		最高气温/℃		日照时数/h	
	下限值	上限值	下限值	上限值	下限值	上限值	下限值	上限值
5/上	8.2	12.4	3.0	6.6	13.8	18.6	66.1	83.6
5/中	11.5	19.5	6.5	12.5	16.7	26.9	67.1	93.9
5/下	13.2	17.9	8.4	11.2	18.5	24.2	68.2	102.9
6/上	16.6	20.1	11.0	13.8	22.5	26.3	72.4	100.7
6/中	13.8	22.7	10.8	16.6	17.2	28.7	62.9	102.3
6/下	16.7	24.0	12.5	17.1	21.5	30.2	59.5	128.8
7/上	17.9	27.0	14.6	19.4	21.8	31.0	53.3	112.5
7/中	19.9	23.4	16.4	17.3	24.0	28.7	78.4	106.8
7/下	21.5	23.5	17.5	18.7	25.1	29.1	60.7	103.6
8/上	18.5	26.3	15.4	21.3	22.7	31.9	60.7	87.6
8/中	18.7	23.5	16.0	19.7	22.0	27.9	65.7	95.2
8/下	18.2	20.5	14.3	15.3	22.4	26.4	55.2	79.0
9/上	13.8	17.6	8.9	13.7	19.4	22.1	57.7	80.9
9/中	14.5	17.4	9.3	13.4	20.0	22.3	68.8	75.7
9/下	12.7	13.9	6.1	10.1	17.1	20.2	66.5	91.3

(2)发育期指标

以本地实际能够出现的气象要素值为准，按水稻发育期划定时间尺度，采用 K-means 聚类方法对实际气象要素进行聚类分析，再综合参考已有的研究指标、调研指标、试验指标等，考虑作物相同发育期内所需求的气象条件相同，因此在建立发育期指标时，不考虑划分区域而按发育期进行整体分析，通过分析得到黑龙江省水稻主要发育期本地化气象指标（表 3.30）。

表 3.30 黑龙江省水稻各发育期本地化气象指标

发育期	移栽返青期(5 月下旬—6 月上旬)		分蘖(6 月中旬—7 月上旬)	
	适宜下限阈值	有利条件值	适宜下限阈值	有利条件值
平均气温/℃	13.0	17～19	18.0	21～23
最低气温/℃	6.9	11～13	13.4	15～17
最高气温/℃	18.8	23～25	22.6	27～29
日照时数/h	146	170～220	192	230～260
发育期	孕穗抽穗(7 月中旬—8 月上旬)		乳熟(8 月中旬—8 月下旬)	
	适宜下限阈值	有利条件值	适宜下限阈值	有利条件值
平均气温/℃	21.0	22～24	18.8	20～22
最低气温/℃	16.7	18～20	14.0	15～17
最高气温/℃	24.0	27～29	23.4	24～26
日照时数/h	186	230～260	112	140～160
发育期	成熟(9 月上旬—9 月下旬)			
	适宜下限阈值	有利条件值		
平均气温/℃	12.0	13～15		
最低气温/℃	5.3	8～10		
最高气温/℃	18.0	19～21		
日照时数/h	180	210～240		

3.1.5.3 黑龙江省不同生育时期大豆气象指标

(1)月气象指标(表 3.31)

表 3.31 大豆月气象要素适宜指标

地区	月份	T/℃		R/mm		S/h	
		下限	上限	下限	上限	下限	上限
北部	5	10.9	14.3	16.2	75.2	221.7	307.7
	6	16.9	20.9	33.2	130.2	204.8	336.8
	7	20.1	22.4	84.6	187.7	185..4	301.4
	8	17.2	20.3	60.5	167.2	194.5	284.1
	9	10.6	13.5	20.3	101.4	179.2	256.9
西部	5	13.4	23.5	18.8	143.9	203.3	195.8
	6	13.4	23.0	10.0	176.0	216.7	291.7
	7	13.	23.4	9.4	142.3	202.2	295.7
	8	13.7	22.6	63.7	141.6	173.2	269.4
	9	13.4	23.1	3.8	166.5	199.5	290.2

续表

地区	月份	T/℃		R/mm		S/h	
		下限	上限	下限	上限	下限	上限
中部	5	13.3	23.4	18.8	158.0	198.1	294.0
	6	13.4	22.8	8.3	168.1	213.5	289.5
	7	13.2	23.1	13.4	179.3	198.9	296.8
	8	13.6	22.6	23.7	193.9	184.9	273.1
	9	13.4	22.9	19.6	170.1	195.4	289.1
东部	5	13.4	23.3	36.9	134.8	189.3	267.7
	6	13.3	22.5	24.1	155.1	184.6	271.5
	7	13.3	22.8	27.8	149.7	164.5	272.2
	8	13.7	22.6	24.2	143.0	154.0	263.4
	9	13.5	22.7	31.3	158.3	172.1	258.7
南部	5	14.2	23.8	22.6	154.7	202.8	284.7
	6	14.2	23.3	33.4	129.3	209.5	279.9
	7	14.1	23.6	23.4	154.0	197.8	281.9
	8	14.5	23.1	32.0	157.1	178.6	266.3
	9	14.2	23.5	46.9	193.8	197.9	286.9

(2)旬气象指标，分为北部、西部、中部、东部、南部，以南部为例，见表3.32。

表3.32　大豆旬气象要素适宜指标

地区	月/旬	T/℃		R/mm		S/h	
		下限	上限	下限	上限	下限	上限
南部	4/下	7.3	12.7	0	21.4	54.1	95.1
	5/上	9.8	14.8	2.6	32.8	60.0	94.6
	5/中	12.3	17.4	1.4	31.1	56.5	104.3
	5/下	14.9	19.3	2.5	29.0	75.9	114.3
	6/上	16.4	26.4	5.0	45.0	55.5	111.2
	6/中	17.2	23.5	4.4	70.6	51.8	108.7
	6/下	19.3	24.4	8.0	85.7	62.7	109.9
	7/上	20.1	24.6	6.2	90.2	54.9	100.6
	7/中	20.8	24.7	11.0	93.7	53.7	98.4
	7/下	21.2	24.7	16.1	84.7	52.9	101.7
	8/上	20.5	25.1	10.8	85.2	53.3	91.1
	8/中	19.7	23.3	7.9	53.7	53.6	92.6
	8/下	18.4	21.4	11.5	64.3	62.8	104.8
	9/上	15.4	19.4	2.7	39.7	60.2	95.7
	9/中	12.6	16.8	1.9	35.5	58.9	94.4
	9/下	10.1	14.7	1.3	24.3	56.8	93.9
	10/上	7.5	13.4	1.0	24.0	55.7	88.8

(3)生长发育期气象指标(表 3.33)

表 3.33　大豆发育期气象适宜指标

发育期	T/℃		R/mm		S/h	
	下限	上限	下限	上限	下限	上限
播种	8.6	18.6	0	30.4	57.2	106.6
出苗	12.8	18.4	1.6	54.8	71.6	215
第三真叶	15.3	21.1	0	71.9	56.3	158.5
开花	18.9	23.2	26.6	198.5	168.8	319.8
结荚	19.9	24.7	27.4	161	71.8	199.1
鼓粒	18.8	23.7	30.2	180.4	123.1	256.2
成熟	13.2	19.2	19.8	122	196.4	307.2

3.2　农事活动指标

3.2.1　玉米

玉米的农事活动有播种、间苗、施肥、铲趟、喷药、收获等，其中最为重要的农事活动包括播种、铲趟、施肥、喷药、收获(表 3.34，表 3.35)。黑龙江省玉米由南向北的播种时间基本处于谷雨至小满之间(4 月下旬至 5 月中下旬)，一般气温稳定通过 10 ℃、地温稳定通过 8 ℃即可播种，播种至出苗期间有效降水 $R\geqslant 15$ mm、土壤相对湿度在 80%左右，对播种出苗有利，且无雨或雨前播种，首先不影响田间作业，其次雨后可增加土壤湿度，有利出苗。玉米播种前整地可以有效增强土壤保水保肥能力，给适期播种创造良好条件；秋翻春整的地块应在早春再进行耙耢保墒；冬前未耕的地块要及早春耕，耕翻不宜太深，耕后立即耙耢，避免失墒；干旱多风的地区在播前应进行镇压提墒，如遇降雨，可抢墒播种。

表 3.34　黑龙江省玉米苗期前农事活动气象指标

发育期	农事活动	气象条件 1	气象条件 2	气象条件 3	其他
播种	播种	气温 T 稳定通过 10 ℃	5 cm 地温 T 稳定通过 8 ℃	播种至出苗期间有效降水 $R\geqslant 15$ mm，播种时 $R=0$ 或雨前播	土壤相对湿度 $W>70\%$
出苗	查苗补苗	阴雨天或晴天下午			三叶期以前
	间苗定苗	气温 $T>10$ ℃	降水 $R=0$ mm	晴天下午	3—4 片叶是间苗最佳时期，5 片叶是定苗最佳时期
	中耕	气温 $T>10$ ℃	降水 $R=0$ mm 或雨前	风速 $f<5$ m/s	
	追肥	气温 $T>10$ ℃	白天降水量 $R=0$ mm 或雨前		定苗后至拔节期进行
	喷药	气温 T 为 20－30 ℃	晴天，白天降水量 $R=0$ mm，早晨 8:00—10:00 时或晚 17:00—19:00 无露水时	风速 $f<5$ m/s	粉剂应在大雾、露水重的时候施用，避免强烈的光照下喷施农药
	铲趟	气温 $T>10$ ℃	白天降水量 $R=0$ mm 或雨前	风速 $f<5$ m/s	

表 3.35　黑龙江省玉米中后期农事活动气象指标

发育期	农事活动	气象条件 1	气象条件 2	气象条件 3	其他
拔节期	中耕除草	气温 $T>10$ ℃	降水 $R=0$ mm 或雨前	风速 $f<5$ m/s	
	施肥	气温 $T>10$ ℃	白天无降水或小雨	土壤相对湿度 70%～90%	
	喷药	气温 T 20～30 ℃	晴天，白天降水量 $R=0$ mm，早晨 8:00—10:00 时或晚 17:00—19:00 无露水时	风速 $f<5$ m/s	粉剂应在大雾、露水重的时候施用，避免强烈的光照下喷施农药
	排水降渍	土壤湿度超过最大持水量 80%以上			
	铲趟	气温 $T>10$ ℃	白天降水量 $R=0$ mm 或雨前	风速 $f<5$ m/s	
抽雄开花期	灌溉	土壤田间持水量 <75%			抽雄前 10 d 到开花后 20 d 之间
	追肥	气温 $T>10$ ℃	白天无降水或小雨	土壤相对湿度 70%～90%	
灌浆成熟	追肥	气温 $T>10$ ℃	白天无降水或小雨	土壤相对湿度 70%～90%	
	喷药	气温 T 10 ℃左右	晴天，白天无降水，早晨 8:00—10:00 时或晚 17:00—19:00 无露水	风速 $f<5$ m/s	粉剂应在大雾、露水重的时候施用，避免强烈的光照下喷施农药

铲趟是玉米苗期管理的核心，铲地和趟地是促下、控上、增根、壮苗的重要措施。黑龙江省玉米铲趟基本处于小满至夏至期间，第一次铲趟于苗出齐后，玉米 2.5～3.0 片叶时，结合间苗定苗进行，要深趟 7～10 cm，不培土，以便晒根，提高地温，促进根系生长，有利“蹲苗”。第二次铲趟宜在第一次铲趟后的 10～12 d 进行，要深趟，培土不宜太多，形成“张口垄”。第三次铲趟在玉米拔节时，约在第二次铲趟后 10～12 d 进行，趟地不宜太深，以免损伤根系，要多培土，趟成“碰头垄”，使根扎入土中，充分吸收水分、养分，起到防倒伏的作用。三遍铲地的深度依次为：浅、深、浅，铲时保证苗旁浅、行间深。铲地可同时除掉无效分蘖，以免消耗营养，影响主茎生长。

施肥是一项获得增产增收的关键技术。玉米施肥可通过三种方式进行，即基肥、种肥和追肥。基肥（底肥）一般应占施肥总量的 70%左右，施肥时应与农家肥配合使用，结合耕翻深施，深度为 10～15 cm。基肥最好选用测土配方肥，根据土壤肥力状况，合理施用有机、无机复合肥。种肥即播种时施用底肥，用少量农家肥配合适量的氮、磷肥进行深施，穴施或条施均可，施用时，种子与肥料隔开，施用种肥能够充分提供养分，促进幼苗根系的快速生长。追肥即玉米出苗后，根据前期用肥量、地力和苗情等具体情况，进行适时适量施肥，一般要看天看苗追肥。追肥的最大效用期在拔节至抽穗前，玉米在拔节后至大喇叭口期，是吸收营养的高峰期，一般可在拔节期（约 6 月 25 日前 后）追施第一次肥，如果底肥和种肥较充足，土壤又很肥沃，可集中一次追肥，结合第二次铲草进行深施肥。也可留作一部分在大喇叭口期（中熟品种 10—11

展叶期、中晚熟品种11—12展叶期、晚熟品种12—13展叶期)进行第二次追肥。两次追肥的分配原则是,第一次应占追肥总量的2/3,第二次占1/3。玉米抽穗后,若有的地块基肥施用不足或质量不高,追肥效力又已耗尽,土壤中的营养已经满足不了玉米的生长需要。这时可适时适量施用“攻籽肥”,以防早衰,促进灌浆和籽粒饱满,提高千粒重。

喷施农药要把握适宜的气温、选择适宜的湿度、避免降水天气施药、合理利用光照等,并要注意具体的喷药时间。防治玉米的病虫和消灭杂草,喷施农药要注意以下几点:一是选择晴天作业,喷药的最佳时间为上午8—10时、下午5时前后;二是中午不宜喷农药,此时气温高,太阳光照强,药性分解快,故药效反而降低,并且容易导致人畜中毒;三是晴天后不宜马上喷药,若连阴雨天转晴后,玉米叶面由于长时间光合作用不强,造成叶片薄、黄而嫩、纤维组织柔弱,容易产生药害;四是要严格按照农药使用说明,科学配对水量;五是喷药时必须注意安全,穿上防护服,戴口罩,喷药后认真清洗身体和工作服。

收获是农业生产的最后环节,收获前应让籽粒充分脱水,达到完熟后,选择在晴好的天气抓紧收割,收割后注意晾晒,以免捂霉。黑龙江省由北向南玉米基本在9月下旬至10月中旬收获。

3.2.2 水稻

水稻的主要农事活动包括育秧(期间有通风炼苗、揭膜等)、移栽、除草、施肥、灌溉、喷药、收获等,其中最为重要的农事活动包括育秧播种、移栽、施肥、灌溉、喷药、收获(表3.36,表3.37)。

表3.36　黑龙江省水稻育苗移栽农事活动指标

发育期	农事活动	气象条件1	气象条件2	气象条件3	其他
播种	播种	日气温稳定通过5 ℃			
出苗	育秧	日均气温＞5 ℃(苗床内气温＞10 ℃),最适日均气温＞12 ℃(苗床内气温25～30 ℃),最高气温＜15 ℃(苗床内气温＜40 ℃)	土壤相对湿度 W＞70%		
	通风	日平均气温10～12 ℃	风速6级以下即 f＜13 m/s	苗床气温控制在20～25 ℃	出苗绿化后
	通风	棚温＞25 ℃	风速6级以下即 f＜13 m/s		2.5叶期
	泡田	日气温＞10 ℃	降水 R＜10 mm		4月中下旬
移栽	移栽	日均气温 T＞14 ℃,适宜日均气温16～18 ℃	晴天,降水量 R=0 mm	5级风以下即风速 f＜10 m/s	稻田水层1 cm,最大不超过5 cm

表3.37　黑龙江省水稻田间农事活动气象指标

发育期	农事活动	气象条件1	气象条件2	气象条件3	其他
返青	灌溉	日均气温 T＞17 ℃	降水量 R=0或0.1 mm＜R＜25 mm均可,灌至3 cm水层,若肥力低,苗弱,灌7～10 cm		

续表

发育期	农事活动	气象条件 1	气象条件 2	气象条件 3	其他
分蘖期	施肥	气温 $T>17$ ℃	白天降水量 $R=0$ mm 或雨前保持水层 5～7 d	风速 $f<5$ m/s	光照充足
	晒田	时间 5～7 d			分蘖末期
	喷药	气温 T 在 20～30 ℃	晴天,白天降水	风速 $f<5$ m/s	避免强烈的光照,喷后遇雨,需重喷
	灌溉	日均气温 $T>18$ ℃	降水量 $R=0$ 或 0.1 mm$<R<$25 mm 均可,灌至 3 cm 水层,剑叶抽出时,灌至 5～7 cm,若低温水层加深至 15 cm		
拔节孕穗期	化学除草	气温 T 在 20～30 ℃	晴天,白天降水	风速 $f<5$ m/s	避免强烈的光照,喷后遇雨,需重喷
	灌溉	日均气温 $T>18$ ℃	降水量 $R=0$ 或 0.1 mm$<R<$25 mm 均可,灌至 5～7 cm 水层		
	施肥	日均气温 $T>18$ ℃	白天降水量 $R=0$ 或雨前	风速 $f<5$ m/s	光照充足,避开开花期
灌浆期	灌溉	日均气温 $T>18$ ℃ 最低日均气温 $T>12$ ℃	降水量 $R=0$ 或 0.1 mm$<R<$25 mm 均可,灌至 3 cm 水层,干干湿湿间歇灌溉		
	喷药	气温 T 在 20～30 ℃	晴天,白天降水量 $R=0$ mm	风速 $f<5$ m/s	避免强烈的光照,喷后遇雨,需重喷

黑龙江省水稻一般都采取育苗移栽的种植方式,由于是大棚育秧,譬如苗床的土壤湿度可通过浇灌使其适宜播种,同时塑料薄膜具有增温作用,棚外日平均气温在 5 ℃以上,棚内苗床的气温就在 10 ℃以上,则对水稻出苗和小苗生长即为有利形势,水稻育秧主要集中在 4 月中下旬。育秧期间,要对棚内秧苗进行通风炼苗,以防苗床内气温过高易使小苗徒长并烧苗,从而达到培育壮秧的目的,当出现 6 级以上大风天气时,塑料薄膜易被吹开或撕裂,因此要选择在晴好、风力不大的天气,适时将大棚底部的塑料薄膜向上卷起通风。移栽前全揭膜,锻炼 3 d 以上,遇到低温时,增加覆盖物,及时保温。

水稻移栽一般在 5 月中旬下半旬至 5 月末,对气象条件要求不十分严格,即使无降水,也可通过灌溉方式使水分条件满足水稻移栽和返青的需求,因此日平均气温在 14 ℃左右,即可移栽,最好是在晴朗无风或微风的天气里进行插秧,若遇 5 级(8.0～10.7 m/s)以上大风影响插秧,大风后易引起浮秧,不利扎根返青。另外降水天气影响插秧作业,田间无水或水过深都不利插秧。

水稻施肥的方式,首先施用底肥,底肥一次施入,有条件的可增施有机肥。送嫁肥即移栽前洒于田间的肥料,以氮肥为主,增氮促根,加速秧苗返青成活,施用时最好选择气温适宜、无雨、风力不大的天气。水稻对氮肥的吸收是从返青后开始逐渐增加的,分蘖盛期才达到吸肥最高峰,为了促进水稻早分蘖,应早施和重施分蘖肥,一般可在插秧后 7～10 d 追分蘖肥,选择在气温高于 17 ℃、无降水、光照充足的天气施肥，有利肥料分解，易于水稻吸收；光照充足有利水稻光合作用和对养分的吸收利用；并要保持水层以减少肥料的流失。抽穗肥，应注意的天气条件与分蘖肥相同。追肥的次数可根据地块的肥力、当地的具体气候条件以及秧苗长势确定。

稻田的灌溉要遵循浅水灌溉的原则，但必须根据稻田具体情况、气候条件以及追肥、施药等田间作业要求的实际出发，采用深、浅、湿相结合的方法，进行水层的科学管理。根据稻田的情况，结合天气条件、秧苗长势以及施肥情况，适当调节灌溉时间、灌溉次数和水层深度，要充分利用自然降水。井灌稻要避免井水直接进田，利用蓄水池晒水灌田，采用轮换水口、加宽水口、昼晒夜灌的方法以提高水温。

水稻利用农药进行除草应在返青后，防治病虫害主要在苗期至抽穗期。

3.2.3 大豆

大豆的主要农事活动有播种、间苗、施肥、铲趟、喷药、收获等，其中最为重要的农事活动包括播种、施肥、铲趟、喷药、收获（表 3.38）。

表 3.38 黑龙江省大豆农事活动气象指标

发育期	农事活动	气象条件 1	气象条件 2	气象条件 3	其他
播种期	播种	气温 T 稳定通过 10 ℃	5～10 cm 地温 T 稳定通过 6～8 ℃	播种至出苗期间有效降水 $R \geqslant 15$ mm，播种时 $R=0$ 或雨前播	土壤相对湿度 $W>70\%$
苗期	查田补苗	日均气温 $T>10$ ℃	阴雨天或晴天下午		
	耙地除草	日均气温 $T>10$ ℃	白天降水量 $R=0$ 或雨前		
	铲趟	对气温无严格要求	白天降水量 $R=0$ 或雨前	风速 $f<5$ m/s 或无风	早晨 8 时左右（或傍晚 16 时左右）
开花结荚期	灌溉				始花后 15 d，花荚期灌水 3 次
	施肥	日均气温 $T>20$ ℃	施肥时降水量 $R=0$ 或雨前	土壤相对湿度 $70\%<W<85\%$	光照充足
	喷药	气温 T 为 20～30 ℃	防治时降水量 $R=0$	喷施药剂风速 $f<5$ m/s或无风条件下	避免强烈的光照下喷施农药
鼓粒成熟期	灌溉				灌溉 1～2 次
	收获晾晒	气温 $T>0$ ℃	白天，无降水	土壤相对湿度 $W<70\%$，田间干爽	晴好天气

大豆在土壤表层 5～10 cm 地温稳定通过 7～8 ℃时即可播种。黑龙江省气候正常年份，中北部大豆适宜播种期在 5 月上中旬，南部 4 月下旬至 5 月上旬播种。黑龙江春季多发生土壤干旱，因此大豆抢墒播种是保全苗的关键，当耕层地温稳定通过 6 ℃时可以进行抢墒播种。

大豆施肥要根据大豆生育期间具体情况而定。一般在播种时施用种肥，施种肥时气象条件即按当时播种时的气象条件而定。在铲趟时根据情况施用基肥，在开花初期、结荚期施肥以促进增产。

大豆铲趟既可消灭杂草，又能中耕疏松土壤、提高地温、调节水分，改善大豆的营养条件，防止后期植株倒伏，并防止秋涝。铲趟对气温、光照条件要求不严格，但降水影响趟地作业；若风力较大，则蒸发快，趟后会使土壤失墒较多，易引起旱象，对大豆生长不利。

大豆的主要病虫害有大豆蚜虫、食心虫、红蜘蛛等，其中大豆蚜虫繁殖的适宜气温为20～24 ℃，适宜相对湿度为78%以下，若夏初旬平均气温达22 ℃以上，相对湿度在78%以下，大豆蚜虫繁殖极为迅速，而高温、高湿的天气则不利于蚜虫的发生。因此从大豆播种开始至大豆成熟应随时开展防治工作，其喷洒要求也与玉米相同。

3.3 灾害指标

3.3.1 大田播种期干旱等级

3.3.1.1 壤土大田播种期干旱等级

依据土壤相对湿度，将壤土大田播种期干旱等级划分为无旱、轻旱、中旱、重旱、特旱5个等级，见表3.39。

表3.39 壤土大田播种期干旱等级划分表

等级	类型	土壤相对湿度(R_{sm})	作物形态
0	无旱	$70\% \leqslant R_{sm}$	苗齐苗壮，出苗率高
1	轻旱	$60\% \leqslant R_{sm} < 70\%$	出苗期过长，出苗率下降，小苗不齐
2	中旱	$50\% \leqslant R_{sm} < 60\%$	出苗缓慢，缺苗严重
3	重旱	$40\% \leqslant R_{sm} < 50\%$	不适宜播种
4	特旱	$R_{sm} < 40\%$	不适宜播种

3.3.1.2 黏壤土大田播种期干旱等级

依据土壤相对湿度，将黏壤土大田播种期干旱等级划分为无旱、轻旱、中旱、重旱、特旱5个等级，见表3.40。

表3.40 黏壤土大田播种期干旱等级划分表

等级	类型	土壤相对湿度(R_{sm})	作物形态
0	无旱	$75\% \leqslant R_{sm}$	苗齐苗壮，出苗率高
1	轻旱	$65\% \leqslant R_{sm} < 75\%$	出苗期过长，出苗率下降，小苗不齐
2	中旱	$55\% \leqslant R_{sm} < 65\%$	出苗缓慢，缺苗严重
3	重旱	$45\% \leqslant R_{sm} < 55\%$	不适宜播种
4	特旱	$R_{sm} < 45\%$	不适宜播种

3.3.1.3 砂壤土大田播种期干旱等级

依据土壤相对湿度，将砂壤土大田播种期干旱等级划分为无旱、轻旱、中旱、重旱、特旱5个等级，见表3.41。

表3.41 砂壤土大田播种期干旱等级划分表

等级	类型	土壤相对湿度(R_{sm})	作物形态
0	无旱	$65\% \leqslant R_{sm}$	苗齐苗壮，出苗率高
1	轻旱	$55\% \leqslant R_{sm} < 65\%$	出苗期过长，出苗率下降，小苗不齐
2	中旱	$45\% \leqslant R_{sm} < 55\%$	出苗缓慢，缺苗严重
3	重旱	$35\% \leqslant R_{sm} < 45\%$	不适宜播种
4	特旱	$R_{sm} < 35\%$	不适宜播种

3.3.2　玉米不同发育期土壤相对湿度干旱标准

选择不同干旱的因子，干旱的评定方法不同，一般来说，农田干旱多以土壤相对湿度来反映，结合黑龙江省农业生产的实际情况，选用土壤相对湿度作为因子，指标见表 3.42。

表 3.42　黑龙江省土壤干旱指标

类型	土壤相对湿(R_{sm})	干旱影响程度
无旱	$70\%<R_{sm}$	地表湿润正常，无旱象
轻旱	$50\%<R_{sm}\leqslant70\%$	地表蒸发量较小，近地表空气干燥
重旱	$R_{sm}\leqslant50\%$	土壤表面干燥，地表植物萎蔫，严重时土壤出现干土层，叶片干枯甚至死亡

《北方春玉米干旱等级：QX/T 259—2015》针对玉米主要发育期，对土壤干旱进行了更加细致的划分，对于不同土壤质地，参考表 3.42 相关内容，建立了玉米不同发育期土壤相对湿度以及水分亏缺指数干旱标准，见表 3.43、表 3.44。

表 3.43　玉米土壤相对湿度(R_{sm})干旱等级划分表　%

土壤质地	等级	发育阶段				
		播种—出苗	出苗—拔节	拔节—抽雄	抽雄—乳熟	乳熟—成熟
黏土	无旱	$R_{sm}>70$	$R_{sm}>65$	$R_{sm}>75$	$R_{sm}>80$	$R_{sm}>70$
	轻旱	60～70	55～65	65～75	70～80	60～70
	中旱	50～60	45～55	55～65	60～70	50～60
	重旱	40～50	35～45	45～55	50～60	40～50
	特旱	$R_{sm}\leqslant40$	$R_{sm}\leqslant35$	$R_{sm}\leqslant45$	$R_{sm}\leqslant50$	$R_{sm}\leqslant40$
壤土	无旱	$R_{sm}>65$	$R_{sm}>60$	$R>70$	$R>75$	$R_{sm}>65$
	轻旱	55～65	50～60	60～70	65～75	55～65
	中旱	45～55	40～50	50～60	55～65	45～55
	重旱	35～45	30～40	40～50	45～55	35～45
	特旱	$R_{sm}\leqslant35$	$R_{sm}\leqslant30$	$R_{sm}\leqslant40$	$R_{sm}\leqslant45$	$R_{sm}\leqslant35$
砂土	无旱	$R_{sm}>60$	$R_{sm}>55$	$R_{sm}>65$	$R>70$	$R_{sm}>60$
	轻旱	50～60	45～55	55～65	60～70	50～60
	中旱	40～50	35～45	45～55	50～60	40～50
	重旱	30～40	25～35	35～45	40～50	30～40
	特旱	$R_{sm}\leqslant30$	$R_{sm}\leqslant25$	$R_{sm}\leqslant35$	$R\leqslant40$	$R_{sm}\leqslant30$

注：在 R_{sm} 数值范围中数值较大者为包含值。

表 3.44　水分亏缺指数(K_{CWDI})干旱等级划分表　%

等级	各发育阶段水分亏缺指数				
	播种—出苗	出苗—拔节	拔节—抽雄	抽雄—乳熟	乳熟—成熟
无旱	$K_{CWDI}\leqslant45$	$K_{CWDI}\leqslant50$	$K_{CWDI}\leqslant35$	$K_{CWDI}\leqslant35$	$K_{CWDI}\leqslant50$
轻旱	45～60	50～65	35～50	35～45	50～60
中旱	60～70	65～75	50～60	45～55	60～70
重旱	70～80	75～85	60～70	55～65	70～80
特旱	$K_{CWDI}>80$	$K_{CWDI}>85$	$K_{CWDI}>70$	$K_{CWDI}>65$	$K_{CWDI}>80$

注：K_{CWDI} 数值范围中数值较大者为包含值。

3.3.3 北方春玉米干旱等级

春玉米干旱,春玉米根系从土壤中吸收到的水分难以补偿蒸腾的消耗,使植株体内水分收支平衡失调,春玉米正常生长发育受到影响乃至部分死亡,并最终导致减产和品质降低的现象。按播种—出苗、出苗—拔节、拔节—抽雄、抽雄—乳熟和乳熟—成熟五个生育阶段,将北方春玉米干旱分为无旱、轻旱、中旱、重旱、特旱 5 个等级。采用土壤相对湿度或水分亏缺指数指标确定等级,优先使用土壤相对湿度指标划分干旱等级;在无土壤相对湿度资料时,使用水分亏缺指数指标划分干旱等级时,玉米田干土层厚度、叶片萎蔫状况、籽粒状况等植株生长形态和农田状态能直观地反映干旱的程度,其农田及作物形态表征见表 3.45。

表 3.45 春玉米干旱的农田及作物形态表征

等级	农田状态	各生育阶段植株生长形态				
		播种—出苗	出苗—拔节	拔节—抽雄	抽雄—乳熟	乳熟—成熟
无旱	无干土层,表层至少潮湿	种子出苗率 80%以上,保苗率 90%左右;苗齐、苗壮	苗长势好,叶片展开,挺拔,色泽浓绿	叶色浓绿,植株挺拔健壮,生长旺盛	植株健壮,叶色浓绿,抽雄抽穗快,且整齐,无黄叶	植株健壮,籽粒饱满,底部仅有 1～2 片黄叶
轻旱	干土层厚度小于 5 cm	出苗率 70%～80%,保苗率 75%～85%;幼苗的上部叶片卷起	苗长势一般,但不挺拔,午后叶子变软,顶部卷曲,可恢复	植株长势弱,不健壮,茎秆细,白天叶尖卷曲,夜间恢复	叶色浅绿,抽雄抽穗较慢,白天顶部叶片卷曲,夜间恢复	籽粒不够饱满,上部叶片卷曲,底部有 3～4 片黄叶
中旱	干土层厚度 5～10 cm	播种较困难;种子发芽出苗慢,出苗率为 55%～70%,保苗率 60%～75%;缺苗断垄较普遍,生长缓慢。幼苗叶片卷起,并呈暗色	苗长势较差,植株不挺拔,白天叶子变软,多数叶片卷曲,午后萎蔫,但夜间可恢复	植株矮小,生长缓慢或停止生长,多数叶片卷皱,夜间可恢复	抽雄抽穗慢,白天多数叶片卷曲,夜间可恢复,底部可见黄叶	上半部叶片卷曲,下半部叶片枯黄。灌浆不充分,籽粒不饱满,穗苞叶变黄
重旱	干土层厚度 10～15 cm	播种十分困难;种子出苗很慢或不发芽,种子出苗率为 40%～55%,保苗率低于 60%。缺苗断垄很普遍。幼苗叶片卷起,并呈暗色	苗长势差,植株变软,白天整株叶片卷曲,萎蔫,不易恢复,部分叶子变黄,底部叶子枯死	植株矮小,萎蔫,停止生长叶片卷皱,不易恢复,底部叶片变黄	抽雄抽穗很慢,多数叶片卷曲,不易恢复,底部叶子变黄,部分枯死	多数叶片枯死,籽粒较瘪,果穗细小,秃尖,早衰,多数"低头"。穗苞枯黄
特旱	干土层厚度大于 15 cm	因旱无法播种;播种后出苗率小于 40%,或不发芽、不出苗。出苗后幼苗青干或枯死	幼苗整株萎蔫,多数叶子变黄变褐,不可恢复,甚至整株枯死	植株萎蔫,下半部分叶片枯黄,不可恢复	雄、雌穗不能及时抽出,整株叶片卷曲或萎蔫,不可恢复,叶子变黄变黑,多数叶片枯死	植株过早枯死;果穗很小,籽粒干瘪

3.3.4　大豆不同发育期土壤相对湿度干旱标准

大豆不同发育期土壤相对湿度干旱标准见表 3.46。

表 3.46　大豆土壤相对湿度(R_{sm})干旱等级划分表　%

等级	类型	土壤质地	发育期				
		壤土	播种出苗期	幼苗至旁枝期	开花结荚期	鼓粒期	成熟期
0	无旱		$75 \leqslant R_{sm}$	$60 \leqslant R_{sm}$	$75 \leqslant R_{sm}$	$70 \leqslant R_{sm}$	$60 \leqslant R_{sm}$
1	轻旱		65～75	50～60	65～75	60～70	50～60
2	中旱		55～65	$40 \leqslant R < 50$	55～65	50～60	40～50
3	重旱		45～55	30～40	45～55	40～50	30～40
4	特旱		$R_{sm} < 45$	$R_{sm} < 30$	$R_{sm} < 45$	$R_{sm} < 40$	$R_{sm} < 30$
		黏土	播种出苗期	幼苗至旁枝期	开花结荚期	鼓粒期	成熟期
0	无旱		$80 \leqslant R_{sm}$	$65 \leqslant R_{sm}$	$80 \leqslant R_{sm}$	$75 \leqslant R_{sm}$	$65 \leqslant R_{sm}$
1	轻旱		70～80	55～65	70～80	65～75	55～65
2	中旱		60～70	45～55	60～70	55～65	45～55
3	重旱		50～60	35～45	45～60	45≤～55	35～45
4	特旱		$R_{sm} < 50$	$R_{sm} < 35$	$R_{sm} < 45$	$R_{sm} < 45$	$R_{sm} < 35$
		砂土	播种出苗期	幼苗至旁枝期	开花结荚期	鼓粒期	成熟期
0	无旱		$70 \leqslant R_{sm}$	$55 \leqslant R_{sm}$	$70 \leqslant R_{sm}$	$65 \leqslant R_{sm}$	$55 \leqslant R_{sm}$
1	轻旱		60～70	45～55	60～70	55～65	45～55
2	中旱		50～60	35～45	50～60	45～55	35～45
3	重旱		40～50	25～35	40～50	35～45	25～35
4	特旱		$R_{sm} < 40$	$R_{sm} < 25$	$R_{sm} < 40$	$R_{sm} < 35$	$R_{sm} < 25$

注：在作物播种出苗期土层厚度取 10 cm，幼苗至旁枝期取 20 cm，其他生育阶段取 30～50 cm 平均值。R_{sm}数值范围中数值较小者为包含值。

3.3.5　玉米延迟型冷害等级标准

低温冷害是北方易发的主要灾害，因此许多专家学者对此开展了大量的研究。冷害有三种类型：延迟型冷害、障碍型冷害和混和型冷害。目前表征作物延迟型低温冷害的指标最常用的有两种，即 5—9 月月平均气温之和的距平值以及积温距平。利用多年地面观测资料，采用数理统计等方法，经过计算分析，分别以 5—9 月月平均气温之和的距平值以及积温距平表征延迟型冷害，建立了玉米、水稻延迟型冷害等级标准，指标见表 3.47—表 3.50，其中玉米一般冷害对应的减产率为 5%～15%，严重冷害对应的减产率大于 15%。水稻轻度冷害的减产率为 $5\% \leqslant Y \leqslant 10\%$，中度冷害的减产率为 $10\% < Y \leqslant 15\%$，重度冷害的减产率为 $15\% < Y \leqslant 100\%$。

表 3.47　玉米 5—9 月气温距平指标　单位：℃

$\sum T_{5-9}$	≤80	(80,85]	(85,90]	(90,95]	(95,100]	>100
轻度时 ΔT_{5-9}	(−1.4,−1.1]	(−1.9,−1.4]	(−2.4,1.7]	(−2.9,−2.0]	(−3.1,−2.2	(−3.3,−2.3]
中度时 ΔT_{5-9}	(−1.7,−1.4]	(−2.4,1.9]	(−3.1,2.4]	(−3.7,−2.9]	(−4.1,3.1]	(−4.4,−3.3]
严重时 ΔT_{5-9}	≤−1.7	≤−2.4	≤−3.1	≤−3.7	≤−4.1	≤−4.4

注：$\sum \overline{T}_{5-9}$ 为 5—9 月月平均气温之和的多年平均值；ΔT_{5-9}为当年 5—9 月各月月平均气温之和的距平值。下同。

表 3.48　玉米生长季≥10 ℃活动积温距平指标

发育期	积温距平 H/℃·d			冷害发生的可能性/%
	早熟品种	中熟品种	晚熟品种	
出苗—七叶	$H<-30$	$H<-35$	$H<-40$	55
出苗—抽雄	$H<-40$	$H<-45$	$H<-50$	70
出苗—乳熟	$H<-45$	$H<-50$	$H<-55$	78

3.3.6　水稻延迟型冷害等级标准

表 3.49　水稻 5—9 月气温距平(ΔT_{5-9})　　单位:℃

区域	早熟区		中熟区		晚熟区	
$\sum T_{5-9}$ 等级	≤83	(83,88]	(88,93]	(93,98]	(98,103]	>103
轻度	[−1.5,−1.0)	[−1.9,−1.4)	[−2.1,−1.7)	[−2.6,−1.9)	[−3.1,−2.4)	[−3.6,−2.9)
中度	[−2.0,−1.5)	[−2.2,−1.9)	[−2.6,−2.1)	[−3.2−2.6)	[−3.8,−3.1)	[−4.2,−3.6)
严重	<−2.0	<−2.2	<−2.6	<−3.2	<−3.8	<−4.2

表 3.50　水稻生长季≥10 ℃活动积温差值($\Delta\sum T_{10}$)指标　　单位:℃·d

区域	早熟区		中熟区		晚熟区	
生长期	移栽—安全齐穗期	移栽—安全成熟期	移栽—安全齐穗期	移栽—安全成熟期	移栽—安全齐穗期	移栽—安全成熟期
轻度	[−50,−40)	[−60,−50)	[−60,−50	[−70,−60)	[−70,−60)	[−80,−70)
中度	[−60,−50)	[−70,−60)	[−70,−60)	[−80,−70)	[−80,−70	[−90,−80)
严重	<−60	<−70	<−70	<−80	<−80	<−90

注:水稻生育期为普遍期,即 50%的水稻达到该发育期的日期。

3.3.7　水稻障碍型冷害气象指标

低温冷害是北方易发的主要灾害,冷害有三种类型:延迟型冷害、障碍型冷害和混和型冷害。因玉米和大豆障碍型冷害发生概率非常小,因此障碍型冷害只对水稻进行研究。水稻障碍型冷害,在水稻生殖生长期(主要是孕穗和抽穗开花期)遇到短时间的低温,使植株的生理机能受到破坏,形成空秕粒而减产。水稻障碍型冷害气象指标见表 3.51。

表 3.51　水稻障碍型低温冷害等级气象指标

等级	早熟区		中熟区		晚熟区	
	孕穗期	开花期	孕穗期	开花期	孕穗期	开花期
轻度	连续 2 d 的 T_a ≤16.0 ℃	连续 3 d 的 T_b ≤18.0 ℃,或连续 2 d 的 T_b≤17.0 ℃	连续 2 d 的 T_a≤17.0 ℃	连续 3 d 的 T_b ≤19.0 ℃,或连续 2 d 的 T_b≤18.0 ℃	连续 2 d 的 T_a≤17.5 ℃	连续 3 d 的 T_b≤19.5 ℃,或连续 2 d 的 T_b≤18.5 ℃

续表

等级	早熟区		中熟区		晚熟区	
	孕穗期	开花期	孕穗期	开花期	孕穗期	开花期
中度	连续3 d的T_a≤16.0 ℃,或连续2 dT_a≤15.0 ℃	连续4 d的T_b≤18.0 ℃,或连续3 d的T_b≤17.0 ℃,或连续2 d的T_b≤16.0 ℃	连续3 d的T_a≤17.0 ℃,或连续2 dT_a≤16.0 ℃	连续4 d的T_b≤19.0 ℃,或连续3 d的T_b≤18.0 ℃,或连续2 d的T_b≤17.0 ℃	连续3 d的T_a≤17.5 ℃,或连续2 d的T_a≤16.5 ℃	连续4 d的T_b≤19.5 ℃,或连续3 d的T_b≤18.5 ℃,或连续2 d的T_b≤17.5 ℃
重度	连续4 d以上T_a≤16.0 ℃,或连续3 d以上T_a≤15.0 ℃	连续5 d以上T_b≤18.0 ℃,或连续4 d以上T_b≤17.0 ℃,或连续3 d以上T_b≤16.0 ℃	连续4 d以上T_a≤17.0 ℃,或连续3 d以上T_a≤16.0 ℃	连续5 d以上T_b≤19.0 ℃,或连续4 d以上T_b≤18.0 ℃,或连续3 d以上T_b≤17.0 ℃	连续4 d以上T_a≤17.5 ℃,或连续3 d以上T_a≤16.5 ℃	连续5 d以上T_b≤19.5 ℃,或连续4 d以上T_b≤18.5 ℃,或连续3 d以上T_b≤17.5 ℃

注:T_a为抽穗前20 d内的日平均气温,T_b为抽穗后10 d内的日平均气温。

3.3.7.1　孕穗期水稻障碍型冷害指标

依据日平均气温的持续天数,将孕穗期水稻障碍型冷害分为轻度冷害、中度冷害和严重冷害三个等级(表3.52)。

表3.52　孕穗期水稻障碍型冷害气象指标

致灾指标	轻度冷害	中度冷害		严重冷害	
日平均气温 T/℃	16<T≤17 ℃	T≤17 ℃	T≤16 ℃	T≤17 ℃	T≤16 ℃
持续天数 D/d	2	3	2	≥4	≥3
减产率(A_y)危害参考值	5%≤A_y≤10%	10%<A_y≤15%		A_y≤15%	

黑龙江省水稻主产区在孕穗期较少出现日均气温≤17 ℃持续8 d的自然低温天气,确定黑龙江省水稻障碍型冷害指标体系时,以低温持续天数2～8 d为宜,不将低温持续天数超过8 d的情况纳入体系表中;分析获得敏感性品种17 ℃和耐冷性强的品种16 ℃的低温临界指标,敏感性品种17 ℃低温持续2 d以上水稻受害,耐冷性强的品种在16 ℃以下的低温持续2 d以上表现受害,得到水稻抽穗前14～18 d为对低温最敏感的时期。同时收集了黑龙江省水稻主产区栽培品种情况,目前黑龙江省各积温带种植的水稻品种较杂,以中熟品种居多,分别从积温带和品种熟型出发,综合分析得到2套水稻障碍型冷害量化指标体系。

3.3.7.2　开花期水稻障碍型冷害指标

依据日平均气温的持续天数,将开花期水稻障碍型冷害分为轻度冷害、中度冷害和严重冷害三个等级(表3.53)。

表3.53　开花期水稻障碍型冷害气象指标

致灾指标	轻度冷害	中度冷害	严重冷害
日平均气温 T/℃	≤19	≤19 ℃	≤19 ℃
持续天数 D/d	3	4	≥5
减产率(A_y)危害参考值	5%≤A_y≤10%	10%<A_y≤15%	A_y>15%

3.3.8 暴雪垮棚指标

日光温室暴雪垮棚指标与温室的规模、种类、材料、耐用年限、结构等有关，在充分调研黑龙江省日光温室的建造结构、规模、使用年限的前提下，确定冬春季节不同时段、不同坡度角的日光温室所受的最大雪压，计算温室所能承受的最大积雪深度作为暴雪垮棚的临界指标（表3.54）。考虑温室使用年限及高度，把20年重现期日最大雪压作为日光温室的临界雪压。

表3.54 黑龙江省日光温室暴雪垮棚积雪深度指标 单位：cm

区域	月份	坡度角/(°)				
		<30	30～35	35～40	40～45	>45
北部	1月、2月、12月	21	26	35	53	105
	3月、4月、10月、11月	11	13	18	26	53
西部	1月、2月、12月	11	14	19	28	56
	3月、4月、10月、11月	6	7	10	14	28
中部	1月、2月、12月	14	18	24	36	72
	3月、4月、10月、11月	7	9	12	18	36
东部	1月、2月、12月	26	33	44	66	132
	3月、4月、10月、11月	13	16	22	33	66

3.3.9 霜冻

作物霜冻害是黑龙江省主要农业气象灾害，它发生范围广泛，经常造成重大农业经济损失。一般来说，作物霜冻害分3级：即轻霜冻、中霜冻和重霜冻。当发生轻霜冻时，气温下降比较明显，日最低气温比较低；植株顶部、叶尖或少部分叶片受冻，部分受冻部位可以恢复；受害株率应小于30%；粮食作物减产幅度应在5%以内。发生中霜冻时，气温下降很明显，日最低气温很低；植株上半部叶片大部分受冻，且不能恢复；幼苗部分被冻死；受害株率应在30%～70%；粮食作物减产幅度应在5%～15%。发生重霜冻时，气温下降特别明显，日最低气温特别低；植株冠层大部叶片受冻死亡或作物幼苗大部分被冻死；受害株率应大于70%；粮食作物减产幅度应在15%以上。

作物霜冻害发生等级取决于最低气温、最低叶温和作物受害程度等因素。由于日最低气温与最低叶温、作物受害程度和减产率有密切的关系，而且该气象数据容易观测和获取，因此，采用日最低气温建立了主要粮食作物玉米、水稻和大豆不同发育期的霜冻害的指标，见表3.55。

表3.55 主要粮食作物霜冻害日最低气温指标 单位：℃

作物	轻霜冻			中霜冻			重霜冻		
	苗期	开花期	乳熟期	苗期	开花期	乳熟期	苗期	开花期	乳熟期
玉米	−1.0～−2.0	0.0～−1.0	−1.0～−2.0	−2.0～−3.0	−1.0～−2.0	−2.0～−3.0	−3.0～−4.5	−2.0～−3.0	−3.0～−4.0
水稻	0.0～−0.5	0.0～−0.5	0.0～−0.5	−0.5～−1.0	−0.5～−1.0	−0.5～−1.0	−1.0～−2.0	−1.0～−2.0	−1.0～−2.0
大豆	−1.0～−2.0	0.0～−1.0	0.5～0.0	−2.0～−3.0	−1.0～−2.0	0.0～−1.0	−3.0～−4.5	−2.0～−3.0	−1.0～−2.5

第 4 章　气候变化对粮食安全影响评估

黑龙江省、河南省和内蒙古自治区是中国最重要的粮食生产基地,其在国家粮食安全中占有重要地位。在全球气候变化背景下,水稻、玉米、大豆、冬小麦生长和产量均受到较大程度的影响,因此,加强气候变化对粮食作物影响分析以及作物种植结构优化的研究对保障粮食安全生产意义重大。

4.1　气候变化对玉米生产影响评估

4.1.1　玉米生长发育期变化对气候变化的响应

本章利用黑龙江省 23 个农业气象观测站 1980—2017 年玉米生长发育期观测资料,各个站玉米不同生长发育期期间的逐日平均气温(X_1)、平均最高气温(X_2)、平均最低气温(X_3)、降水量(X_4)、日照时数(X_5)、空气相对湿度(X_6)数据,将玉米全生育期称为生长季(播种—成熟)、营养生长时期(播种—拔节)、生殖生长时期(拔节—成熟),分 3 个玉米不同生长时期分析生长时长的时空演变及其对气象因子的响应,为玉米生产提供科学依据。

4.1.1.1　玉米生长发育期日数时间变化特征

分析图 4.1、图 4.2、图 4.3 可知,研究区 1980—2017 年玉米生长季总体呈现极显著延长趋势,相关系数 $r=0.483$,通过 $0.002<P\leqslant0.005$ 显著性检验,延长速率 2.5 d/(10 a),玉米营养生长期总体呈现较弱的缩短趋势,相关系数 $r=-0.211$,通过 $0.20<P\leqslant0.21$ 显著性检验,缩短速率 0.4 d/(10 a),玉米生殖生长期总体呈现极显著延长趋势,相关系数 $r=0.666$,通过 $P<0.00005$ 显著性检验,延长速率 4.4 d/(10 a),玉米生殖生长期增长幅度远大于玉米营养生长期缩短幅度,导致玉米生长季延长,说明在研究区秋霜冻出现日期较晚。在研究区玉米生长季、营养生长期、生殖生长期平均时长、最长时长、最短时长分别为 148 d、149 d、122 d,

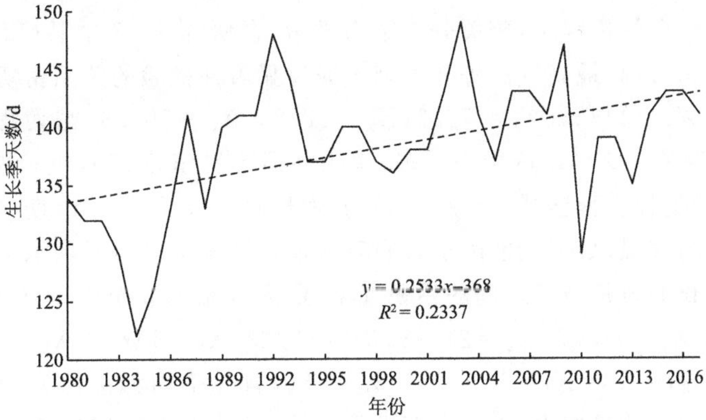

图 4.1　1980—2017 年玉米生长季天数变化趋势

60 d、66 d、52 d，78 d、85 d、66 d。可见玉米营养生长时长与生殖生长时长相当，且玉米营养生长时长有缩短态势，玉米生殖生长时长有延长态势，这可以提高玉米籽粒的成熟度，同时，玉米籽粒有足够的时间脱水，可以提高玉米的产量和品质。

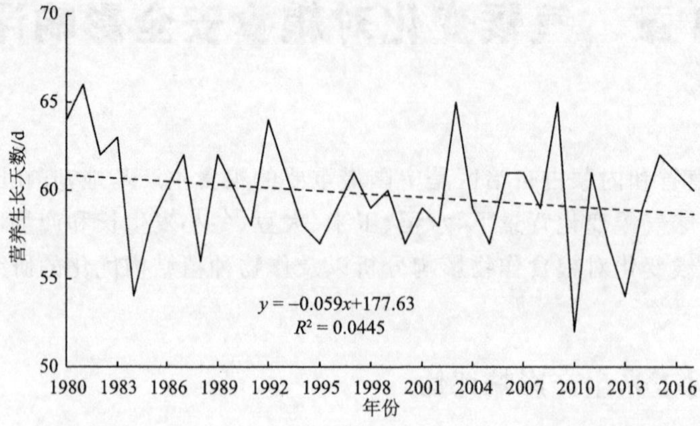

图 4.2 1980—2017 年玉米营养生长期天数变化趋势

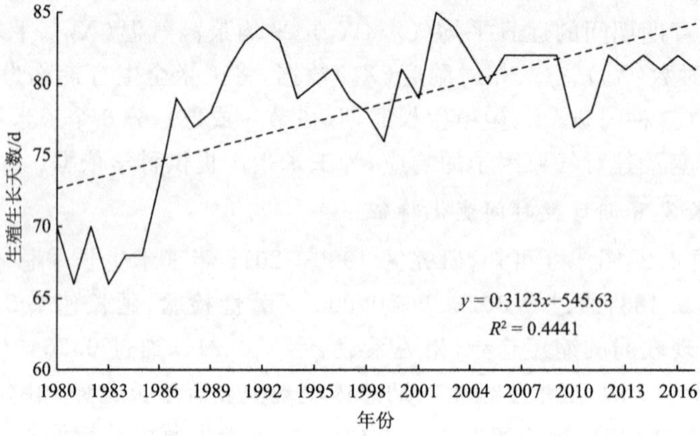

图 4.3 1980—2017 年玉米生殖生长期天数变化趋势

为了分析玉米营养生长、生殖生长、全生育期时长与气象因子的相关关系，选取了累积气温、降水量、日照等 6 个气象因子，相关分析结果显示，在研究区 23 个县(市)玉米营养生长期时长与其之间的累积气温、最高气温等 6 个因子通过显著性检验的关系密切比率分别为 $X_1=12/23$、$X_2=12/23$、$X_3=11/23$、$X_4=7/23$、$X_5=12/23$、$X_6=10/23$，密切程度由大到小排序 $X_1=X_2=X_5>X_3>X_6>X_4$，且负相关居多，说明在研究区玉米营养生长期光温水因子都不适宜玉米生长，玉米生长进程缓慢，导致玉米营养生长时长过长，这一时期，控制玉米生长的主要因子是表征热量的气温、表征光能因子日照时数及表征湿度的因子降水量。在研究区 23 个县(市)玉米生殖生长期时长与其之间的累积气温、最高气温等 6 个因子通过显著性检验的关系密切比率分别为 $X_1=23/23$、$X_2=21/23$、$X_3=23/23$、$X_4=14/23$、$X_5=22/23$、$X_6=23/23$，密切程度由大到小排序 $X_1=X_3=X_6>X_5>X_2>X_4$，且几乎均为正相关，说明在研究区玉米生殖生长期光温水因子数量偏少，玉米发育进程缓慢，导致玉米生殖生长时长过长，气温偏低籽粒饱满程度不足，影响产量及品质，这一时期，控制玉米生长的主要因子依然是表征热量的气温、表征光能因子日照时数及表征湿度的降水量。在研究区 23 个县(市)玉米全生长期时长与其之间的累积气温、最高气温等 6 个因子通过显著性检验的关系密切比率分别为 $X_1=23/23$、$X_2=14/23$、$X_3=23/23$、$X_4=9/23$、$X_5=13/23$、$X_6=20/23$，密切程度由大到小排序 $X_1=X_3>X_6>X_2>X_5>X_4$，除降水外，几乎均为正相关，说明在研究区玉米全生长发育期光温水因子依然不完全适宜其生长发育，也因光温水匹配不理想造成玉米生长发育进程缓慢，导致玉米生长季时长过长，秋霜前籽粒饱满程度不足，影响产量，玉米整个生长期，控制其生长的主要因子是表征热量的气温、表征光能因子的日照时数及表征湿度的降水量，具体表现为玉米生长发育全程气温偏低，导致热量偏少，在气候变暖背景下，研究区作物生长季期间热量增加幅度较小；降水量季节分布不均，春末夏初干旱严重。

4.1.1.2 玉米生长发育期日数空间变化特征

在分析玉米不同生长发育期日数与气象因子关系的基础上，建立玉米不同生长发育期日与气象因子的多元线性回归方程，另外，建立由气象因子与地理信息纬度、经度和海拔高度的多元线性回归方程，通过两组方程迭代运算，采用 ArcGIS 平台，Kriging 插值方法获取研究区的玉米不同生长发育期日数空间分布图，进而分析玉米不同生长发育期在气候变化背景下，空间分布特征。

4.1.1.2.1 玉米生长发育期日数与气象地理因子模型建立

基于玉米营养生长期日数(Y_1)、生殖生长时期日数为(Y_2)、玉米全生育期称为(Y_3)，玉米生育期之间累积平均气温(X_1)、降水量(X_2)、日照时数(X_3)、平均最高气温(X_4)、平均最低气温(X_5)、日平均相对湿度(X_6)，利用单回归分析研究因变量和自变量之间的相关程度，在累积平均气温(X_1)、降水量(X_2)、日照时数(X_3)等 6 个因子中，选取相关密切的累积平均气温(X_1)、降水量(X_2)、日照时数(X_3)3 个因子，分别与玉米营养生长期日数 Y_1、生殖生长时期日数 Y_2、玉米全生育期 Y_3 建立多元线性回归方程(4.1)—(4.3)，3 个方程的复相关系数分别为 0.976、0.878、0.951，显著性水平 $P<0.001$，均达到极显著性水平。

$$Y_1=0.024X_1+0.045X_2+0.040X_3+5.590 \tag{4.1}$$

$$Y_2=0.023X_1+0.033X_2+0.029X_3+16.858 \tag{4.2}$$

$$Y_3=0.032X_1+0.043X_2+0.017X_3+5.590 \tag{4.3}$$

为了分析在气候变化背景下，玉米营养生长发育期日数、生殖生长发育期日数、全生长发育期日数随着纬度(z_1)、经度(z_2)、海拔高度(z_3)的空间变化。首先建立玉米生育期之间累积平均气温(X_1)、降水量(X_2)、日照时数(X_3)与纬度、经度、海拔高度的多元回归方程(4.4)—(4.12)，在 3 组 9 个方程中，累积平均气温、日照时数模拟方程的复相关系数为 0.688～0.816，均大于 0.652，6 个方程全部通过 0.001 显著性水平($P<0.001$)，均达到极显著性水平。降水量模拟方程的复相关系数分别为 0.618、0.024、0.362，分别通过 $0.002\leqslant P<0.005$、$0.20\leqslant P<0.22$、$0.10\leqslant P<0.12$，显著性水平相对较弱，但还是表征了降水量与地理因子之间的线性关系，可以应用在降水量的空间插值。玉米营养生长期、生殖生长期、全生育期之间的累积平均气温、降水量、日照时数与地理因子的多元线性回归方程如下。

营养生长期：

$$X_1=-24.437z_1-21.659z_2+0.779z_3+4870.970 \tag{4.4}$$

$$X_2=-2.108z_1+0.609z_2+0.246z_3+130.040 \tag{4.5}$$

$$X_3=-13.786z_1-10.623z_2+0.475z_3+2399.084 \tag{4.6}$$

生殖生长期：

$$X_1 = -40.219z_1 - 18.899z_2 - 1.413z_3 + 6092.415 \tag{4.7}$$

$$X_2 = -1.784z_1 + 2.809z_2 - 0.049z_3 + 1.839 \tag{4.8}$$

$$X_3 = 9.391z_1 - 10.408z_2 - 0.227z_3 + 1515.968 \tag{4.9}$$

全生育期：

$$X_1 = -40.219z_1 - 18.899z_2 - 1.413z_3 + 6092.415 \tag{4.10}$$

$$X_2 = -1.784z_1 + 2.809z_2 - 0.049z_3 - 1.839 \tag{4.11}$$

$$X_3 = 9.391z_1 - 10.408z_2 - 0.227z_3 + 1515.968 \tag{4.12}$$

分别将代数式(4.4)—式(4.12)代入多元回归方程(4.1)—(4.3)中：最终获得玉米营养生长发育期日数、生殖生长发育期日数、全生长发育期日数随着纬度(z_1)、经度(z_2)、海拔高度(z_3)的表达式

$$Y_1 = -24.437z_1 - 21.659z_2 + 0.779z_3 + 4870.970 \tag{4.13}$$

$$Y_2 = -0.705z_1 - 0.639z_2 - 0.041z_3 + 199.616 \tag{4.14}$$

$$Y_3 = -2.259z_1 - 1.503z_2 - 0.008z_3 + 436.398 \tag{4.15}$$

采用 ArcGIS 平台，应用表达式(4.13)、式(4.14)、式(4.15)，可得玉米营养生长发育期日数、生殖生长发育期日数、全生长发育期日数随着纬度(z_1)、经度(z_2)、海拔高度(z_3)的空间变化关系。

4.1.1.2.2　玉米生长发育期日数与地理气象因子空间分布

玉米生殖生长发育期日数、全生长发育期日数随着纬度、经度、海拔高度的空间变化由西南向东北逐渐递减，符合玉米生殖生长发育期日数、全生长发育期日数随着气候资源减少而减少的规律，也符合气候资源随着纬度、经度、海拔高度增加而减少的规律，值得注意的是，玉米营养生长发育期日数与海拔高度增加而增加，这个原因可能是参与方程计算的县市海拔高度整体较低(54～268 m)，没达到降水量随着海拔升高而减少的最高值，只是在这里表现了较好的关系。玉米生长发育期时长随地理因子变化特征，营养生长期日数总体呈现由西南向东北逐渐递增趋势，在同经度、同高度下，随纬度的递减率为 24.4 d/(°)，在同纬度、同高度下，随经度的递减率为 21.7 d/(°)，在同经度、同纬度下，随海拔高度的递增率 0.8 d/m。玉米在一生中，要完成营养生长即根、茎、叶的生长需要适宜的光温水资源，而研究区播种至拔节期间一般为 5 月上中旬至 6 月下旬或 7 月上旬，此时光温水资源都没有完全适宜玉米生长，导致玉米生长期向光温水匹配较差的地区延长，换句话说，即需要更长时间完成营养生长；另外，经度、纬度递减率较大，也表明在研究区 5 月上旬至 7 月上旬气候资源南北差异较大的特征。生殖生长时长总体呈现由西南向东北逐渐递减趋势，在同经度、同高度下，随纬度的递减率为 0.7 d/(°)，在同纬度、同高度下，随经度的递减率为 0.6 d/(°)，在同经度、同纬度下，随海拔高度的递减率不足 0.1 d/m。玉米全生育期时长总体呈现由西南向东北逐渐递减趋势，在同经度、同高度下，随纬度的递减率为 2.3 d/(°)，在同纬度、同高度下，随经度的递减率 1.5 d/(°)，在同经度、同纬度下，随海拔高度的递减率不足 0.01 d/m。

4.1.1.2.3　主要结论

利用黑龙江省 23 个农业气象观测站 1980—2017 年玉米生长发育其观测资料，各个站玉米不同生长发育期期间的逐日平均气温、平均最高气温、平均最低气温、降水量、日照时数、空气相对湿度数据，采用相关分析、多元回归方程及 ArcGIS 平台，将玉米全生育期(播种—成

熟)、营养生长时期(播种—拔节)、生殖生长时期(拔节—成熟),分玉米全生育期、营养生长时期、生殖生长时期 3 个玉米不同生长时期,研究玉米不同生长时长的时空演变及其对气象地理因子的响应。主要结论如下。

(1)研究区 1980—2017 年玉米生长季总体呈现极显著延长趋势,延长速率 2.5 d/(10 a),玉米营养生长期具有较弱的缩短趋势,缩短速率 0.6 d/(10 a),玉米生殖生长期呈现极显著延长趋势,延长速率 2.0 d/(10 a),生殖生长期时长与气象因子相关分析表明,在研究区秋霜冻出现日期一般较晚,但秋霜冻对玉米生产依然有风险。

(2)通过玉米营养生长、生殖生长、全生育期时长与累积气温、降水量、日照等 6 个气象因子相关分析表明,在研究区玉米全生长发育期光温水因子依然不完全适宜其生长发育,玉米生长发育进程缓慢,导致玉米生长季时长过长,秋霜前籽粒饱满程度不足,影响产量,控制的主要因子是表征热量的气温、表征光能因子日照时数及表征湿度的降水量,具体表现为玉米生长发育全程气温偏低,导致热量偏少,气候变暖背景下,玉米生长季期间热量增加幅度较小;降水量季节分布不均,春末夏初干旱严重。

(3)实现了研究区玉米营养生长发育期日数、玉米生殖生长发育期日数、全生长发育期日数与地理、气象因子的空间插值,玉米生殖生长发育期日数、全生长发育期日数由西南向东北逐渐递减,与气候资源随着纬度、经度、海拔高度增加而减少的规律一致,但营养生长期日数总体呈现由西南向东北逐渐递增趋势,由于参与方程计算的县市海拔高度整体较低(54～268 m),没达到降水量随着海拔升高而减少的最高值,也因为在研究区 5 月上旬至 7 月上旬气候资源南北差异较大、玉米完成营养生长时间过长所致。

4.1.2　气象因子对玉米产量的影响

4.1.2.1　玉米生长区划分及资料处理

黑龙江省耕地面积居全国第一位,玉米种植分布受气候条件影响较大,具有明显的地域分布特征,根据地区的气候和土壤条件合理布局和品种熟型是玉米生产必须考虑的问题。根据玉米的气候生产潜力指标和气候产量变异系数,采用叠加法,将黑龙江省玉米种植区划分为 4 个区,每个区主要代表县见表 4.1,4 个区可以代表黑龙江省玉米种植实际分布情况。

表 4.1　玉米气候区划

分区	县级单元
高产稳产区(Ⅰ)	青冈,绥化,肇东,兰西,巴彦,肇州,哈尔滨,双城,呼兰,阿城,宾县,木兰
高产区(Ⅱ)	北安,富裕,依安,拜泉,海伦,明水,富锦,望奎,安达,汤原,佳木斯,依兰,桦南,集贤,宝清,肇源,方正,尚志,勃利,林口,密山,鸡东,五常,穆棱,宁安
稳产区(Ⅲ)	龙江,齐齐哈尔,泰来
低产不稳产区(Ⅳ)	逊克,讷河,嘉荫,饶河

使用主要代表县的气象资料及玉米产量资料进行统计分析。采用因子膨化方法,利用各区气象站资料,将玉米全生育期 5 月上旬至 9 月下旬按旬分成 15 个生物时段($n=15$),然后将气温(T)、降水(R)和日照(S)以 5 月上旬为起始旬,9 月下旬为终止旬进行累计膨化,即从 5 月上旬至 9 月下旬分为 15 个旬为第一序列(5/上、5/中、5/下、6/上、6/中、6/下、7/上、7/中、7/下、8/上、8/中、8/下、9/上、9/中和 9/下),第二序列为 2 旬逐步累加(5/上—5/中、5/中—

5/下、5/下—6/上、6/上—6/中、6/中—6/下、6/下—7/上、7/上—7/中、7/中—7/下、7/下—8/上、8/上—8/中、8/中—8/下、8/下—9/上、9/上—9/中和9/中—9/下)，第三序列为3旬逐步累加(5/上—5/下、5/中—6/上、5/下—6/中、6/上—6/下、6/中—7/上、6/下—7/中、7/上—7/下、7/中—8/上、7/下—8/中、8/上—8/下、8/中—9/上、8/下—9/中和9/上—9/下)。这样1个区5月上旬至9月下旬气温、降水和日照因子数为126个，4个区共计504个气象因子。

作物产量通常定义为：单位面积上所获得的籽料重量，它有两大限制因素，受气象条件、气象灾害等环境因素影响部分叫气象产量，受当地的政策水平、农业技术措施、栽培管理水平等影响部分叫趋势产量。为了分析气象条件对玉米产量形成的影响，根据作物产量的定义将玉米产量分解成趋势产量和气象产量之和。玉米气象产量 y_c，分4个种植区处理，采用正交多项式计算玉米趋势产量(表4.2)，即玉米气象产量 y_c 可分解为实际产量 y 与趋势产量 y_t 的差值。首先确定各区的 y_t，其次计算 y_c。4个区的玉米产量趋势方程相关系数均大于0.90，通过了0.001的显著性检验。而实践证明，选用正交多项式计算玉米趋势产量，此方法较适合。

表4.2 各区趋势产量拟合方程

分区	方程	R
Ⅰ	$y_t=6431.00+86.99\varphi_1-8.73\varphi_2$	0.92
Ⅱ	$y_t=5674.97+89.92\varphi_1-8.99\varphi_2$	0.94
Ⅲ	$y_t=3941.96+71.45\varphi_1$	0.90
Ⅳ	$y_t=4500.00+7489\varphi_2$	0.93

4.1.2.2 玉米生长气象指标确定

采用定量分析和气象要素平均值相结合的综合方法确定玉米生长发育的气象指标，定量分析是用玉米气象产量与膨化的气象因子做相关分析，获取通过显著性检验的回归方程，可以根据方程逆运算初步确定玉米生长气象适宜指标，设定玉米气象产量正常偏高的区间为[−5, 10]，没有通过显著性检验的回归方程，结合气象因子历史均值综合判定玉米生长适宜气象指标。玉米生长发育的适宜气象指标列于表4.3—表4.5。玉米气象产量与膨化的气象因子相关方程见表4.6，发现气温或累积气温与玉米气象产量的相关方程倾向率减小，占比约78%，说明气温或累积气温增加，对玉米气象产量影响趋小。

表4.3 以一旬为单位气象要素的玉米适宜指标

分区	一旬(旬/月)	T/℃	R/mm	S/h
Ⅰ	上/5	11～12	15～18	75～77
	中/5	12～15	12～15	78～81
	下/5	16～17	15～18	91～94
	上/6	17～19	22～27	79～83
	中/6	19～21	30～33	74～78
	下/6	20～22	31～35	81～84
	上/7	21～23	47～52	73～76
	中/7	21～23	46～55	72～74
	下/7	21～23	54～60	72～74

续表

分区	一旬(旬/月)	T/℃	R/mm	S/h
Ⅰ	上/8	22～23	40～46	71～74
	中/8	20～22	29～35	72～74
	下/8	18～20	35～44	79～82
	上/9	16～18	18～24	76～80
	中/9	13～15	17～20	75～77
	下/9	11～13	12～18	72～74
Ⅱ	上/5	10～11	12～17	71～73
	中/5	12～14	14～18	75～78
	下/5	15～16	18～22	87～92
	上/6	16～18	25～30	75～77
	中/6	18～20	25～30	74～77
	下/6	19～21	29～34	81～83
	上/7	20～22	42～48	72～74
	中/7	20～22	38～44	75～77
	下/7	21～23	37～43	69～72
	上/8	20～22	35～44	69～71
	中/8	20～22	32～40	68～71
	下/8	18～20	35～43	73～77
	上/9	15～17	18～24	72～74
	中/9	12～14	19～25	72～75
	下/9	10～12	12～18	72～74
Ⅲ	上/5	11～13	5～10	79～82
	中/5	14～16	8～15	87～89
	下/5	16～18	10～18	96～99
	上/6	18～20	15～22	88～91
	中/6	20～22	25～30	84～87
	下/6	21～23	27～35	88～90
	上/7	22～23	42～48	76～79
	中/7	22～24	38～45	80～83
	下/7	23～24	52～62	86～89
	上/8	21～23	33～44	79～82
	中/8	20～22	25～35	80～84
	下/8	19～21	25～34	90～93
	上/9	16～18	14～22	81～83
	中/9	13～15	10～20	82～84
	下/9	11～13	6～15	76～78

续表

分区	一旬(旬/月)	T/℃	R/mm	S/h
Ⅳ	上/5	8～10	13～18	71～74
	中/5	11～13	15～20	76～78
	下/5	13～15	15～22	90～92
	上/6	15～17	22～32	77～79
	中/6	17～19	25～34	78～80
	下/6	18～20	27～34	84～86
	上/7	19～21	35～45	73～75
	中/7	19～21	36～45	73～75
	下/7	19～21	50～62	73～76
	上/8	19～21	38～45	69～72
	中/8	17～19	32～40	68～70
	下/8	17～18	35～40	77～79
	上/9	14～15	24～30	70～72
	中/9	10～12	18～25	68～70
	下/9	8～10	10～16	68～71

表 4.4 以二旬为单位气象要素的玉米适宜指标

分区	一旬(旬/月)	T/℃	R/mm	S/h
Ⅰ	上/5—中/5	25～27	25～35	155～158
	中/5—下/5	30～32	26～36	173～176
	下/5—上/6	34～35	35～45	175～177
	上/6—中/6	38～40	57～67	161～164
	中/6—下/6	41～43	65～70	161～164
	下/6—上/7	43～45	75～85	158～161
	上/7—中/7	44～46	91～102	145～151
	中/7—下/7	44～46	97～108	144～150
	下/7—上/8	44～46	103～113	144～147
	上/8—中/8	42～44	70～83	139～143
	中/8—下/8	40～42	67～75	156～158
	下/8—上/9	35～37	50～60	159～161
	上/9—中/9	30～32	30～40	153～155
	中/9—下/9	25～27	32～38	149～151

续表

分区	一旬(旬/月)	T/℃	R/mm	S/h
Ⅱ	上/5—中/5	23～25	28～35	148～150
	中/5—下/5	28～30	32～38	167～169
	下/5—上/6	33～35	45～52	169～171
	上/6—中/6	36～38	52～60	153～155
	中/6—下/6	39～41	53～63	157～159
	下/6—上/7	41～43	66～75	154～156
	上/7—中/7	42～44	76～85	146～148
	中/7—下/7	42～44	86～95	145～147
	下/7—上/8	43～45	89～98	142～144
	上/8—中/8	41～43	72～80	140～141
	中/8—下/8	38～40	70～80	148～150
	下/8—上/9	34～36	55～60	151～153
	上/9—中/9	29～31	35～45	146～148
	中/9—下/9	24～26	28～38	144～146
Ⅲ	上/5—中/5	26～28	14～24	166～169
	中/5—下/5	32～34	20～30	183～187
	下/5—上/6	35～37	26～37	189～192
	上/6—中/6	40～42	441～51	176～178
	中/6—下/6	42～44	50～60	172～174
	下/6—上/7	44～46	70～80	165～167
	上/7—中/7	45～47	82～90	160～162
	中/7—下/7	45～47	85～100	167～169
	下/7—上/8	45～47	88～98	165～167
	上/8—中/8	43～45	61～70	163～165
	中/8—下/8	40～42	50～60	174～176
	下/8—上/9	36～38	41～50	174～176
	上/9—中/9	31～33	25～35	165～167
	中/9—下/9	26～28	20～30	159～161
Ⅳ	上/5—中/5	20～22	28～34	149～152
	中/5—下/5	26～28	32～40	169～171
	下/5—上/6	29～31	40～50	168～170
	上/6—中/6	33～35	50～60	156～158
	中/6—下/6	36～38	49～60	160～162
	下/6—上/7	39～41	61～70	156～158
	上/7—中/7	40～42	72～80	148～150
	中/7—下/7	40～42	91～100	149～152

续表

分区	一旬(旬/月)	T/℃	R/mm	S/h
Ⅳ	下/7—上/8	39～41	96～107	140～142
	上/8—中/8	37～39	75～85	138～140
	中/8—下/8	35～37	72～79	148～151
	下/8—上/9	30～32	55～65	146～149
	上/9—中/9	25～27	39～49	137～139
	中/9—下/9	19～21	32～40	135～137

表 4.5 以三旬为单位气象要素的玉米适宜指标

分区	一旬(旬/月)	T/℃	R/mm	S/h
Ⅰ	上/5—下/5	42～44	41～50	251～253
	中/5—上/6	49～51	50～61	256～258
	下/5—中/6	55～57	70～79	255～257
	上/6—下/6	59～61	91～100	238～242
	中/6—上/7	63～65	114～120	236～239
	下/6—中/7	65～67	125～134	231～234
	上/7—下/7	66～68	151～162	222～224
	中/7—上/8	66～68	140～150	219～223
	下/7—中/8	65～67	131～140	216～219
	上/8—下/8	62～64	109～120	224～227
	中/8—上/9	56～58	86～95	233～235
	下/8—中/9	49～51	75～84	237～239
	上/9—下/9	42～44	48～57	226～228
Ⅱ	上/5—下/5	39～41	50～60	240～242
	中/5—上/6	46～48	60～71	246～248
	下/5—中/6	52～54	67～78	245～247
	上/6—下/6	57～59	80～91	235～237
	中/6—上/7	60～62	96～105	230～232
	下/6—中/7	63～65	102～112	228～230
	上/7—下/7	64～66	126～135	219～221
	中/7—上/8	64～66	125～140	216～218
	下/7—中/8	63～65	125～135	213～215
	上/8—下/8	60～62	111～120	219～221
	中/8—上/9	55～57	91～100	221～223
	下/8—中/9	48～50	75～85	220～223
	上/9—下/9	41～43	50～60	218～220

续表

分区	一旬(旬/月)	T/℃	R/mm	S/h
Ⅲ	上/5—下/5	44～46	27～36	267～270
	中/5—上/6	51～53	41～50	278～280
	下/5—中/6	57～59	54～66	276～278
	上/6—下/6	62～64	72～80	263～265
	中/6—上/7	65～67	98～106	251～253
	下/6—中/7	67～69	114～124	248～250
	上/7—下/7	68～70	135～145	245～247
	中/7—上/8	68～70	124～134	248～250
	下/7—中/8	66～68	121～130	248～250
	上/8—下/8	63～65	90～100	256～258
	中/8—上/9	58～60	68～78	257～259
	下/8—中/9	51～53	56～58	256～258
	上/9—下/9	43～45	37～44	242～245
Ⅳ	上/5—下/5	34～36	47～56	243～245
	中/5—上/6	43～45	62～71	247～249
	下/5—中/6	47～49	68～77	247～249
	上/6—下/6	53～55	78～87	238～240
	中/6—上/7	57～59	88～97	235～237
	下/6—中/7	59～61	103～109	230～232
	上/7—下/7	60～62	130～140	220～222
	中/7—上/8	60～62	134～140	215～217
	下/7—中/8	58～60	132～142	210～212
	上/8—下/8	54～56	112～121	215～217
	中/8—上/9	49～51	94～104	216～219
	下/8—中/9	42～44	76～87	217～220
	上/9—下/9	34～36	57～66	137～139

4.1.2.3　建立气候分析模式

利用各区膨化处理的玉米全生育期 5 月上旬至 9 月下旬按旬分成 15 个生物时段($n=15$)气温(T)、降水(R)和日照(S)资料，与各区的气象产量资料，采用积分回归原理及正交函数的性质，产量方程的建立算至生物时段 $n=13$ 为止。以生物时段第一序列($n=15$)阐述建模方法，其余建模方法类同，不再赘述。4 个区共模拟出 12 组模型列于表 4.6—表 4.8，其中 4 个模型通过了 $P<0.01$ 的显著性检验，4 个模型通过了 $0.01<P<0.05$ 的显著性检验，3 个模型通过了 $0.05<P<0.10$ 的显著性检验，1 个模型通过了 $P<0.13$ 的显著性检验。以Ⅳ区 $n=13$ 为例，模型 $P=0.124<0.13$，未通过 0.10 显著性水平检验，但其模型预报准确率达到 79%，仍可作为Ⅳ区的气候模式应用。

表 4.6 以一旬为单位气象要素的玉米产量评估方程

分区	玉米产量评估方程及敏感系数	r	sig
Ⅰ	$Y_c=-68876.933+0.0721\rho_{4T}+7.801\rho_{0R}-1.061\rho_{1R}+0.092\rho_{2R}-0.008\rho_{4R}+3.511\rho_{0S}-0.021\rho_{4S}$	0.731	0.006
	$a_T(t)=0.0721\psi_4$		
	$a_R(t)=7.801\psi_0-1.061\psi_1+0.092\psi_2-0.008\psi_4$		
	$a_S(t)=3.511\psi_0-0.021\psi_4$		
Ⅱ	$Y_c=-4927.982-0.533\rho_{2T}+0.029\rho_{4T}+2.499\rho_{0R}+0.233\rho_{2R}+2.072\rho_{0S}+0.268\rho_{2S}$	0.588	0.103
	$a_T(t)=-0.533\psi_2+0.029\psi_4$		
	$a_R(t)=2.499\psi_0+0.233\psi_2$		
	$a_S(t)=2.072\psi_0+0.268\psi_2$		
Ⅲ	$Y_c=-9900.012+26.002\rho_{0T}-1.003\rho_{2T}-0.051\rho_{5T}+0.011\rho_{5R}+0.101\rho_{2S}$	0.683	0.048
	$a_T(t)=26.002\psi-1.003\psi_2-0.051\psi_5$		
	$a_R(t)=0.011\psi_5$		
	$a_S(t)=0.101\psi_2$		
Ⅳ	$Y_c=97.988+0.025\rho_{5T}-0.019\rho_{4R}+0.569\rho_{1S}+0.097\rho_{3S}$	0.589	0.050
	$a_T(t)=0.025\psi_5$		
	$a_R(t)=-0.019\psi_4$		
	$a_S(t)=0.569\psi_1+0.097\psi_3$		

表 4.7 以二旬为单位气象要素的玉米产量评估方程

分区	玉米产量评估方程及敏感系数	r	sig
Ⅰ	$Y_c=-1760.124+0.485\rho_{4T}+2.713\rho_{0R}+0.502\rho_{2R}-0.061\rho_{4S}$	0.763	0.007
	$a_T(t)=0.485\psi_4$		
	$a_R(t)=2.713\psi_0+0.202\psi_2$		
	$a_S(t)=-0.061\psi_4$		
Ⅱ	$Y_c=-2020.103-1.911\rho_{2T}+0.253\rho_{4T}+0.764\rho_{0R}+0.012\rho_{5R}-0.017\rho_{4S}$	0.589	0.102
	$a_T(t)=-1.911\psi_2+0.253\psi_4$		
	$a_R(t)=0.764\psi_0+0.012\psi_5$		
	$a_S(t)=-0.017\psi_4$		
Ⅲ	$Y_c=-10185.891+12.499\rho_{0T}-4.090\rho_{2T}-0.221\rho_{2R}+0.401\rho_{2S}$	0.599	0.024
	$a_T(t)=12.499\psi_0-4.090\psi_2$		
	$a_R(t)=-0.221\psi_2$		
	$a_S(t)=0.401\psi_2$		
Ⅳ	$Y_c=-89.128+0.201\rho_{4T}+0.135\rho_{5T}-0.0151\rho_{4R}-0.247\rho_{2S}+0.026\rho_{3S}-0.028\rho_{4S}$	0.566	0.124
	$a_T(t)=0.021\psi_4+0.135\psi_5$		
	$a_R(t)=0.015\psi_4$		
	$a_S(t)=-0.247\psi_2+0.026\psi_3-0.028\psi_4$		

气温、降水、日照时数的时间分布与玉米产量的影响变化率，也称敏感系数，一般由 a_it

$[a_T(t), a_R(t), a_S(t) \in a_i t]$表示，单位：kg/(hm^2 · q)kg/(hm^2 · q)，其中，q 分别指 1 个单位的气温、降水量、日照。敏感系数 $a_i t$ 值由表 4.6—表 4.8 的表达式计算得出，结果列于表 4.9—表 4.11。敏感系数 $a_i t$ 值>0，表示这一时段气象因子对玉米产量影响为正效应；敏感系数 $a_i t$ 值<0，表示这一时段气象因子对玉米产量影响为负效应。不难看出，$a_i t$ 值不仅能表征气象因子对玉米产量定量影响，还能很好地描述玉米在一个生长周期内各个生长发育时段气象因子影响产量的贡献率，依据气象因子影响玉米产量贡献率的大小，很容易确定气象因子影响玉米生长的关键时期。

表 4.8　以三旬为单位气象要素的玉米产量评估方程

分区	玉米产量评估方程及敏感系数	r	sig
Ⅰ	$Y_c = 1561.013 + 0.602\rho_{4T} + 1.803\rho_{0R} + 0.187\rho_{2R} - 0.071\rho_{4S}$	0.613	0.008
	$a_T(t) = 0.602\psi_4$		
	$a_R(t) = 1.803\psi_0 + 0.187\psi_2$		
	$a_S(t) = -1.171\psi_4$		
Ⅱ	$Y_c = -912.499 - 0.531\rho_{2T} + 0.359\rho_{4T} - 0.162\rho_{3R} - 0.027\rho_{4S}$	0.596	0.049
	$a_T(t) = -0.531\psi_2 + 0.359\psi_4$		
	$a_R(t) = -0.162\psi_3$		
	$a_S(t) = -0.027\psi_4$		
Ⅲ	$Y_c = -12990.022 + 10.988\rho_{0T} - 2.266\rho_{2T} - 0.313\rho_{2R} - 0.029\rho_{4T} + 0.571\rho_{1R} + 0.099\rho_{2S}$	0.695	0.006
	$a_T(t) = 10.98840 - 2.266\psi_2$		
	$a_R(t) = -0.313\psi_2 - 0.029\psi_4$		
	$a_S(t) = 0.571\psi_1 + 0.099\psi_2$		
Ⅳ	$Y_c = -730.089 - 7.698\rho_{0T} - 4.417\rho_{1T} + 2.101\rho_{0R} - 0.371\rho_{1R} + 0.202\rho_{2R} + 1.703\rho_{0S} + 0.190\rho_{3S}$	0.573	0.098
	$a_T(t) = -7.698\psi_0 - 4.417\psi_1$		
	$a_R(t) = 2.1011\psi_0 - 0.371\psi_1 + 0.202\psi_2$		
	$a_S(t) = 1.703\psi_0 + 0.904\psi_3$		

表 4.9　以一旬为单位气象要素的玉米产量敏感系数　单位：kg/(hm^2 · q)

分区	Ⅰ			Ⅱ			Ⅲ			Ⅳ		
	$a_T(t)$	$a_R(t)$	$a_S(t)$	$a_T(t)$	$a_R(t)$	$a_S(t)$	$a_T(t)$	$a_R(t)$	$a_S(t)$	$a_T(t)$	$a_R(t)$	$a_S(t)$
A_1	72.17	15.59	−17.51	−19.47	23.70	26.46	−44.25	−11.01	9.19	−25.03	−19.02	−12.81
A_2	−30.93	22.38	12.52	−40.16	14.62	16.01	−50.18	12.58	5.25	28.60	8.15	−4.68
A_3	−62.65	21.81	21.76	−35.33	6.93	7.16	−13.61	10.77	1.92	24.48	16.51	0.55
A_4	−50.75	16.94	18.30	−16.15	0.64	−0.07	33.10	0.48	−0.81	1.10	13.38	3.35
A_5	−17.95	10.31	8.74	8.24	−4.26	−5.70	70.86	−8.26	−2.93	−18.78	4.73	4.21
A_6	18.09	3.87	−1.76	30.73	−7.75	−9.72	91.13	−11.00	−4.44	−25.00	−4.77	3.62
A_7	44.77	−0.98	−9.53	46.26	−9.85	−12.13	93.34	−7.43	−5.35	−16.88	−11.80	2.05
A_8	54.50	−3.40	−12.37	51.77	−10.55	−12.94	82.17	0.00	−5.66	0.00	−14.36	0.00
A_9	44.77	−3.10	−9.53	46.26	−9.85	−12.13	64.99	7.43	−5.35	16.88	−11.80	−2.05

续表

分区	Ⅰ			Ⅱ			Ⅲ			Ⅳ		
	$a_T(t)$	$a_R(t)$	$a_S(t)$	$a_T(t)$	$a_R(t)$	$a_S(t)$	$a_T(t)$	$a_R(t)$	$a_S(t)$	$a_T(t)$	$a_R(t)$	$a_S(t)$
A_{10}	18.09	−0.38	−1.76	30.73	−7.75	−9.72	49.13	11.00	−4.44	25.00	−4.77	−3.62
A_{11}	−17.95	3.94	8.74	8.24	−4.25	−5.70	39.32	8.26	−2.93	18.78	4.73	−4.21
A_{12}	−50.75	8.45	18.30	−16.15	0.64	−0.07	34.95	−0.48	−0.81	−1.10	13.38	−3.35
A_{13}	−62.65	11.20	21.76	−35.33	6.93	7.16	27.50	−10.77	1.92	−24.48	16.51	−0.55
A_{14}	−30.93	9.65	12.52	−40.16	14.62	16.01	−2.13	−12.58	5.25	−28.60	8.15	4.68
A_{15}	72.17	0.74	−17.51	−19.47	23.70	26.46	−86.29	11.01	9.19	25.03	−19.02	12.81

注:A_1为5月上旬、A_2为5月中旬、……、A_{15}为9月下旬。

表 4.10　以二旬为单位气象要素的玉米产量敏感系数　　单位:kg/(hm^2 · q)

分区	Ⅰ			Ⅱ			Ⅲ			Ⅳ		
	$a_T(t)$	$a_R(t)$	$a_S(t)$	$a_T(t)$	$a_R(t)$	$a_S(t)$	$a_T(t)$	$a_R(t)$	$a_S(t)$	$a_T(t)$	$a_R(t)$	$a_S(t)$
B_1	69.36	9.24	−8.72	11.34	−0.95	−2.43	−40.67	−2.87	5.21	9.44	−2.15	−10.93
B_2	−37.35	6.23	4.70	−32.86	3.01	1.31	−16.13	−1.55	2.81	9.77	1.16	0.14
B_3	−64.02	3.72	8.05	−37.22	2.35	2.24	4.32	−0.44	0.80	−8.71	1.98	4.92
B_4	−44.62	1.71	5.61	−19.45	0.43	1.56	20.68	0.44	−0.80	−22.27	1.38	5.62
B_5	−6.31	0.20	0.79	6.27	−0.90	0.22	32.95	1.11	−2.01	−21.38	0.20	4.07
B_6	30.56	−0.80	−3.84	29.32	−0.98	−1.07	41.13	1.55	−2.81	−6.91	−0.95	1.71
B_7	52.38	−1.30	−6.59	42.61	0.04	−1.84	45.22	1.77	−3.21	13.61	−1.62	−0.42
B_8	52.38	−1.30	−6.59	42.61	1.48	−1.84	45.22	1.77	−3.21	29.81	−1.62	−1.67
B_9	30.56	−0.80	−3.84	29.32	2.50	−1.07	41.13	1.55	−2.81	32.24	−0.95	−1.78
B_{10}	−6.31	0.20	0.79	6.27	2.43	0.22	32.95	1.11	−2.01	16.15	0.20	−0.87
B_{11}	−44.62	1.71	5.61	−19.45	1.10	1.56	20.68	0.44	−0.80	−14.71	1.38	0.52
B_{12}	−64.02	3.72	8.05	−37.22	−0.82	2.24	4.32	−0.44	0.80	−44.35	1.98	1.49
B_{13}	−37.35	6.23	4.70	−32.86	−1.48	1.31	−16.13	−1.55	2.81	−40.72	1.16	0.71
B_{14}	69.36	9.24	−8.72	11.34	2.48	−2.43	−40.67	−2.87	5.21	48.05	−2.15	−3.50

注:B_1为5月上旬+5月中旬、B_2为5月中旬+5月下旬、……、B_{14}为9月中旬+9月下旬。

表 4.11　以三旬为单位气象要素的玉米产量敏感系数　　单位:kg/(hm^2 · q)

分区	Ⅰ			Ⅱ			Ⅲ			Ⅳ		
	$a_T(t)$	$a_R(t)$	$a_S(t)$	$a_T(t)$	$a_R(t)$	$a_S(t)$	$a_T(t)$	$a_R(t)$	$a_S(t)$	$a_T(t)$	$a_R(t)$	$a_S(t)$
C_1	59.60	5.92	−7.03	23.86	1.78	−2.67	−38.86	−9.76	−1.25	18.80	8.77	−8.20
C_2	−39.73	3.86	4.69	−29.54	0.00	1.78	−13.94	−1.53	−1.77	14.39	6.18	1.70
C_3	−57.79	2.18	6.82	−35.53	−0.97	2.59	6.46	2.16	−2.09	9.97	3.99	7.10
C_4	−32.51	0.87	3.83	−16.73	−1.30	1.46	22.32	3.13	−2.21	5.55	2.20	8.90
C_5	6.62	−0.07	−0.78	9.26	−1.13	−0.30	33.65	2.81	−2.13	1.14	0.82	8.00
C_6	38.53	−0.63	−4.54	29.88	−0.65	−1.73	40.45	2.21	−1.86	−3.28	−0.15	5.30

续表

分区	Ⅰ			Ⅱ			Ⅲ			Ⅳ		
	$a_T(t)$	$a_R(t)$	$a_S(t)$	$a_T(t)$	$a_R(t)$	$a_S(t)$	$a_T(t)$	$a_R(t)$	$a_S(t)$	$a_T(t)$	$a_R(t)$	$a_S(t)$
C_7	50.57	−0.82	−5.96	37.59	0.00	−2.27	42.71	1.95	−1.39	−7.70	−0.73	1.70
C_8	38.53	−0.63	−4.54	29.88	0.65	−1.73	40.45	2.21	−0.72	−12.12	−0.90	−1.90
C_9	6.62	−0.07	−0.78	9.26	1.13	−0.30	33.65	2.81	0.15	−16.53	−0.66	−4.60
C_{10}	−32.51	0.87	3.83	−16.73	1.30	1.46	22.32	3.13	1.22	−20.95	−0.02	−5.50
C_{11}	−57.79	2.18	6.82	−35.53	0.97	2.59	6.46	2.16	2.48	−25.37	1.02	−3.70
C_{12}	−39.73	3.86	4.69	−29.54	0.00	1.78	−13.94	−1.53	3.94	−29.78	2.47	1.70
C_{13}	59.60	5.92	−7.03	23.86	−1.78	−2.67	−38.86	−9.76	5.60	−34.20	4.32	11.60

注：C_1为 5 月上旬+5 月中旬+5 月下旬、C_2为 5 月中旬+5 月下旬+6 月上旬、……、C_{13}为 9 月上旬+9 月中旬+9 月下旬。

4.1.2.4　玉米产量与气候条件定量关系分析

为了分析玉米产量与气候条件的定量关系，首先将 4 个区的气温、降水、日照时数的时间分布与玉米产量的影响敏感系数 a_it 值绘制成曲线图，发现曲线存在明显的谷和峰，能体现 a_it 变化趋势和变化幅度，谷和峰值变化分别对应于玉米的出苗期、拔节—乳熟期和成熟期，表明这三个阶段是玉米产量形成的关键期，为了分析明确，将玉米生育期与对应生长时段列于表 4.12。仅以高产稳产区（Ⅰ）为例，选取玉米生长季 5 月上旬至 9 月下旬每一旬的光温水气象因子，分析玉米产量与气候条件的定量关系，a_it 值绘制成曲线图仅给出Ⅰ区图，详见图 4.4。

表 4.12　各区玉米平均发育期及对应时段

区域	播种一出苗期	出苗一拔节期	抽雄一乳熟期	成熟期
高产稳产区（Ⅰ）	5 月上旬—5 月中旬	5 月下旬—7 月上旬	7 月中旬—8 月下旬	9 月上旬—9 月下旬
高产区（Ⅱ）	5 月上旬—5 月下旬	6 月上旬—7 月上旬	7 月中旬—8 月下旬	9 月上旬—9 月下旬
稳产区（Ⅲ）	5 月上旬—5 月中旬	5 月下旬—7 月上旬	7 月中旬—8 月下旬	9 月上旬—9 月下旬
低产不稳产区（Ⅳ）	5 月中旬—6 月上旬	6 月中旬—7 月上旬	7 月中旬—8 月中旬	8 月下旬—9 月中旬

4.1.2.4.1　玉米营养生长前期对气象因子的响应

Ⅰ区玉米营养生长前期大致为播种至出苗期，一般在 5 月上旬至 5 月中旬 20 d 左右。图 4.4 表明，在玉米生长气象适宜指标范围内，平均气温升高时，敏感系数有下降趋势，降水量、日照时数增加时，敏感系数有上升趋势。当平均气温每升高 1 ℃、降水量和日照时数分别每增加 1 mm、1 h 时，玉米的产量变化依次分别为 72.17～−30.93 kg/hm²、15.59～22.38 kg/hm²、−17.51～12.52 kg/hm²。可见，在研究区，玉米播种至出苗期间，在玉米生长气象适宜指标范围内，气温正常、降水量和日照时数增加有利于玉米产量形成，但从表 4.12 和历史资料综合分析，这一时期降水量往往达不到玉米生长的适宜指标下限值，导致玉米生长发育缓慢，严重影响玉米产量形成。从光温水因子匹配角度分析，播种至出苗期，降水量是影响玉米生长及产量形成的主要控制因子，这与北方连年春旱结论一致。

4.1.2.4.2　玉米营养生长中后期对气象因子的响应

Ⅰ区玉米营养生长中后期大致为出苗期至拔节期，一般在 5 月下旬至 7 月上旬 50 d 左

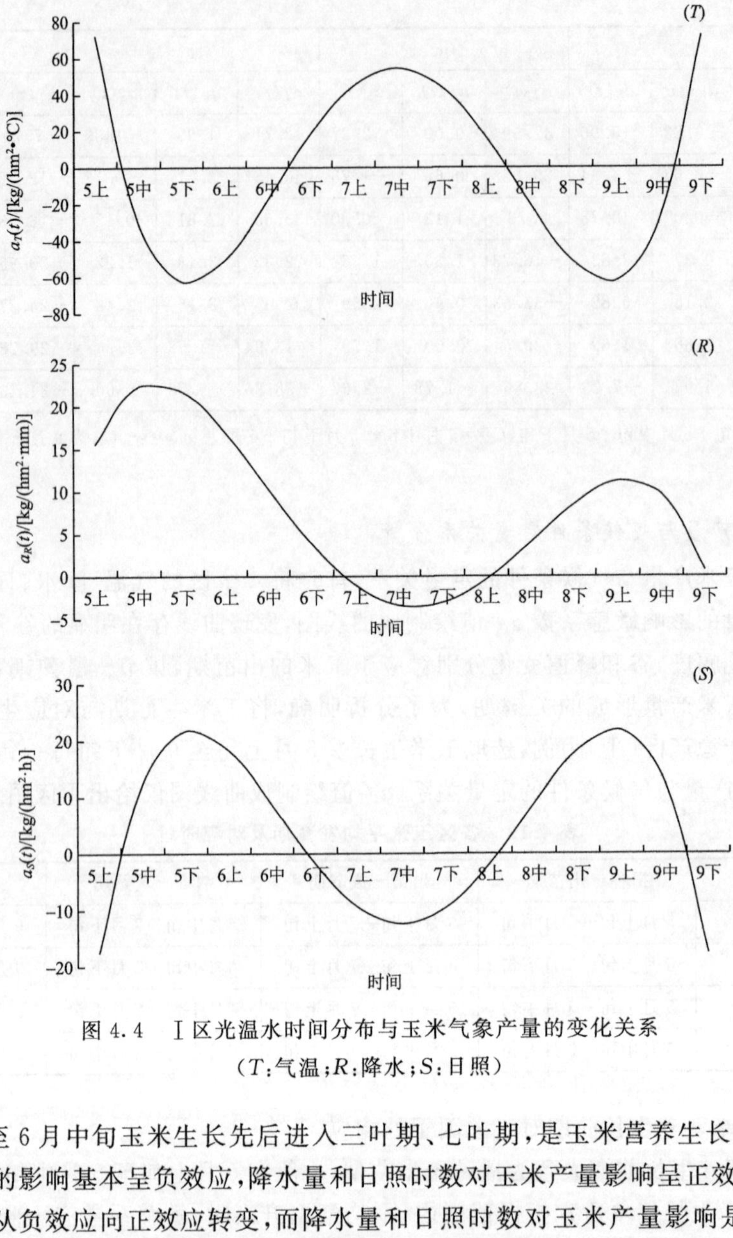

图 4.4　Ⅰ区光温水时间分布与玉米气象产量的变化关系
（T:气温;R:降水;S:日照）

右。5月下旬至6月中旬玉米生长先后进入三叶期、七叶期，是玉米营养生长的关键时期，气温对玉米产量的影响基本呈负效应，降水量和日照时数对玉米产量影响呈正效应，但气温对玉米产量影响是从负效应向正效应转变，而降水量和日照时数对玉米产量影响是从正效应向负效应转变，到6月下旬和7月上旬，玉米营养生长末期及生殖生长初期，气温对玉米产量影响由负效应转为了正效应，降水量和日照时数对玉米产量影响由正效应转成了负效应。在玉米生长气象适宜指标范围内，当平均气温每升高1 ℃、降水量和日照时数分别每增加1 mm、1 h时，玉米的产量变化依次分别为−62.65～44.77 kg/hm²、21.81～−0.98 kg/hm²、21.76～−9.53 kg/hm²。说明在玉米出苗期至拔节期时长内，玉米最佳生长的气象条件为：在玉米生长气象适宜指标范围内，气温较高，降水量、日照时数相对趋少，光温水才能达到最理想的匹配状态。实际上，在这一时期，研究区常有低温时段出现，春末夏初干旱也时有发生，低温干旱协同作用明显制约玉米生长及产量形成。

4.1.2.4.3 玉米生殖生长期对气象因子响应

Ⅰ区玉米生殖生长期大致为抽雄至乳熟期，一般在 7 月中旬至 8 月下旬 50 d 左右。7 月中旬至 8 月上旬玉米生长先后进入开花期、吐丝期，同时玉米也进入了生殖生长关键期，从图 4.4 中可以看出，气温对玉米产量的影响呈现正效应，降水量和日照时数对玉米产量影响呈现负效应，但气温对玉米产量影响程度有下降趋势，而降水量和日照时数对玉米产量影响程度有上升趋势，到 8 月中旬和 8 月下旬，气温对玉米产量影响由正效应转为了负效应，降水量和日照时数对玉米产量影响由负效应转成了正效应，在玉米生长气象适宜指标范围内，平均气温每升高 1 ℃，玉米的产量有减少趋势，一般为 54.50～－50.75 kg/hm^2；降水量、日照时数分别每增加 1 mm、1 h，玉米的产量有增加趋势，一般为－3.40～8.45 kg/hm^2、－12.37～18.30 kg/hm^2。说明在玉米抽雄期至乳熟期时长内，适宜玉米最佳生长的气象条件为：在玉米生长气象适宜指标范围内，气温稍低，降水量、日照时数较多时，光温水才能达到最理想的匹配状态，实际上，在这一时期，研究区气温往往偏高，降水量偏少，时空分布不均，干旱概率较大，高温干旱协同作用制约玉米产量的高低。

4.1.2.4.4 玉米生殖生长后期对气象因子响应

9 月开始玉米进入籽粒灌浆成熟期，生长缓慢。9 月上旬至 9 月中旬玉米生长先后进入灌浆期、乳熟期关键期，图 4.4 显示，此时气温对玉米产量的影响呈负效应，降水量、日照时数对玉米产量的影响呈正效应，但气温对玉米产量影响程度在负值范围内有上升趋势，而降水量和日照时数对玉米产量影响程度在正值范围内有下降趋势，到 9 月下旬，气温对玉米产量影响由负效应转为了正效应，降水量对玉米产量影响正效应接近 0 值分界线，日照时数对玉米产量影响由正效应转成了负效应，在玉米生长气象适宜指标范围内，平均气温每升高 1 ℃，玉米的产量有增加趋势，一般为－62.65～72.17 kg/hm^2；降水量、日照时数分别每增加 1 mm、1 h，玉米的产量有减少趋势，一般为 11.20～0.74 kg/hm^2、21.76～－17.51 kg/hm^2。说明在玉米乳熟期时长内，在玉米生长气象适宜指标范围内，气温正常稍高、降水量和光照正常有利于玉米光合作用，干物质积累较快，对玉米籽粒灌浆成熟有促进作用，高温高湿寡照会造成玉米贪青晚熟，干旱也会使玉米减产。实际上，在这一时期，研究区降水量偏少，时空分布不均，干旱概率较大，常常因干旱导致玉米不能正常灌浆，籽粒不饱满使玉米产量下降。

4.1.2.5 **主要结论**

针对玉米一个生命周期，从玉米播种到成熟每 10 d、20 d、30 d 生长时长角度，研究对应的光、温、水三大气候因子对玉米产量形成影响，定量描述玉米 10 d、20 d、30 d 生长时长气象要素变化对其产量的占比，揭示玉米生长发育及产量形成对气候变化的影响机理，实现定量、动态的玉米生长气候影响评估。主要结论：

(1)将玉米全生育期 5 月上旬至 9 月下旬按旬分成生物时段，利用旬平均气温(T)、降水(R)和日照(S)与玉米气象产量做相关统计，根据玉米种植对本地气候条件的适应性，结合气象因子历史平均值，综合确定影响玉米气象产量的光温水气象适宜指标，以一旬、二旬累加、三旬累加作为因子，分 4 个区进行相关统计分析，每个因子(一旬、二旬、三旬)、分 4 个区获得 168 组气象适宜指标，共获得不同时长气温、降水量、日照时数气象适宜指标 504 组，构成了三大主要气象因子影响玉米生长发育的适宜指标体系，可以供气象条件对玉米生长发育影响动态评估使用。

(2)共获得玉米气象产量动态评估方程 12 个，根据积分回归原理及正交多项式规律，共获得单位气象因子对玉米气象产量影响变率(敏感系数)方程 36 个,提供玉米气象产量形成过程中对气候因子的响应评估应用,在玉米生长季,针对玉米生长发育的不同阶段(以旬或旬累加),评估玉米产量形成对气候因子的响应程度,定量诊断气象条件对玉米产量影响的机理。

(3)敏感系数定义:单位时间内气象因子对玉米气象产量影响变率,正值表征气象因子对玉米气象产量影响为正效应,气象因子数量增加,玉米气象产量也增加,负值表征气象因子对玉米气象产量影响为负效应,气象因子数量减少,玉米气象产量也减少。如一旬,Ⅰ区旬平均气温,5 月上旬、9 月下旬、6 月下旬至 8 月上旬各旬均为正值,旬平均气温升高,对玉米产量有增产效应,其他各旬均为负值,旬平均气温升高,对玉米产量有减产效应。应用实时旬平均气温、降水量、日照时数与适宜指标差值乘以对应的敏感系数,实现了气象因子对玉米产量影响的定量、动态评估。

(4)从玉米整个生长周期出发,针对玉米不同生长时长,研究玉米生长发育对气候变化的响应机制,结果发现,玉米播种至出苗期,从光温水因子匹配角度分析,玉米营养生长前期,气象因子影响玉米生长及产量形成程度大小排序为降水量>平均气温>日照时数。玉米三叶至拔节期,在适宜指标范围内,气温高于指标均值,降水量、日照时数低于指标均值时,光温水才能达到最理想的匹配状态,但是,在这一时期,研究区常有低温时段出现,春末夏初干旱也时有发生,足见,低温干旱协同作用制约玉米产量的高低。玉米抽雄至乳熟期,在适宜指标范围内,气温低于指标均值,降水量、日照时数高于指标均值时,光温水才能达到最理想的匹配状态。在这一时期,研究区气候条件常常是降水量偏少,时空分布不均,干旱概率较大,常常因干旱导致玉米不能正常灌浆,籽粒不饱满使玉米产量下降。

4.1.3 WOFOST 模型模拟玉米生长全程演变特征

以内蒙古东部包括呼伦贝尔市、兴安盟、通辽市和赤峰市四个盟市为对象,利用 WOFOST 模型可以模拟玉米潜在生长条件、水分限制和养分限制三种水平下的作物生长发育状况及全面分析在气候变化背景下玉米生长发育的适应性。

4.1.3.1 数据选取与处理方法

作物资料选取 2016 年在通辽舍伯吐农业气象试验站开展了春玉米分期播种试验。供试品种为当地代表性春玉米品种京科 968,小区面积 36 m^2,分 4 期播种,每个播期 3 个重复,每期间隔 10 d 播种(4 月 20 日,4 月 30 日,5 月 1 日,5 月 10 日)。各小区田间管理水平一致,种植密度、中耕锄草、施肥、病虫害防治等均以当地大田管理为准,玉米生长期间机井浇灌,确保水分充足,不受水分胁迫(与西辽河灌区玉米种植制度一致),在模型应用中视为具有丰富水分和营养条件的潜在生产水平。主要发育期测定各器官(茎、叶、穗、地上部)生物量和叶面积指数,收获后测定产量,作物观测遵照《农业气象观测规范》进行。

另外,收集内蒙古东部区农业气象观测记录报表资料,包括呼伦贝尔市 1 站(扎兰屯)、兴安盟 1 站(突泉)、通辽市 4 站(科尔沁区、开鲁、奈曼、库伦)、赤峰市 3 站(松山区、翁牛特旗、宁城)的作物品种类型和品种熟性、发育期资料、产量结构、土壤水分等。从品种类型来看,除赤峰市翁牛特旗和宁城为杂交硬粒型外,其余各站均为杂交马齿型;品种熟性方面,呼伦贝尔市扎兰屯玉米为早熟品种,赤峰市翁牛特旗和宁城为中熟品种,其余各站均为晚熟品种;栽培方式各站均为直播平作。时间序列各站点资料长度不一,其中扎兰屯、突泉、开鲁、奈曼、科尔沁区、翁牛特旗资料序列为 2003—2016 年,库伦、宁城为 2010—2016 年。气象资料来源于内蒙古自治区 CIMISS 数据库。包括:日最高气温、日最低气温、日照时数、相对湿度或水汽压、风速以及降水量等。

土壤资料为土壤质地类型、土壤容重、土壤湿度、土壤含水率、土壤有效水分贮存量、地下水位深度、凋萎湿度、田间持水量等。

4.1.3.2　参数敏感性分析

考虑研究区域代表性,在东部区选择扎兰屯(呼伦贝尔市)、突泉(兴安盟)、开鲁(通辽市)三个农业气象观测站进行模型参数敏感性分析,上述三站均为东部玉米主产区的典型代表。以典型雨水较丰年 2012 年的数据为例进行模拟和分析,上述三站 2012 年 5—9 月降水距平分别为 9%、44%和 39%。

在扎兰屯农业气象观测站,对于穗重(WSO),敏感度较高的因子依次为 TMNFTB12、CVO、FOTB137、EFFTB40、KDIFTB20、TMPFTB30、RFSETB20、FOTB200、FOTB125、EFFTB00、AMAXTB175、RML、AMAXTB150、RMS、Q10,其敏感度分别为 10.7%、8.0%、5.2%、4.2%、4.1%、4.1%、3.9%、2.9%、2.7%、2.5%、2.4%、1.8%、1.7%、1.7%、1.3%,其他参数的值分别小于 1%。对于地上部总干重(TAGP),敏感度较高的因子依次为:TMNFTB12、EFFTB40、TMPFTB30、CVO、EFFTB00、CVS、SLATB00、KDIFTB20、FRTB00、CVL、RFSETB20、AMAXTB00、FLTB00、AMAXTB125、RML、KDIFTB00、CVR、RFSETB00、FLTB048、RMS、FSTB00,敏感度分别为 12.8%、5.1%、4.7%、3.3%、2.8%、2.7%、2.6%、2.4%、2.4%、2.3%、2.0%、1.6%、1.6%、1.5%、1.5%、1.3%、1.2%、1.1%、1.1%、1.0%、1.0%,其余参数敏感度均不足 1%。对于最大叶面积指数(LAIM),敏感度较高的因子由高到低依次为:TMNFTB12、SLATB00、FLTB048、TMPFTB30、KDIFTB00、FRTB00、FSTB048、FSTB090、EFFTB40、CVL、FLTB00、SLATB10、CVS、AMAXTB00、KDIFTB20、EFFTB00、FSTB00、CVR、FLTB090、AMAXTB125,敏感度分别为 9.7%、7.5%、5.3%、3.5%、3.4%、3.4%、3.3%、3.3%、3.2%、3.1%、3.0%、2.9%、2.8%、2.3%、2.2%、1.9%、1.8%、1.8%、1.4%、1.1%,其余参数敏感度分别小于 1%。根据敏感性结果,以 1%敏感度为评价标准,选择对穗重敏感或对地上部总干重和最大叶面积指数均敏感的参数作为优化对象,则确定扎兰屯作物模型 18 个敏感参数,包括 SLATB00、KDIFTB(00、20)、EFFTB(00、40)、AMAXTB(00、125、150、175)、TMPFTB30、TMNFTB12、CVL、CVO、CVR、CVS、Q10、RML、RMS、RFSETB(00、20)、FRTB00、FLTB(00、48)、FSTB00、FOTB(125、137、200)。

突泉站 WOFOST 模型参数的敏感度,对于穗重(WSO),敏感度较高的因子依次为 CVO、FOTB137、KDIFTB20、TMPFTB30、RFSETB20、EFFTB40、CFET、FOTB125、RDMCR、TMNFTB12、EFFTB00、AMAXTB150、FOTB200、AMAXTB175、RMS、RML、Q10、DEPNR、KDIFTB00、AMAXTB125,其敏感度分别为 7.7%、5.2%、4.5%、4.4%、4.0%、3.8%、3.8%、3.2%、2.9%、2.6%、2.3%、2.2%、2.2%、2.0%、1.9%、1.6%、1.5%、1.4%、1.1%、1.0%,其他参数的值分别小于 1%。对于地上部总干重(TAGP),敏感度较高的因子依次为:TMNFTB12、EFFTB40、TMPFTB30、CVO、EFFTB00、CVS、KDIFTB20、FRTB00、SLATB00、RFSETB20、CVL、AMAXTB125、CFET、KDIFTB00、RML、AMAXTB00、FLTB00、RFSETB00、RMS、CVR,敏感度分别为 12.3%、4.8%、4.6%、3.1%、2.9%、2.5%、2.5%、2.3%、2.2%、2.1%、2.1%、1.7%、1.6%、1.5%、1.5%、1.4%、1.3%、1.2%、1.1%,其余参数敏感度均不足

1%。对于最大叶面积指数(LAIM),敏感度较高的因子由高到低依次为:TMNFTB12、SLATB00、FLTB048、KDIFTB00、FRTB00、TMPFTB30、FSTB048、FLTB00、CVL、EFFTB40、AMAXTB00、CVS、FSTB00、EFFTB00、SLATB10、CVR、KDIFTB20、RFSETB00,敏感度分别为 8.6%、6.8%、5.3%、3.8%、3.6%、3.5%、3.5%、3.4%、3.3%、3.3%、2.6%、2.4%、2.3%、2.2%、2.1%、2.1%、1.7%、1.1%,其余参数敏感度分别小于 1%。根据敏感性结果,以 1%敏感度为评价标准,选择对穗重敏感或对地上部总干重和最大叶面积指数均敏感的参数作为优化对象,则确定突泉作物模型 20 个敏感参数,包括 SLATB00、KDIFTB(00、20)、EFFTB(00、40)、AMAXTB(00、125、150、175)、TMPFTB30、TMNFTB12、CVL、CVO、CVR、CVS、Q10、RML、RMS、RFSETB(00、20)、FRTB00、FLTB00、FOTB(125、137、200)、CFET、DEPNR、RDMCR。

通辽市开鲁农业气象观测站 WOFOST 模型参数的敏感度,对于穗重(WSO),敏感度较高的因子依次为 CFET、RDMCR、TMNFTB12、CVO、FOTB137、RFSETB20、RRI、FOTB125、EFFTB40、KDIFTB20、TMPFTB30、RMS、AMAXTB150、EFFTB00、RML、CVL、SLATB00、FLTB00、AMAXTB00、KDIFTB00、RDI、AMAXTB125、RFSETB00、FRTB00、CVR、FSTB00、FSTB125、AMAXTB175、RMO、Q10、DEPNR,其敏感度分别为 19.1%、11.3%、9.4%、6.9%、5.3%、5.2%、4.7%、4.5%、4.2%、4.1%、3.0%、2.6%、2.2%、2.1%、2.1%、1.8%、1.8%、1.7%、1.5%、1.5%、1.3%、1.3%、1.2%、1.2%、1.3%、1.1%、1.1%、1.1%、1.1%、1.0%、1.0%,其他参数的值分别小于 1%。对于地上部总干重(TAGP),敏感度较高的因子依次为:TMNFTB12、CFET、EFFTB40、RDMCR、TMPFTB30、AMAXTB150、CVO、EFFTB00、RFSETB20、KDIFTB00、KDIFTB20、CVS、AMAXTB125、RML、CVL、DEPNR、RFSETB00、FRTB00、RMS,敏感度分别为 10.9%、10.5%、4.8%、4.8%、3.6%、2.6%、2.5%、2.5%、2.3%、2.3%、2.3%、2.2%、1.7%、1.7%、1.6%、1.5%、1.5%、1.4%、1.3,其余参数敏感度均不足 1%。对于最大叶面积指数(LAIM),敏感度较高的因子由高到低依次为:TMNFTB12、SLATB00、FLTB048、KDIFTB00、FSTB048、FRTB00、TMPFTB30、CVL、CVS、FLTB00、SLATB10、CFET、AMAXTB00、KDIFTB20、EFFTB00、CVR、FSTB00、DEPNR、FSTB090,敏感度分别为 7.6%、5.8%、4.8%、4.2%、3.2%、3.1%、2.8%、2.8%、2.8%、2.2%、2.2%、2.1%、2.1%、2.0%、1.8%、1.8%、1.7%、1.6%、1.4%、1.0%,其余参数敏感度分别小于 1%。根据敏感性结果,以 1%敏感度为评价标准,选择对穗重敏感或对地上部总干重和最大叶面积指数均敏感的参数作为优化对象,则确定开鲁站作物模型 23 个敏感参数,包括 SLATB00、KDIFTB(00、20)、EFFTB(00、40)、AMAXTB(00、125、150、175)、TMPFTB30、TMNFTB12、CVL、CVO、CVR、CVS、RML、RMO、RMS、RFSETB(00、20)、FRTB00、FLTB00、FSTB(00、125)、FOTB(125、137)、CFET、DEPNR、RDI、RRI、RDMCR。同一参数在不同站点对于相同状态参量的敏感度不尽相同,例如对于穗重(WSO),参数 TMNFTB12(最低气温 12 ℃的总同化速率衰减因子)在扎兰屯、突泉和开鲁的敏感度分别为 10.7%、2.6%、9.4%,分别位列第 1、第 10 和第 3 敏感;同一站点同一参数对于不同状态参量的敏感度也不尽相同,例如在扎兰屯参数 CVO(同化物向贮存器官转化效率)对于穗重(WSO)河地上部总干重(TAGP)的敏感度分别为 8.0%、3.3%,分别位列第 24 位和 34 位,而对于最大叶面积指数(LAIM)不敏感。综上所述,根据敏感性分析结果,以 1%敏感度为评价标准,选择对穗重(WSO)敏感或对地上部总干重(TAGP)和最大叶面积指数(LAIM)均敏感

的参数作为优化对象，则对于东部区扎兰屯、突泉和开鲁农业气象观测站的 WOFOST 模型敏感参数有较高的一致性。

在优化参数的选择上，优先考虑主要生理生化过程的参数，部分生长参数需要在试验室精确测算得到，通过普通田间试验很难获取，这部分参数的处理往往持谨慎态度，一般遵照默认参数，而部分参数虽然不是敏感参数，但由于根据田间试验易于计算，也归为调整范畴，同时考虑参数优化的计算量问题，由此确定作物模型需优化 15 个作物参数，包括 TDWI、SLATB、EFFTB、AMAXTB、TMPFTB、FLTB、FSTB、FOTB、CFET、RRI、RDMCR、WAV、SMLIM、SMW、SMFCF。

4.1.3.3　模型参数调整

(1)发育参数调整方法

根据公式(4.16)计算有效气温，获得出苗—开花和开花—成熟两个发育阶段的有效积温 TSUM1 和 TSUM2。

$$\begin{cases} T_{ei}=0 & T_i \leqslant T_b \\ T_{ei}=T_i-T_b & T_b < T_i < T_{max,e} \\ T_{ei}=T_{max,e}-T & T_i \geqslant T_{max,e} \end{cases} \tag{4.16}$$

式中：T_i 为日平均气温(℃)，取日最高气温和日最低气温的平均值；T_b 为玉米发育下限气温(℃)；$T_{max,e}$ 为玉米发育上限气温(℃)；T_{ei} 为有效气温(℃)。模型中 T_b 取 8 ℃，$T_{max,e}$ 取为 35 ℃。

考虑作物生长特性对于气候变化的适应和改变，近几年的作物生长特点和确定的作物参数更适应未来的作物生长规律，因此将 2012 年作为分界点，利用 2012 年以后的(2012—2016 年)发育期数据和对应气温资料计算各站点从出苗—开花和开花—成熟的有效积温 TSUM1 和 TSUM2，以发育参数的平均值代表该站点发育参数值(表 4.13)，而利用 2012 年之前(2005—2011 年)的数据对参数进行外推验证。其中，扎兰屯、突泉、开鲁、奈曼、科尔沁区、松山区、翁牛特旗观测站用于发育参数调整的数据时间序列为 2012—2016 年，宁城为 2014—2016 年。

表 4.13　内蒙古东部地区 9 个代表站点主要发育参数的调整结果　单位：℃·d

代表站点	TSUM1	TSUM2
扎兰屯	750.8	645.2
突泉	980.5	635.5
开鲁	926.5	871.8
科尔沁区	985.0	836.4
奈曼	960.0	880.2
库伦	872.2	870.3
翁牛特旗	900.4	745.2
宁城	943.8	802.1
松山区	966.0	783.5

WOFOST 作物模型中发育阶段(DVS)为 0 即出苗期，为 1 即开花期，为 2 即成熟期，模型

只能模拟开花期和成熟期,而对于玉米其他主要发育期(拔节期和乳熟期)没有确定的DVS来定义,因此,根据2012—2016年各农业气象站观测的发育期资料和逐日平均气温资料,计算不同年份出苗至开花期和开花至成熟期的积温参数TSUM1和TSUM2,利用实际计算的积温参数模拟各年份作物发育期,将各年玉米拔节期和乳熟期对应的DVS求平均,获得各观测站玉米这两个发育期对应的DVS值,并利用2003—2011年的发育期实测数据对两个发育期DVS的准确性进行检验,补充了WOFOST作物模型对玉米主要发育期的DVS参数体系,实现了对玉米关键发育期的全程系列化模拟。各观测站玉米拔节期DVS值为0.55～0.67,乳熟期DVS值为1.54～1.77,具体取值见表4.14。

表4.14 内蒙古东部各观测站玉米拔节期和乳熟期DVS值

站点	拔节期DVS	乳熟期DVS
扎兰屯	0.56	1.65
突泉	0.64	1.77
开鲁	0.63	1.61
科尔沁区	0.67	1.54
奈曼	0.63	1.62
库伦	0.60	1.59
翁牛特旗	0.56	1.66
宁城	0.55	1.64
松山区	0.62	1.67

(2)生长参数优化调整

根据对WOFOST模型参数的敏感性分析结果,针对不同类型敏感参数应采用不同的调整方法,由此确定敏感参数的调整方案。模型参数调整时首先以2016年在通辽舍伯吐农业气象试验站开展的玉米分期播种试验数据为基础,然后针对各站点农业气象观测数据使用"试错法"对相应参数做适当调整,对于调参数据时间序列的选择,考虑近几年的作物生长特点和确定的作物参数更适应未来的作物生长规律,因此将2014年作为分界点,利用2014年之后(2014—2016年)的作物观测数据和相应的气象资料对生长参数进行调整,而利用2014年之前(2005—2013年)的数据对生长参数进行外推检验。

对于不同参数的调整方法,SLATB参考通辽舍伯吐试验站2016年分期播种试验中叶重、叶面积观测值,并做适当调整获得,TDWI取田间试验观测值,并用"试错法"调整;同时,利用不同发育阶段各器官生物量和总生物量增长值计算获得了叶片、茎秆以及贮存器官的分配系数FLTB、FSTB、FOTB,但由于WOFOST模型没有考虑作物生殖生长阶段有一部分储存于营养器官(茎)的可塑性物质重新转移到贮存器官(穗)的过程,因此各器官分配系数在利用实测值计算后进一步用"试错法"进行校准;EFFTB、AMAXTB、TMPFTB、CFET、RRI、RDMCR在参考前人研究成果的基础上利用"试错法"进行适当校准。

另外,由于土壤参数与土壤的质地和结构有关,主要包括描述土壤物理性质、渗透特性等参数,具有一定地域差异。因此,对部分土壤参数也进行了校准,其中,初始土壤有效水分(WAV)、初始根深处的初始水分含量(SMLIM)、凋萎湿度(SMW)、田间持水量(SMFCF)使用实测值，其余参数如根区最大下渗速率(SOPE)、饱和导水率(KO)等取模型默认值。

根据参数调整方案，对通辽舍伯吐试验站和东部区各观测站玉米生长参数进行校正，最终确定了 WOFOST 作物模型适应于内蒙古东部玉米主产区的生长参数体系。

4.1.3.4　模型适应性评估

(1)发育参数检验

利用 2012 年以后的各农业气象观测站对应年份数据进行 WOFOST 模型模拟发育期的回代检验，利用 2003—2011 年数据进行外推检验；由于库伦和宁城只有 2010—2016 年有观测数据，则利用 2014—2016 年数据确定发育积温参数并进行回代检验，2010—2013 年数据外推检验。

运用模拟值与实测值的 1∶1 图及多种统计方法来检验模型对玉米发育期的模拟效果，统计检验包括决定系数 R^2、配对样本 t 检验、绝对误差 AE、均方根误差 RMSE 和平均绝对百分比误差 MAPE。图 4.5 为 WOFOST 模型对玉米各发育期的模拟值与实测值 1∶1 图，可以看出，模拟与实测值的回归直线与 1∶1 线非常接近，可见模拟的发育期与实测值具有较好的一致性，且回代检验效果优于外推检验。从统计检验来看(表 4.15)，回代检验中，模拟各发育期的决定系数 R^2 为 0.65～0.76，配对样本 t 检验的 P 值为 0.13～0.96，均大于 0.05；外推检验中，模拟值和实测值的决定系数为 0.47～0.74，P 值为 0.21～0.95，也均大于 0.05，可见 WOFOST 模型对玉米各发育期的模拟值与实测值不存在显著差异，两者吻合度较高。

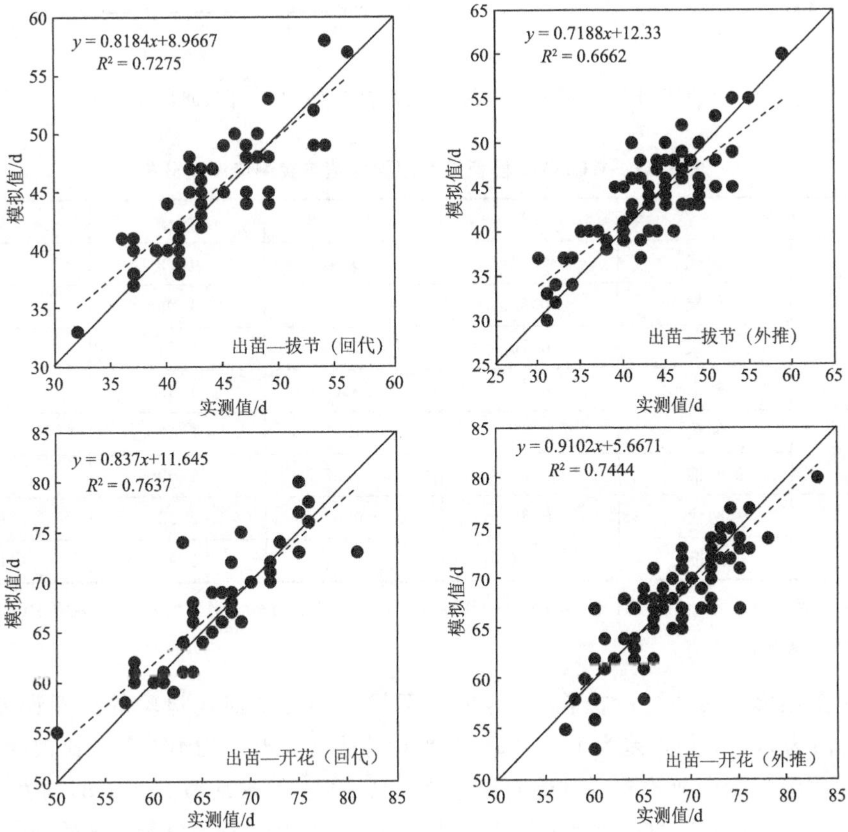

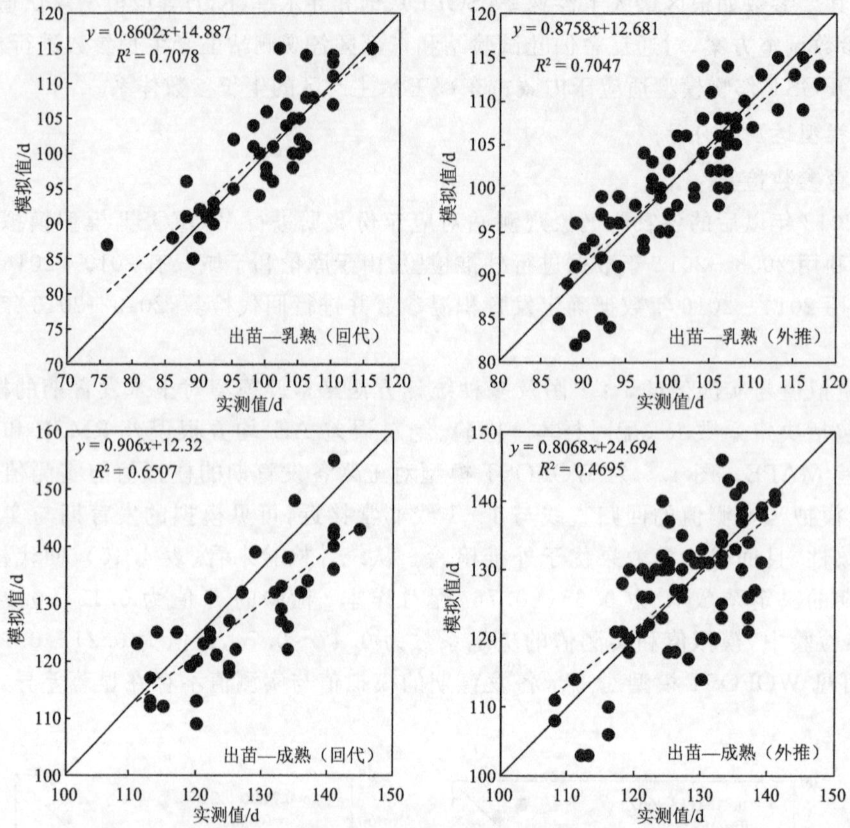

图 4.5　WOFOST 模型发育期模拟值与实测值 1：1 图(回代和外推)

表 4.15　WOFOST 模型发育期模拟值与实测值误差分析

发育期		R^2	t_{Stat}	$t_{双侧}$	$P(T \leqslant t)$
出苗—拔节	回代	0.73	−0.84	1.99	0.40
	外推	0.67	0.29	1.99	0.77
出苗—开花	回代	0.76	−1.53	2.01	0.13
	外推	0.74	1.26	1.99	0.21
出苗—乳熟	回代	0.71	−1.32	2.02	0.19
	外推	0.70	−0.25	1.99	0.80
出苗—成熟	回代	0.65	−0.05	2.02	0.96
	外推	0.47	−0.07	1.99	0.95

注：R^2为决定系数；t_{Stat}为 t 检验统计量；$t_{双侧}$为双侧临界值；$P(T \leqslant t)$为显著性水平。当 $t_{Stat} < t_{双侧}$或 $P(t) > 0.05$ 时，模拟值与实测值之间无显著性差异。

从各观测站模拟误差统计检验来看，出苗至拔节期各站回代检验的绝对误差为 1.2～4.5 d，平均值为 2.5 d，均方差为 1.4～4.9 d，平均值为 2.9 d，平均绝对百分比误差为2.7%～9.0%，平均值为 5.5%，外推检验的绝对误差为 1.1～4.4 d，平均值为 3.1 d，均方差为 1.4～4.8 d，平均值为 3.6 d，平均绝对百分比误差为 2.6%～9.9%，平均值为 6.8%；出苗至开花期各站回代检验的绝对误差为 0.8～5.2 d，平均值为 2.3 d，均方差为 0.9～6.4 d，平均值为 2.7 d，平均绝对百分比误差为 1.2%～7.5%，平均值为 3.4%，外推检验的绝对误差为 1.0～4.3 d，平均值为 2.3 d，均方差为 1.2～4.9 d，平均值为 2.9 d，平均绝对百分比误差为 1.7%～6.9%，平均值为 3.5%；出苗至乳熟期各站回代检验的绝对误差为 1.6～6.0 d，平均值为 4.1 d，均方差为 1.9～6.7 d，平均值为 4.7 d，平均绝对百分比误差为 1.7%～5.9%，平均值为 4.2%，外推检验的绝对误差为 2.6～4.6 d，平均值为 3.8 d，均方差为 3.2～6.1 d，平均值为 4.7 d，平均绝对百分比误差为 2.6%～5.8%，平均值为 3.9%；出苗至成熟期各站回代检验的绝对误差为 3.3～7.6 d，平均值为 4.9 d，均方差为 3.4～9.2 d，平均值为 5.7 d，平均绝对百分比误差为 1.9%～5.6%，平均值为 4.0%，外推检验的绝对误差为 2.3～5.7 d，平均值为 4.5 d，均方差为 2.7～7.4 d，平均值为 5.6 d，平均绝对百分比误差为 2.1%～4.7%，平均值为 3.8%。

总体来看，WOFOST 模型对各站玉米各发育期的模拟误差大部分在 5 d 以内（平均值为 3.8 d），平均绝对百分比误差在 10%以内（平均值为 4.4%），回代检验平均误差为 3.7 d，平均绝对百分比误差的平均值为 4.3%，外推检验平均误差为 3.8 d，平均绝对百分比误差的平均值为 4.5%，回代检验效果总体优于外推检验；从模型对不同发育期模拟效果对比来看，开花期最好，拔节期和乳熟期次之，成熟期最差；从误差分析可知，WOFOST 模型对东部区玉米主要发育期的模拟效果较好，模拟值与实测值吻合度较高，符合业务应用的要求。

（2）生长参数检验

利用舍伯吐 2016 年试验数据及各农业气象观测站 2014—2016 年观测数据进行回代检验，利用 2005—2013 年数据进行外推检验；其中库伦和宁城利用 2014—2016 年数据进行回代检验，2010—2013 年数据进行外推检验。

运用模拟值与实测值的 1∶1 图及多种统计方法来检验模型对玉米生长状态变量的模拟效果，统计检验包括决定系数 R^2、配对样本 t 检验、均方根误差 RMSE 和平均绝对百分比误差 MAPE。图 4.6 为 WOFOST 模型模拟 2016 年舍伯吐农业气象试验站分期播种试验玉米叶面积指数（LAI）、各器官生物量与实测值的 1∶1 图，由图 4.6 可以看出，模拟值与实测值的拟合直线与 1∶1 线非常接近，两者存在较好的一致性，其中对叶面积指数的模拟效果差于对生物量的模拟，决定系数 R^2 为 0.79，RMSE 为 0.87，MAPE 为 19.0%，配对样本 t 检验的 P 值为 0.87（大于 0.05），存在低值偏低和高值偏高的现象；模型对各器官生物量的模拟效果较好，决定系数 R^2 均达 0.91 以上，RMSE 为 430～1025 kg/hm^2，MAPE 为 7.8%～13.4%，配对样本 t 检验的 P 值为 0.09～0.74（均大于 0.05），其中对叶片干重的模拟效果稍差于对其他生物量的模拟，模拟值总体低于实测值，这可能与叶片脱水不充分有关。从统计检验来看，模型对舍伯吐试验站玉米生长状态变量的模拟值与实测值不存在显著差异，两者吻合度较高，可见校正后的模型生长参数适应通辽舍伯吐玉米生长实际。

以舍伯吐农业气象试验站玉米生长参数为基础，在东部区各观测站利用历史观测数据对生长参数进行微调，确定 WOFOST 模型在东部区玉米各观测站的生长参数体系，并对模拟效果进行回代和外推检验。从模型对玉米产量模拟值和实测值的 1∶1 图可以看出（图 4.7），模拟值和实测值拟合直线与 1∶1 线接近，两者存在较好的一致性，回代和外推检验的决定系数 R^2 分别为 0.93、0.70，RMSE 分别为 722 kg/hm^2、1755 kg/hm^2，MAPE 分别为 4.0%、11.8%，配对样本 t 检验的 P 值分别为 0.78、0.19（均大于 0.05），校正后的模型对各观测站玉

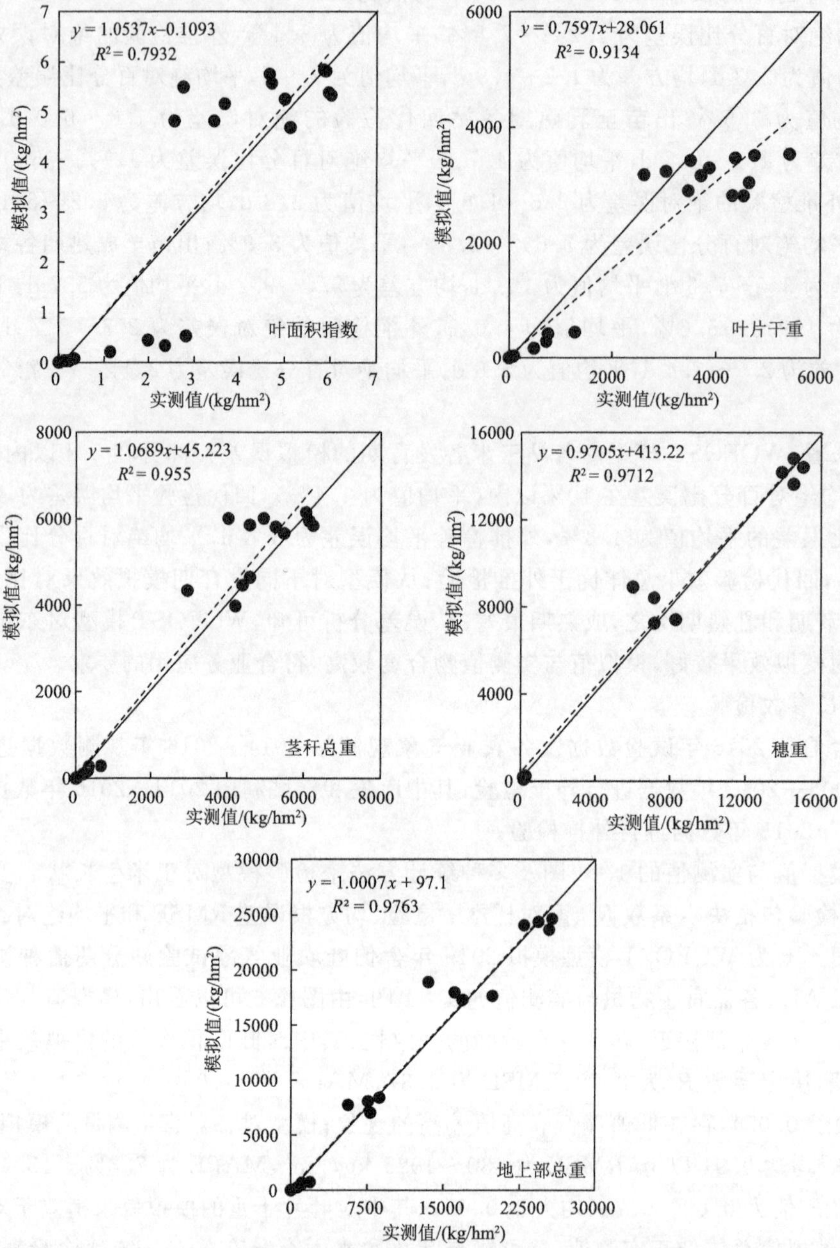

图 4.6 WOFOST 模型对舍伯吐试验站玉米生物量和产量模拟值与实测值 1∶1 图

米生长状态变量的模拟值和实测值吻合度较高，模型对玉米生长过程具有良好的模拟效果，能够反映玉米叶面积指数、各器官生物量和产量的实际变化过程。从回代和外推检验对比来看，模型回代检验效果明显优于外推检验，由于利用各站近几年的观测数据（2014—2016 年）校验模型生长参数，这与当前大田玉米生长实际更为接近，校验后的模型更适应当前业务服务需求，较好的外推检验说明模型校验后适应的时间序列较长。

WOFOST 模型对各观测站的回代和外推模拟效果采用 RMSE 和 MAPE 两种误差分析

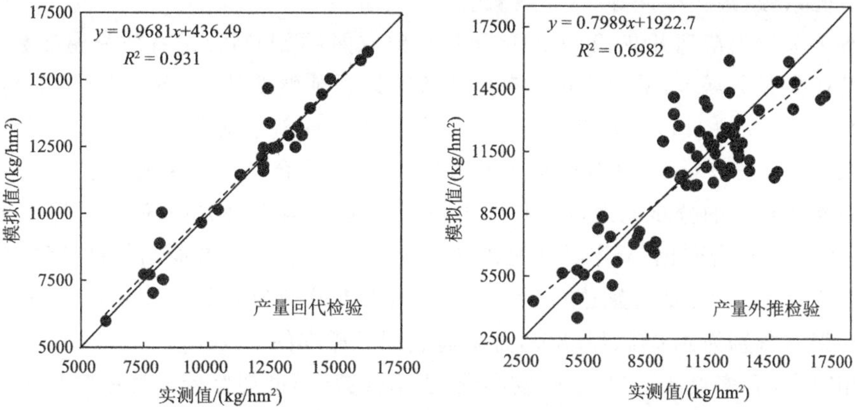

图 4.7 WOFOST 模型对各观测站玉米产量模拟值与实测值 1∶1 图(回代和外推)

进行检验,各站回代检验 RMSE 均在 1500 kg/hm² 以内(198～1364 kg/hm²),MAPE 均未超过 10%(1.09%～7.49%),外推检验 RMSE 均在 2500 kg/hm² 以内(1105～2272 kg/hm²),MAPE 均未超过 20%(7.26%～18.58%),模拟效果的统计检验达到了模型业务应用的需求。

为说明作物模型的校验效果,采用 WOFOST 模型默认参数对各观测站玉米产量进行模拟,并对比了模型校正后与校正前(默认参数)模拟的 RMSE 和 MAPE,从对比数据来看(表 4.16),校正后的模型模拟回代 RMSE 相比默认参数降低了 227～4899 kg/hm²(平均值为 3239 kg/hm²),MAPE 减低了 1.29～56.02 个百分点(平均值为 29.05 个百分点),外推检验 RMSE 相比默认参数降低了 131～5037 kg/hm²(平均值为 2599 kg/hm²),MAPE 减低了 2.22～40.06 个百分点(平均值为 24.18 个百分点),可见仅采用 WOFOST 模型默认参数模拟效果较差,达不到模型业务应用的精度要求,而参数校正后的模型对产量的模拟效果有明显的提升,可以较好地反映各观测站玉米产量水平和变化情况,符合业务应用需求。

表 4.16 WOFOST 模型校正后与校正前玉米产量回代和外推检验差值

站点	RMSE/(kg/hm²)		MAPE/%	
	回代	外推	回代	外推
扎兰屯	−227	−131	−1.29	−2.22
突泉	−4588	−1165	−56.02	−18.21
开鲁	−3689	−2273	−30.6	−19.57
科尔沁区	−4899	−2657	−40.99	−26.32
奈曼	−3772	−1967	−31.02	−20.89
库伦	−3863	−5037	−31.95	−40.06
翁牛特旗	−3035	−3115	−25.81	−29.37
宁城	−3539	−4023	−27.9	−32.63
松山区	−1540	−3026	−15.86	−28.33

(3)结论

①通过作物模型参数敏感度评价,筛选并确定了水分限制条件下 WOFOST 模型对东部农区典型站点玉米生长的敏感作物参数,包括叶片最大同化速率、比叶面积、单叶光能利用率、

营养器官分配系数、最大根深等 15 个参数。

②计算了玉米出苗到开花(TSUM1)和开花到成熟(TSUM2)的有效积温参数,并基于作物发育期的业务服务需求,采用反推法确定了拔节期和乳熟期的 DVS 参数(拔节期为 0.55~0.67,乳熟期为 1.54~1.77),发育期模拟的回代和外推误差平均值均为 3.8 d,平均绝对百分比误差分别为 4.4%、4.5%,模拟与实测值吻合度较高,符合业务应用的要求。

③遵循参数校正的分步原则,利用"试错法""实测法"等多种方法确定了 WOFOST 模型对于东部玉米生长的光合同化、干物质分配、叶片增长及水分利用等方面的作物参数,产量模拟的回代和外推检验的决定系数分别达 0.93、0.70,绝对误差分别为 722 kg/hm^2、1755 kg/hm^2,平均绝对百分比误差分别为 4.0%、11.8%,且均通过配对样本的 t 检验。

④采用"单点到多点法"实现了作物参数、土壤参数、模型初始场信息由农业气象观测站扩展到气象站,完成了作物模型业务应用平台的本地化,并开发了模型数据准备软件,实现了 WOFOST 模型在东部玉米种植区的区域化应用,建立了模型应用于作物生长状况定量评价和产量预报业务的业务技术规范,解决了作物模型业务化的关键技术。

4.1.4 未来气候变化对玉米生长的影响

选取内蒙古东部区 49 个气象观测站作为代表站点研究气候变化对玉米发育和产量的影响,基于东部区农业气象站历史观测资料和试验站试验数据对 WOFOST 模型进行本地化标定和验证,确定适应于内蒙古东部玉米主产区的模型发育和生长参数,根据最近距离法确定气象站的作物积温参数、生长参数及初始场信息(出苗时根层土壤有效含水量、出苗期)等,提取 49 个气象站临近格点的未来气候情景数据并驱动作物模型来模拟的未来生长状况,分析未来气候变化对生育期和产量的影响程度。

为了降低因空间数据而造成的模拟误差和模型系统误差,选用未来气候变化情景下的模拟产量与基准气候下的模拟产量进行对比。将区域气候模式输出的未来气候情景下(低排放 RCP4.5 和高排放 RCP8.5)的气象数据与作物生长模型相结合,以气候模式输出的未来 30 a (2021—2050)的气象要素作为作物模型的驱动因子,模拟未来气候情景下内蒙古东部区的玉米生育期和产量,以 1996—2005 年 10 a 的格点逐日气象资料(基准值)为模型驱动,将平均单产看作基准气候条件下的玉米生长状况,与未来气候情景下的玉米生长状况进行对比,从而进行未来气候变化对玉米发育期和产量的影响研究。

4.1.4.1 气候变化对玉米生育期的影响

基于 WOFOST 作物生长模型,结合区域气候模式输出的气候情景资料,对内蒙古东部区基准时段及 RCP4.5、RCP8.5 情景下 2021—2050 年玉米开花期、成熟期进行数值模拟,以基准时段 1996—2005 年模拟值为参考,得到 2021—2050 年玉米生育期的变化情况。

(1)RCP4.5 与基准时段对比

在不调整种植品种熟型条件下,生长季气温上升导致作物生育期不同程度缩短已得到普遍认同。与基准时段相比,在低排放 RCP4.5 情景下,内蒙古东部区玉米开花期均有所提前,出苗一开花阶段缩短 1~6 d,平均值为 3 d,其中,呼伦贝尔市、兴安盟北部、赤峰市西部和南部缩短 4~6 d,兴安盟大部、通辽市、赤峰市大部缩短 1~3 d;在低排放 RCP4.5 情景下,内蒙古东部区玉米生育期普遍缩短 2~18 d,平均值为 11 d,其中,兴安盟突泉、高力板,赤峰市浩尔吐、巴林左旗生育期缩短 2~6 d,兴安盟大部、通辽市大部、赤峰市北部玉米生育期缩短 7~

10 d，呼伦贝尔市大部、兴安盟北部、通辽市南部、赤峰市大部生育期缩短 11～18 d(图 4.8)。

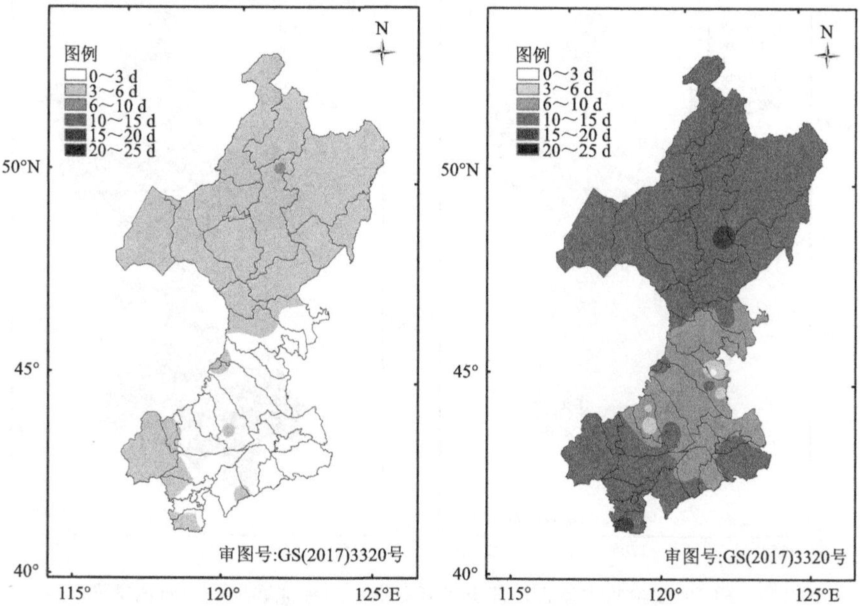

图 4.8　RCP4.5 情景内蒙古东部玉米开花期(左)和成熟期(右)对比基准时段

(2)RCP8.5 与基准时段对比

与基准时段相比，在高排放 RCP8.5 情景下，内蒙古东部区玉米开花期普遍提前，出苗—开花阶段缩短 3～8 d，平均值为 6 d，与 RCP4.5 相比，开花期提前幅度更大；从空间分布来看，呼伦贝尔市大部，兴安盟阿尔山、索伦，通辽市霍林郭勒，赤峰市西部缩短 7～8 d，呼伦贝尔市西部偏北、东部偏南，兴安盟大部，通辽市、赤峰市东部和南部缩短 3～6 d。在高排放 RCP8.5 下，内蒙古东部区玉米生育期缩短 4～25 d，平均缩短 17 d；从空间分布来看，兴安盟突泉、赤峰市巴林左旗、兴安盟高力板缩短幅度较小，为 4～9 d，呼伦贝尔市额尔古纳右旗、满洲里、莫力达瓦旗、阿荣旗，兴安盟索伦、乌兰浩特、扎赉特旗，通辽市北部、赤峰市浩尔吐缩短 11～15 d，呼伦贝尔市大部、兴安盟西北部、通辽市中南部、赤峰市大部缩短 15 d 以上，赤峰市西部和南部、呼伦贝尔市博克图缩短 22～25 d(图 4.9)。

(3)RCP8.5 与 RCP4.5 对比

与低排放 RCP4.5 情景相比，RCP8.5 情景下升温幅度更大，玉米出苗—开花阶段相应会缩短 1～4 d，平均值为 2 d，玉米整个生育期会缩短 2～10 d，平均值为 6 d，其中，呼伦贝尔市、兴安盟、通辽市北部缩短 2～6 d，通辽市大部、赤峰市会缩短 7～10 d(图 4.10)。

4.1.4.2　气候变化对玉米产量的影响

基于区域气候模式输出的气候资料和作物熟型模拟结果，应用 WOFOST 作物模型，分别模拟基准时段及 RCP4.5、RCP8.5 情景下内蒙古东部主产区 2021—2050 年玉米单产和地上部生物量(干重)，并以基准时段的模拟结果为参照评价未来 30 a 气候变化对玉米产量和生物量的影响。

(1)RCP4.5 与基准时段对比

潜在生产力水平下，即水分和养分满足的光温生产力，RCP4.5 与基准时段相比，玉米单

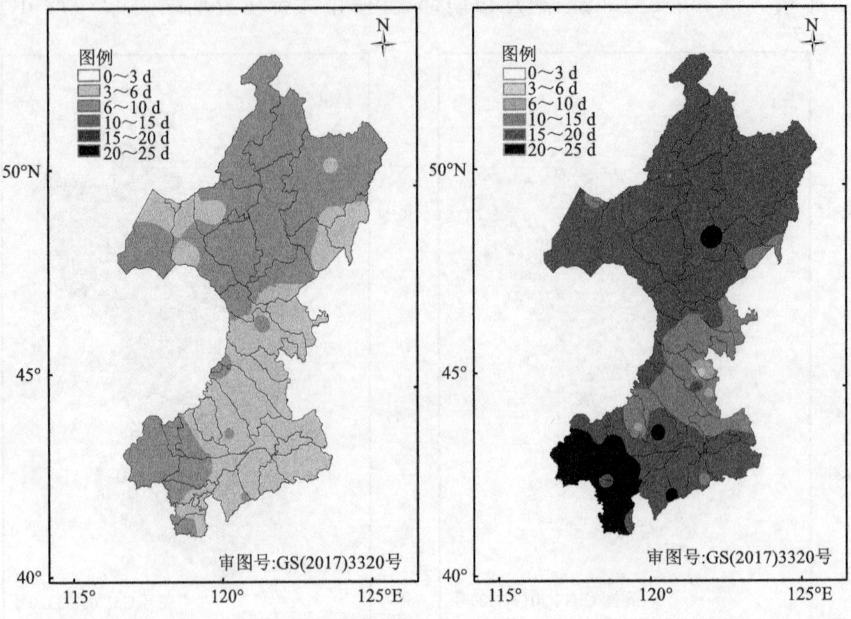

图 4.9 RCP8.5 情景内蒙古东部玉米开花期(左)和成熟期(右)对比基准时段

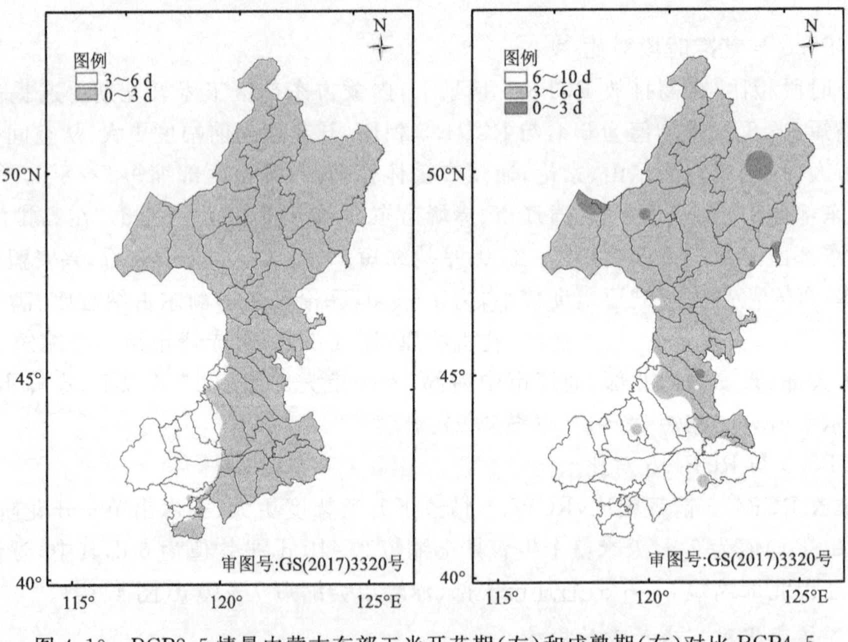

图 4.10 RCP8.5 情景内蒙古东部玉米开花期(左)和成熟期(右)对比 RCP4.5

产减少幅度为 0.4%~17.1%，平均值为 8.3%，其中，赤峰市西部玉米单产减少 0.4%~4.9%，呼伦贝尔市大部、兴安盟西北部和南部、通辽市大部、赤峰市大部单产减少 5.1%~9.7%，呼伦贝尔市西部偏北、东部，兴安盟大部单产减少 10.2%~17.1%(图 4.11)。

在水分限制生产力水平下，即考虑水分胁迫的影响，RCP4.5 与基准时段相比，玉米单产减少幅度为 0.4%~17.1%，平均值为 6.9%，其中，赤峰市大部，通辽市北部，兴安盟阿尔山、

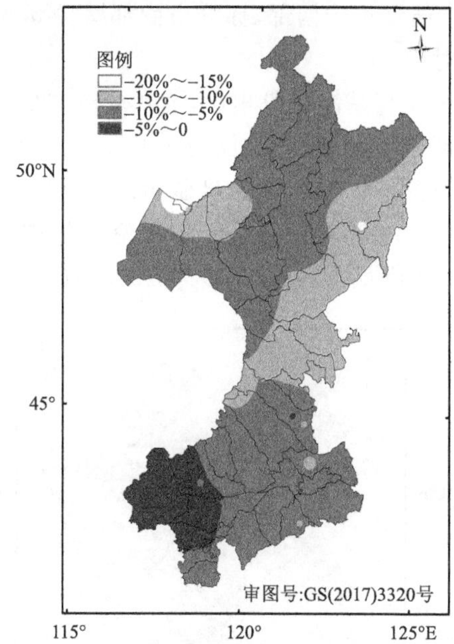

图 4.11　RCP4.5 情景内蒙古东部玉米潜在生产力水平下单产对比基准时段

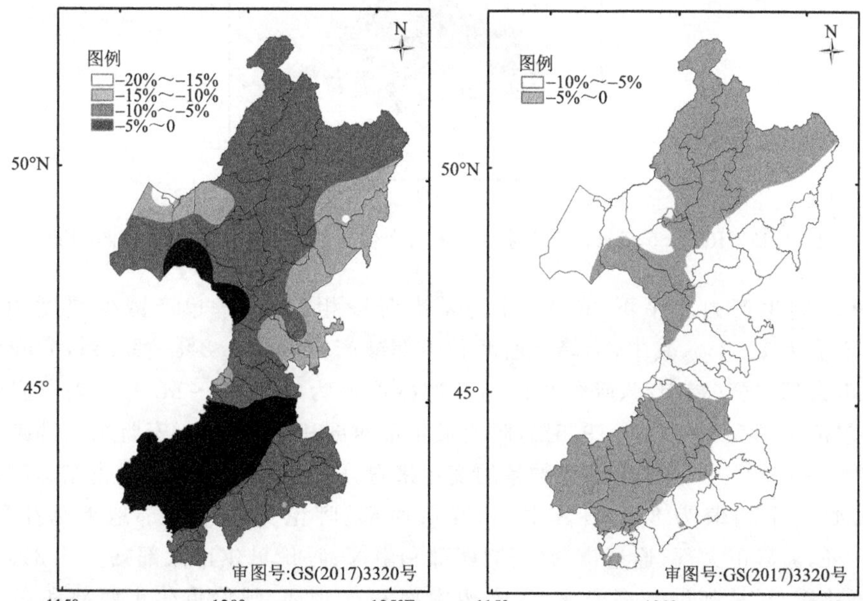

图 4.12　RCP4.5 情景内蒙古东部玉米水分胁迫下单产和地上部生物量对比基准时段

高力板，呼伦贝尔市新巴尔虎左旗单产减少幅度较小，仅为 0.4%～4.5%，呼伦贝尔市大部、兴安盟大部、通辽市中南部、赤峰市南部减产 5.2%～9.8%，呼伦贝尔市西部偏北、东部，兴安盟东北部单产减少幅度最大，达 10.2%～17.1%。从地上部生物量的变化来看，RCP4.5 情景下内蒙古东部区普遍减少 0.2%～10.1%，平均值为 4.9%，其中，赤峰市大部、通辽市北部、兴安盟西北部和南部、呼伦贝尔市西南部和北部地区地上部生物量减少 0.2%～4.9%，呼伦贝尔市西部和东部、兴安盟大部、通辽市中南部、赤峰市南部减少 5.8%～10.1%(图 4.12)。

(2)RCP8.5 与基准时段对比

潜在生产力水平下，RCP8.5 与基准时段相比，玉米单产减少幅度为 1.5%～22.3%，平均值为 13.8%，其中，赤峰市西部减产幅度最低，仅为 1.5%～2.5%，赤峰市中部和呼伦贝尔市图里河、根河玉米单产减少 7.1%～9.8%，呼伦贝尔市北部、兴安盟西北部和南部、通辽市大部、赤峰市东部和南部减产幅度为 10.1%～14.9%，呼伦贝尔市大部、兴安盟大部、通辽市霍林郭勒、扎鲁特旗、舍伯吐减产幅度最大，达 15.4%～22.3%(图 4.13)。

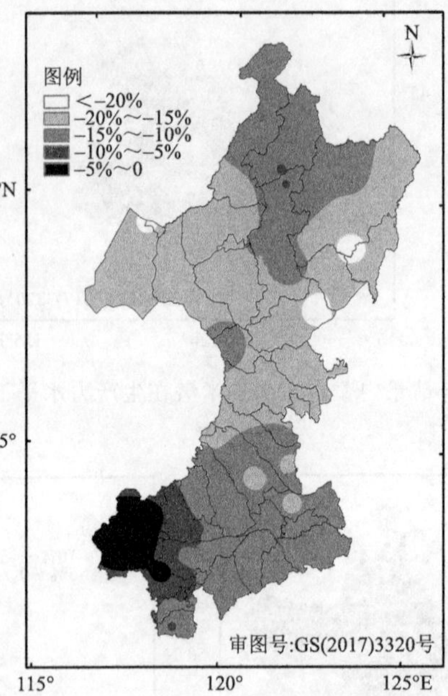

图 4.13　RCP8.5 情景内蒙古东部玉米潜在生产力水平下单产对比基准时段

在水分限制生产力水平下，RCP8.5 与基准时段相比，玉米单产减少幅度为 1.8%～28.2%，平均值为 15.2%，其中，赤峰市西部和中部减产幅度为 1.8%～9.8%，赤峰市东部和南部、通辽市大部、兴安盟南部、呼伦贝尔市北部减产率为 10.1%～14.9%，兴安盟西部和中部、呼伦贝尔市中部为 15.2%～19.5%，呼伦贝尔市西部和东南部、兴安盟东北部减产幅度最大，达 20.2%～28.2%。从地上部生物量的变化来看，RCP8.5 情景下内蒙古东部区普遍减少 0.3%～16.4%，平均值为 8.3%，其中，赤峰市西部、呼伦贝尔市北部地上部生物量减少 0.3%～3.4%，赤峰市大部、通辽市、兴安盟西部和南部、呼伦贝尔市大部减少 5.3%～9.9%，通辽市扎鲁特旗、霍林郭勒和奈曼旗，兴安盟中部和东北部，呼伦贝尔市西部和东南部减少 10.4%～16.4%(图 4.14)。

(3)RCP8.5 与 RCP4.5 对比

潜在生产力水平下，与 RCP8.5 情景对比，RCP4.5 情景下玉米单产普遍偏高 1.1%～13.6%，平均值为 6.4%，其中，赤峰市西部，通辽市库伦、科左中旗，兴安盟扎赉特旗，呼伦贝尔市西北部部分地区玉米单产偏高 0～5.0%，内蒙古东部大部偏高 5.1%～9.9%，呼伦贝尔市陈巴尔虎左旗、陈巴尔虎右旗、扎兰屯偏高 10.7%～13.6%(图 4.15)。

在水分限制生产力水平下，与 RCP8.5 情景对比，RCP4.5 情景下玉米单产普遍偏高

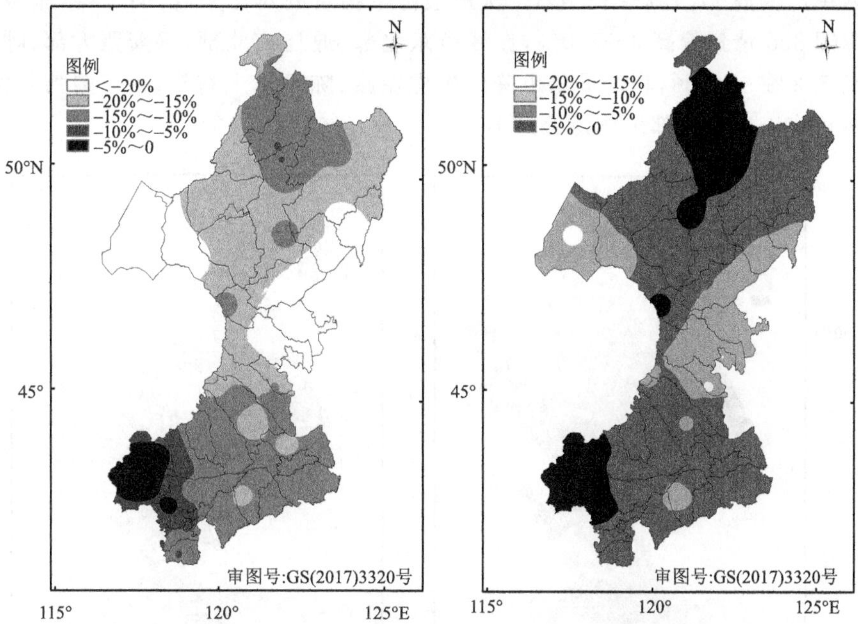

图 4.14　RCP8.5 情景内蒙古东部玉米水分胁迫下单产和地上部生物量对比基准时段

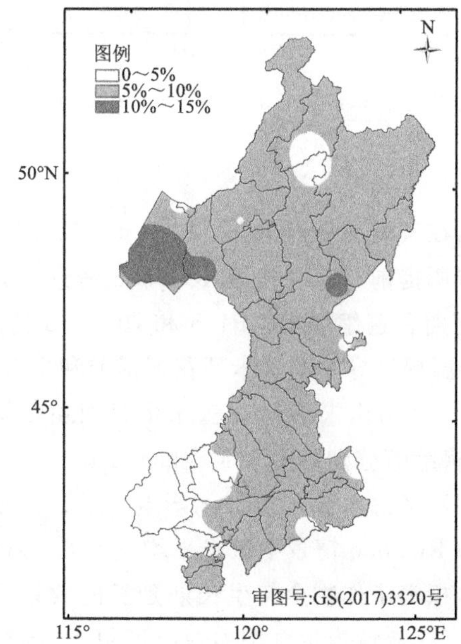

图 4.15　RCP4.5 情景内蒙古东部玉米潜在生产力水平下单产对比 RCP8.5

0.1%～35.0%，平均值为 10.0%；从空间分布来看，赤峰市西部，通辽市库伦，呼伦贝尔市陈巴尔虎旗、图里河偏高 0.1%～4.2%，赤峰市中部、南部，通辽市中南部，兴安盟突泉，呼伦贝尔市北部偏高 5.1%～9.7%，赤峰市北部，通辽市北部，兴安盟大部，呼伦贝尔市西部、南部偏高 10%以上，其中，呼伦贝尔市陈巴尔虎左旗、陈巴尔虎右旗，兴安盟乌兰浩特，赤峰市阿鲁科尔沁旗玉米单产偏高 21.7%～35.0%。从地上部生物量的对比来看，RCP4.5 情景下东部大部地区较 RCP8.5 情景偏高 0～5.0%，赤峰市东北部、通辽市北部、兴安盟大部、呼伦贝尔市西南部偏高 5.3%～9.1%，呼伦贝尔市陈巴尔虎左旗、陈巴尔虎右旗，兴安盟乌兰浩特，赤峰市阿鲁科尔沁旗玉米地上部生物量偏高 10.4%～13.2%(图 4.16)。

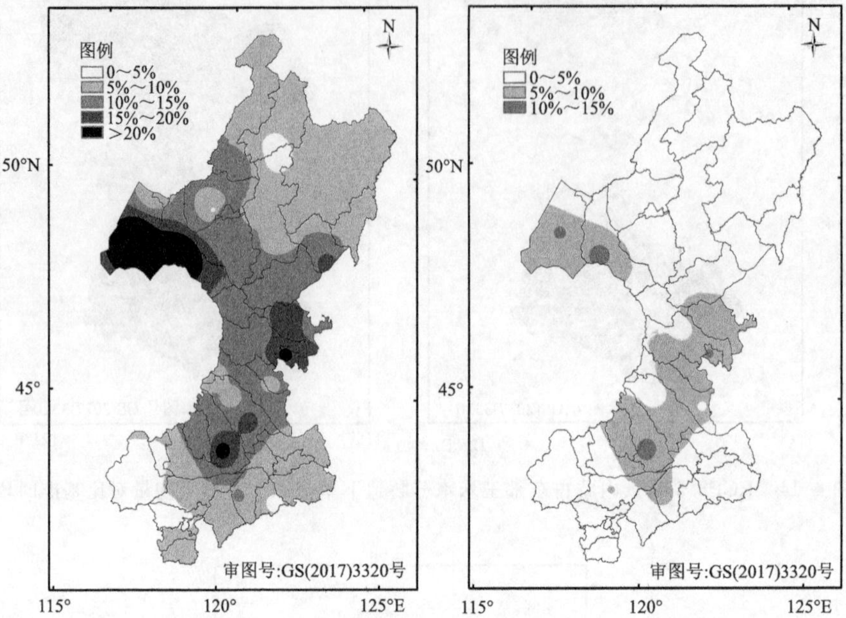

图 4.16 RCP4.5 情景内蒙古东部玉米水分胁迫下单产和地上部生物量对比 RCP8.5

4.1.4.3 **主要结论**

综合上述分析结果可见，在气候变化背景下，未来 30 a(2021—2050 年)内蒙古东部春玉米生育进程加快，开花期均有所提前，RCP4.5 和 RCP8.5 情景下分别平均提前 3 d 和 6 d；在气候变化的趋势下，玉米生育期普遍缩短，RCP4.5 和 RCP8.5 情景下分别平均缩短 11 d 和 17 d，高排放情景下更高的升温幅度导致春玉米开花期提前和生育期缩短幅度更高，且生育期缩短幅度明显高于张建平等[78]所得出未来 60 a 玉米生育期缩短幅度，未来气候变化背景下，中熟和晚熟玉米生育期分别将缩短分别缩短 3.4 d 和 1.1 d。

在潜在生产力水平下，即不考虑水分和养分的影响，未来 30 a 内蒙古东部主产区玉米产量均有所下降，在 RCP4.5 和 RCP8.5 情景下玉米平均减产 8.3%和 13.8%，主要原因为持续增温明显缩短了生育期天数，抵消了作物全年生长期延长的效果，使光合同化时间减少，灌浆不充分，导致产量降低，并且高排放情景生育期缩短幅度更大，导致减产幅度相应高于低排放情景。

在水分胁迫条件下，未来 30 a 内蒙古东部主产区玉米产量有更大的下降幅度，在 RCP4.5 和 RCP8.5 情景下玉米平均分别减产 6.9%和 15.1%；对于低排放情景，干旱发生频率、程度等可能接近或低于基准时段，则升温叠加干旱低于单纯升温导致的减产率，而高排放情景下，干旱发生强于基准时段，则升温叠加干旱高于单纯升温导致的减产率。RCP4.5 情景下的减产幅度低于米娜等[79]模拟的东北地区玉米未来 40 a 在 B2 情景(中低排放情景)下的减产幅度

(9.5%),低于金之庆等[80]的结果(减幅右 2010 年的 9%增至 2050 年的 24%),高于张建平等[78]模拟的东北玉米未来 60 a B2 情景下的减产幅度(中熟减产 3.5%,晚熟减产 2.1%)。在水分胁迫条件下,未来 30 a 内蒙古东部区玉米地上部生物量同样呈下降趋势,生育期缩短,光合同化时间减少,加之干旱胁迫,地上部生物量的积累大幅衰减,在 RCP4.5 和 RCP8.5 情景下玉米地上部生物量平均分别减少 4.9%和 8.3%,由此看出,RCP8.5 情景下更强的升温效应导致生育期缩短更多,对地上部生物量的影响更大。

由于未发现受气候变化影响玉米产量增加的情况,而米娜等[79]和熊伟等[81]认为东北高海拔地区受地形影响年均温低,气候变化后会增加积温,延长玉米生育期,从而利于这些地区玉米增产,这可能是由于选取的站点偏少,精细化程度不足,难以体现内蒙古东北部的地形变化,今后的研究可基于格点模拟,更能表现不同区域的细节变化。

4.1.4.4　应对气候变化适应对策

气候变暖已经成为一个不争的事实,而气候条件与农业生产息息相关,在一定范围内采取合理的适应对策,可减少或减缓气候变化对农业生产的不利影响,甚至超过气候变化的负面影响而继续增产。

(1)种植结构调整

目前我国的种植制度以热量为主导因素,未来气候变暖后,因积温增加和生长期延长,内蒙古东北部玉米的种植边界将北移,近几十年东北地区玉米种植面积受升温影响持续扩大,总产受面积的影响呈显著增加趋势。此外,低温冷害和初霜冻一直是东北地区的主要农业气象灾害,气候变暖在一定程度上减缓了上述灾害的发生和对农业生产的不利影响,当前内蒙古东部农区为避免初霜冻对玉米灌浆和产量的影响,仍选用中熟或中晚熟品种,未来以后变暖后,作物生育期延长,初霜冻日期将推迟,利于作物充分灌浆和完全成熟,可考虑全部选用晚熟玉米品种,可以大大减缓产量下降的趋势。这也真是近几十年来东北地区非但没有受气候变暖而导致粮食减产,反而经各地普遍采取适应对策后,玉米单产大幅提高的原因。

(2)作物播期调整

在当前的玉米熟性不变的情况下,受未来气候变暖的影响,低排放和高排放情景下玉米开花期分别提前 3 d 和 6 d,整个生育期分别缩短 11 d 和 17 d,为充分利用气候资源,避免初霜冻的不利影响,可适当调整玉米播种期,在原有基础上提前播种 5～10 d,可在一定程度上减缓玉米的减产幅度。

(3)提高品种抗逆性

未来气候变化将进一步加剧农业气象灾害和病虫害的影响。未来在温室效应影响下,高温、极度干旱、暴雨洪涝等灾害发生的频率和强度将会增加,尤其对于内蒙古干旱和半干旱地区,干旱是影响作物生长和产量形成的最主要气象灾害,具有影响时间长、范围大、频率高、损失重的特点,未来气候变化可能导致干旱对内蒙古东部农业生产的影响更为严重;此外,未来气候变暖还将进一步增加一些农业病虫基数、降低越冬死亡率,部分虫害首次出现期、迁飞期及种群高发期提前,加剧农业病虫害的流行。因此,需要大力开展耐高温、抗旱涝、抗病虫害等抗逆性品种的育种研究和科技攻关,通过技术进步是应对气候变化和提高单产是根本途径。

(4)调整生产管理方式

在未来气候变化导致季节性干旱、灌溉水短缺的情况下,可大力发展节水农业。目前,我国灌溉水利用率很低,只有 40%左右,远未达到科学用水的标准,对于内蒙古,干旱是制约农业生产发展的最重要因素，据内蒙古第二次土地调查数据，全区耕地中有灌溉设施的耕地占31.3%，其中东部区的西辽河流域和嫩江流域右岸有灌溉设施的比重分别为37.5%和13.3%，大部分的耕地无法实现补水灌溉，基本以雨养农业为主，因此应大力发展节水农业，因地制宜发展集雨开源技术、节水灌溉技术、农艺抗旱技术和工程保水技术等农业节水技术，加强节水技术的示范推广应用，尽快形成高效节水农业投入的长效机制。近些年，内蒙古地区为抵御干旱灾害，积极推广膜下滴灌、覆膜保墒、微喷和喷灌等节水灌溉措施，有效增加了节水抗旱农田面积，一定程度上减缓了干旱对粮食产量的不利影响。

4.2 气候变化对水稻生产的影响评估

4.2.1 研究方法

黑龙江省水稻观测站共11个，各站观测的开始年份不统一，受观测资料限制，选取尚志、五常、汤原、宁安4个水稻观测站作为发育期、产量与气象条件关系的研究站点，上述4站分布在水稻主产区，分别位于松嫩平原、三江平原和牡丹江半山区，资料相对较为完整，数据序列在27 a以上，水稻种植面积较大，具有较好的代表性(表4.17)。

表4.17 站点概况

站名	所属区域	发育期资料序列	产量资料序列
尚志	哈尔滨，松嫩平原	1987—2014年	1980—2014年
五常	哈尔滨，松嫩平原	1980—2014年	1980—2014年
汤原	佳木斯，三江平原	1980—2014年	1980—2014年
宁安	牡丹江，牡丹江半山区	1980—2014年	1980—2014年

在气候变化影响下，热量资源等发生变化，因此在更新的数据条件下，对水稻气象指标进行修订、完善，在建立本地化气象指标时，鉴于黑龙江省幅员辽阔，区域气候差异较大，为了更准确地分析气温阈值，在水稻主要产区选取北安、海伦、庆安、铁力、泰来、肇源、巴彦、五常、宁安、勃利、萝北、宝清、富锦、汤原、虎林等44个气象站作为研究站点，根据其地理位置和气候特征，将研究区域划分出5个气候区，分别为北部地区、西部地区、中部地区、南部地区、东部地区。

针对水稻生育特性，选取水稻移栽期、分蘖期、孕穗期、抽穗期、乳熟期、成熟期等主要发育期进行研究。利用气候统计方法对研究站点逐日平均气温进行统计处理，以SPSS statistics 17.0处理软件进行数据分析。采用线性气候倾向率、K-means聚类分析、统计回归等方法分析气象条件与水稻发育期和产量的相关关系，进而探索建立作物生长和产量的气象指标阈值。

一般情况下，黑龙江省水稻5月下旬集中移栽，6月上旬返青，6月中旬—7月上旬拔节生长、分蘖，7月中旬—下旬孕穗抽穗，8月上旬齐穗，齐穗后开始灌浆乳熟，9月灌浆成熟。参照毛留喜等的研究，本项目对水稻发育期进行如下规定：移栽返青期5月下旬—6月上旬；分蘖期6月中旬—7月上旬；孕穗抽穗期7月中旬—8月上旬；乳熟期8月中旬—8月下旬；成熟期9月上旬—9月下旬。

根据水稻生育特性及黑龙江省水源满足情况，建立水稻发育期指标时不考虑降水。

4.2.2 气候变化对水稻生育期的影响

1980—2014年间，研究区大部地区水稻发育期总体呈提前趋势。以孕穗期为例，由图

4.17 可见，汤原站、五常站水稻孕穗期呈提前趋势，速率分别为 3.8 d/(10 a)($P<0.01$)、1.9 d/(10 a)($P<0.05$)，尚志站存在提前趋势，但未通过 0.05 显著性检验，宁安站则表现为推后趋势，速率为 3.1 d/(10 a)($P<0.01$)。

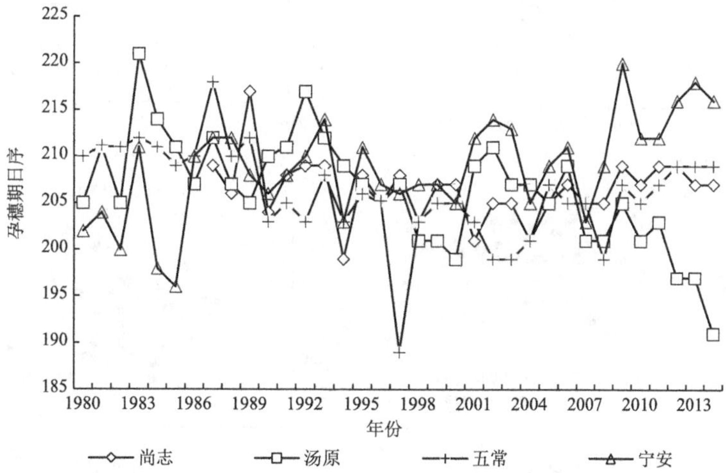

图 4.17　1980—2014 年水稻孕穗期变化

在不同区域，水稻同一发育期变化趋势不同，且不存在明显的经向、纬向的变化规律。移栽期、分蘖期、乳熟期、成熟期变化趋势不稳定，提前或推后的趋势不一；孕穗期、抽穗期表现为普遍提前的特征，大部区域提前 0.5 d 以上。在同一区域，水稻不同发育期变化趋势也不一致，例如：尚志站各个发育期呈现不断变化的趋势，前期推后，孕穗抽穗期提前，而乳熟推后，成熟期又提前；汤原站、五常站水稻发育前期提前，乳熟成熟期推后；宁安站水稻各发育期则持续推后。

分析水稻发育期与气象条件的相关关系发现，汤原站(图 4.18a)、五常站(图 4.18b)水稻移栽期至孕穗期的平均气温与其孕穗期的相关关系极显著，R^2 分别为 0.5273、0.1441，而汤原站(图 4.18c)、五常站(图 4.18d)水稻抽穗期至成熟期的平均气温与成熟期却不存在显著关系，R^2 仅为 0.0243、0.0003。整体来说，气候变化对作物发育存在一定的影响，作物发育对气候变化具有一定的响应，但生育后期响应减弱。从发育期看，大部区域水稻生育前期(包括移栽期、分蘖期、孕穗期)总体上提前的趋势均较显著，结合图 4.18a，b，可以说明气候变化对水稻生育前期影响较大；而抽穗期开始，其提前或推后趋势显著的范围缩小，且多数发育期变化趋势不显著，结合图 4.18c，d，从某种程度上表明，气候变化与作物发育的相关关系减弱。从不同区域看，三江平原汤原站仅水稻乳熟期随时间变化不显著，其余发育期均变化极显著，从某种程度可说明该区域气候变化对水稻影响最大；松嫩平原南部的五常站、牡丹江南部的宁安站分别有 3 个发育期变化趋势显著，其余不显著，说明上述区域气候变化对水稻影响较大；位于松嫩平原张广才岭的尚志站，仅 1 个发育期变化趋势显著，其余发育期均不显著。

进一步分析 4 站水稻移栽期—孕穗期、抽穗期—成熟期的平均气温变率，汤原站、尚志站、五常站、宁安站移栽期—孕穗期变率分别为 0.9、0.9、0.85、0.85，其抽穗期—成熟期的变率分别为 0.74、0.78、0.69、0.7，可见 4 站水稻移栽期—孕穗期的平均气温变率均大于其抽穗期—成熟期的平均气温变率。同时，4 站水稻移栽—成熟期升温趋势明显，21 世纪以来的气温与

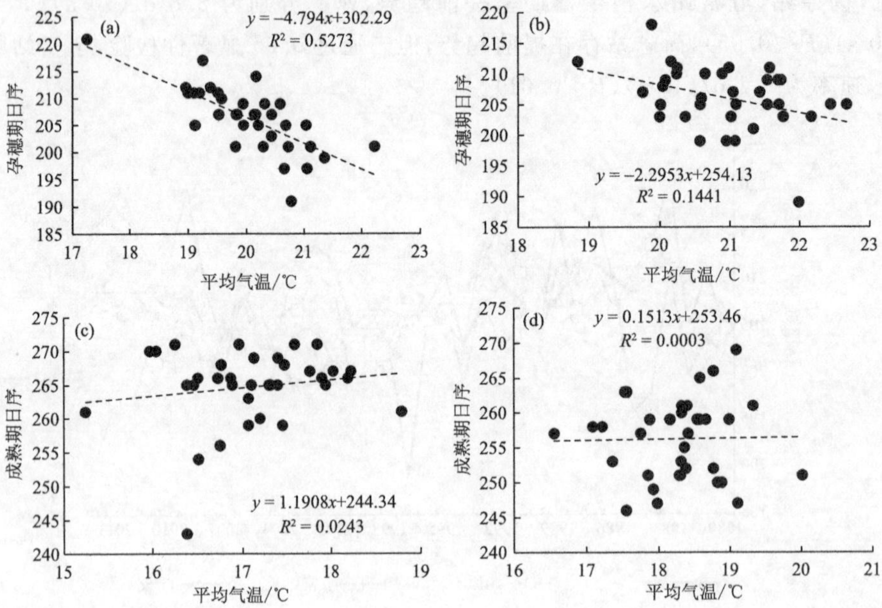

图 4.18　汤原站(a)、五常站(b)水稻移栽期至孕穗期平均气温与孕穗期的相关图
及汤原站(c)、五常站(d)水稻抽穗期至成熟期平均气温与成熟期的相关图

20 世纪 80 年代、90 年代相比，升温幅度均在 0.2 ℃以上，除宁安站外，其他站水稻移栽期—孕穗期的升温幅度均分别大于其抽穗期—成熟期的升温幅度。可见，水稻生育前期气温升幅大，而后期升温幅度相对小，这可能是导致水稻生育前期变化显著而后期减弱的原因之一，并且进一步印证了气候变化对水稻发育的影响效应。

利用逐步回归方法，进一步分析气象条件与水稻发育期的关系，发育期选择移栽期、分蘖期、孕穗期、抽穗期、乳熟期、成熟期，时间为 4 月下旬至 9 月下旬共 16 旬及 5—9 月共 5 月。针对水稻生育特性，气象要素选择平均气温(A)、最低气温(L)、最高气温(H)、降水量(W)、日照时数(R)。考虑不同发育期所处的时间，选择相应的旬、月进行回归分析。

汤原站总体上水稻发育期与各气象要素中的气温要素相关最显著，随着气温的升高，发育期呈提前趋势。水稻不同发育期与各旬、月气象要素的相关关系不同，水稻移栽期、乳熟期与各气象要素均不存在相关关系；水稻分蘖期与对应旬(月)最低气温或最高气温存在显著的负相关关系，随着最低气温或最高气温的升高，水稻分蘖期提前，每升高 1 ℃，分蘖期提前 2～5 d；水稻孕穗期与 7 月上旬、中旬的最低气温及 7 月的平均气温存在显著的负相关关系，最低气温或平均气温每升高 1 ℃，孕穗期约提前 2～4 d，7 月的降水对孕穗期影响幅度不大；水稻抽穗期与 7 月、8 月平均气温及 8 月上旬的最高气温存在显著的负相关关系，平均气温或最高气温每升高 1 ℃，抽穗期约提前 1～4 d，7 月的降水对抽穗期的变化也影响不明显；水稻成熟期与 9 月中旬、下旬及 9 月的最高气温、最低气温存在显著的正相关关系，最高气温或最低气温每升高 1 ℃，成熟期推后 1～2 d，这从某种程度反映，秋季气温越高，热量充足，可以促进水稻更加充分成熟。综合如上分析，汤原站 6 月份气象条件对水稻影响最显著；7 月、9 月次之；5 月、8 月最弱。各要素中，气温是影响水稻发育的主要因子，降水次之，日照不显著。

尚志站总体趋势与汤原不同，其水稻发育期与气象要素相关显著的气象因子减少，其中与气温、降水相关较显著。水稻移栽期与各气象要素均不存在相关关系；水稻分蘖期与 6 月上旬最低气温呈显著的正相关关系，最低气温每升高 1 ℃，分蘖期推后 1 d；水稻孕穗期与 7 月上旬最低气温及降水存在显著的相关关系，最低气温每升高 1 ℃，孕穗期约提前 1 d，7 月上旬的降水对孕穗期也存在影响；水稻抽穗期与 7 月下旬、8 月上旬降水及 7 月最低气温存在显著的相关关系，7 月下旬、8 月上旬降水每增多 1 mm，抽穗期变化趋势不明显，7 月最低气温每升高 1 ℃，抽穗期约提前 2 d；水稻乳熟期与 8 月中旬、8 月最低气温及 8 月上一中旬的降水存在显著的负相关关系，最低气温每升高 1 ℃，乳熟期推后 1～2 d，8 月上一中旬的降水对乳熟期变化的影响幅度不大；成熟期与 9 月上旬、9 月的最高气温及 9 月中旬、下旬降水具有显著的相关关系，最低气温每升高 1 ℃，成熟期提前 1～3 d，9 月中旬降水每增多 1 mm，抽穗期提前 1 d，9 月下旬降水每增多 1 mm，抽穗期变化趋势不明显。从尚志站的分析来看，其 9 月份气象条件对水稻影响最显著；7 月、8 月次之；5 月、6 月较弱。各要素中，气温是影响水稻发育的主要因子，降水次之，日照不显著。

五常站总体趋势表现为水稻生育前期与气象条件相关性好，后期差，其中气温仍占主导作用。水稻移栽期与 5 月中旬、5 月的最低气温存在极显著的负相关关系，最低气温每升高1 ℃，移栽期提前 1～2 d，与 5 月下旬日照具有正相关关系，随着日照的增多，移栽期变化幅度不大，仅 0.2 d；水稻分蘖期与 6 月上旬降水、6 月中旬和下旬的最低气温及 6 月的平均气温呈显著的相关关系，降水引起分蘖期变化幅度较小，而最低气温每升高 1 ℃，分蘖期提前 1～2 d；水稻孕穗期与 7 月中旬、7 月的平均气温存在显著的负相关关系，平均气温每升高 1 ℃，孕穗期约提前 1～3 d；水稻抽穗期与 7 月下旬、7 月的平均气温存在显著的负相关关系，平均气温每升高 1 ℃，抽穗期约提前 1～3 d；水稻乳熟期与 8 月下旬降水存在显著的正相关关系，但其引起乳熟期变化幅度非常小；成熟期与 9 月中旬最高气温具有显著的相关关系，最高气温每升高 1 ℃，成熟期推后约 2 d。整体来看，五常站 5 月、6 月气象条件对水稻影响最显著；7 月次之；8 月、9 月较弱。各要素中，气温是影响水稻发育的主要因子，降水次之，日照最弱。

宁安站水稻发育期与气象要素相关显著的气象因子较少。水稻移栽期与 5 月上旬日照、5 月中旬最低气温存在显著的相关关系，日照引起的移栽期变化幅度不大，最低气温每升高 1 ℃，移栽期推后 1.6 d；水稻分蘖期与气象要素不存在相关关系；水稻孕穗期与 7 月上旬降水存在显著的负相关关系，但其仅引起水稻孕穗期微弱变化；水稻抽穗期与 7 月下旬最高气温、8 月上旬最低气温、8 月平均气温存在显著的负相关关系，气温要素每升高 1 ℃，抽穗期约提前 1～2 d；水稻乳熟期与 8 月上—中旬最高气温、8 月平均气温具有显著的负相关关系，气温要素每升高 1 ℃，乳熟期约提前 1～3 d；成熟期与 9 月下旬最低气温具有显著的正相关关系，最低气温每升高 1 ℃，成熟期推后 1.4 d。整体来看，宁安站 7 月份气象条件对水稻影响最显著；5 月、8 月次之；6 月、9 月较弱。各要素中，气温是影响水稻发育的主要因子，降水、日照较弱。

分析可见，气象条件对水稻发育的影响作用存在时间和空间差异，但不具有明显的变化规律，不同区域同一发育期、同一区域不同发育期表征不同的变化特征。总体来看，水稻各发育期均不同程度受气象条件影响，且气温是影响水稻生长发育的主要因子，随着气温的升高，水稻发育期总体呈提前趋势，气温（包括平均、最低、最高）每升高 1 ℃，水稻发育期提前约 1～5 d。降水对发育期存在影响，但弱于气温，其引起发育期提前或推后的变化幅度较小，一般不足 1 d；日照对水稻发育期的影响最弱，其对发育期变化影响微弱。

4.2.3　气候变化对水稻产量的影响

受水稻观测资料限制，选取资料序列较长的汤原站、尚志站、五常站、宁安站进行分析。考虑黑龙江省 5—9 月为作物生长季，因此将气候因子影响产量形成时段定为 5 月上旬至 9 月下旬，分别以旬、月及水稻生长发育的关键时段为时间单位，共计 23 个研究时段，气象因子选取平均气温(A)、最低气温(L)、最高气温(H)、降水量(W)和日照时数(R)。采用逐步回归方法分析产量与每旬、每月、每个关键时段各气象因子的相关性。具体相关性见表 4.18。

表 4.18　各站水稻产量与气象要素的相关关系

站名	水稻产量回归方程	P	R^2
汤原站	$Y_{5上}=48.396W+5128.179$	0.05	0.169
	$Y_{5下}=1239.248L-694.383H+44.666R+5440.4$	0.01	0.393
	①$Y_{5月}=2858.2A-2120.69H+9895.9$	0.01	0.463
	②$Y_{5月}=1147.4L-523.14H+8292.5$	0.01	0.345
	③$Y_{5月}=750.246L+589.311$	0.01	0.216
	$Y_{6中}=702.583L-4153.407$	0.01	0.273
	$Y_{6下}=532.558L-2378.411$	0.05	0.156
	$Y_{6中}=972.585L-7867.655$	0.01	0.303
	$Y_{7上}=685.012L-5769.424$	0.05	0.169
	$Y_{7中}=652.304A-8415.794$	0.01	0.24
	$Y_{7月}=1054.426A-17203.173$	0.01	0.22
	$Y_{8中}=430.161H-5032.556$	0.05	0.115
	$Y_{8下}=-19.885W+6984.783$	0.05	0.12
	$Y_{9月}=835.44H-10994.851$	0.01	0.201
	$Y_{5-9月}=2054.549A-30672.539$	0.01	0.386
	$Y_{6-8月}=1717.604L-21390.883$	0.01	0.296
	$Y_{7中-8上}=958.879A-15142.976$	0.01	0.183
尚志站	$Y_{5上}=548.315L+5213.599$	0.05	0.147
	$Y_{5中}=830.406L+2059.513$	0.01	0.333
	$Y_{5下}=956.3L-475.2H+9703.2$	0.01	0.419
	$Y_{5月}=1085.396L+341.121$	0.01	0.398
	$Y_{6上}=517.693L+1218.459$	0.05	0.136
	$Y_{6中}=1042.17L-7059.916$	0.01	0.447
	$Y_{6上}=908.035L-6528.93$	0.01	0.422
	$Y_{6月}=1212.393L-9255.84$	0.01	0.422
	$Y_{7上}=1162.356L-12117.259$	0.01	0.476
	$Y_{7中}=910.277A-12737.7$	0.01	0.236
	$Y_{7中}=1510.387L-19041.281$	0.01	0.407
	$Y_{9上}=711.61H-8901.688$	0.01	0.205
	$Y_{9中}=2043.1A+114.3R-1452.4L+1537.694$	0.01	0.41

续表

站名	水稻产量回归方程	P	R^2
尚志站	$Y_{9\text{下}}=746.741L-51W+4819.2$	0.01	0.412
	$Y_{5-9\text{月}}=1920.4L-6.1W-13078.9$	0.01	0.65
	$Y_{6-8\text{月}}=1859.3L-6W-19532.9$	0.01	0.539
	$Y_{7\text{中}-8\text{上}}=1179.787L-13636.75$	0.01	0.205
五常站	$Y_{5\text{中}}=968.561L-257.201$	0.01	0.306
	$Y_{5\text{下}}=494.967L-74.91R+9360.731$	0.01	0.303
	$Y_{5\text{月}}=1066.6L-23.5R+4499.8$	0.01	0.317
	$Y_{6\text{中}}=763.867L-3692.27$	0.01	0.216
	$Y_{6\text{下}}=669.803L-3286.481$	0.05	0.162
	$Y_{6\text{月}}=986.084L-7033.69$	0.01	0.202
	$Y_{7\text{上}}=1738L-618.8H-6363.9$	0.01	0.351
	$Y_{7\text{中}}=820.544A-10744.51$	0.05	0.175
	$Y_{7\text{月}}=1846.579L-26309.052$	0.01	0.313
	$Y_{8\text{上}}=-61.57R+12196.663$	0.05	0.153
	$Y_{9\text{上}}=814.16H-10975.823$	0.01	0.23
	$Y_{9\text{下}}=782.313A-1701.51223$	0.01	0.281
	$Y_{9\text{月}}=1756.799H-29224.8$	0.01	0.428
	$Y_{5-9\text{月}}=2924.1A-7.5R-38714.3$	0.01	0.511
	$Y_{6-8\text{月}}=2001.493L-26058.851$	0.01	0.274
	$Y_{7\text{中}-8\text{上}}=-66.3R+1691.8H-12.8W-23064.2$	0.01	0.468
宁安	$Y_{5\text{上}}=288.938L-39.515R+8081.807$	0.01	0.284
	$Y_{5\text{下}}=727.253L-466.083A+7039.136$	0.01	0.257
	$Y_{5\text{月}}=1145.069L-488.555H+8036.485$	0.01	0.454
	$Y_{6\text{中}}=-31.129W+7382.583$	0.01	0.259
	$Y_{6\text{下}}=246.628H+18.629$	0.05	0.186
	$Y_{6\text{月}}=-17.322W+7947.97$	0.01	0.23
	$Y_{7\text{上}}=465.935L-1069.255$	0.01	0.246
	$Y_{7\text{中}}=320.368H-2137.644$	0.01	0.199
	$Y_{7\text{月}}=502.197H-7109.023$	0.01	0.228
	$Y_{9\text{月}}=465.303H-3236.315$	0.05	0.124
	$Y_{5-9\text{月}}=1468.664L-12132.649$	0.01	0.399
	$Y_{6-8\text{月}}=1054.992L-10072.366$	0.01	0.282
	$Y_{7\text{中}-8\text{上}}=302.084H-3395.002$	0.05	0.139

汤原站水稻产量与气象要素存在较好的相关关系，大部时间的气温要素均与水稻产量呈显著的正相关关系；5 月上旬、8 月下旬降水与产量相关显著；仅 5 月下旬日照与产量相关。从

时间上看，5月、6月、7月气象要素与产量的关系较显著，8月次之，9月较差，其中5月份各气象要素与产量的关系较为复杂，不同要素相互作用，与产量形成显著的相关关系，5月平均气温、最高气温相互作用对产量影响最显著。作物生长季(5—9月)、作物旺盛生长时期(6—8月)以及水稻生长较为关键时期(7月中旬—8月上旬)的气象要素均与产量显著相关；从气象要素上看，气温是影响水稻产量形成的主要自然因素，且以最低气温最显著，尤其6月中旬至7月上旬期间，最低气温在水稻产量形成中占主导作用。综合以上分析，可得以下主要结论：(1)水稻营养生长—生殖生长初期是气象条件影响产量形成的重要时期，而灌浆乳熟—成熟期的影响作用小于前期；即5—7月的气象条件在水稻产量形成中具有重要作用，且5月下旬—7月中旬尤其关键；5月下旬是水稻移栽高峰期，移栽后返青，6月基本处于分蘖期，7月上中旬开始孕穗，在不考虑品种的情况下，这在一定程度上反映出移栽期－孕穗期气象条件的优劣直接影响水稻返青成活率、分蘖数量以及孕穗状况，进而影响产量的高低。(2)各气象要素中，气温是影响水稻产量的主要因子，且以最低气温最显著，各气温要素每变化1 ℃，产量变化幅度约430～2900 kg/hm^2；降水、日照影响不大。

尚志站水稻产量与气象要素存在较好的相关关系，大部时间的气温要素均与水稻产量呈显著的正相关关系；降水与产量呈反相关关系；仅9月中旬日照与产量相关。从时间上看，5月、6月、7月、9月气象要素与产量的关系较显著，8月不存在相关关系。作物生长季(5—9月)、作物旺盛生长时期(6—8月)以及水稻生长关键时期(7月中旬—8月上旬)的不同气象要素与产量显著相关；从气象要素上看，气温要素是影响水稻产量形成的主要自然因素，且以最低气温最显著，尤其5月上旬至7月上旬期间，最低气温在水稻产量形成中占主导作用。综合以上分析，可得以下主要结论：(1)在水稻产量形成过程中，移栽—生殖生长初期的气象条件具有最主要作用，成熟期次之，灌浆乳熟的影响作用较小；5—7月是气象条件影响产量形成的主要时期，且5月上旬—7月中旬尤其关键；5月上旬为秧苗炼苗期，5月中旬水稻进入移栽期，移栽后返青，6月基本处于分蘖期，7月中旬开始孕穗，在不考虑品种及生产技术水平的情况下，苗期后期—孕穗期气象条件的优劣是影响水稻返青成活率、分蘖数量以及孕穗状况的主要因素，因此其对产量形成的影响较大；9月水稻处于灌浆成熟期，尚志站9月的气象条件对产量后期形成的影响作用也较大。(2)各气象要素中，气温是影响水稻产量的主要因子，且以最低气温最显著，各气温要素每变化1 ℃，产量变化幅度约470～2040 kg/hm^2；降水的负效应影响微弱，降水每变化1 mm，仅引起产量6～50 kg/hm^{2}的波动；日照对产量影响不大。

五常站水稻产量与气象要素存在较好的相关关系，大部时间的气温要素均与水稻产量呈显著的正相关关系；日照与产量呈反相关关系；降水与产量相关较弱，仅7月中旬—8月上旬降水与产量相关。从时间上看，5月、6月、7月、9月气象要素与产量的关系较显著，8月较差。作物生长季(5—9月)、作物旺盛生长时期(6—8月)以及水稻生长关键时期(7月中旬—8月上旬)的不同气象要素与产量显著相关；从气象要素上看，气温要素是影响水稻产量形成的主要自然因素，且以最低气温最显著，尤其5月中旬至7月上旬期间，最低气温在水稻产量形成中占主导作用。综合以上分析，可得以下主要结论：(1)在水稻产量形成过程中，移栽—生殖生长初期的气象条件具有最主要作用，成熟期次之，灌浆乳熟的影响作用较小；即5—7月是气象条件影响产量形成的主要时期，且5月中旬—7月中旬尤其关键；5月中旬水稻进入移栽期，移栽后返青，6月基本处于分蘖期，7月中旬开始孕穗，在不考虑品种及生产技术水平的情况下，移栽期—孕穗期气象条件的优劣是影响水稻返青成活率、分蘖数量以及孕穗状况的主要因素，因此其对产量形成的影响较大。(2)各气象要素中，气温是影响水稻产量的主要因子，且以最低气温最显著，各气温要素每变化 1 ℃，产量变化幅度约 500～2000 kg/hm^2；降水、日照影响不大。

宁安站水稻产量与气象要素存在相关关系，气温要素与水稻产量呈较好的正相关关系；降水、日照相关较差，仅 5 月上旬日照、6 月中旬降水、6 月降水与产量呈反相关关系；从时间上看，5 月、6 月、7 月气象要素与产量的关系较显著，8 月、9 月基本不存在相关关系；作物生长季(5—9 月)、作物旺盛生长时期(6—8 月)以及水稻生长关键时期(7 月中旬—8 月上旬)的不同气象要素与产量显著相关；从气象要素上看，气温是影响水稻产量形成的主要自然因素，最低气温、最高气温较显著。综合分析，可得以下主要结论：(1)在水稻产量形成过程中，移栽—生殖生长初期的气象条件具有关键作用，抽穗—成熟期的影响作用较小；5—7 月是气象条件影响产量形成的主要时期，且 5 月上旬—7 月中旬尤其关键。宁安站 5 月上旬为秧苗炼苗期，5 月中旬水稻进入移栽期，移栽后返青，6 月基本处于分蘖期，7 月中旬开始孕穗，在不考虑品种及生产技术水平的情况下，苗期后期—孕穗期气象条件的优劣是影响水稻返青成活率、分蘖数量以及孕穗状况的主要因素，因此其对产量形成的影响较大。(2)各气象要素中，气温是影响水稻产量的主要因子，以最低气温、最高气温为主，各气温要素每变化 1 ℃，产量变化幅度约 240～1470 kg/hm^2；降水、日照影响不大。

综上分析可见，气象条件对水稻产量的影响作用略微存在时间和空间差异，但不具有明显的变化规律。在不考虑品种的前提下，不同区域同一时间、同一区域不同时间的气象条件对产量的影响作用不同，且影响显著的气象因子也不尽相同。总体来看，气温是影响水稻产量的主要因子，其对产量的影响作用为正效应，在一定范围内，随着气温的升高，水稻产量呈增加趋势，其中最低气温表现最显著，气温(包括平均、最低、最高)每升高 1 ℃，水稻增产效应约为 240～2900 kg/hm^2；降水对产量的影响基本为负效应，但影响作用较弱，其引起产量降低的幅度较小，一般不足 50 kg/hm^2，基本可忽略不计；日照与水稻产量的关系最弱。在生长季，5—7 月是气象条件影响水稻产量形成的主要时期，9 月次之，8 月最差；5—7 月涉及水稻移栽、移栽后返青、水稻分蘖、水稻孕穗抽穗，均为影响产量高低的主要因素，因此水稻移栽至孕穗期间的气象条件对产量形成尤为关键；成熟期的气象条件对籽粒饱满度、成熟度具有重要影响，进而影响千粒重，因此在产量形成中也较为重要；8 月水稻处于灌浆期，影响作用相比 5—7 月和 9 月弱。

4.2.4　水稻本地化适宜气象指标

4.2.4.1　旬气象指标建立及验证

事实上，作物是在自然条件下生长，不考虑肥料、土壤等作用，作物生长发育主要是依靠气候资源。根据本项目研究宗旨，以本地实际能够出现的气象要素值为准，采用 K-means 聚类方法对实际气象要素进行聚类分析，充分考虑如上水稻产量与气象条件关系的分析结果、水稻产量较高年份的气象条件，再综合参考已有的研究指标、调研指标、试验指标等，同时依据黑龙江省的气候特征和实际生产情况，通过对比分析得到黑龙江省 5 个区域水稻 5 月上旬—9 月下旬各旬本地化气象指标(表 4.19a—e)。指标的建立基于实际情况出发，根据水稻生育特性及黑龙江省水源满足情况，因此建立水稻气象指标时不考虑降水。

表 4.19a　黑龙江省北部地区水稻各旬本地化气象指标

北部地区（月/旬）	平均气温/℃		最低气温/℃		最高气温/℃		日照时数/h	
	下限值	上限值	下限值	上限值	下限值	上限值	下限值	上限值
5/上	9.3	13.0	2.8	5.0	13.3	20.9	72.8	100.9
5/中	10.4	16.9	1.6	7.7	13.5	25.1	56.2	86.5
5/下	12.7	19.3	4.2	11.5	19.8	27.2	76.7	119.1
6/上	13.6	22.0	8.8	13.9	18.7	29.5	61.9	129.0
6/中	14.4	21.1	10.7	13.0	18.6	28.8	53.9	115.1
6/下	19.5	23.8	13.2	17.0	24.9	29.9	82.2	109.9
7/上	20.7	25.3	14.8	18.4	26.5	31.8	69.6	121.3
7/中	19.1	23.6	13.0	17.6	23.5	30.1	63.1	104.1
7/下	19.4	22.9	14.8	18.6	24.6	28.1	66.8	109.0
8/上	18.5	23.7	14.3	17.4	23.4	29.9	58.6	108.1
8/中	18.0	19.9	13.3	15.4	23.3	24.7	61.6	79.5
8/下	16.8	18.6	12.4	13.9	20.7	25.4	71.1	91.0
9/上	16.5	18.3	10.0	13.6	23.4	25.5	70.2	107.6
9/中	12.0	14.2	5.3	9.8	18.7	19.5	59.4	75.6
9/下	5.0	13.8	1.3	5.6	11.3	22.3	50.3	84.8

表 4.19b　黑龙江省中部地区水稻各旬本地化气象指标

中部地区（月/旬）	平均气温/℃		最低气温/℃		最高气温/℃		日照时数/h	
	下限值	上限值	下限值	上限值	下限值	上限值	下限值	上限值
5/上	9.4	16.2	4.9	8.4	14.2	23.7	65.7	90.5
5/中	10.9	19.4	4.6	11.7	17.3	27.4	69.3	91.9
5/下	12.4	18.9	6.9	11.5	18.7	26.1	70.5	91.3
6/上	16.2	23.5	10.8	16.4	21.2	30.7	69.4	115.4
6/中	14.7	23.2	11.7	16.7	18.6	29.4	60.2	97.3
6/下	17.8	24.7	13.2	17.9	22.9	30.8	78.9	118.3
7/上	20.8	26.6	17.0	19.4	25.3	33.9	73.2	101.7
7/中	20.1	23.2	16.5	18.5	24.4	27.9	87.1	100.6
7/下	21.9	22.6	18.0	18.7	26.2	27.3	60.9	79.7
8/上	20.4	26.5	16.7	21.4	24.5	32.4	88.4	103.9
8/中	19.9	23.3	15.9	19.2	24.2	27.9	64.9	93.0
8/下	18.0	19.6	11.7	14.1	22.7	25.5	81.0	108.7
9/上	13.7	17.9	8.8	11.0	19.6	25.4	76.8	106.7
9/中	14.0	17.1	8.5	13.0	19.9	22.6	64.7	75.5
9/下	10.7	13.4	3.6	7.8	18.5	19.8	66.0	98.7

表 4.19c　黑龙江省西部地区水稻各旬本地化气象指标

西部地区（月/旬）	平均气温/℃		最低气温/℃		最高气温/℃		日照时数/h	
	下限值	上限值	下限值	上限值	下限值	上限值	下限值	上限值
5/上	10.0	10.9	4.4	5.8	15.6	16.4	61.7	82.0
5/中	12.5	20.8	5.8	13.4	18.8	28.4	90.1	95.2
5/下	16.4	20.2	9.5	14.1	23.5	26.9	83.7	106.7
6/上	13.4	24.5	8.5	17.4	18.1	31.2	57.0	116.9
6/中	15.6	24.4	12.0	17.6	19.5	30.8	55.6	95.2
6/下	18.7	26.2	13.9	19.4	23.4	32.6	81.0	117.1
7/上	22.9	26.3	17.1	20.0	27.7	32.7	75.1	114.4
7/中	20.4	25.5	16.9	20.2	24.6	30.7	50.7	117.4
7/下	20.1	23.6	15.7	19.0	24.9	28.2	71.7	96.6
8/上	20.6	26.7	15.6	22.1	25.7	32.3	61.8	85.3
8/中	19.6	20.0	13.3	16.7	23.3	25.9	74.2	120.4
8/下	18.8	20.8	14.5	15.2	23.9	26.8	69.9	100.0
9/上	12.6	19.6	8.3	12.5	17.6	26.9	71.0	107.6
9/中	15.0	16.6	10.8	11.6	19.7	22.0	68.5	86.3
9/下	9.7	15.7	4.1	8.8	15.2	23.2	50.0	92.2

表 4.19d　黑龙江省南部地区水稻各旬本地化气象指标

南部地区（月/旬）	平均气温/℃		最低气温/℃		最高气温/℃		日照时数/h	
	下限值	上限值	下限值	上限值	下限值	上限值	下限值	上限值
5/上	10.7	15.8	4.1	8.8	16.0	22.8	52.5	85.7
5/中	11.7	19.7	6.2	12.3	17.7	27.5	59.1	88.8
5/下	14.9	18.5	9.4	11.5	20.8	24.8	69.0	88.2
6/上	14.2	24.0	10.3	16.6	18.3	31.2	76.5	112.2
6/中	16.0	24.4	12.3	17.4	20.5	31.2	66.2	100.3
6/下	20.6	24.7	15.9	18.5	25.8	30.9	82.6	120.6
7/上	21.9	22.7	15.9	18.9	26.1	29.0	60.7	104.7
7/中	20.8	25.1	17.0	18.8	25.9	31.1	59.9	110.1
7/下	20.3	26.0	16.5	21.6	24.8	30.6	55.4	84.1
8/上	20.7	25.1	15.8	21.5	25.4	29.4	55.6	75.1
8/中	21.2	22.9	16.7	18.1	25.6	28.6	65.8	98.0
8/下	18.6	22.9	14.3	18.1	23.5	28.5	62.7	88.9
9/上	16.2	19.1	11.4	12.8	22.3	25.6	70.4	102.9
9/中	11.1	16.8	5.2	11.9	17.4	22.5	58.5	85.7
9/下	11.9	15.3	4.9	8.8	17.8	23.7	69.0	98.1

表 4.19e 黑龙江省东部地区水稻各旬本地化气象指标

东部地区（月/旬）	平均气温/℃		最低气温/℃		最高气温/℃		日照时数/h	
	下限值	上限值	下限值	上限值	下限值	上限值	下限值	上限值
5/上	8.2	12.4	3.0	6.6	13.8	18.6	66.1	83.6
5/中	11.5	19.5	6.5	12.5	16.7	26.9	67.1	93.9
5/下	13.2	17.9	8.4	11.2	18.5	24.2	68.2	102.9
6/上	16.6	20.1	11.0	13.8	22.5	26.3	72.4	100.7
6/中	13.8	22.7	10.8	16.6	17.2	28.7	62.9	102.3
6/下	16.7	24.0	12.5	17.1	21.5	30.2	59.5	128.8
7/上	17.9	27.0	14.6	19.4	21.8	31.0	53.3	112.5
7/中	19.9	23.4	16.4	17.3	24.0	28.7	78.4	106.8
7/下	21.5	23.5	17.5	18.7	25.1	29.1	60.7	103.6
8/上	18.5	26.3	15.4	21.3	22.7	31.9	60.7	87.6
8/中	18.7	23.5	16.0	19.7	22.0	27.9	65.7	95.2
8/下	18.2	20.5	14.3	15.3	22.4	26.4	55.2	79.0
9/上	13.8	17.6	8.9	13.7	19.4	22.1	57.7	80.9
9/中	14.5	17.4	9.3	13.4	20.0	22.3	68.8	75.7
9/下	12.7	13.9	6.1	10.1	17.1	20.2	66.5	91.3

由于前期关于水稻指标的大量研究成果多数以发育期为准，而以旬为时间尺度的基础研究较少，因此对于旬气象指标的验证难度较大。吉林省水稻分蘖期一般在 6 月中旬前后，其日平均气温要在 16 ℃以上，适宜气温为 24～26 ℃，拔节孕穗期处于 7 月中旬前后，最低气温低于 17 ℃不利，适宜气温在 25～29 ℃，以上述 2 个时间为例，从黑龙江省最接近吉林省的南部地区的数据对比分析可见，黑龙江省南部地区 6 月中旬、7 月中旬的气象要素值与吉林省十分接近，可见，本地化指标是合理的，但仍需要在今后的工作中逐步深入验证。

4.2.4.2 发育期指标建立及验证

发育期指标的建立同样以本地实际能够出现的气象要素值为准，按水稻发育期划定时间尺度，采用 K-means 聚类方法对实际气象要素进行聚类分析，再综合参考已有的研究指标、调研指标、试验指标等，考虑作物相同发育期内所需求的气象条件相同，因此在建立发育期指标时，不考虑划分区域而按发育期进行整体分析，通过分析得到黑龙江省水稻主要发育期本地化气象指标（表 4.20）。

表 4.20 水稻各发育期本地化气象指标

气象指标	移栽返青期（5 月下旬—6 月上旬）		分蘖期（6 月中旬—7 月上旬）	
	适宜下限阈值	有利条件值	适宜下限阈值	有利条件值
平均气温/℃	13.0	17～19	18.0	21～23
最低气温/℃	6.9	11～13	13.4	15～17
最高气温/℃	18.8	23～25	22.6	27～29
日照时数/h	146	170～220	192	230～260

续表

气象指标	孕穗抽穗期(7 月中旬—8 月上旬)		乳熟期(8 月中旬—8 月下旬)	
	适宜下限阈值	有利条件值	适宜下限阈值	有利条件值
平均气温/℃	21.0	22～24	18.8	20～22
最低气温/℃	16.7	18～20	14.0	15～17
最高气温/℃	24.0	27～29	23.4	24～26
日照时数/h	186	230～260	112	140～160
气象指标	成熟期(9 月上旬—9 月下旬)			
	适宜下限阈值	有利条件值		
平均气温/℃	12.0	13～15		
最低气温/℃	5.3	8～10		
最高气温/℃	18.0	19～21		
日照时数/h	180	210～240		

2013—2014 年在富锦市进行了水稻田间试验，试验品种、田间管理措施、育种日期、移栽日期等完全一致，试验品种为龙粳 31，移栽日期均为 5 月 28 日。利用 2013—2014 年富锦市水稻田间观测试验数据，对水稻相关指标进行验证分析。利用观测的气象数据计算富锦市≥10 ℃积温，2013 年、2014 年 5 月中旬至 9 月下旬≥10 ℃积温分别为 2578 ℃·d、2611 ℃·d，分别比历年偏高 96 ℃·d、129 ℃·d，未出现延迟型冷害，且 2013—2014 年在水稻孕穗抽穗期也未出现日均温连续 2 d 低于 17 ℃的低温天气，即未形成障碍型冷害，可见总体未受冷害影响；根据霜冻害标准判识，2013 年、2014 年在 9 月份均未出现早霜冻，即在成熟前未受霜冻影响。可见，2013 年、2014 年影响水稻产量形成的主要灾害均未出现，同时由于水分在水稻生产过程一直处于满足状态，因此，常规的光热条件在水稻产量形成中即起到重要作用。

从 2013—2014 年水稻产量结构观测值来看，水稻穗粒数、穗结实粒数、空壳率、千粒重、株成穗数、成穗率、理论产量等均为较高水平，但略存在差异，2014 年的产量略高于 2013 年。分析 2013 年、2014 年 5 月 21 日—9 月 30 日逐日平均气温、最低气温、最高气温，由图 4.19 可见，这两年大部时间的平均气温、最低气温、最高气温均在适宜下限值以上，2013 年平均气温、最低气温、最高气温高于适宜下限值的日数占总日数分别为 83.5%、89.5%、78.9%，2014 年平均气温、最低气温、最高气温高于适宜下限值的日数占总日数分别为 83.5%、85.7%、84.2%，可见，2013 年、2014 年气温条件较好，仅 2013 年最高气温略差，其余因子高于适宜下限值的时间均超过 80%。从气温因子数值来看，2013 年、2014 年大部时间的气温值均在“有利条件值”左右。分析造成 2013 年、2014 年产量差异的原因，如上分析，2014 年≥10 ℃积温比 2013 年偏高 33 ℃·d，说明 2014 年热量条件稍好于 2013 年，进一步比较平均气温因子，发现在水稻移栽返青期、分蘖盛期、抽穗普遍期及乳熟期，2013 年的平均气温低于 2014 年同期，可见，在品种、土壤、田间管理措施等完全一致的情况下，热量条件差异是造成 2013 年、2014 年产量差异的根本原因。

为进一步验证有利条件值，尝试建立气温因子与水稻单产的多项式关系以初步验证气温阈值的可信性，以水稻最关键发育期—孕穗抽穗期为例，分析发现，孕穗抽穗期平均气温、最低气温、最高气温与水稻单产的相关性较好，通过 0.1、0.05 显著性检验，其与产量的关系呈“抛物线”形，水稻单产随气温的升高而增加，当气温达到某一值时，单产达到峰值，之后随气温的

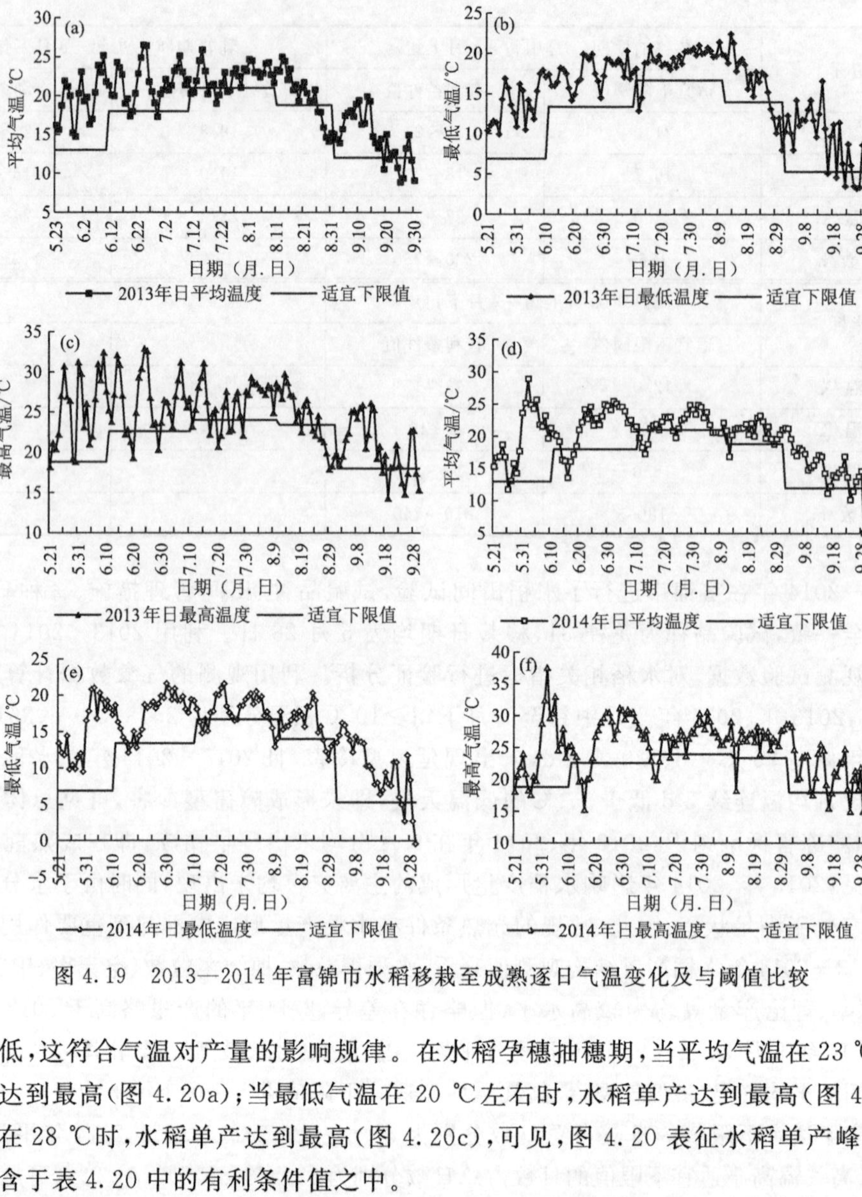

图 4.19　2013—2014 年富锦市水稻移栽至成熟逐日气温变化及与阈值比较

升高而降低，这符合气温对产量的影响规律。在水稻孕穗抽穗期，当平均气温在 23 ℃左右时，水稻单产达到最高(图 4.20a)；当最低气温在 20 ℃左右时，水稻单产达到最高(图 4.20b)；当最高气温在 28 ℃时，水稻单产达到最高(图 4.20c)，可见，图 4.20 表征水稻单产峰值所对应的气温包含于表 4.20 中的有利条件值之中。

综上所述，所用气象数据为当地实际观测所得，均为实际所能出现的气象要素数值，可见，对黑龙江省水稻生长发育气象指标阈值本地化比较合理，符合实际情况，验证结果理想，可适用于本地气象条件对水稻的影响评价。

4.2.5　水稻气候产量评估模型

4.2.5.1　建立水稻气候产量评估积分回归模型

利用 1971—2010 年资料分别建立了 6 月下旬末、7 月上旬、7 月中旬末、7 月下旬末、8 月上旬末，8 月中旬末、8 月下旬末、9 月上旬末、9 月中旬末和 9 月下旬末的黑龙江省 34 个代表站的水稻主产区产量动态预报模型，因篇幅受限，以 34 个代表站中其中的 3 个站模型方程为范例，其余略。由表 4.21 可见，模型大都通过了 F 检验的 0.05 显著性水平，模型成立。

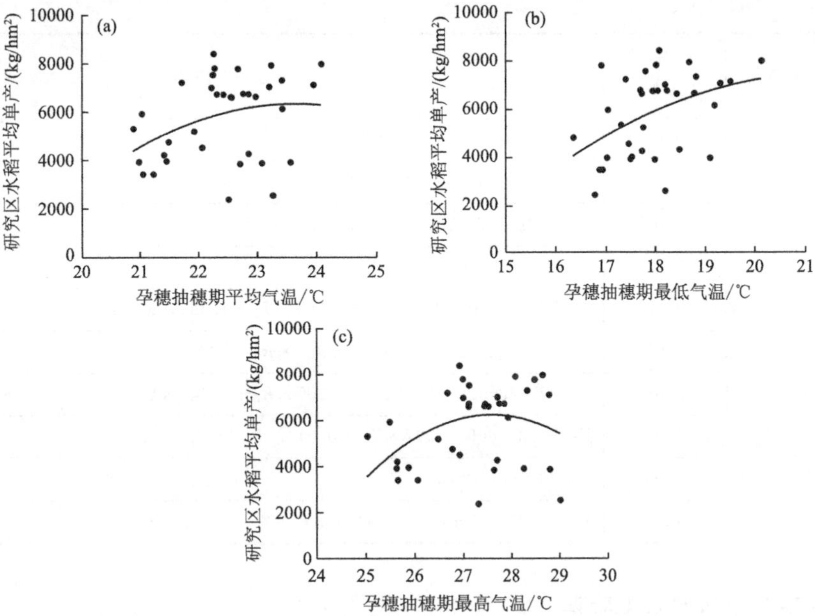

图 4.20　水稻孕穗抽穗期平均气温、最低气温、最高气温与水稻单产相关图

表 4.21　黑龙江省水稻产量动态预报的积分回归模型

预报节点	代表点	显著性检验水平	积分回归方程
6 月 30 日	桦南	0.1	$Y=-0.164-40.291\times T_1$
7 月 10 日		0.1	$Y=-321.741-35.792\times T_2-1.471\times T_1$
7 月 21 日		0.05	$Y=-2349.519-2.425\times R_2+4.81\times S_1$
7 月 31 日		0.05	$Y=-3428.722-3.457\times T_6+0.952\times R_4+5.584\times S_1$
8 月 10 日		0.05	$Y=-2872.814+4.198\times S_1$
8 月 21 日		0.05	$Y=-3276.194+4.361\times S_1$
8 月 31 日		0.05	$Y=1369.533-11.641\times T_6-3.868\times R_1$
9 月 10 日		0.05	$Y=1620.325-4.404\times R_1$
9 月 21 日		0.05	$Y=1516.439-3.893\times R_1$
9 月 30 日		0.05	$Y=1569.489-3.869\times R_1$
6 月 30 日	虎林	0.1	$Y=104.746-2.809\times T_4-3.789\times R_5-2.001\times R_6$
7 月 10 日		0.05	$Y=7.554+2.246\times R_1$
7 月 21 日		0.1	$Y=155.455-0.888\times R_5+2.874\times S_2$
7 月 31 日		0.05	$Y=168.5+1.211\times S_2$
8 月 10 日		0.05	$Y=215.784+2.072\times S_2$
8 月 21 日		0.05	$Y=-9287.376+40.53\times T_1+9.841\times T_2$
8 月 31 日		0.05	$Y=-6100.879+29.592\times T_1-18.012\times T_6-1.335\times R_2+1.402\times S_6$
9 月 10 日		0.05	$Y=-8270.251+36.357\times T_1$
9 月 21 日		0.05	$Y=-8281.854+34.962\times T_1+0.222\times R_3$
9 月 30 日		0.05	$Y=-8052.02+31.643\times T_1$

续表

预报节点	代表点	显著性检验水平	积分回归方程
6 月 30 日	鸡东	0.05	$Y=-17.474-61.963\times T_1$
7 月 10 日		0.05	$Y=-289.446-31.177\times T_2$
7 月 21 日		0.05	$Y=-92.937-19.973\times T_3-2.376\times R_2$
7 月 31 日		0.05	$Y=-75.054+8.443\times T_5$
8 月 10 日		0.05	$Y=180.196+4.299\times T_4-7.056\times T_6-1.663\times R_2$
8 月 21 日		0.05	$Y=117.355-8.145\times T_6-0.887\times R_2$
8 月 31 日		0.05	$Y=32.248-25.323\times T_6-1.307\times R_2+1.345\times S_6$
9 月 10 日		0.05	$Y=-186.865-0.77\times T_3+0.214\times R_3+0.253\times R_5$
9 月 21 日		0.05	$Y=205.66+0.293\times R_3$
9 月 30 日		0.1	$Y=-127.788+0.697\times R_3+0.059\times S_4+0.162\times S_6$

4.2.5.2　水稻积分回归模型验证

利用建立的水稻产量预报模型对 2011—2014 年黑龙江省水稻单产进行试报，并与实际单产对比分析模型的预报准确率、年度间预报差异（表 4.22）和预报节点间的差异比较（表 4.23）。分析可知，从 6 月下旬末至 9 月下旬末，10 个预报节点的水稻单产的预报准确率，绝大部分模型单产预报准确率超过了 90%，部分模型的单产预报准确率超过了 98%。4 年预报准确率均超过了 90%，预报结果较为理想。各预报节点间单产预报准确率均超过了 90%，差别不明显。

表 4.22　水稻各年预报准确率

预报年	2011	2012	2013	2014
单产预报准确率/%	94.6	95.3	94.9	93.1

表 4.23　水稻各预报节点趋势预报和产量预报准确率

预报节点	单产预报准确率/%	预报节点	单产预报准确率/%
6 月 30 日	95.1	8 月 21 日	94.2
7 月 10 日	95.9	8 月 31 日	94.3
7 月 21 日	94.8	9 月 10 日	92.3
7 月 31 日	94.2	9 月 21 日	94.6
8 月 10 日	94.5	9 月 30 日	94.9

4.2.5.3　水稻气候产量影响评价

1971—2010 年黑龙江省水稻随机选点密山、绥化市、阿城、鸡东和宁安逐旬气温、降水和日照条件的积分回归影响系数（图 4.21）。上述入选点各旬气象条件与气象产量的积分回归方程均通过了 0.05 或 0.1 水平的显著性检验，说明气温、降水和日照对不同地区的水稻气象产量产生影响。

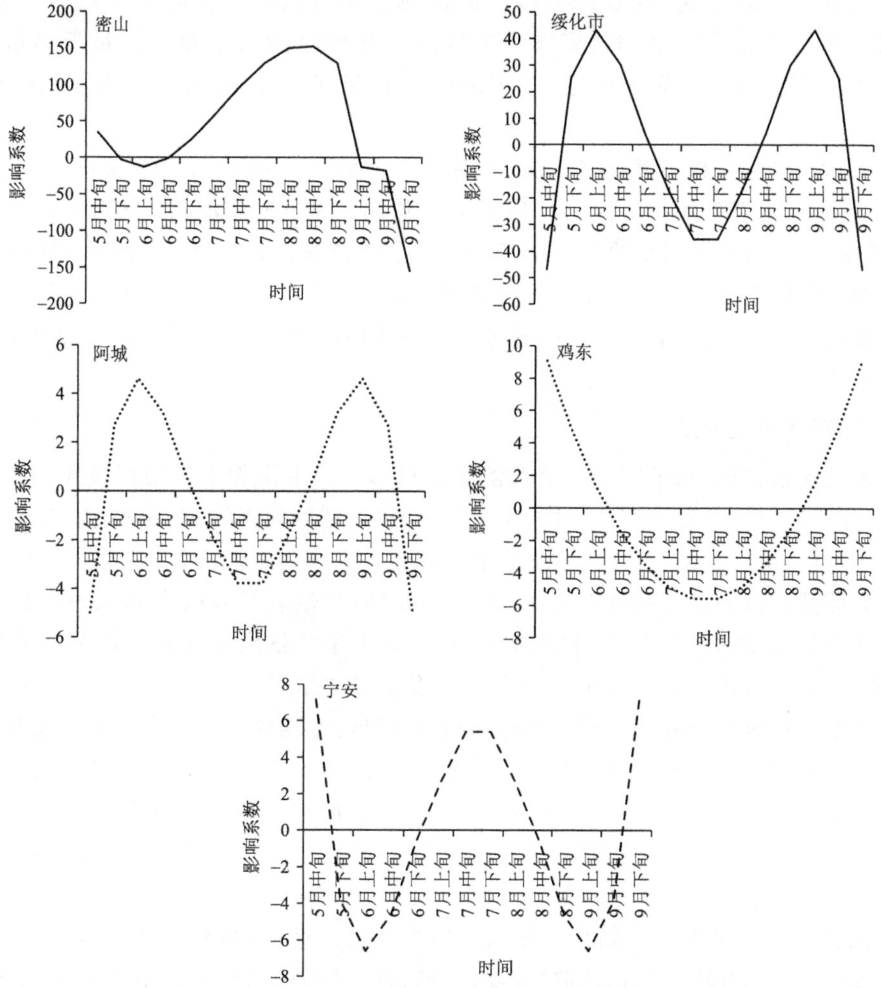

图 4.21　生长季各旬气象条件对水稻气象产量的影响系数

（—气温影响系数；…降水影响系数；— —日照影响系数）

分析图 4.21 可知，分析气温对水稻产量的影响。密山 5 月下旬至 6 月中旬气温偏高对水稻的影响为负效应，尤其是 6 月上旬，气温每偏高 1 ℃，每公顷气象产量降低 13 kg，5 月下旬至 6 月上旬为移栽至返青阶段，气温过高，不利于水稻顺利返青；6 月下旬至 8 月下旬气温偏高对水稻的影响为正效应，尤其是 8 月上中旬为峰值，每偏高 1 ℃，每公顷气象产量提高高达 152.1 kg，气温高，水稻生长旺盛，同时抽穗、扬花期间高温也有利于水稻齐穗和授粉，充分说明了水稻喜温的特性；绥化市气温对水稻的影响系数呈"M"形，5 月下旬至 6 月下旬、8 月中旬至 9 月中旬气温偏高对水稻的影响为正效应，峰值分别为 6 月上旬和 9 月上旬，气温每偏高1 ℃，每公顷气象产量提高 43.3 kg，表明了水稻的喜温特性。但与密山比较，水稻对气温的反应小，原因为绥化市热量资源对水稻的满足程度总体上好于密山。

由图 4.21 可见，分析降水对水稻产量的影响。阿城降水对水稻的影响系数为"M"形，5 月下旬至 6 月下旬、8 月下旬至 9 月中旬降水偏多对水稻的影响为正效应，峰值分别在6月上旬和9月上旬，降水每偏多1 mm，每公顷气象产量提高4.6 kg。鸡东6月中旬至8月下旬降水偏多对水稻的影响为负效应。其余时段为正效应。对于鸡东来说，水稻生长旺季水资源丰富，灌溉充足，过多的降水打破了水层管理的平衡，因此产生了负效应。

由图4.21可见，分析日照对水稻产量的影响。鸡东日照对水稻的影响系数分别呈为"M-W"型，5月下旬至7月上旬、7月下旬、9月上旬和9月下旬充足的日照对水稻的影响为正效应，峰值在7月下旬，日照每偏多1 h，每公顷气象产量提高8.3 kg，其余时段过多的日照对水稻的影响为负效应。日照对宁安水稻的影响系数呈"W"形，7月上旬至8月上旬日照充足对水稻的影响为正效应，峰值在7月中下旬，日照每偏多1 h，每公顷气象产量提高5.4 kg，其余时段为负效应。

4.2.6 水稻产量类型分区

利用未来情景数据，基于作物长势监测系统(CGMS)中作物生长模拟模式WOFOST预测2018—2060年黑龙江省水稻主产区34个站的产量，利用预测的2018—2060年产量资料计算产量变异系数，可以看出，研究区域水稻单产的变异系数为0.10～0.18，松嫩平原中南部及三江平原大部县(市)的变异系数较低，为0.10～0.15，其他大部农区为0.15～0.18。利用水稻单产变异系数及2018—2060年玉米单产资料，对未来情景黑龙江省水稻单产类型进行区划。(1)高产稳产区：水稻单产大于玉米主产区多年平均值(8556 kg/hm^2)，且水稻单产变异系数小于水稻主产区平均值(0.147)；(2)高产不稳产区：水稻单产大于水稻主产区多年平均值(8556 kg/hm^2)，且水稻单产变异系数大于水稻主产区平均值(0.147)；(3)低产稳产区：水稻单产小于水稻主产区多年平均值(8556 kg/hm^2)，且水稻单产变异系数小于水稻主产区平均值(0.147)；(4)低产不稳产区：水稻单产小于水稻主产区多年平均值(8556 kg/hm^2)，且水稻单产变异系数大于水稻主产区平均值(0.147)。

黑龙江省水稻稳定类型区划结果显示：(1)高产稳产区：零星分布在南部及东部，包括龙江、海伦、绥化、庆安、桦南、宝清、肇源、双城、阿城、延寿、鸡东；(2)高产不稳产区：主要分布在南部，包括汤原、依兰、尚志、五常；(3)低产稳产区：分布在北部和东部，包括绥棱、佳木斯、木兰、虎林、密山；(4)低产不稳产区：分布在北部、中部，包括讷河、北安、同江、绥滨、富锦、泰来、肇东、铁力、桦川、通河、穆棱、宁安。在未来气候情景下，水稻高产稳产区较为零散地分布在南部及东部，区域较小，大部分区域为低产稳产区。水稻为喜温作物，对热量条件要求较高，而黑龙江省受地理位置制约，热量资源相对欠缺，相较玉米而言，水稻生产占据相对劣势，因此，在进行主要粮食作物种植结构调整时，应充分考虑此种情况。

4.3 气候变化对大豆生产的影响

4.3.1 研究方法

根据研究需求，选取45个气象站点开展大豆相关研究，并结合各站点气候特点与地理位置，划分为北部、西部、中部、南部、东部五个地区，分区情况具体见表4.24。对上述45个大豆种植县(市)境内的气象观测站点1981—2014年的气象资料进行整编、处理，结合大豆发育期资料，分别对不同大豆发育期内气象因子进行统计、分析，从而探究气候变化对大豆生产的影响。

表 4.24　各划分区域包含站点

分区	站点
北部(7 个)	呼玛、黑河市、嫩江、孙吴、逊克、五大连池、嘉荫
西部(8 个)	讷河、北安、克山、克东、龙江、甘南、依安、拜泉
中部(7 个)	海伦、绥棱、望奎、绥化市、庆安、巴彦、依兰
南部(9 个)	哈尔滨市、双城、呼兰、宾县、尚志、五常、林口、穆棱、宁安
东部(14 个)	同江、抚远、绥滨、富锦、汤原、佳木斯市、桦川、桦南、集贤、宝清、饶河、勃利、虎林、密山

大豆生长发育期农业气象指标，根据影响大豆生长发育的相关气象因子确定，包括生育期内气温，降水和日照指标。包括生育期内旬、月和按照观测规范中确定的主要生育阶段来划分。生育期内旬从 4 月下旬—10 月上旬，月从 5 月—9 月，主要生育阶段包括播种期，出苗(播种日期后一日至出苗日期，下同)，第三真叶，开花，结荚，鼓粒，成熟。

4.3.2　气候变化对大豆生育期的影响

(1)1980—2010 年大豆全生育期日数先延长后缩短

1980—2010 年大豆全生育期日数平均为 135 d，呈现先延长后缩短的趋势。1991—2000 年平均生育期日数比 1980—1990 年延长 2 d，2001—2010 年平均生育期日数比 1991—2000 年缩短 3 d。北部、西部、中部与全省变化一致，延长与缩短的天数在 1～5 d 不等；东部大豆全生育期日数为 135 d，先持平后缩短 2 d；南部大豆全生育期日数为 140 d，先缩短 1 d 后持平。

(2)各地区各发育期差异不同

各地区播种、出苗、三叶、开花相差日期较大(图 4.22)，表现为北部、东部略晚，中部、西部及南部略早；结荚、鼓粒、成熟期日期间差异变小，北部、南部略早，东部略晚，西部和中部居中。

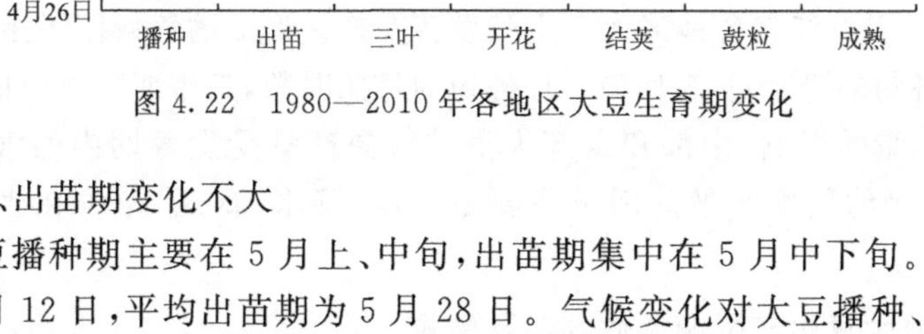

图 4.22　1980—2010 年各地区大豆生育期变化

(3)大豆播种、出苗期变化不大

黑龙江省大豆播种期主要在 5 月上、中旬，出苗期集中在 5 月中下旬。1980—2010 年平均播种日期为 5 月 12 日，平均出苗期为 5 月 28 日。气候变化对大豆播种、出苗影响不明显，1980 年以来，全省平均的大豆播种日期没有较大变化，出苗期 1991—2000 年比 1980—1990 年提前 2 d，至 2001—2010 年与 1991—2000 年相比则没有较大变化。北部、西部、中部播种期、出苗期略提前，而南部和东部略延后或不变。

(4)大豆第三真叶期、开花期明显提前

1980 年以来，受气候变化影响，黑龙江省大豆第三真叶期平均以 1 d/(10 a)速度提前，开花期以 1～2 d/(10 a)提前。在 1980—2010 年 31 a 间，大豆第三真叶和开花期北部、南部、东部提前 1～2 d，而西部、中部提前 3～7 d。

(5)大豆成熟期变化不大

在 1980—2010 年大豆成熟期平均在 9 月 23 日，总体来说变化不大，且呈现先拖后再提前的趋势。1991—2000 年比 1980—1990 年拖后 2 d，而 2001—2010 年比 1991—2000 年提前 3 d。各地区变化基本与全省一致，提前与拖后的天数在 1～5 d 不等。

4.3.3 气候变化对大豆产量的影响

(1)北部气象产量与 4 月下旬日照、5 月上旬降水量、5 月中旬平均气温、5 月中旬日照时数、5 月下旬降水量、6 月上旬平均气温、6 月中旬平均气温、6 月下旬平均气温、6 月下旬降水量、6 月下旬日照时数、7 月下旬平均气温、8 月中旬平均气温、8 月中旬日照时数、8 月下旬平均气温、9 月上旬降水量、9 月上旬日照时数、9 月中旬日照时数、9 月下旬降水量、9 月下旬日照时数，相关性显著，因此将这 19 个因子作为影响北部水稻生长发育及产量形成的主要气候因子。

(2)西部气象产量与 4 月下旬日照时数、5 月上旬日照时数、5 月下旬降水量、6 月下旬降水量、7 月下旬平均气温、8 月上旬降水量、8 月中旬降水量、8 月下旬降水量、9 月中旬降水量、9 月下旬降水量相关性显著，因此将这 10 个因子作为影响西部部水稻生长发育及产量形成的主要气候因子。

(3)中部气象产量与 4 月下旬日照时数、5 月中旬平均气温、5 月中旬降水量、5 月中旬日照时数、6 月中旬平均气温、6 月下旬日照时数、7 月上旬平均气温、7 月上旬日照时数、7 月下旬平均气温、7 月下旬降水量、8 月上旬平均气温、8 月上旬日照时数相关性显著，因此将这 12 个因子作为影响中部水稻生长发育及产量形成的主要气候因子。

(4)南部气象产量与 5 月上旬降水量、5 月中旬平均气温、6 月上旬平均气温、6 月上旬日照时数、6 月下旬平均气温、7 月上旬降水量、7 月上旬日照时数、8 月中旬降水量相关性显著，因此将这 8 个因子作为影响南部生长发育及产量形成的主要气候因子。

(5)东部气象产量与 5 月下旬平均气温、5 月下旬日照时数、6 月上旬平均气温、6 月中旬平均气温、6 月下旬平均气温、6 月下旬降水量、7 月下旬平均气温、8 月上旬平均气温、9 月中旬日照时数、9 月下旬降水量、9 月下旬日照时数、10 月上旬日照时数相关性显著，因此将这 12 个因子作为影响东部生长发育及产量形成的主要气候因子。

总体来看，影响黑龙江省各地区大豆生长发育及产量形成的气候因子主要是 6—8 月各旬气温、5 月和 9 月各旬的降水量、5 月和 9 月各旬的日照时数，其中西部大豆的气象产量主要受 6—9 月的各旬降水量的影响；中部和东部大豆的气象产量受生育期内的气温和日照影响较大；北部较为复杂，制约气象产量的因子主要是气温、降水、日照，集中在生育期中的 5 月、6 月、8 月和 9 月。

4.3.4 气候变化对大豆生产影响评估方法及模式

4.3.4.1 研究方法

(1)资料

研究资料为统计局公布的 1971—2014 年大豆的平均单产、种植面积和总产量，1971—2014 年大豆主产县代表站点的逐日气象资料包括平均气温、降水量和日照时数。

(2)大豆主产县及代表站点的确定

根据大豆种植分布和生长特点，考虑其总产量占黑龙江总产量的百分率为权重，结合资料的完整性，在黑龙江省各地选取 45 个主产县市作为研究的代表站。

(3)资料处理方法

①气象资料的处理

将大豆按旬(从 4 月下旬至 9 月下旬)分为 $p=16$ 个时段。气象因素共选取旬平均气温 T(℃)，旬总降水量 R(mm)，旬日照时数 S(h)。

为了便于比较它们对于产量影响的相对效果，文中还对该四个因素分别进行了消除量纲的规一化处理，所用方法为

$$x=(x-\bar{x})/S_x \tag{4.17}$$

式中：$\bar{x}$和 S_x分别为气象因子的平均值与标准差。

②产量资料的处理

作物单位面积产量是在各种自然和非自然因素综合影响下形成的，因此可将作物的实际单产 Y 分解为趋势产量 Y_t(主要由社会生产力决定)、气象产量 ΔY(主要由天气气候条件决定)和一些随机因素 e，e 是一些随机因素影响的产量分量，实际计算中可不考虑，即

$$Y=Y_t+\Delta Y \tag{4.18}$$

当获得各年的趋势产量后，任意一年的气象产量为

$$\Delta Y=Y-Y_t \tag{4.19}$$

利用 11 a 滑动平均法分离 1971—2014 年单产资料，得到趋势产量和气象产量。11 a 滑动平均法是将连续 11 a 的大豆产量序列看作是变化的线性函数，整体反映产量序列的历史趋势，各时间点上滑动直线回归模拟的平均值即为该时间点的趋势产量值。

假设对趋势产量的回归步长为 p，即样本选取采用 p 年滑动，亦即回归方程样本分别取 $1\sim p,2\sim p+1,3\sim p+2,\cdots,n-p+1\sim n$，得到 $n-p+1$ 个回归方程。

那么，通过某一时点 t 的变量共有 p 个，回归方程在该年的趋势产量 $Y_t(p)$为这些变量值的平均

$$Y_t(p)=\frac{1}{p}\sum_{i=1}^{p-1}y(t+p/2-i) \tag{4.20}$$

$$Y_t(p)=\frac{1}{p}\sum_{i=1}^{p-1}y(t+(p-1)/2-i) \tag{4.21}$$

式(4.20)代表 p 为偶数的情况；式(4.21)代表 p 为奇数的情况。则 11 a 滑动平均的趋势方程为

$$Y_t(11)=\frac{1}{p}\sum_{i=0}^{10}y(t+5-i) \tag{4.22}$$

利用式(4.22)，将黑龙江省大豆代表站 1971—2014 年的县单产进行气象产量分离，获得趋势产量和气象产量。

③回归分析原理

自从英国统计学家 Fisher 提出积分回归分析方法以来，受到广泛应用。特别是在气象与气候学这样的多要素领域，这应该归因于它的最大特点，即降维个数多，原信息损失少，积分回归法的基本思想就是利用正交多项式，即常用切比雪夫多项式，把原来较多自变量化为较少数

自变量,然后,用一般多元回归分析法求出新变量回归模型,最后,再根据其基本原理求出原自变量的回归参数,用于分析自变量与因变量之间相关性质和相关程度,同时还可运用于预测与分析等。

通过上述分析,积分回归分析的原理如下。

首先,需要把原自变量 X 运用正交变换化为新自变量 Φ

$$\boldsymbol{\Phi}_{t\times j}=\boldsymbol{X}_{t\times i}\cdot\boldsymbol{P}_{t\times j}\ (t=1.2,\cdots,n;i=1.2,\cdots,\tau;j=1.2,\cdots,6) \tag{4.23}$$

式中:$\boldsymbol{\Phi}_{t\times j}$ 表示正交变换后新自变量的数据矩阵,且有

$$\boldsymbol{\Phi}_{t\times j}=\begin{bmatrix}\Phi_{11} & \Phi_{12} & \cdots & \Phi_{16}\\ \Phi_{21} & \Phi_{22} & \cdots & \Phi_{26}\\ \vdots & \vdots & & \vdots\\ \Phi_{n1} & \Phi_{n2} & \cdots & \Phi_{n6}\end{bmatrix} \tag{4.24}$$

式中:$\boldsymbol{X}_{t\times i}$ 表示为原自变量的数据矩阵,且有

$$\boldsymbol{X}_{t\times i}=\begin{bmatrix}X_{11} & X_{12} & \cdots & X_{1\tau}\\ X_{21} & X_{22} & \cdots & X_{2\tau}\\ \vdots & \vdots & & \vdots\\ X_{n1} & X_{n2} & \cdots & X_{n\tau}\end{bmatrix} \tag{4.25}$$

$\boldsymbol{P}_{t\times j}$ 为正交多项式矩阵,且有

$$\boldsymbol{P}_{i\times j}=\begin{bmatrix}P_{11} & P_{12} & \cdots & P_{1\tau}\\ P_{21} & P_{22} & \cdots & P_{2\tau}\\ \vdots & \vdots & & \vdots\\ P_{n1} & P_{n2} & \cdots & P_{n\tau}\end{bmatrix} \tag{4.26}$$

于是根据新自变量 $\boldsymbol{\Phi}$ 和因变量 ΔY,可求得回归方程为

$$\Delta\hat{Y}=\alpha_0+\sum_j\alpha_j\Phi_j \tag{4.27}$$

式中:α_0,α_j 为新自变量回归参数。

其次,再求出原自变量回归参数,由其基本原理,可按下式求得

$$b_j=\sum_j\alpha_jP_{ij} \tag{4.28}$$

通过式(4.28)即可获得不同时期气象因子每变化一个单位对产量的影响效果。

因气象产量 ΔY 是全生育期内光、温、水气象条件共同影响的结果,因此,利用且比雪夫多项式对大豆生长季内气温、降水和光照分别降维,利用 Spss 对降维后的三要素新变量与气象产量进行逐步回归分析,获得大豆气象产量的积分回归方程,再利用式(4.28)获得不同时期气象因子每变化一个单位对产量的影响效果,并对基于三要素的产量预报进行验证和对产量的影响进行评价。

4.3.4.2 大豆产量积分回归模型建立

利用 1971—2010 年资料分别建立了 6 月下旬末、7 月上旬、7 月中旬末、7 月下旬末、8 月上旬末,8 月中旬末、8 月下旬末、9 月上旬末、9 月中旬末和 9 月下旬末的黑龙江省 45 个代表站的大豆主产区产量动态预报模型,表 4.25 为 45 个代表站中其中的 3 个站模型方程,其余略。由表 4.25 可见,模型大部分通过了 F 检验的 0.1 显著性水平检验,通过模型检验进一步

验证模型的可用性。

表 4.25　黑龙江省大豆产量动态预报的积分回归模型

预报节点	代表点	显著性检验水平	积分回归方程
6 月 30 日	克东	0.05	$Y=-65.033-20.408\times T_4+0.925\times R_6+2.437\times S_4+0.743\times S_6$
7 月 10 日		0.1	$Y=-36.994+2.18\times T_5-0.223\times S_5$
7 月 21 日		0.15	$Y=-11.057+1.157\times T_5+0.213\times R_4-0.092\times R_5+0.33\times R_6+0.277\times S_4-0.18\times S_5+0.321\times S_6$
7 月 31 日		0.05	$Y=-74.319+0.066\times S_4$
8 月 10 日		0.05	$Y=-53.088+2.917\times T_5-0.467\times S_5$
8 月 21 日		0.1	$Y=-49.948-0.033\times R_5-0.071\times S_5$
8 月 31 日		0.05	$Y=-21.39-0.524\times T_6-0.016\times R_5-0.04\times S_5$
9 月 10 日		0.1	$Y=-57.504-0.009\times S_5$
9 月 21 日		0.05	$Y=-17.223-0.017\times T_6+0.002\times S_6$
9 月 30 日		0.05	$Y=-49.298-0.108\times T_6+0.011\times R_6+0.027\times S_6$
6 月 30 日	集贤	0.05	$Y=-85.803-7.437\times T_3$
7 月 10 日		0.05	$Y=-107.844-5.018\times T_3+2.383\times T_4$
7 月 21 日		0.05	$Y=-110.143-0.93\times T_3+1.843\times T_4$
7 月 31 日		0.05	$Y=18.101+0.7\times T_4$
8 月 10 日		0.05	$Y=40.776+1.272\times T_4$
8 月 21 日		0.05	$Y=37.597+0.707\times T_4-0.552\times T_5$
8 月 31 日		0.05	$Y=26.703-0.266\times T_5$
9 月 10 日		0.05	$Y=-69.225-0.165\times T_5$
9 月 21 日		0.05	$Y=14.31-0.001\times R_6$
9 月 30 日		0.05	$Y=258.904-1.244\times T_2-0.016\times R_6$
6 月 30 日	呼兰	0.05	$Y=-58.399+3.149\times S_4$
7 月 10 日		0.05	$Y=-65.997-0.276\times S_5-0.124\times S_6$
7 月 21 日		0.05	$Y=-96.164-0.89\times T_3-0.12\times R_3-0.141\times S_5$
7 月 31 日		0.05	$Y=-14.144+0.087\times R_5$
8 月 10 日		0.05	$Y=13.001+0.661\times S_6$
8 月 21 日		0.05	$Y=2.029-0.038\times R_6$
8 月 31 日		0.1	$Y=83.652+1.892\times T_4+0.107\times R_3+0.119\times S_6$
9 月 10 日		0.1	$Y=-1.058-0.011\times R_5$
9 月 21 日		0.15	$Y=41.236-0.019\times T_5-0.002\times R_5+0.385\times S_2$
9 月 30 日		0.15	$Y=-6.792-0.061\times T_5$

注：T 为气温要素，R 为降水要素，S 为日照要素，以下略。

4.3.4.3　积分回归模型验证

利用建立的大豆产量预报模型对 2011—2014 年黑龙江省大豆单产进行试报，并与实际单产对比分析模型的预报准确率、年度间预报差异(表 4.26)和预报节点间的差异比较(表 4.27)。从 6 月下旬末至 9 月下旬末,10 个预报节点的大豆单产的预报准确率,大部分模型单产预报准确率超过了 90%,部分模型的单产预报准确率超过了 98%。由表 4.26 可见,2014 年预报结果稍差,其余 3 年预报准确率均超过了 90%,预报结果较为理想。由表 4.27 可见,各预报节点间单产预报准确率均超过了 90%,差别不明显。

表 4.26　大豆各年预报准确率

预报年	2011	2012	2013	2014
单产预报准确率/%	93.1	95.2	90.5	88.2

表 4.27　大豆各预报节点趋势预报和产量预报准确率

预报节点	单产预报准确率/%	预报节点	单产预报准确率/%
6 月 30 日	91.9	8 月 21 日	90.5
7 月 10 日	90.9	8 月 31 日	91.2
7 月 21 日	90.3	9 月 10 日	92.5
7 月 31 日	92.7	9 月 21 日	92.2
8 月 10 日	94	9 月 30 日	91.5

4.3.4.4　气候资源对大豆的影响与评价

1971—2010 年黑龙江省大豆随机选点克东、呼兰、集贤和勃利逐旬气温、降水和日照条件的积分回归影响系数(图 4.23)。上述入选点各旬气象条件与气象产量的积分回归方程均通过了 0.05 或 0.1 的显著性水平检验,说明气温、降水和日照对不同地区的大豆气象产量产生影响。

如图 4.23 所示,分析气温对大豆产量的影响。克山地处第四积温带,在克东播种前后,气温对克东大豆的影响为负效应,出苗后至 7 月上旬对大豆产量为正效应,峰值出现在 6 月中旬,气温每升高 1 ℃,每公顷气象产量提高 14 kg,气温升高有利于大豆形成发达的根系;7 月中旬至 8 月中旬气温过高对大豆的产量形成为负效应,大豆是喜凉作物,旺盛生长期里气温过高不利于产量形成。8 月下旬至 9 月中旬,气温升高对大豆产量形成为正效应,此期为大豆鼓粒成熟期,气温升高有利于大豆灌浆和乳熟。呼兰比较克东,纬度低,地处第二积温带,播种偏早,图 4.23 中显示呼兰大豆播种期的气温升高对大豆的影响为负效应,出苗后至 6 月中旬对大豆产量为正效应;7 月上旬至 7 月下旬气温过高对大豆的产量形成为负效应,大豆是喜凉作物,旺盛生长期里气温过高不利于产量形成,谷值为 7 月上中旬,气温每升高 1 ℃,每公顷气象产量下降 11 kg。8 月中旬至 9 月中旬,气温升高对大豆产量形成为正效应,此期为大豆鼓粒成熟期,气温升高有利于大豆灌浆和乳熟。

如图 4.23 所示,分析降水对大豆产量的影响。降水对克东产量的影响效应与气温正好相反。在克东播种前后,降水对克东大豆的影响为正效应,表明克东播种前后,有效的降水对产量形成很有利,5 月中旬的降水每增加 1 mm,每公顷气象产量提高 1.6 kg。出苗后至 7 月上旬过多降水对大豆产量为负效应,谷值出现在 6 月中旬,降水每增加1 mm,每公顷气象产量下降 1.4 kg,大豆属于深根系作物,过多的降水不利于大豆形成发达的根系;7 月中旬至 8 月中旬过多降水对大豆的产量形成为正效应,在旺盛生长期里,大豆开花、结荚,需要消耗大量的水分,因此充足的降水有利于产量形成。8 月下旬至 9 月中旬,降水过多对大豆产量形成为负效

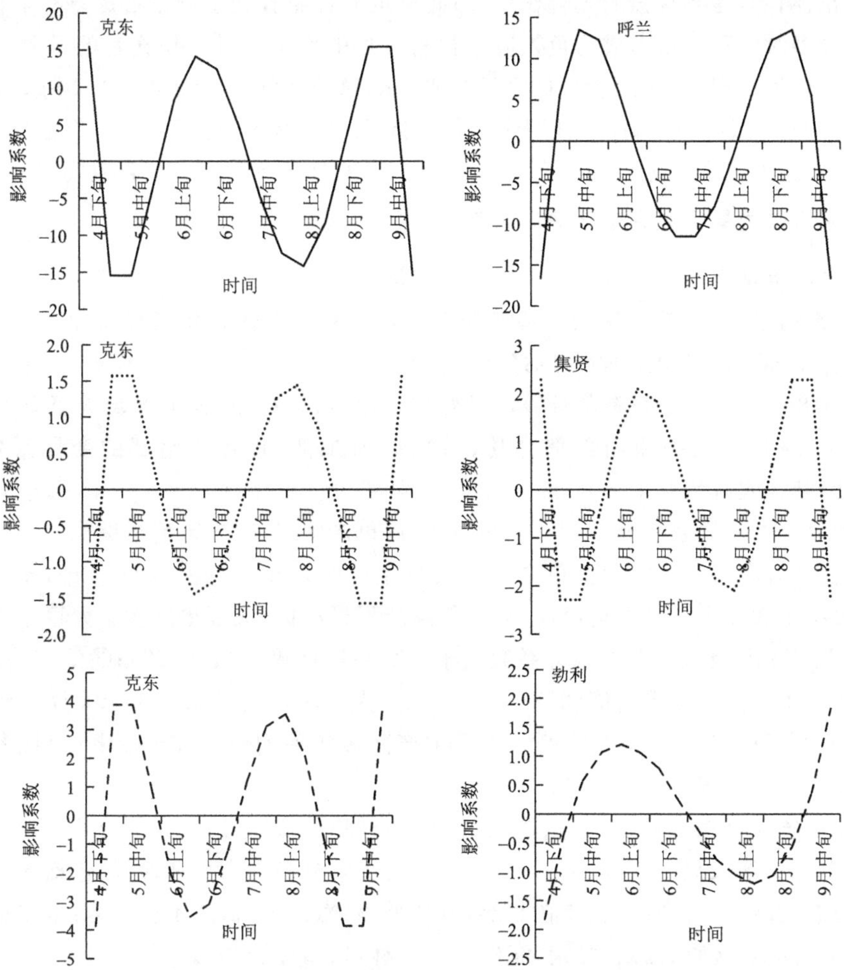

图 4.23 生长季各旬气象条件对大豆气象产量的影响系数

（—气温影响系数；…降水影响系数；－－日照影响系数）

应，此期为大豆鼓粒成熟期，尤其是 9 月上中旬过多的降水不利于大豆乳熟和完熟。集贤比较克东，地处三江平原，为第二积温带，全年雨量充沛。图中显示集贤大豆播种期的降水过多对大豆的影响为负效应，与克东情况相反，主要是因为克东地处松嫩平原，春季雨水少，限制了大豆的播种和出苗，而集贤春季土壤墒情好，反而过多的降水易造成土壤温度偏低，田间湿度过大，不利于培育壮苗。播种后至 5 月下旬过多的降水对气象产量为负效应。6 月上旬至 7 月上旬充足的降水对大豆产量为正效应，大豆是喜湿作物，旺盛生长期里充足的降水有利于产量形成，峰值为 6 月中旬，降水每增加 1 mm，每公顷气象产量提高 2.1 kg。而 7 月中旬至 8 月中旬过多的降水对大豆的产量形成为负效应。

如图 4.23 所示，分析日照对大豆产量的影响。日照对克东产量的影响效应与气温正好相反，与降水相似。在克东播种前后，日照对克东大豆的影响为正效应，表明克东播种前后，充足的日照对产量形成很有利，5 月上中旬的日照每增加 1 h，每公顷气象产量提高3.9 kg。出苗后至 7 月上旬过多日照对大豆产量为负效应，谷值出现在 6 月中旬，日照每增加 1 h，每公顷气象产量降低 3.5 kg；7 月中旬至 8 月中旬充足日照对大豆的产量形成为正效应，在旺盛生长期里，大豆开花、结荚，需要较强的光合作用，因此充足的日照有利于产量形成。8月下旬至9月中旬，日照过多对大豆产量形成为负效应。勃利5月中旬至7月上旬充足的日照对大豆的影响为正效应，峰值出现在6月上旬，日照每增加1 h，每公顷气象产量提高1.2 kg。7月中旬至9月上旬过多的日照不利于高产，日照多易伴有降水少的情况，违背了大豆喜湿的生物特性。9月中下旬充足日照对大豆产量为正效应，表明充足的日照有利于大豆籽粒脱水。

4.3.5 未来气候情景下大豆生产适应对策

4.3.5.1 未来情景下黑龙江省大豆产量类型分区

利用未来情景数据，基于作物长势监测系统(CGMS)中作物生长模拟模式(World Food Studies Crop Growth Model，WOFOST)预测2018—2060年黑龙江省大豆主产区的产量，利用预测的2018—2060年产量资料计算产量变异系数，可以得出，研究区域大豆单产的变异系数为0.15～0.49，松嫩平原西部部分县(市)、黑河东部、牡丹江南部的变异系数较高，为0.30～0.49，其他农区为0.15～0.30。

利用大豆单产变异系数及2018—2060年大豆单产资料，对未来情景黑龙江省大豆单产类型进行区划。①高产稳产区：大豆单产大于大豆主产区多年平均值(2271 kg/hm^2)且大豆单产变异系数小于大豆主产区平均值(0.27)；②高产不稳产区：大豆单产大于大豆主产区多年平均值(2271 kg/hm^2)且大豆单产变异系数大于大豆主产区平均值(0.27)；③低产稳产区：大豆单产小于大豆主产区多年平均值(2271 kg/hm^2)且大豆单产变异系数小于大豆主产区平均值(0.27)；④低产不稳产区：大豆单产小于大豆主产区多年平均值(2271 kg/hm^2)且大豆单产变异系数大于大豆主产区平均值(0.27)。

由黑龙江省大豆稳定类型区划结果显示：①高产稳产区：松嫩平原部分县(市)三江平原大部，包括中东部大部大豆主产区；②高产不稳产区：主要分布在中部和西部，包括龙江、依安、望奎、绥化、尚志；③低产稳产区：主要在北部，包括呼玛、嫩江；④低产不稳产区：呈零星分布在各地，包括黑河、孙吴、逊克、嘉荫、甘南、海伦、呼兰、林口、穆棱、宁安。

在未来气候情景下，黑龙江省大部区域种植大豆均能获取高产，其中大豆高产稳产区区域较大，主要位于三江平原，说明三江平原大部均较适宜种植大豆，而松嫩平原大部区域不稳产，因此黑龙江省对于种植大豆具有很好的优势，未来在进行物种植结构调整时，可考虑一定程度增加大豆种植面积。

4.3.5.2 未来气候变化对内蒙古东部大豆可能影响及适应对策

4.3.5.2.1 研究区概况

内蒙古东部包括呼伦贝尔市、兴安盟、通辽市和赤峰市四个盟市，其西部与俄罗斯、蒙古国接壤，东部与东北三省黑龙江省、吉林省、辽宁省相接，南面与河北省相邻。地理坐标为115°21′—126°04′E，41°17′—53°20′N，研究区土地面积为4.62×10^5 km^2，约占内蒙古自治区总面积的39.1%(图4.24)。内蒙古东部地貌以高原、平原为主，地势由南向北、自西向东递减，大致分为六大地理单元：大兴安岭北段中低山地、大兴安岭西麓山前丘陵、大兴安岭东麓丘陵平原、大兴安岭南段低山丘陵、呼伦贝尔高原和西辽河平原。研究区内大部地区为中温带，气候主要为温带大陆性季风气候，年均降水量为345～628 mm，年均气温为1.5～3.4 ℃。内蒙古东部区是自治区粮食主产区，玉米和大豆是主要的粮食作物，产量分别占自治区的75%和90%以上，并且玉米产量主导着全区粮食的丰歉。

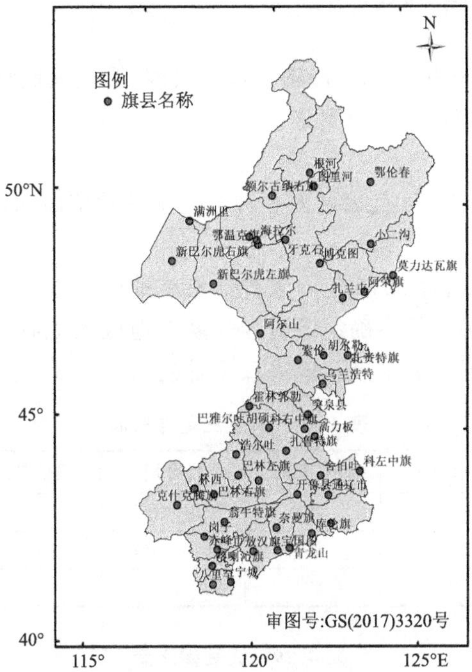

图 4.24　内蒙古东部区行政区划

大豆是世界上种植面积仅次于玉米、小麦、水稻的第四大作物，大豆不仅是油料作物，而且是人类不可缺少的蛋白来源，也是畜牧业、养殖业饲料的主要成分。内蒙古大豆主要分布在东北部区域，种植面积位于全国前列。内蒙古东北部属中、寒温带大陆性季风气候，热量资源欠缺、水分资源相对充沛，雨热同季。农田水利设施不完善，农业以靠天吃饭为主，是典型的气候变化敏感区和脆弱区。根据农业部《全国种植业结构调整规划(2016—2020 年)》《全国大宗油料作物生产发展规划(2016—2020 年)》，在内蒙古东北部培育大豆优势产区，保障国家粮食安全和大豆的有效供给。

目前，气候变化已引起全球的普遍关注，探索未来气候情景下的农业生产模式已成为当前农业气象界的重要任务之一。选取 RegCM4.0 区域气候模式，单向嵌套 BCC_CSM1.1(全球模式，北京气候中心气候系统模式 1.1)全球气候耦合模式的输出结果，对中国区域 21 世纪气候变化进行了模拟，对 2021—2050 年模拟 50 km 格点，包括低排放 RCP4.5 和高排放 RCP8.5 两种情景；基于未来情景数据，模拟分析了 2021—2050 年内蒙古大豆主产区光照适宜度、气温适宜度、降水适宜度及综合气候适宜度的变化趋势，旨在为内蒙古主产区大豆播种合理布局、充分利用气象资源、提高大豆产量及降低大豆生产风险提供科学依据。

4.3.5.2.2　代表站及资料处理

利用内蒙古自治区统计年鉴数据、农业气象观测站数据、农气报表数据及大豆品种试验数据等收集了相关资料，主要包括内蒙古自治区大豆种植区气象资料、产量资料、发育期资料及各发育阶段生理指标。

(1)代表站

选取阿荣旗、鄂伦春、扎赉特、扎兰屯、索伦、莫力达瓦、巴林左旗、敖汉旗、翁牛特、科右中旗、科左中旗、开鲁、科左后旗、扎鲁特。

(2)气象资料

1981—2016 年大豆生长季(5—9 月)逐日最高气温(℃)、最低气温(℃)、平均气温(℃)、降水量(mm)和日照时数(h)等常规气象要素。

(3)产量资料

1987—2016 年内蒙古东部区代表站大豆社会产量及种植面积。

(4)生理指标资料

通过查阅大量文献,并结合 2016 年内蒙古气象局重点攻关业务建设项目:"大豆农业气候资源分析与区划"的研究成果,最终确定了适合内蒙古地区大豆各发育阶段的三基点气温(最适气温、最低气温、最高气温)、需水量及最适日照时数(表 4.28—表 4.30)。

表 4.28　大豆三基点气温

单位:℃

发育期	最低气温	适宜气温	最高气温	发育期	最低气温	适宜气温	最高气温
播种—出苗	7.5	18.5	26	开花—鼓粒	13	25	30.5
出苗—分枝	10.5	23.5	30	鼓粒—成熟	10	18	30
分枝—开花	14	27	32				

表 4.29　大豆需水量

单位:mm

发育期	需水量	发育期	需水量
播种—出苗	27.5	开花—鼓粒	266.8
出苗—分枝	61.6	鼓粒—成熟	146.9
分枝—开花	47.3		

表 4.30　大豆日最适日照时数

单位:h

发育期	日最适日照时数	发育期	日最适日照时数
播种—出苗	9.37	开花—鼓粒	8.31
出苗—分枝	9.03	鼓粒—成熟	7.75
分枝—开花	8.75		

(5)资料处理

1)气象产量提取

一般来说,农作物产量可分为 3 个部分,即趋势产量、气象产量和随机"噪声",表示为

$$Y=Y_t+Y_w+\varepsilon \tag{4.29}$$

式中:Y 为作物历年单产(kg/hm^2);Y_t为趋势产量(kg/hm^2);Y_w为气象产量(kg/hm^2);ε 为随机"噪声",一般忽略不计,故可简化为

$$Y=Y_t+Y_w \tag{4.30}$$

采用 5 a 直线滑动平均模拟和建立回归模型的方法,求取大豆趋势产量(Y_t),并计算气象产量。

2)发育期资料处理

大豆发育期资料采用农业气象观测站及农牧厅大豆品种试验的发育期数据,主要用来判断某日(旬)大豆所处的发育阶段,根据该发育阶段的生理指标计算当天(旬)的气温适宜度;大

豆生育期划分为播种—出苗、出苗—分枝、分枝—开花、开花—鼓粒、鼓粒—成熟共 5 个时期(表 4.31)。

表 4.31　内蒙古大豆发育期

主产旗县	播种—出苗	出苗—分枝	分枝—开花	开花—鼓粒	鼓粒—成熟
阿荣旗、扎兰屯、莫力达瓦	5 上—5 中	5 下—6 中	6 下	7 上—8 中	8 下—9 上
扎赉特旗	5 上	5 中—6 中	6 下—7 上	7 中—8 下	9 上—9 中
鄂伦春旗	5 下—6 上	6 中—7 上	7 中	7 下—8 下	9 上—9 下
科右前旗	6 上	6 中—7 上	7 中	7 下—8 下	9 上—9 中
巴林左旗	5 中	5 下—6 中	6 下	7 上—8 中	8 下—9 上
科右中旗、科左中旗、科左后旗、开鲁、扎鲁特旗、敖汉旗、翁牛特	5 中	5 下—6 中	6 下	7 上—8 下	9 上—9 中

注:阿拉伯数字表示月份,上、中、下表示旬。

3)气候适宜度计算

参照马树庆[2]的研究,将气温适宜度函数定义为

$$F(T)_i=\frac{(T_i-T_L)(T_H-T_i)^B}{(T_0-T_L)(T_H-T_0)^B}$$

$$B=\frac{T_H-T_0}{T_0-T_L} \tag{4.31}$$

式中:$F(T)_i$为第 i 日的气温适宜度;T_i为第 i 日的气温;T_L为第 i 日的最低气温;T_H为第 i 日的最高气温;T_0为适宜气温下限值。

结合内蒙古实际情况,大豆生育期降水适宜度模型定义为

$$F(R)_i=\begin{cases}R/R_L & R<R_L\\ 1 & R_L\leqslant R\leqslant R_H\\ R_H/R & R>R_H\end{cases} \tag{4.32}$$

式中:R 为日降水量;R_L为大豆生育期每日需水量下限值;R_H为大豆生育期每日需水量上限值。结合内蒙古大豆生长特点,以大豆生育期内降水量/需水量<70%为轻旱,降水量/需水量>130%为轻涝,所以定义 70%≤降水量/需水量≤130%为降水适宜标准,即 $R_L=0.7R_0$,$R_H=1.3R_0$。

大豆日照适宜度,日照时数对大豆生长发育影响的计算方法如下

$$F(S)_i=\begin{cases}e^{-((S-S_0)/b)^2} & S<S_0\\ 1 & S\geqslant S_0\end{cases} \tag{4.33}$$

式中:$F(S)_i$为大豆生育期第 i 日的日照适宜度;S 为实际日照时数;S_0为适宜日照时数下限值;b 为常数,随发育日数而变化。

根据加权平均法建立每日气候适宜度评价模型:

$$F(C)_i=aF(T)_i+bF(R)_i+cF(S)_i \tag{4.34}$$

式中:$F(C)_i$为生育期第 i 日每日气候适宜度;其中,a、b、c 分别为各生育期每日气温、降水和日照适宜度对于气候适宜度的权重系数。

全生育期气候适宜度为各生育期平均气候适宜度的加权平均,公式为

$$F(C)=\sum_{j}^{6}m_jF(C)_j \tag{4.35}$$

式中：$F(C)$为全生育期气候适宜度，$F(C)_j$和m_j为各生育期气候适宜度及权重系数（表 4.32）。

表 4.32　归一化权重

项目(j)	b[82]	b(jr)	b(js)
播种—出苗	0.47	0.47	0.07
出苗—分枝	0.41	0.5	0.09
分枝—开花	0.12	0.76	0.12
开花—鼓粒	0.23	0.62	0.15
鼓粒—成熟	0.63	0.26	0.11

注：$b(j)$为该发育期在整个发育期的权重系数；b，$b(jr)$，$b(js)$分别为该发育期内气温、降水、日照的权重系数。

4.3.5.2.3　大豆气候适宜度与产量相关关系

研究区域为内蒙古东北部的大豆主产区，包括呼伦贝尔市、兴安盟、通辽市、赤峰市 4 个盟市。上述地区热量条件由东北向西南递增、降水量由东北向西南递减，因此根据气候条件及地理位置将 14 个旗县划分为以下 3 个区域进行研究：东部偏北（阿荣旗、鄂伦春、扎赉特、扎兰屯、索伦、莫力达瓦）、赤峰（巴林左旗、敖汉旗、翁牛特）、通辽（科右中旗、科左中旗、开鲁、科左后旗、扎鲁特）。将大豆主产旗县（14 个代表站）1981—2013 年间的全生育期气候适宜度指数与对应年份气象产量作相关分析，发现全生育期气候适宜度指数和大豆产量数据的年际变化有很好的一致性（东部偏北地区以索伦为例，赤峰以巴林左旗为例，通辽以科左中旗为例），均为正相关关系，且通过显著性检验水平，表明气候适宜指数能够客观反映内蒙古地区大豆生长季内气象要素的适宜程度及产量的动态变化，可以表征气候条件对大豆生产的影响（图 4.25—图 4.27）。

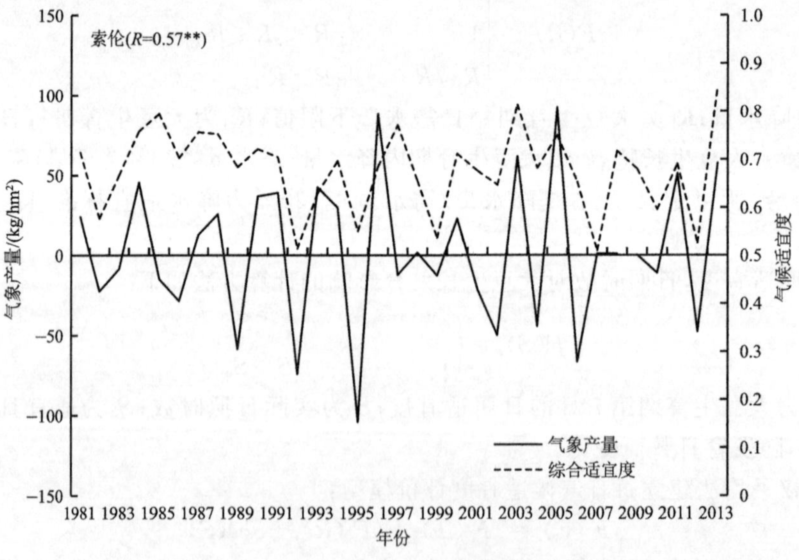

图 4.25　索伦大豆全生育期综合适宜度和气象产量的相关分析

4.3.5.2.4　1981—2016 年大豆气候适宜度变化特征

(1)光照适宜度的变化

1981—2016 年的 35 a 来，内蒙古大豆生育期内日照适宜度东部偏北及赤峰地区呈上升趋

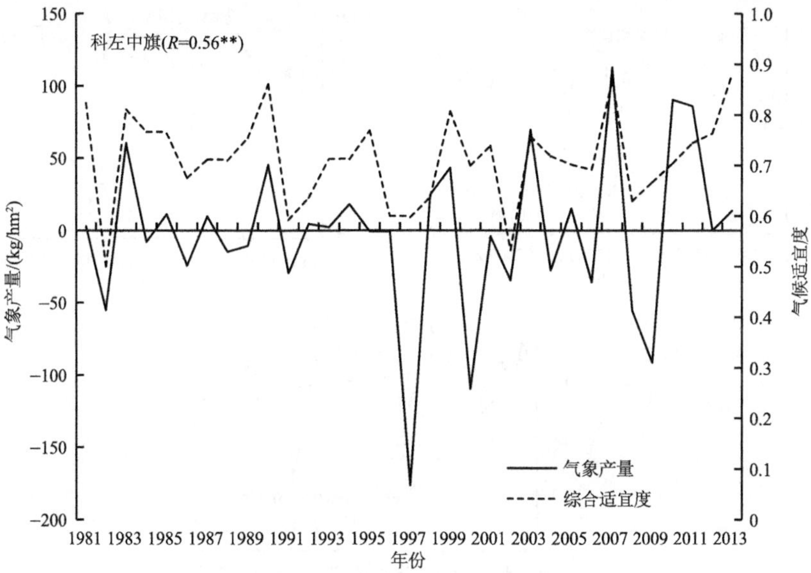

图 4.26　科左中旗大豆全生育期综合适宜度和气象产量的相关分析

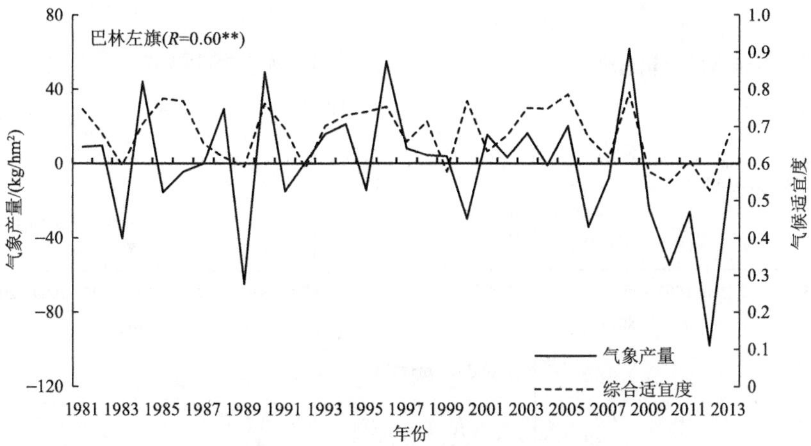

图 4.27　巴林左旗大豆全生育期综合适宜度和气象产量的相关分析

势(气候倾向率分别为 0.0016/a、0.0015/a),通辽地区呈下降趋势,线性趋势为−0.0022/a,其中赤峰、通辽的日照适宜度年际变化通过了 0.05 的显著性检验(图 4.28)。

(2)气温适宜度的变化

在全球变暖的背景下,内蒙古的热量资源存在着较为显著的气候变化特征,大豆生育期内的气温适宜度在东部偏北、赤峰及通辽年代际变化趋势较为一致,均呈显著的上升趋势,气候倾向率分别为 0.0044/a、0.0034/a、0.0024/a,通过了极显著检验(图 4.29)。

(3)降水适宜度的变化

1981—2016 年的 35 a 来,内蒙古地区大豆生育期内降水适宜度呈现不同程度的下降趋势,其中东部偏北、赤峰地区下降率分别为−0.0032/a、−0.0043/a,分别通过 0.05、0.01 显著检验;通辽地区呈微弱的下降趋势(−0.0011/a)(图 4.30)。

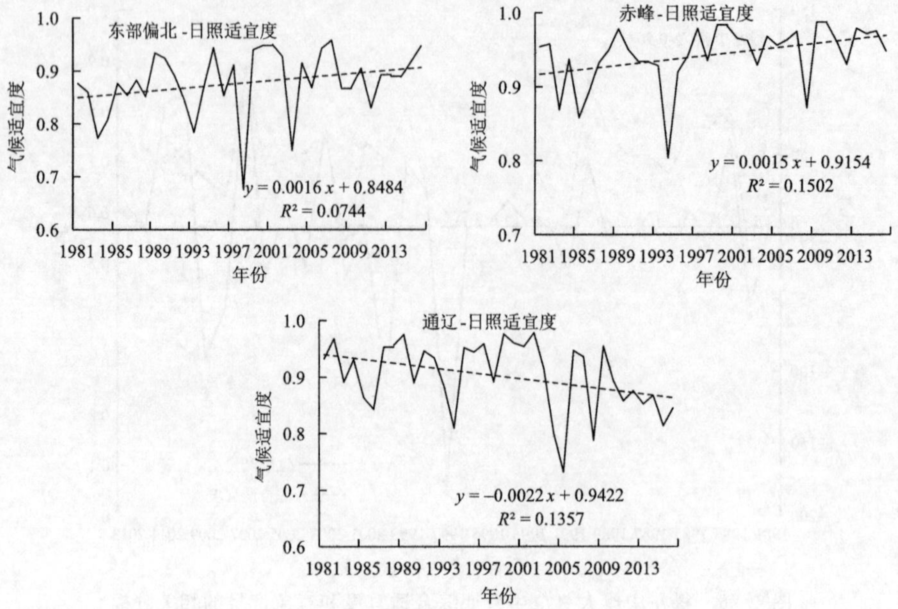

图 4.28 1981—2016 年内蒙古大豆主产区日照适宜度年际变化

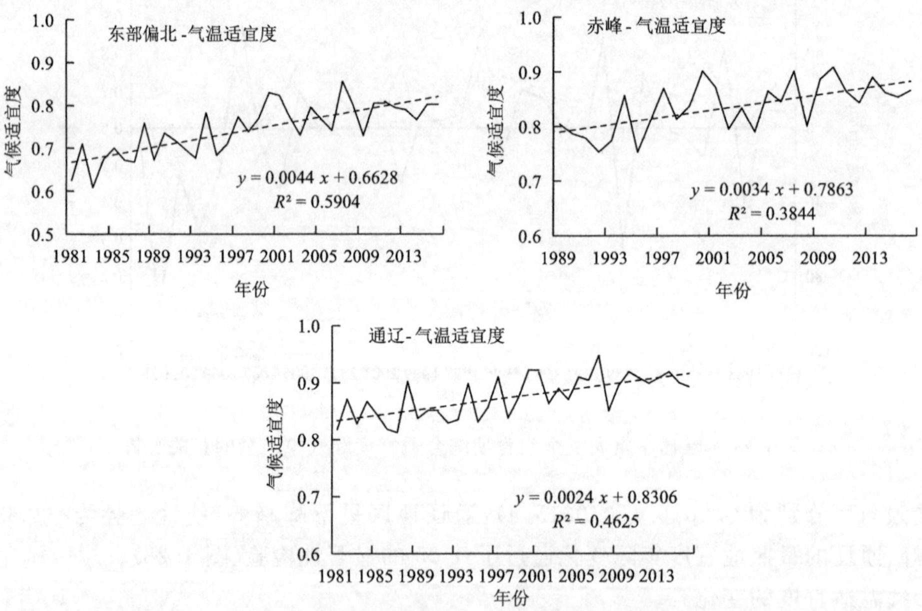

图 4.29 1981—2016 年内蒙古大豆主产区气温适宜度年际变化

(4)综合气候适宜度的变化

综合光温水三要素，1981—2016 年内蒙古大豆综合气候适宜度的年际变化特点为：东部偏北及通辽市较为平缓（线性倾向率分别为－0.0007/a、－0.0005/a），赤峰市呈下降趋势，下降率为－0.0021/a（图 4.31）。

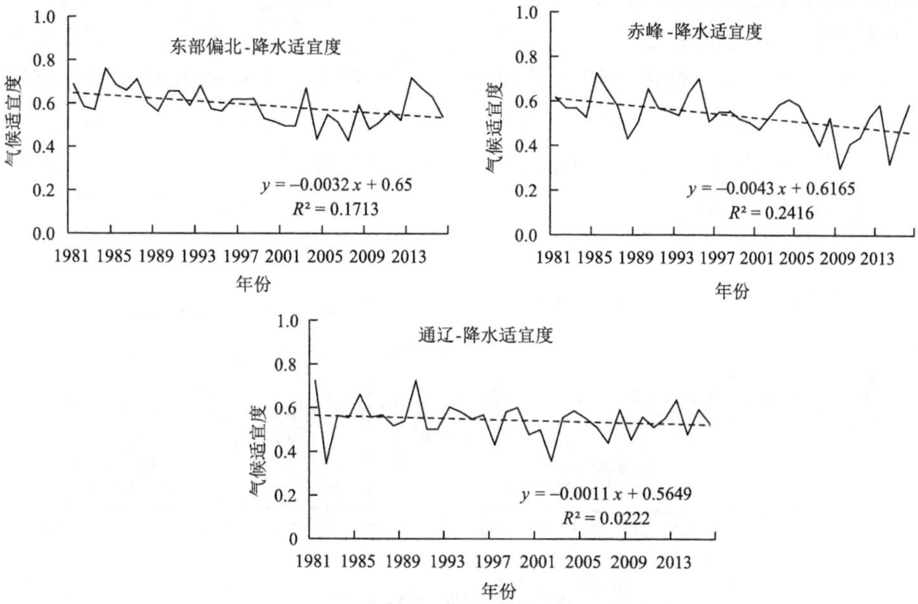

图 4.30 1981—2016 年内蒙古大豆主产区降水适宜度年际变化

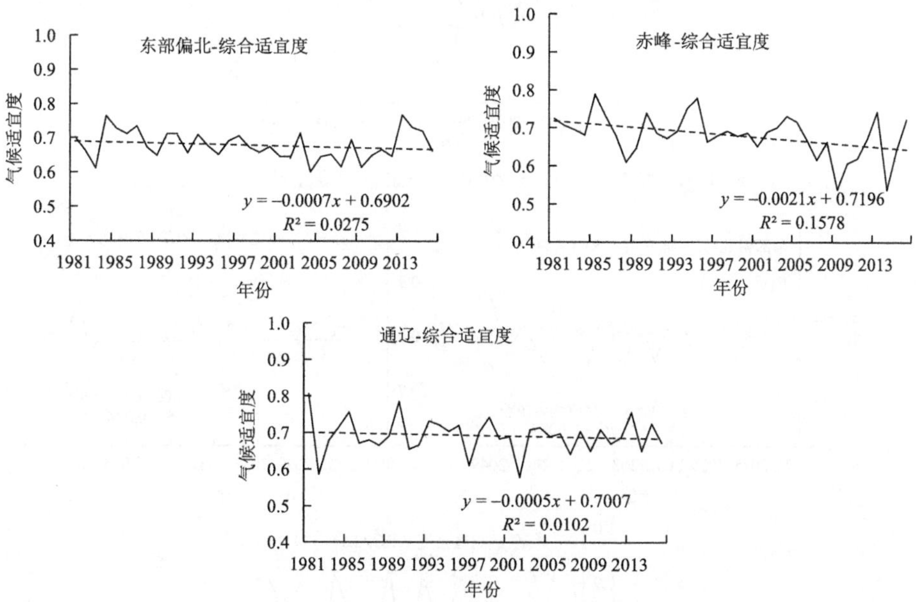

图 4.31 1981—2016 年内蒙古大豆主产区综合适宜度年际变化

可以看出，近 35 a(1981—2016 年)内蒙古主产区大豆气候适宜度不同区域的变化趋势不一样，赤峰地区小幅降低，东部偏北及通辽呈微弱降低趋势，变化相对较为平缓；日照适宜度东部偏北、赤峰呈微弱的下降趋势，通辽为上升趋势；降水适宜度呈不同程度的下降趋势，气温适宜度均呈显著上升。总体而言，1981—2016 年内蒙古主产区大豆生育期内的气候适宜性影响为弱的负效应，对大豆生长发育不利。

4.3.5.2.5　未来气候适宜度的变化

(1)未来光照适宜度的变化

如图 4.32,在 RCP4.5 低排放情景下,2021—2050 年大豆生育期内的光照适宜度为持平略增的趋势,气候倾向率为:东部偏北 0.0002/a、赤峰 0.0008/a、通辽 0.0015/a,说明未来 30 a 大豆生育期内获得的光照适宜度变化没有明显的变化趋势,仅略微有所上升。其中 2021—2030 年三个区域均为下降趋势,2031—2040 转为上升趋势,最后 10 a 仅东部偏北呈下降趋势,其余区域日照适宜度均为上升趋势。

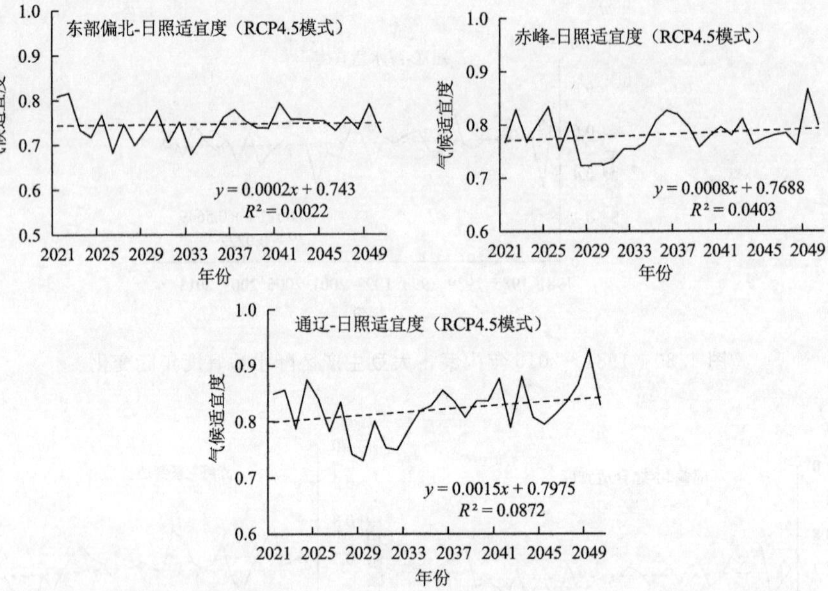

图 4.32　RCP 4.5 情景下 2021—2050 年内蒙古大豆主产区光照适宜度变化

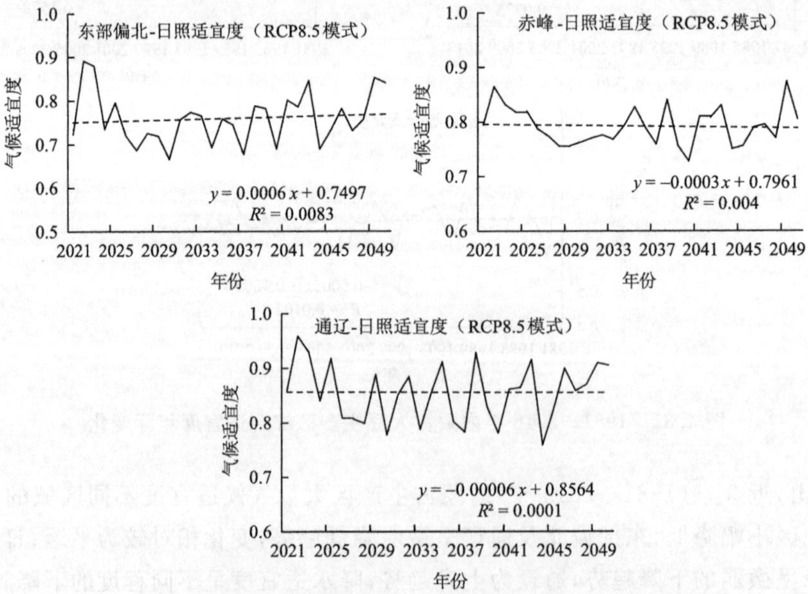

图 4.33　RCP 8.5 情景下 2021—2050 年内蒙古主产区大豆光照适宜度变化

如图 4.33，在 RCP8.5 高排放情景下，除东部偏北光照适宜度线性倾向率为正值以外，其余均为负值，但变化均较为平缓。年际变化上看，东部偏北和赤峰地区 3 个 10 a 的光照适宜度均呈微弱的下降趋势，而通辽地区为微弱的上升趋势。

未来两种气候情景下的光照适宜度变化均较为平缓，因此对大豆生产的影响较小（表 4.33）。

表 4.33　RCP4.5 和 RCP8.5 情景下内蒙古主产区大豆光照适宜度气候倾向率

单位：数值/10 a

区域	低排放 RCP4.5 情景模式			高排放 RCP8.5 情景模式		
	2021—2030 年	2031—2040 年	2041—2050 年	2021—2030 年	2031—2040 年	2041—2050 年
东部偏北	−0.0627	0.0470	−0.0286	−0.1644	−0.0962	−0.1264
赤峰	−0.0845	0.0513	0.0279	−0.0305	−0.0179	−0.0392
通辽	−0.1049	0.0940	0.0346	0.0337	0.0170	0.0517

(2)未来气温适宜度的变化

如图 4.34，在 RCP4.5 低排放情景下，2021—2050 年内蒙古主产区大豆生育期内的气温适宜度的线性倾向率均为正值，这说明未来 30 a 内蒙古主产区大豆的气温适宜度呈现出一致上升的气候特征，3 个区域线性趋势均通过显著检验水平。其中，在 2021—2050 年的 3 个10 a 年际变化中，气温适宜度东部偏北呈不同程度的下降趋势，而赤峰则呈不同程度的上升，通辽为先下降再上升最后再下降的趋势。

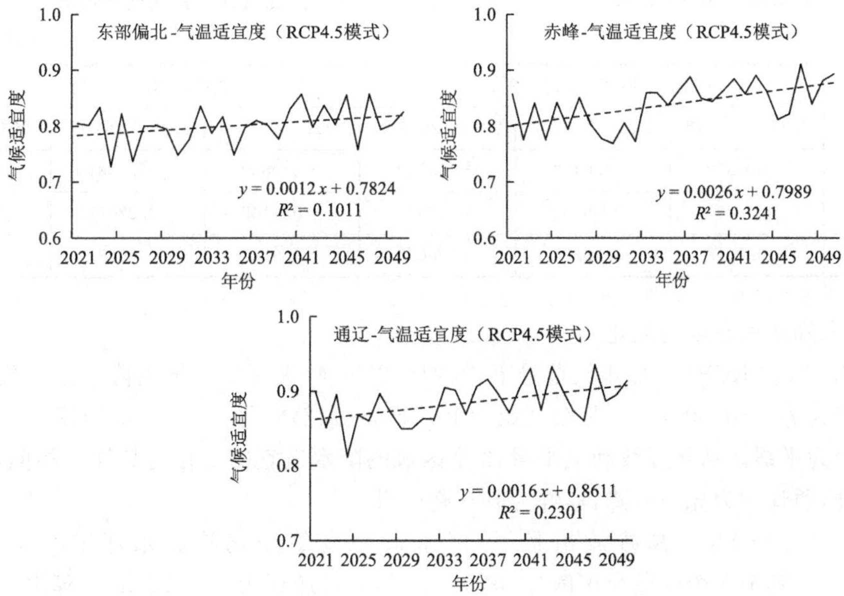

图 4.34　RCP4.5 情景下 2021—2050 年内蒙古大豆主产区气温适宜度变化

如图 4.35，在 RCP8.5 高排放情景下，未来 30 年 3 个区域大豆生育期内气温适宜度的线性倾向率同样均为正值。从年际变化上来看，气温适宜度东部偏北地区均呈弱的下降趋势，赤峰和通辽在 2021—2030 年为下降趋势，2031—2040 转为上升，2041—2050 变为下降趋势。

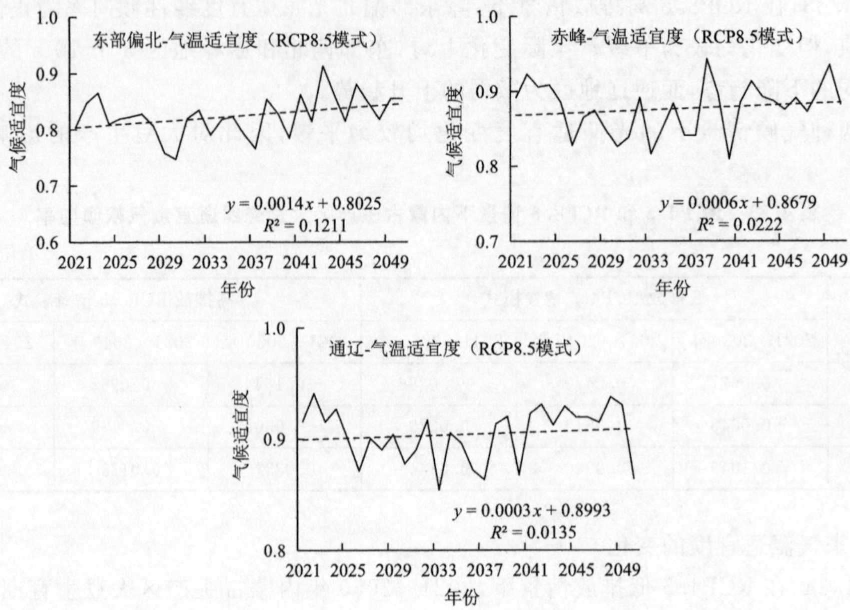

图 4.35　RCP8.5 情景下 2021—2050 年内蒙古大豆主产区气温适宜度变化

热量条件适当增多有利于大豆生长，由于未来两种气候情景下的气温适宜度均呈上升趋势，因此对大豆生产起到积极作用的可能性较大(表 4.34)。

表 4.34　RCP4.5 和 RCP8.5 情景下内蒙古主产区大豆气温适宜度气候倾向率

单位：数值/10 a

区域	低排放 RCP4.5 情景模式			高排放 RCP8.5 情景模式		
	2021—2030 年	2031—2040 年	2041—2050 年	2021—2030 年	2031—2040 年	2041—2050 年
东部偏北	−0.0352	−0.0483	−0.0202	−0.0829	−0.0881	−0.0506
赤峰	0.0109	0.0656	0.0293	−0.0148	0.0207	−0.0024
通辽	−0.0242	0.0084	−0.0090	−0.0137	0.0083	−0.0272

(3)未来降水适宜度的变化

如图 4.36，在 RCP4.5 低排放情景下，2021—2050 年大豆生育期内降水适宜度赤峰地区为弱的下降趋势(−0.0002/a)，其余区域为上升趋势(东部偏北 0.0003/a，通辽 0.0012/a)，升降趋势均较为平缓。从年际波动上来看，3 个区域的降水适宜度变化趋势均不相同，东部偏北为先降后升，通辽则为先升后降，赤峰为升—降—升。

如图 4.37，RCP8.5 高排放情景下，降水适宜度的变化趋势东部偏北地区为负值(−0.0009/a)，其余 2 个区域为正值(赤峰为 0.0008/a、通辽为 0.0023/a)。降水适宜度年际波动特点也不尽相同，2021—2030 年、2031—2040 年、2041—2050 年东部偏北地区均为上升趋势，通辽地区均为下降趋势，赤峰为前 10 a 上升，后面两个 10 a 均转为下降趋势。

未来两种气候情景下，2021—2050 年降水适宜度的线性倾向率是以正值为主，说明大部区域、大部年份水分条件适宜，因此对内蒙古主产区大豆生产的作用总体来说利多于弊(表 4.35)。

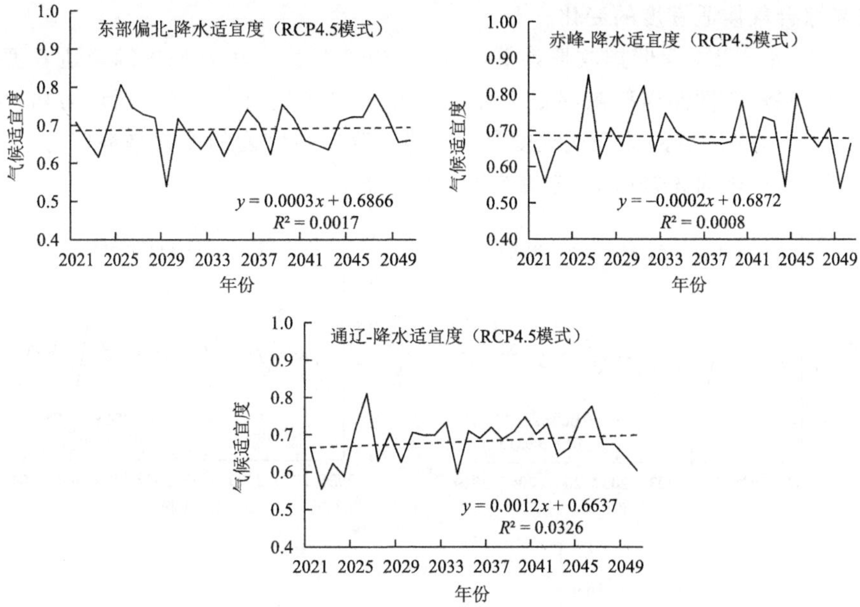

图 4.36　RCP4.5 情景下 2021—2050 年内蒙古大豆主产区降水适宜度变化

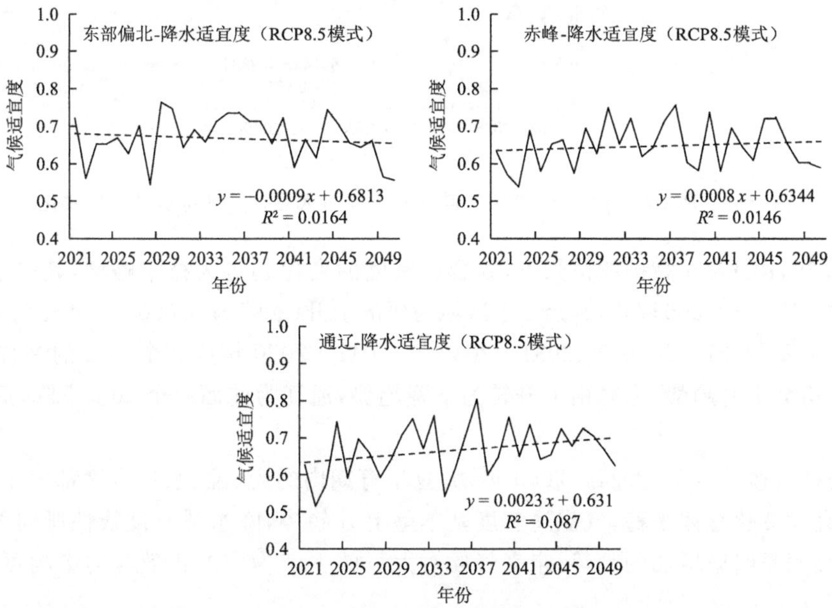

图 4.37　RCP8.5 情景下 2021—2050 年内蒙古大豆主产区降水适宜度变化

表 4.35　RCP4.5 和 RCP8.5 情景下内蒙古主产区大豆降水适宜度气候倾向率

单位：数值/10 a

区域	低排放 RCP4.5 情景模式			高排放 RCP8.5 情景模式		
	2021—2030 年	2031—2040 年	2041—2050 年	2021—2030 年	2031—2040 年	2041—2050 年
东部偏北	−0.0143	0.1169	0.0899	0.0736	0.0616	0.0947
赤峰	0.0766	−0.0431	0.0387	0.0437	−0.0433	−0.0029
通辽	0.0444	−0.0576	−0.0769	−0.0694	−0.0390	−0.0133

(4)未来综合气候适宜度的变化

如图 4.38，在 RCP4.5 低排放情景下，2021—2050 年大豆生育期内综合适宜度 3 个区域均为弱的上升趋势，线性倾向率东部偏北为 0.0007/a，赤峰为 0.0004/a，通辽为 0.0014/a。从年际波动上来看，3 个区域的综合适宜度变化趋势与降水适宜度的变化趋势较为一致，东部偏北为先降后升，通辽则为先升后降，赤峰为升—降—升。

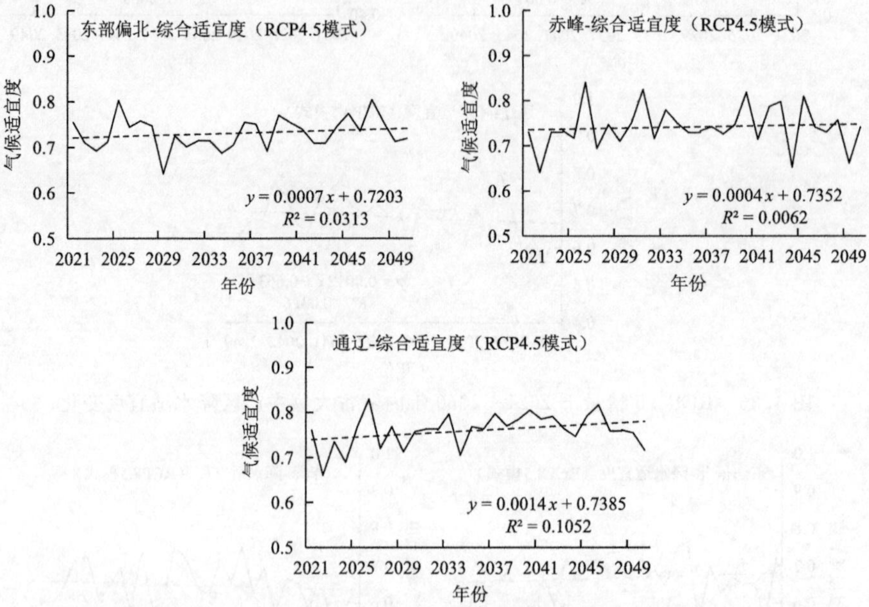

图 4.38　RCP4.5 情景下 2021—2050 年内蒙古大豆主产区综合适宜度变化

如图 4.39，RCP8.5 高排放情景下，综合适宜度的变化趋势为持平略增，其中东部偏北地区为微弱的下降（−0.0001/a），其余 2 个区域为弱的上升（赤峰为 0.0008/a、通辽为 0.0018/a）。从年际变化上看，2021—2030 年、2031—2040 年、2041—2050 年这 3 个 10 a 的综合适宜度，东部偏北地区均为上升趋势，赤峰由上升转为下降趋势，通辽为前面两个 10 a 下降，后 10 a 转为上升趋势。

未来两种气候情景下，2021—2050 年，大豆生育期内的光、温、水适宜度都发生了变化，其中，光照适宜度变化总体平稳，气温适宜度基本呈上升趋势，降水适宜度线性倾向率以正值为主，综合适宜度呈略微增加的趋势，未来气候对大豆的生产为弱的正效应的影响可能性大（表 4.36）。

表 4.36　RCP4.5 和 RCP8.5 情景下内蒙古主产区大豆综合适宜度气候倾向率

单位：数值/10 a

区域	低排放 RCP4.5 情景模式			高排放 RCP8.5 情景模式		
	2021—2030	2031—2040	2041—2050	2021—2030	2031—2040	2041—2050
东部偏北	−0.0240	0.0458	0.0398	0.0127	0.0297	0.0522
赤峰	0.0604	−0.0076	0.0413	0.0198	−0.0345	−0.0134
通辽	0.0128	−0.0407	−0.0502	−0.0292	−0.0079	0.0061

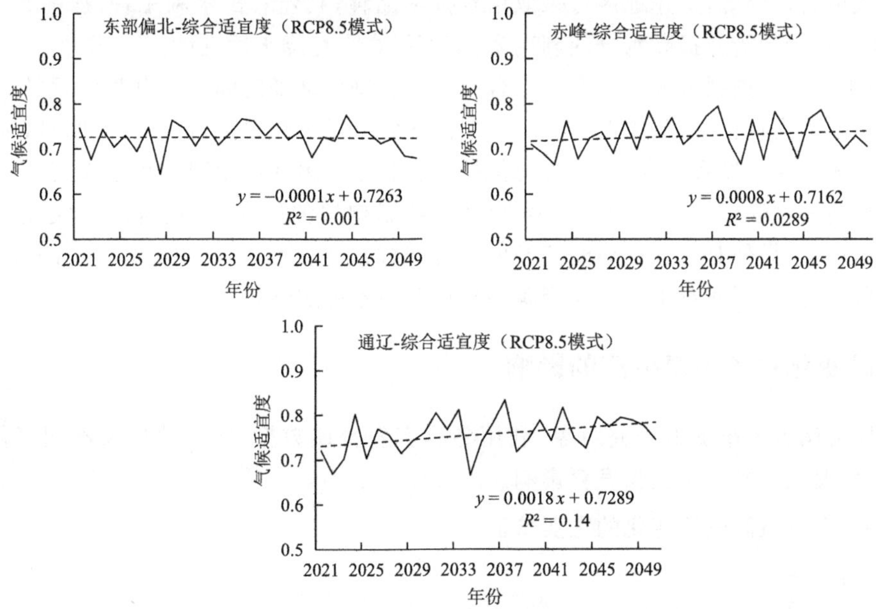

图 4.39　RCP8.5 情景下 2021—2050 年内蒙古大豆主产区综合适宜度变化

4.3.5.2.6　小结

综合上述分析可知，近 35 a(1981—2016 年)内蒙古主产区大豆气候适宜度不同区域的变化趋势有差异，赤峰地区小幅降低，东部偏北及通辽呈微弱降低趋势，变化相对较为平缓；日照适宜度东部偏北、赤峰呈微弱的下降趋势，通辽为上升趋势；降水适宜度呈不同程度的下降趋势，气温适宜度均呈显著上升。总体而言，1981—2016 年内蒙古主产区大豆生育期内的气候适宜度影响为弱的负效应，对大豆生长发育不利。

未来两种气候情景下，2021—2050 年，大豆生育期内的光、温、水适宜度均发生了变化，其中，光照适宜度变化总体平稳，因此对大豆生产的影响较小；气温适宜度基本呈上升趋势，因此对大豆生产起到积极作用的可能性较大；降水适宜度线性倾向率以正值为主，说明大部区域、大部年份水分条件适宜，因此对内蒙古主产区大豆生产的作用总体来说利多于弊；综合适宜度呈略微增加的趋势，未来气候对大豆的生产为弱的正效应的影响可能性大。

4.3.5.2.7　适应对策

根据模拟的两种未来气候情景，以下提出对内蒙古主产区大豆生产的相应适应对策。

(1)未来两种气候情景下的光照适宜度变化均较为平缓，其中 RCP8.5 情景下赤峰和通辽地区为微弱的下降趋势，可适当采取合理密植、加强田间管理提高光照资源的利用率。

(2)未来两种气候情景下的气温适宜度均呈上升趋势。气温适宜度的升高，可能使冷害发生频率下降、大豆播种期提前、生育期延长等，对大豆生产均为有利形势，可种植生育期更长的晚熟品种以提高大豆产量。

(3)未来两种气候情景下，2021—2050 年降水适宜度总体来看线性倾向率以正值为主。其中，在 RCP4.5 低排放情景下，赤峰地区为弱的下降趋势；RCP8.5 高排放情景下，东部偏北地区为负值；上述地区气温适宜度均呈上升趋势，加之降水适宜度减少，加大了地表蒸发能力，出现暖干化趋势，可能使农业干旱趋于严重且频繁，对内蒙古地区东部偏北及赤峰的大豆生产和发展构成威胁。因此,上述地区可采取培育抗旱品种,兴建农田水利工程,加强蓄水保墒耕作,优化作物布局等措施提高水分的利用率,从而提高大豆降水适宜性。

(4)未来情景下内蒙古大豆主产区综合气候适宜度大部随时间呈上升趋势,可以考虑根据实际情况小幅扩大种植规模;东部偏北综合气候适宜度呈下降趋势,但下降不明显,幅度较小,基本能满足大豆生长发育需求,可以考虑保持现有种植规模或小幅减小种植规模。

由于目前的气候模式并不十分完善,对变化和影响的各种物理和生物化学过程缺乏比较完善的科学认识;另外对未来社会经济发展趋势同样缺乏比较完善的认识,包括人口增长、科技进步的贡献量等,因此对未来气候资源的预估存在不确定性。

4.4　气候变化对冬小麦生产的影响

本节以河南省冬小麦为研究对象,利用冬小麦发育期数据、气象数据及不同气候情景数据,分析气候变化对冬小麦生长发育影响。

4.4.1　冬小麦种植区气候变化的主要特征

4.4.1.1　研究方法

(1)气候倾向率法

根据项目需要,建立了冬小麦农业气候资源数据库,利用线性拟合趋势线分析各种要素变化特征,所得线性回归方程的斜率即为气候倾向率。

(2)30 a 滑动统计法

对于年际变化趋势不显著的气候要素采用 30 a 滑动平均法,即统计 1961—1990、1962—1991、1963—1992、……、1981—2010 各年间气候要素的平均值,再分析其变化趋势。

分析干旱、干热风等主要农业气象灾害发生频率时,也利用 30 a 滑动统计法,分别计算各阶段的灾害频率,再统计频率的变化率。

4.4.1.2　冬小麦生长季内气候变化的主要特征

(1)冬小麦生长季内光能资源演变特征

根据 FAO(世界粮农组织)推荐的估算太阳总辐射的公式,近 50 a 冬小麦全生育期太阳总辐射呈南少北多的纬向分布,年际变化存在较显著的下降趋势,气候倾向率为 −45 MJ/(m^2 · 10 a)左右(图 4.40)。30 a 滑动平均表明,太阳总辐射在持续减少,尤其是 70 年代后减少趋势更为显著(图 4.41)。

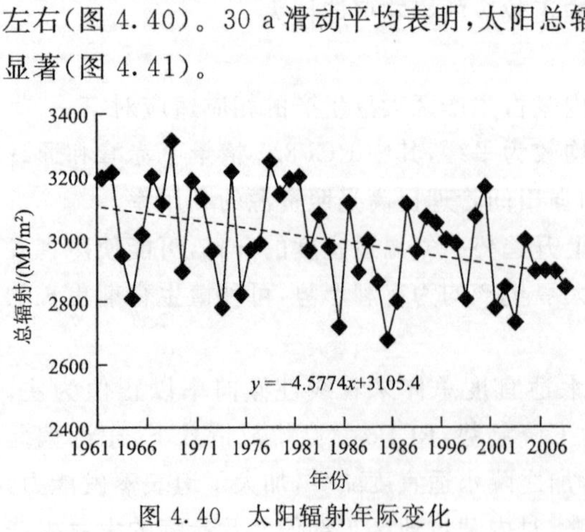

图 4.40　太阳辐射年际变化

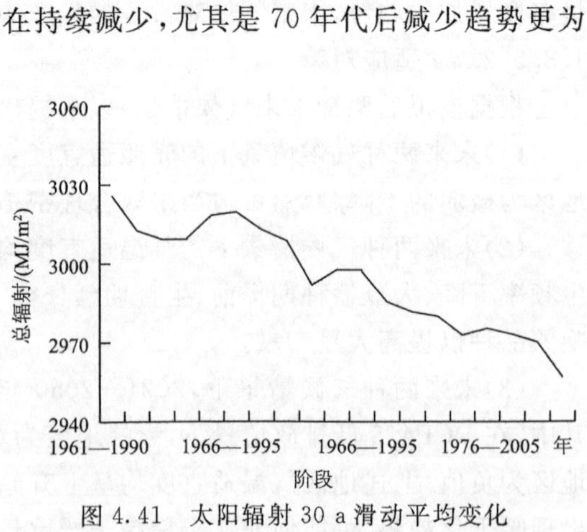

图 4.41　太阳辐射 30 a 滑动平均变化

冬小麦全生育期日照时数也呈较显著的减少趋势，除河南西部、西南部等局部地区外，全区域小麦主产区日照时数每 10 a 递减 40 h 左右，其中河南省北部及西北大部分地区日照减少更明显，递减率超过了 80 h/(10 a)。

4—5 月日照条件影响冬小麦抽穗灌浆，河南全省及湖北北部麦区递减率约 1925 h/(10 a)，但河南西部山区及湖北西北部麦区 4—5 月日照时数有 15 h/(10 a)以上的递增趋势。

(2)冬小麦生长季内热量资源演变特征

冬小麦生长季内平均气温各地均呈升高趋势。其中以郑州为中心的豫中、豫西北地区以及豫西南和淮南的局部地区升温幅度相对较大。

由于平均气温的升高，全区域冬小麦＞0 ℃的活动积温增加，尤其在 1984 年以后增幅更为迅速，这与气候变化的总体趋势一致，豫北、豫东、豫南大部及鄂北大部麦区冬小麦全生育期积温增幅达 60 ℃ · d/(10 a)左右。河南麦区越冬前、后＞0 ℃积温平均增长率分别为 11.4 ℃ · d/(10 a)和 43.5 ℃ · d/(10 a)，越冬期以后积温对全生育期热量条件增加的贡献作用更明显。

全生育期最低气温是衡量冬小麦能否安全越冬的重要指标，河南省绝大部分地区冬小麦生育期平均最低气温与极端最低气温均升高，越冬期负积温也呈显著的减少趋势，这对于冬小麦冬季安全生产有利。但豫西西部、南阳盆地局部平均最低气温有进一步降低的趋势，全省大部极端最低气温波动增大。热量条件的增加虽然对小麦安全越冬有利，但往往使作物得不到有效的抗寒锻炼，其结果既增加了由高温引起的气象灾害的风险，如小麦青枯和干热风等，又使小麦面临极端低温事件如霜冻、冻害等的脆弱性增加。

4.4.1.3　冬小麦主要生育时期气候变化特征

根据河南省 30 个农业气象观测站历史资料分析，不同区域冬小麦播种—返青期、返青—抽穗期、抽穗—成熟期一致增温，尤其是日最低气温(T_{min})显著升高，且增温速率高于日最高气温(T_{max})，意味着气温日较差降低。与其他时期相比，返青—抽穗期气温因子的气候倾向率明显偏大，T_{min}按 0.591 ℃/(10 a)的速率升高(表 4.37)。

表 4.37　30 个研究站点冬小麦主要生育时期气象要素的平均气候倾向率

生育时期	平均气温 /[℃/(10 a)]	平均日最高气温 /[℃/(10 a)]	平均日最低气温 /[℃/(10 a)]	日照时数 /[h/(10 a)]	降水量 /[mm/(10 a)]
播种—返青	0.210**	0.186**	0.352**	−40.09*	−5.324
返青—抽穗	0.495**	0.484**	0.591**	−10.525	−5.138
抽穗—成熟	0.214*	0.173	0.359**	−7.772	−0.798

注：* 代表 $P<0.05$，** 代表 $P<0.01$。

冬小麦各生育期日照时数均减少，尤其是播种—返青期日照时数极显著递减，各站平均气候倾向率达－40.09 h/(10 a)，其他时期日照时数变化不显著。因此，研究区域冬小麦不同生长阶段气候变化的主要特征是：返青—抽穗期增温幅度最大，且 T_{max}与 T_{min}按不同速率同时升高；播种—返青期日照时数显著减少。

各发育期降水量有减少趋势，但未通过显著性检验。

4.4.1.4　冬小麦主要农业气象灾害格局发生变化

(1)冬小麦干旱发生范围呈扩大趋势

按照冬小麦生全育期降水负距平百分率指标统计，近 50 a 来冬小麦轻旱发生的台站占总台站的比例表现为不显著的逐年递增趋势，轻旱面积的不断扩大，在一定程度上体现了近代气候干暖化的特征，意味着原本相对湿润的麦区也逐渐开始受到干旱的威胁。中旱发生范围同样呈线性递增趋势，递增率与轻旱相当，表明历史气候变化导致原本旱情较轻的麦区干旱加剧；重旱范围变化整体不明显，但近 30 年间，尤其是 1977 年以来发生重旱的站点在逐渐增多。

(2)霜冻灾害显著递减

冬小麦苗期及越冬期，轻、中、重霜冻的年平均致灾台站比例分别为 72.0%、61.1%、58.4%。轻、中霜冻致灾范围在波动中显著递减，递减率分别为 6.3%/10 a、7.7%/(10 a)；轻、中霜冻灾害的年平均发生天数分别以 0.54 d/(10 a)、0.45 d/(10 a)的速率减少。重霜冻发生范围和天数变率不显著。

近 50 a 河南省冬小麦晚霜冻的平均发生频率为 20.6%。从总体上看，20 世纪 60 年代发生频率(22.0%)接近常年平均值，70 年代频率明显降低，80 年代以后开始增多，90 年代最高，2000 年以后发生迅速下降，2000 年以来的平均发生频率仅为 14.2%。

(3)干热风灾害整体减弱

近 50 a 与冬小麦干热风密切相关的 14 时风速显著减小，其他气象因子变化不显著。

轻干热风的台站数占总台站的比例达到 63.7%，重干热风的台站数占总台站的比例达到 30.2%。干热风发生范围的线性变化趋势不显著，但三次多项式拟合曲线所反应的变化趋势显著($P<0.05$)，具体表现为各等级干热风发生范围先递减，从 20 世纪 90 年代末期开始增加，尤其是 2000 年以后增加较明显。

轻干热风平均发生天数为 1.9 d/a，最多时达 6.1 d/a(1965 年)；重干热风平均天数 0.5 d/a，最多达 3.2 d/a(1968 年)。20 世纪 90 年代以前轻干热风日数递减速率较快，之后无论是重干热风还是轻干热风，发生天数的年际变化均呈缓慢增加的趋势，按 30 a 滑动平均统计，轻干热风的发生频率显著下降，重干热风变化不明显。

4.4.2 气候变化对冬小麦生产的主要影响

4.4.2.1 研究方法

(1)作物发育期变化分析

在农业气候资源分析的基础上，结合河南省 30 个农业气象基本观测站的作物观测资料，考虑气温升高和积温增加对作物发育期的影响；统计冬小麦全生育期、主要生育期持续日数、出现时间等的线性变化趋势，分析历史气候变化对冬小麦生育期的影响。

(2)气候要素与冬小麦产量的关系分析

数理统计法：采用多元线性回归法拟合相对气象产量与冬小麦不同生育时期气象要素的关系。将各要素的回归系数之和作为基数，不同生育时段气温、日照时数的回归系数分别除以基数，称为贡献率，贡献率为正值时表示正影响，为负值表示不利影响。

作物模型法：利用参数调试后的作物模型，嵌套不同的气候变化情景，可反应其他条件不变时，单纯由气候要素引起的小麦产量改变。

4.4.2.2 气候变化对冬小麦的影响

(1)冬小麦生长发育期变化

经统计，全省冬小麦播种日期和返青普遍期变化不明显，30 个观测站中仅 5 个站点播种期延迟趋势显著($P<0.05$),返青普遍期 2 个观测站显著提前,6 个站点显著推迟。抽穗普遍期 28 个测站显著提前,各站平均提前速率为 2.9 d/(10 a)(图 4.42a);成熟普遍期 15 个测站显著提前,各站平均提前速率为 1.4 d/(10 a)。

播种—返青期各站平均持续 124.6 d,变化特征无共同规律。返青—抽穗期平均经历 61.8 d,全省变化率为−4.3 d/(10 a)(图 4.42b),其中 23 个测站缩短趋势显著。抽穗—成熟期平均持续 41.6 d,近 34 a 按 1.5 d/(10 a)速率延长,其中 22 个观测站延长趋势显著;各代表站平均全生育期天数变化趋势不明显。

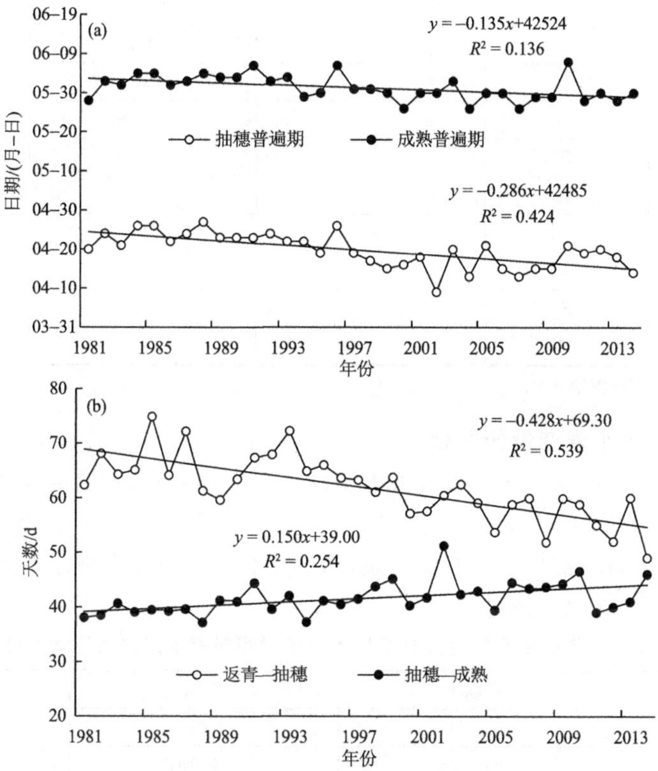

图 4.42 观测站平均生育期(a)及生育间隔期长度数(b)变化

(2)返青前气候条件改变对后续生育期有持续影响

返青前冬小麦要经历春化作用和幼穗分化的初期,抽穗期即幼穗分化的结束。Pearson 相关分析发现,返青前气象要素与播种—返青期持续天数的相关系数较小,但大部分气象要素与后续发育期显著相关,说明虽然返青之前各气象要素的气候倾向率并不是最大,但对发育进程的影响最明显。3 个主要生育期的 T_{ave}、T_{min} 与各生育期间隔日数均为负相关,尤其是播种—返青期 T_{min} 与播种—抽穗期、播种—成熟期天数的负相关系数最高(表 4.38)。降水量虽然变化趋势不显著,但与主要生育期长度呈负相关关系。由于最低气温升高对平均气温变化有直接促进作用,因此不同时期气候变化对冬小麦发育期的影响主要表现为:幼穗分化随着最低气温的升高而提前结束,但籽粒灌浆期并未随气温升高而明显缩短,河南冬小麦生产"两长一短"的特点中,"春化时间长"的特点受气候变化影响较小,"幼穗分化期长"的优势在减小,而"灌浆时间短"的劣势随气候变化在改善。

表 4.38 不同阶段气象要素与主要生育期持续日数的相关系数

时期	要素	播种—返青期日数	播种—抽穗期日数	播种—成熟期日数
播种—返青期	T_{ave}	−0.192	−0.478**	−0.516**
	T_{max}	−0.002	−0.106	−0.080
	T_{min}	−0.236	−0.614**	−0.661**
	S	0.136	0.391*	0.344
	P	−0.237	−0.407**	−0.439**
返青—抽穗期	T_{ave}	—	−0.384*	−0.354*
	T_{max}	—	−0.153	−0.098
	T_{min}	—	−0.522**	−0.495**
	S	—	0.086	0.027
	P	—	−0.379*	−0.338*
抽穗—成熟期	T_{ave}	—	—	−0.354*
	T_{max}	—	—	−0.101
	T_{min}	—	—	−0.485**
	S	—	—	−0.222
	P	—	—	−0.216

注：* 代表 $P<0.05$，** 代表 $P<0.01$。

(3)气象条件对冬小麦产量的贡献

研究站点相对气象产量与各时期气象因子的多元回归方程，拟合度均通过 $P=0.01$ 的显著性检验。图 4.43 和表 4.39 为各生育时期所有气象因子的贡献率，以及气温和日照单因子的贡献率。由于河南省大部分麦田有灌溉条件，一定程度上掩盖了降水变化的影响，降水因子的回归拟合系数较小，在此不做讨论。

表 4.39 冬小麦不同生育时期气象因子对相对气象产量的平均贡献率

发育期	贡献率	气温	日照时数
播种—返青期	0.758	0.817	−0.002
返青—抽穗期	−0.105	−0.101	−0.014
抽穗—成熟期	0.349	0.284	−0.059

从图 4.43 中可以看出，除豫东南个别地区外，播种—返青期气象条件对产量为正贡献，全省大部分地区贡献率为 0.1～2.0，平均贡献率 0.758；返青—抽穗期各地平均综合贡献率为 −0.105，尤其豫东北、豫东、豫中及豫南局部负贡献率较大；抽穗—成熟期平均贡献率 0.349，小于播种—返青期，但豫东北局部、豫中和豫西南局部则为负贡献。

气温因子的贡献率大小与各生育时期的贡献率相当，日照时数的贡献率平均值为 −0.059～−0.002，不足气温贡献率的 1/10，表明在河南麦区辐射量的减少暂不是产量变化的主要制约因素。由统计结果来看，返青—抽穗期气候变化对产量形成有明显不利影响，其中，该时期气温升高是主要的影响因素。

4.4.2.3 不同时期气候变化对冬小麦影响的关键因子

(1)研究方法

采用参数修订后的 DSSAT CERES－Wheat 模型开展气候变化影响模拟。该模型已广

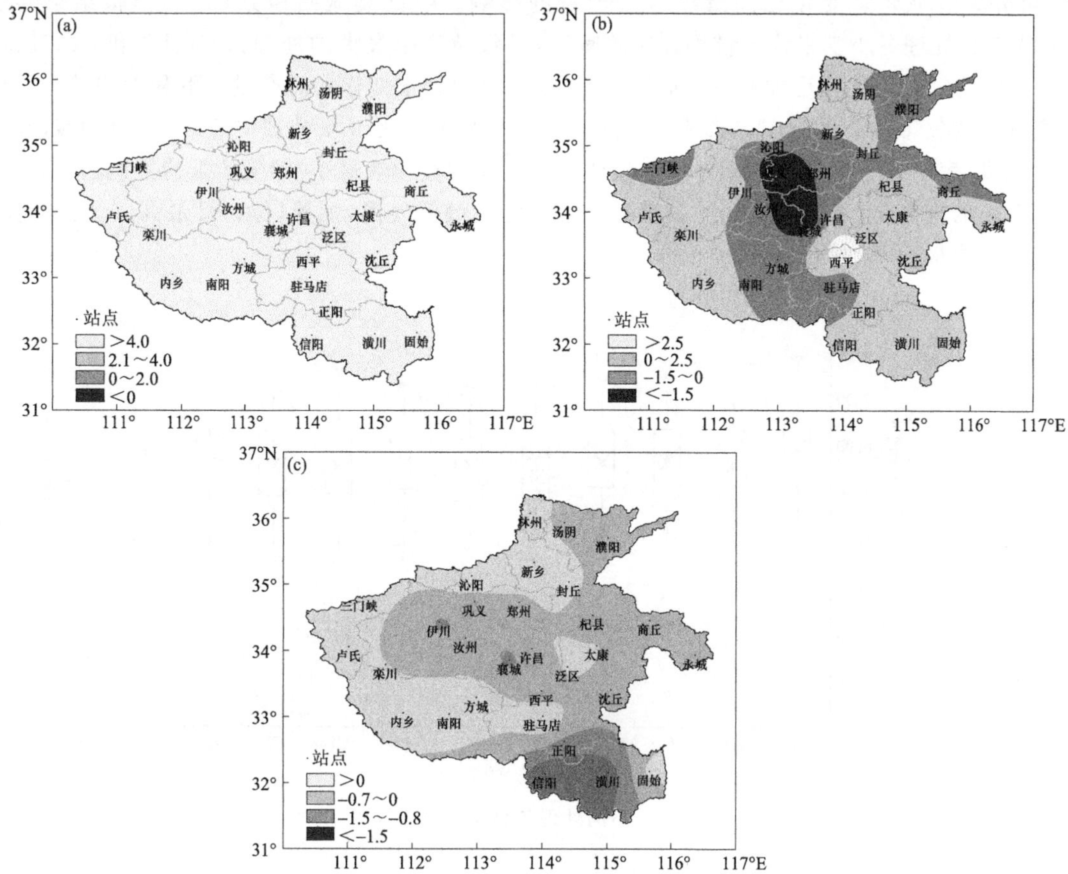

图 4.43　冬小麦不同生育时期气象因子对相对气象产量的贡献率分布
(a)播种—返青期；(b)返青—抽穗期；(c)抽穗—成熟期

泛应用于气候变化影响研究，并被证实适用于我国冬小麦主产区。在河南省选择种植品种属性略有差异，气候特点不同的新乡、襄城、卢氏、商丘和正阳 5 个地区为代表站点开展作物模型模拟分析。

模拟情景：为进一步研究冬小麦不同时期对相同气象因子变化的响应程度，分别将 3 个生育时期的日最高气温、日最低气温、日照时数做相同单位的增加或减少，重点分析产量变化及产量的波动性特征。以中部平原地区的襄城为例，参考该站点气象因子的气候倾向率，设定播种—返青、返青—抽穗、抽穗—成熟 3 个时期的日最高气温(A1、A2、A3)、日最低气温(B1、B2、B3)分别增高 0.5 ℃，太阳辐射减少 5%(C1、C2、C3)，共 9 种处理进行模拟。

两种情景相对独立，结果不相互干扰。模拟的产量或产量要素的变化率 W 按下式计算

$$W=\frac{Y_s-Y_{ck}}{Y_{ck}}\times 100\% \tag{4.36}$$

式中：Y_s 为某情景下模拟的产量或产量要素；Y_{ck} 为利用近 30 d 实际历史气象资料模拟的产量或产量要素的平均值。

(2)冬小麦产量形成的关键气象因子

由于气温、日照等气象要素对产量的影响有协同作用，因此利用作物模型与特定的模拟情

景,可分离出单要素变化相同量级时对产量的影响。根据襄城站情景(2)的模拟结果(图4.44),9种处理冬小麦平均产量均较对照减产,导致减产率最大的处理为C1、B2和C2,其次为C3,表明气候变化程度加剧时,抽穗—成熟期各气象因子变化均对产量的不利影响较大,日最高气温的负影响最大。A1、A2和A3处理的减产率相对低,3个处理中仅A1情景的减产率相对较高,表明冬小麦播种—返青期气候变化对产量的负影响最小,影响产量的关键因子是日最高气温的升高;返青—抽穗期的关键影响因子为日最低气温;抽穗以后,日最高气温升高是对产量形成最为不利的因子。

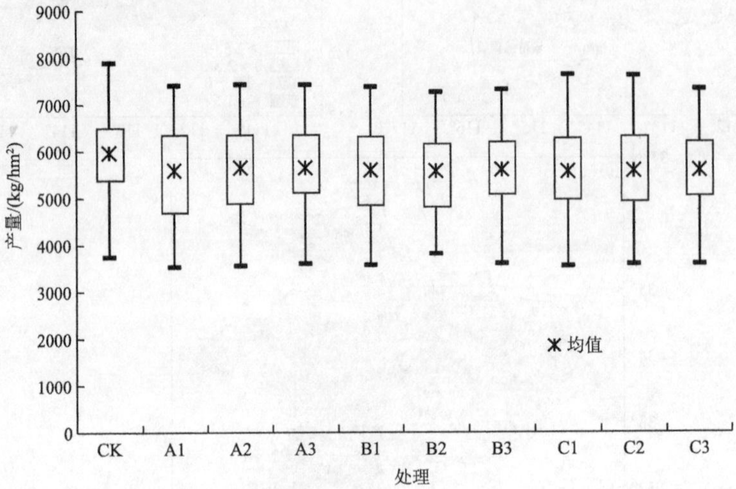

图 4.44 不同处理冬小麦产量箱线图

从各处理的产量箱线图来看,不仅平均产量减小,最低产量和最高产量水平也降低,仅B2处理的最低产量大于对照最低产量水平,反映返青—抽穗期最低气温的升高可提高最低产量,减小产量变异。各发育时期最高、最低气温变化导致25%~75%产量分位间距拉大,一定程度上说明稳产性在变差。

4.4.3 小麦适应气候变化对策研究

4.4.3.1 研究方法

(1)作物模型遗传参数的敏感性测试

模型中冬小麦的关键遗传参数包括春化作用特性参数PIV、光周期特性参数PID、灌溉期特性参数P5、籽粒特性参数G1、潜在灌浆速率参数G2及花期潜在单茎穗重参数G3,另有一个出叶间隔参数PHINT,一般为定值。每次运行模型时只对其中一个参数值增加或减少10%,分析这种变化导致的模拟结果的变化。用相对敏感度(RS)表示敏感性大小,公式为

$$\mathrm{RS}=\left|\frac{[y(x+\Delta x)-y(x)]/y(x)}{\Delta x/x}\right| \tag{4.37}$$

式中:x为模型参数中的某一参数值;Δx为该参数的改变量;$y(x)$及$y(x+\Delta x)$分别表示参数改变前后的模拟产量。RS越大表明该参数越敏感,由此可以根据参数的敏感性,帮助确定未来小麦育种方向,以适应气候变化。

(2)利用作物模型的田间管理模块,嵌套PRECIS输出的未来气候情景资料,通过调整播

种期、改变种植密度、调整灌溉模式等方法，研究未来气候变化情景下产量的可能变化，从而研究冬小麦适应气候变化的途径。

4.4.3.2　穗增长相关参数对气候变化相应

针对郑州地区的主打品种，令某一参数分别改变－20％、－10％、0、＋10％、＋20％，得 RS 的平均值，见表 4.40。

表 4.40　DSSAT－CERES Wheat 小麦模型遗传参数敏感性

参数	P1V	P1D	P5	G1	G2	G3
RS	0.154	0.133	0.242	0.311	0.311	0.333

由表 4.40 可见，作物遗传参数中的 G1、G2、G3 均相对较敏感。由于前三个参数是作物发育特性参数，后三个参数为产量形成特性参数，RS 值表明关于籽粒的参数更加敏感，这可作为品种选育的参考。

由作物模型的参数敏感性分析可知，冬小麦遗传参数中 G1、G2 和 G3 参数较为敏感，可以作为品种更新选育的参考。分别在 A2 和 B2 情景下改变这两个参数的值，分析产量的变化。

对于参数 G1，A2 和 B2 情景下产量随 G1 的增大而减小，尤其是 B2 情景下，G1 增大导致的产量趋势更明显(图 4.45)。G1 是与单位质量茎穗所含的籽粒数相关的参数，由图 4.45 可见，在未来气候变化情景下，适当改变籽粒密集的产量结构，增加粒重，培育大粒品种是发展所趋。G2 参数变化趋势同 G1，G2 与籽粒的灌浆速率有关，新型的品种应适应气候变化条件下高温、昼夜温差小的情景，灌浆速率加快，在最短的时间内形成饱满大粒。

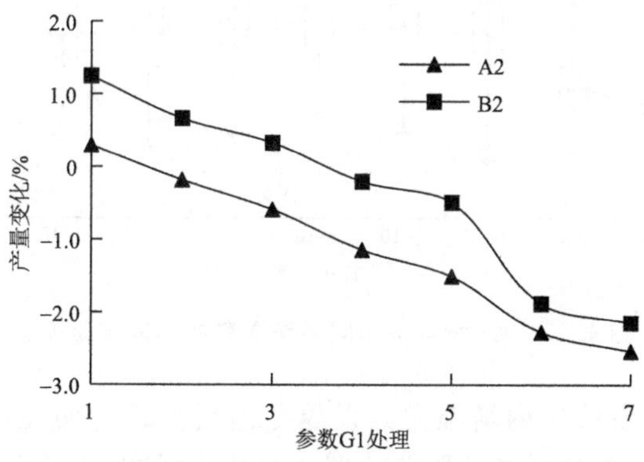

图 4.45　G1 处理下冬小麦产量变化
(处理 1－7 分别为 G1－3，G1－2，G1－1，G1，G1＋1，G1＋2，G1＋3)

在其他参数不变时，B2 情景下改变参数 G3 均可较基准线(baseline)情形促进产量的增加，但 A2 情景下若随意改变此参数，产量均低于基准线的模拟结果(图 4.46)。因 G3 与单穗的干重密切相关，实际上与穗粒数及穗粒重存在间接的关系，因此选育品种时，这个参数的改变还需与小麦的其他遗传性状结合起来。

4.4.3.3　播种期变化对产量影响

以郑州地区为例，当前小麦播种普遍期为 10 月 14 日，分别向前、向后调整播种日期，分别模拟得出平均产量及前 25％、25％～75％、后 75％产量区间。由图 4.47 可见，随着播期的提

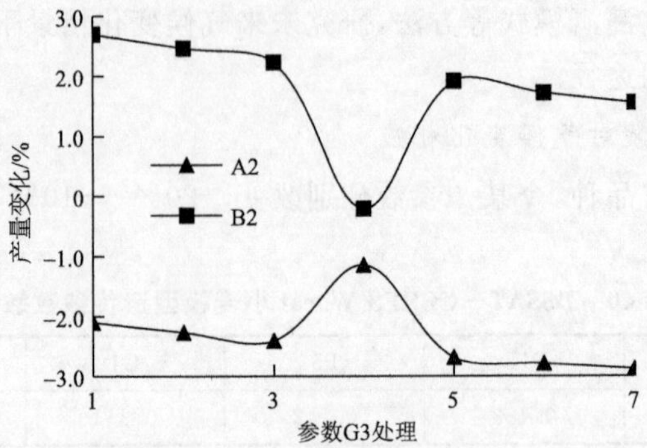

图 4.46　G3 处理下冬小麦产量变化
（处理 1—7 分别为：G1－0.3，G1－0.2，G1－0.1，G1，G1＋0.1，G1＋0.2，G1＋0.3）

前，2021—2050 年冬小麦平均产量呈降低趋势，9 月中下旬播种的产量最低；产量波动区间随之减小，但稳产区间（25%～75%）也明显缩小，相比较而言，可能出现高产的概率略有增加。随着播期推迟，冬小麦产量先略增加，后又缓慢减少，在未来气候变化情景下，当前播种期在维持产量波动方面较为适宜，推迟 5～15 d，产量变化不显著，以推迟 5 d 播种获得的稳产区间及平均产量最佳。播种时间推迟到 11 月以后，平均产量和稳产区间下降明显。B2 情景下的模拟结果与 A2 类似。

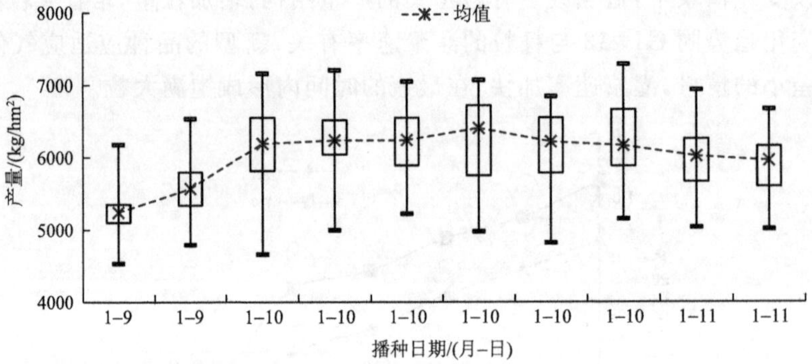

图 4.47　A2 情景下不同播期灌溉冬小麦产量变化

有研究认为，冬小麦生长季内增温尤其以越冬前增温最为明显，但并没有否定冻害的存在。提前播种可能会使一部分低产偏弱苗达到冬前壮苗标准，或者在不出现冻害、晚霜冻等灾害的年份达到高产，但这种高产的风险是极高的，大部分麦苗由于冬前过旺和幼穗分化过早，容易遭受冻害甚至死苗，因此早播的产量是极不稳定的。而过迟播种由于苗太弱会导致减产，虽然产量的变率减小，但产量始终维持在较低水平。

4.4.3.4　种植密度变化对产量影响

由于平均气温的升高，使作物分蘖增多，但由于群体结构的限制，无效分蘖也进一步增加，田间无效养分和水分消耗增加，不利于资源高效利用和产量的提高。模拟未来气候变化对小麦产量的影响时，假定当前冬小麦播种日期不变，当前小麦种植密度一般为 500 粒/m^2，出苗率按 80%计，基本苗约 390 万株/hm^2（与大田实际情况接近）。由图 4.48 可见，适当减小种植密度可将产量提高 1%～6%，其他条件不变时，最高产量的密度出现在 300 粒/m^2时。在相对低密度的群体中，A2 情景比 B2 产量偏高，密度增大时，B2 情景下更易提高产量。在实际生产过程中，冬小麦不同播种期对于密度的要求也不同，晚播由于积温不足分蘖较少，需要增大种植密度；早播则必须严格控制播量以免过旺发生越冬冻害或春季倒伏。

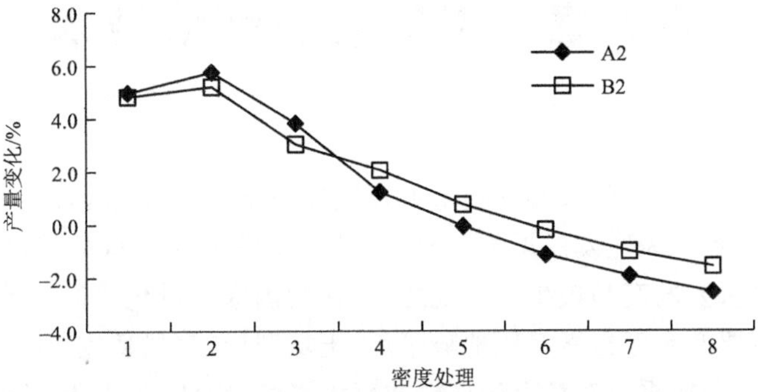

图 4.48　不同种植密度冬小麦产量变化

（1—7 分别为每平方米播种 250、300、350、400、450、500、550 和 600 粒）

4.4.3.5　调整灌溉模式可提高水分利用效率

现有的灌溉模式虽然比较适应河南冬小麦的需水特点，但各地多为大水漫灌，水资源浪费严重，而且作物仍可能在某时期处于水分不完全满足状态。若能改进灌溉措施，实现按需自动灌溉，其他条件不变，模拟结果显示 A2、B2 两种情景下产量可以提高 15.3%～18.7%，且产量的波动性减小，水分利用效率有所增加。虽然实际大田生产过程中不可能真正实现按需灌溉，但改用滴灌、喷灌等方法代替大水漫灌，也能达到节约水资源，提高产量的目的。

4.4.3.6　适应气候变化综合建议

（1）受冬季气温变暖的影响，虽然产量相对较高的弱春性品种可种植范围扩大，但冬、春季冷空气活动仍很频繁，小麦受冻害和晚霜冻的风险仍然较大，建议豫北、豫西和豫东北部地区不宜盲目扩种弱春性品种，应多保留偏冬性品种。

（2）冬小麦受干旱影响的范围呈增加趋势，表明气候变化背景下，干旱对农业生产的制约在不断增加，同时，虽然区域内冬小麦干热风和霜冻灾害整体呈减弱趋势，但 2000 年以后各等级干热风发生天数与范围均有抬头迹象，与霜冻灾害密切相关的极端最低气温波动较大，均对冬小麦安全生产造成威胁，因此应加强对农业气象灾害的监测预警与实时评估工作。

（3）由于日平均气温稳定通过 17 ℃终日推迟，小麦适宜播种期也应相应推迟。在维持现有种植制度和田间管理方式情况下，未来气候变化情景下适当调整播种期可避免冬前麦苗旺长，有利于提高小麦产量。

（4）减小种植密度，改善群体结构也是一种节约成本的措施。由于增温导致冬小麦分蘖增多，但无效分蘖和田间无效养分消耗也在增加，在其他条件不变的情况下，适当减小播种量，形成合理群体密度，提高单产。

（5）在作物育种方面，可考虑选育生育期较长的小麦品种，以适应热量条件增加导致的作物生育期缩短，保证冬小麦有充足的干物质积累时间。同时，根据作物模型的模拟结果，在未来气候变化情景下，适当改变籽粒密集的产量结构，增加粒重，培育大粒品种有利于提高单产。

第5章 干旱监测评估技术

在全球气候变暖的影响下，极端气候事件及气象灾害明显增多，其中干旱发生频率最高，尤其是气候变暖将导致地表蒸发的增加，干旱有进一步发展和加重的趋势。黑龙江省位于我国东北地区，是全国重要的商品粮生产基地之一，在为国家提供优质商品粮生产中具有不可替代的重要作用，其主要产粮区松嫩平原地势平坦，土壤肥沃，气候适宜，对发展农业生产具有明显优势。干旱的发生和加重将对粮食生产造成巨大影响，因此，加强干旱监测预测研究工作对保障粮食安全生产和农业防灾减灾意义重大。

5.1 干旱监测预估

5.1.1 研究方法

黑龙江省气象台站的土壤湿度观测资料的规范化及可用化始于1980年，且只有32个农业气象站具有长序列的土壤湿度资料。因此，主要选取了嫩江、龙江、海伦、佳木斯、富锦、五常、宁安等32个黑龙江省农业气象站作为研究站点，这些县(市)均匀分布在黑龙江省，为主要产粮区，具有一定的代表性，能够较好反映出该省各地区的生产特点和气候特征。为更好地分析黑龙江省不同地区土壤湿度变化特征及其与气候变化的关系，根据黑龙江省气候特征、农田土壤水分的实际情况及农业生产情况，将其划分出5个气候相似区域，分别为北部、中部、西部、南部和东部地区(表5.1)。

5.1.2 土壤干湿检验指标

考虑黑龙江省实际气候状况，结合多年的基础研究及实际使用经验，参照国家指标，确定了黑龙江省土壤旱涝检验指标：当土壤相对湿度≤50%时，土壤严重干旱；土壤相对湿度在50%～70%，土壤为偏旱；土壤相对湿度在70%～90%，土壤为正常；土壤相对湿度＞90%，土壤为偏湿。

表5.1 研究区站点概况

单位：(°)

位置	站点	纬度	经度	位置	站点	纬度	经度
北部	呼玛	51	126	南部	哈尔滨	45	126
	黑河	50	127		双城	45	126
	嫩江	49	125		尚志	45	127
	孙吴	49	127		五常	44	127
	五大连池	48	126		穆棱	44	130
					宁安	44	129

续表

位置	站点	纬度	经度	位置	站点	纬度	经度
中部	海伦	47	126	东部	佳木斯	46	130
	青冈	46	126		富锦	47	131
	巴彦	46	127		集贤	46	131
	方正	45	128		勃利	45	130
西部	克山	48	125		抚远	48	134
	龙江	47	123		汤原	46	129
	富裕	47	124		桦南	46	130
	林甸	46	124		宝清	46	132
	拜泉	47	126		饶河	46	134
	泰来	46	123				
	安达	46	125				
	肇源	45	125				

$$土壤相对湿度=\frac{土壤重量含水率(\%)}{田间持水率(\%)}\times 100\% \tag{5.1}$$

5.2　过程降水量后土壤相对湿度的预测

全球气候变暖将导致地表蒸发的增加，从而也将引发干旱的发展和加剧，土壤干旱会给农业生产造成巨大的负面影响，导致粮食大幅度减产，品质下降，进而直接影响农业经济的发展和农民的收益，因此政府十分关注农事活动季节的土壤旱涝问题。

农田土壤水分是重要的农业气象条件之一，农作物生长发育需要的水分绝大部分来自土壤，它对农作物的生长发育和产量形成具有很大的影响。在黑龙江省，由于雨量分布不均且年际间变化大，不同区域在作物播种期及生长季节经常出现不同程度的土壤水分适宜或不适宜的情况，尤其黑龙江省春季十年九春旱，甚至春夏连旱，因此，是否能够准确监测预测春季及初夏农田土壤旱涝状况，就成为当前及今后一个迫切需要解决的重要问题。

土壤水分预报是分析未来一段时间里某一土层的土壤贮水量的变化，即研究土壤水分的收支情况与气象条件、作物状况、土质等影响因子的关系。农田土壤水分含量的变化受多方面因素的影响和制约。如在作物生长期内农田土壤水分含量的变化受到气象条件、土壤水文条件、作物状况、农业技术措施等的影响，每一个方面又包含有许多因子，它们与土壤水分变动之间的关系又是很复杂的。未来某土层的土壤水分收入可能是降水、灌溉、地下水位的补给以及水汽凝结等。在地下水位很深的地区，地下水的补给量很小，可以忽略不计；水汽凝结量一般也很少，也可以忽略不计，对没有灌溉条件的农田，土层的水分收入主要是降水。未来某土层的水分的支出主要有农田的蒸散耗水及土层间的水分交换。农田土壤蒸散主要取决于气温、饱和差、风速等气象条件，也与该土层的土壤含水量、作物状况及土质等因素有关。在地下水位很深的地区，影响土层间水分交换的因子主要是该土层和下层的土壤含水量及其状态、作物根系的生长状况等。

当地下水位在 2 m 以下时，农田某阶段土壤水分收支情况可以用下式表示

$$Y = W + Q - P \tag{5.2}$$

式中：Y 为某阶段末的土壤湿度；W 为某阶段初的土壤湿度；Q 为该阶段的地上来水（灌溉或降水）；P 为该阶段的耗水（土壤蒸发和作物蒸腾等）。由于该研究为过程降水量后的土壤湿度，因此土壤蒸发和作物蒸腾接近为零，即 $P=0$，因此(5.2)式即可写为

$$Y = W + Q$$

即在不灌溉的条件下，过程降水量后的土壤湿度只与过程降水前的土壤湿度和降水量有关。

5.2.1 土壤容积含水量

容积含水量即单位土壤总容积中水分所占的容积百分数，又称为容积湿度、土壤水的容积百分数，容积含水量多用百分比表示，也用容积分数表示。

百分比形式可用下式表示：土壤容积含水量(%)＝土壤水容积/土壤总容积×100%。

其数学表达式为：

$$\theta_v = \frac{V_w}{V_s} \times 100\% \tag{5.3}$$

式中：θ_v 为土壤实际含水量的体积百分率（%）；V_w 为水所占的容积（cm^3）；V_s 为土壤总容积（cm^3）。

由于水的密度可近似等于 1 g/cm^3，可知土壤含水量的质量含水量 θ_m（重量含水量）与容积含水量之间的换算关系如下：$\theta_v = \theta_m \times \rho$，式中 ρ 为土壤容重（g/cm^3）。

5.2.2 土壤相对湿度

土壤相对湿度以土壤重量含水率占田间持水量的百分比表示，其有利于在不同土壤间进行比较，用公式表达为

$$R = \frac{\theta_m}{f_c} \times 100\% \tag{5.4}$$

式中：R 为土壤相对湿度（%）；θ_m 为土壤重量含水率（%）；f_c 为田间持水量（用重量含水率表示，%）。

5.2.3 渗透深度

一次过程降水量的渗透深度直接影响土壤水分的补充、土壤干旱的缓解程度以及未来土壤水分的变化。目前关于土壤入渗特性的研究较多，大量研究表明，土壤入渗特性受制于许多外在和内在因素的影响，影响土壤入渗特性的主要因素有土壤理化性质、下垫面性质、降雨强度、水质及水温等，关于降雨强度对土壤入渗速率的影响，目前持两种观点，一种认为土壤的稳定入渗率随着降雨强度的增大而增大，另一种则认为土壤的稳定入渗率随着降雨强度的增大而减小，对于降雨过程中土壤入渗特性是如何变化目前还没有统一观点，如何定量研究天然降雨下和人工模拟降雨下雨强对土壤水分入渗特性的影响将会是今后研究的热点。由此可见，目前关于不同强度的过程降雨量后土壤入渗深度的定量研究较少，也未见相关指标的报道。参考已有的一些相关的定性研究结果，根据黑龙江省各地从事多年农业气象观测工作资深专家的经验及建议，结合多年农业气象观测数据统计分析，结果表明：齐齐哈尔地区在春季一次降水 1 mm 的平均渗透深度为 1 cm 左右，一次过程量

为 28 mm 的降水，则可渗透 30 cm。在牡丹江地区，10 mm 降水可渗透 3 cm 左右，25 mm 的降水可渗透 6 cm 深度，未来 7 d 如果无降水，也可满足作物生长发育的需求，若 7 d 后仍无降水，则将会开始出现旱象。

分析上述关系，得出过程降水量 r 和过程降水的渗透深度 d 的关系如下：

齐齐哈尔地区：$d \approx r$

牡丹江地区：$d \approx 0.33r$

则其数学公式可统一表达为：$d \approx ar$，式中 a 为系数，不同土壤类型数值不同。根据黑龙江省土壤类型及性质，黑龙江省农区主要农业气象观测站点的 a 值见表 5.2。

表 5.2　黑龙江省农区主要农业气象观测站点的 a 值

a 值	站点
1.00	龙江、甘南、讷河、齐齐哈尔、依安、明水、林甸、杜尔伯特、富裕、泰来、安达、青冈、肇源、肇东、肇州
0.5	呼玛、黑河、嫩江、孙吴、逊克、北安、克东、克山、五大连池、拜泉、海伦、绥棱、望奎、绥化、兰西、呼兰、木兰、铁力、宾县、阿城、通河、延寿、庆安、、巴彦、哈尔滨、双城、尚志、五常、嘉荫、方正
0.35	萝北、鹤岗、桦川、绥滨、同江、抚远、汤原、佳木斯、集贤、富锦、双鸭山、依兰、桦南、密山、林口、鸡西、宝清、虎林、饶河、勃利、鸡东、七台河、海林、牡丹江、绥芬河、东宁、穆棱、宁安

5.2.4　土壤相对湿度预测

春季作物播种以及出苗时期，0～20 cm 土层土壤旱涝状况尤为重要，其直接影响播种质量和出苗率的高低，因此，主要预测 0～20 cm 土层土壤相对湿度。假设过程降水量为 r(mm)，渗透深度为 d(cm)，渗透的面积为 s(cm^2)，过程降水前的土壤相对湿度为 R_1，过程降水后的土壤相对湿度为 R_2。

5.2.4.1　10 cm 土层土壤相对湿度预测

(1)当 $r=0$ mm 时，由于过程降水多为 1 d 或 2 d，如果降水为 0 mm 或微量，又由于多为阴天或多云天气，因此 $R_2 \approx R_1$。

(2)当 $d \leqslant 10$ cm，即 $ar \leqslant 10$ cm 时，假设在此土层中，降水是均匀渗透的，那么土壤容积含水量为：

$$\theta_v = \frac{V_w}{V_s} \times 100\% = \frac{V_{w1} + \frac{r}{10}s}{10s} \times 100\% \tag{5.5}$$

式中：V_{w1} 为过程降水量前的土壤容积含水量，又有

$$V_{w1} = \frac{R_1 f_c \rho 10s}{10000}$$

则

$$\theta_v = \frac{V_w}{V_s} \times 100\% = \frac{V_{w1} + \frac{r}{10}s}{10s} \times 100\% = \frac{\frac{R_1 f_c rs}{1000} + \frac{r}{10}s}{10s} \times 100\% = \frac{R_1 f_c r + 100r}{10000} \times 100\% \tag{5.6}$$

这样，过程降水后的土壤相对湿度可写为

$$R_2 = \frac{\theta_m}{f_c} \times 100\% = \frac{\theta_v/\rho}{f_c} \times 100\% = \frac{R_1 f_c \rho + 100r}{100\rho f_c} \times 100\% \tag{5.7}$$

式中：R_2 为过程降水量后预测的土壤相对湿度(%)；R_1 为过程降水量前的土壤相对湿度(%)；

r 为过程降水量(mm);f_c 为 0~10 cm 的田间持水量(%);ρ 为 0~10 cm 土壤容重(cm^3)。利用公式即可预测 0~10 cm 土层在过程降水量的渗透深度小于或等于 10 cm 的情况下的土壤相对湿度。

(3)当 $d \geqslant 10$ cm 时,即 $ar \geqslant 10$ cm,那么土壤容积含水量为

$$\theta_v = \frac{V_w}{V_s} \times 100\% = \frac{V_{w1} + \frac{r-(ar-10)}{10}s}{10s} \times 100\% \tag{5.8}$$

如前,有
$$V_{w1} = \frac{R_1 f_c r 10s}{10000}$$

那么可得

$$\theta_v = \frac{V_w}{V_s} \times 100\% = \frac{V_{w1} + \frac{r-(ar-10)}{10}s}{10s} \times 100\% = \frac{\frac{R_1 f_c \rho s}{1000} + \frac{r-(ar-10)}{10}s}{10s} \times 100\%$$
$$= \frac{R_1 f_c \rho + (100-100a)r + 1000}{10000} \times 100\% \tag{5.9}$$

则过程降水后的土壤相对湿度可写为

$$R_2 = \frac{\theta_m}{f_c} \times 100\% = \frac{\theta_v/\rho}{f_c} \times 100\% = \frac{R_1 f_c \rho + (100-100a)r + 1000}{100\rho f_c} \times 100\% \tag{5.10}$$

式中:各项代表意义与前面相同。因此,利用式(5.10)即可预测 0~10 cm 土层在过程降水量的渗透深度大于 10 cm 的情况下的土壤相对湿度。

5.2.4.2 20 cm 土层土壤相对湿度预测

(1)当 $d \leqslant 10$ cm,即 $ar \leqslant 10$ cm 时,那么过程降水量后:$R_2 = R_1$。

(2)当 10 cm$<d\leqslant$20 cm,即 10 cm$<d\leqslant$20 cm,在 10~20 cm 深度的土层中,降水渗透不均匀,那么土壤容积含水量为

$$\theta_v = \frac{V_w}{V_s} \times 100\% = \frac{V_{w1} + \frac{b(ar-10)}{10}s}{10s} \times 100\% \tag{5.11}$$

如前,有
$$V_{w1} = \frac{R_1 f_c \rho 10s}{10000}$$

那么

$$\theta_v = \frac{V_w}{V_s} \times 100\% = \frac{V_{w1} + \frac{b(ar-10)}{10}s}{10s} \times 100\% = \frac{\frac{R_1 f_c \rho s}{1000} + \frac{b(ar-10)}{10}s}{10s} \times 100\%$$
$$= \frac{R_1 f_c \rho + 100b(ar-10)}{10000} \times 100\% \tag{5.12}$$

则过程降水后,渗透深度为 10~20 cm,其土壤相对湿度可写为

$$R_2 = \frac{\theta_m}{f_c} \times 100\% = \frac{\theta_v/\rho}{f_c} \times 100\% = \frac{R_1 f_c \rho + 100b(ar-10)}{100\rho f_c} \times 100\% \tag{5.13}$$

式中:f_c 为 10~20 cm 的田间持水量(用重量含水率表示,%);ρ 为 10~20 cm 土壤容重(g/cm^3);b 为渗透系数。这样,利用式(5.13)即可预测 10~20 cm 土层在过程降水量后的土壤相对湿度。如前所述,土壤的入渗特性与诸多因子有关,因此,根据黑龙江省各地土壤类型及质地,参考农业气象专家多年农业气象工作经验,确定 b 值,见表 5.3。

表 5.3　黑龙江省农区主要农业气象观测站点的 b 值

b 值	站点
0.90	龙江、甘南、讷河、齐齐哈尔、依安、明水、林甸、杜尔伯特、富裕、泰来、安达、青冈、肇源、肇东、肇州
0.85	呼玛、黑河、嫩江、孙吴、逊克、北安、克东、克山、五大连池、拜泉、海伦、绥棱、望奎、绥化、兰西、呼兰、木兰、铁力、宾县、阿城、通河、延寿、庆安、、巴彦、哈尔滨、双城、尚志、五常、嘉荫、方正
0.70	萝北、鹤岗、桦川、绥滨、同江、抚远、汤原、佳木斯、集贤、富锦、双鸭山、依兰、桦南、密山、林口、鸡西、宝清、虎林、饶河、勃利、鸡东、七台河、海林、牡丹江、绥芬河、东宁、穆棱、宁安

(3)当 $d>20$ cm，即 $ar>20$ cm 时，土壤不均匀渗透，那么土壤容积含水量为

$$\theta_v=\frac{V_w}{V_s}\times 100\%=\frac{V_{w1}+\frac{b[r-(ar-20)-10]}{10}s}{10s}\times 100\% \tag{5.14}$$

如前，有

$$V_{w1}=\frac{R_1 f_c \rho 10s}{10000}$$

因此

$$\theta_v=\frac{V_w}{V_s}\times 100\%=\frac{V_{w1}+\frac{b[r-(ar-20)-10]}{10}s}{10s}\times 100\%$$

$$=\frac{\frac{R_1 f_c \rho s}{1000}+\frac{b[r-(ar-20)-10]}{10}s}{10s}\times 100\%=\frac{R_1 f_c \rho+100b(r-ar+10)}{10000}\times 100\% \tag{5.15}$$

则过程降水后，渗透深度大于 20 cm 的土壤相对湿度为

$$R_2=\frac{\theta_m}{f_c}\times 100\%=\frac{\theta_v/\rho}{f_c}\times 100\%=\frac{R_1 f_c \rho+100b(r-ar+10)}{100\rho f_c}\times 100\% \tag{5.16}$$

式中：各项与公式中各项代表意义相同。这样，利用式(5.16)即可预测 10～20 cm 土层在过程降水量后渗透深度大于 20 cm 的土壤相对湿度。

5.2.4.3　预报结果分析

2009 年春末黑龙江省发生了历史同期少见的干旱。2009 年 5 月至 6 月上旬末，40 多天黑龙江省降水持续偏少，5 月份全省有 80%的站点降水量在 25 mm 以下，比历年同期偏少 4～9 成，其中部分农区降水量不足 10 mm，比历年偏少 9 成以上。期间频繁出现阶段性高温天气，大风天数多，土壤水分快速蒸发，土壤墒情急剧下降，对作物播种、出苗和幼苗生长造成十分不利的影响。黑龙江省气象局启动了抗旱服务的应急措施，对土壤干旱实行了加密监测和服务，在 2009 年 5 月 31 日和 6 月 3 日进行了黑龙江省主要农区的土壤墒情观测。基于上述理论和方法，对黑龙江省 2009 年 5 月 31 日和 6 月 3 日的土壤旱涝状况进行预报，并对比分析。预报结果见表 5.4 和表 5.5。

5.2.4.4　预报检验

预报准确率根据下式计算

$$K=(1-|A-B|/B)\times 100 \tag{5.17}$$

式中：K 为预报准确率(%)；A 为预报的土壤相对湿度值(%)；B 为实际土壤相对湿度值(%)。

表 5.4 2009 年 5 月 31 日土壤相对湿度预报结果

站号	站名	2009 年 5 月 28 日 0～10 cm 土壤相对湿度实际值/%	2009 年 5 月 28 日 10～20 cm 土壤相对湿度实际值/%	2009 年 5 月 29 日 05 时—5 月 31 日 05 时降水/mm	2009 年 5 月 31 日 0～10 cm 土壤相对湿度预测值/%	2009 年 5 月 31 日 0～10 cm 土壤相对湿度实际值/%	预测准确率/%	2009 年 5 月 31 日 10～20 cm 土壤相对湿度预测值/%	2009 年 5 月 31 日 10～20 cm 土壤相对湿度实际值/%	预测准确率/%
50353	呼玛	68	80	11	99	70	59	80	82	98
50468	黑河	50	61	16	99	82	79	61	66	92
50557	嫩江	68	78	5	82	71	85	78	74	95
50656	北安	51	60	11	73	56	70	60	58	97
50739	龙江	53	76	0	53	46	85	76	67	87
50741	甘南	43	48	2	51	37	63	48	40	80
50742	富裕	66	71	4	81	61	68	71	67	94
50745	齐齐哈尔	35	35	1	37	36	98	35	45	78
50749	林甸	50	60	8	70	61	85	60	60	100
50750	依安	36	50	5	49	42	84	50	57	88
50755	拜泉	49	65	6	71	57	76	65	77	84
50767	绥棱	57	89	7	78	71	90	89	86	97
50779	扶远	43	50	0	43	43	100	50	50	100
50842	杜尔伯特	48	63	7	66	50	68	63	65	97
50844	泰来	13	77	4	34	39	86	77	70	90
50852	望奎	45	69	6	60	77	77	69	68	99
50853	绥化	39	87	13	74	77	96	87	94	93
50858	肇东	41	57	9	63	55	86	57	58	98
50859	兰西	30	52	10	56	41	65	52	53	98
50861	庆安	47	86	25	84	87	97	93	88	95
50873	佳木斯	55	62	1	58	53	90	62	61	98
50877	依兰	55	64	14	95	81	83	64	72	89
50878	桦川	39	51	0	39	38	97	51	49	96
50888	宝清	54	71	2	61	59	97	71	72	99
50954	肇源	53	59	12	53	64	83	59	61	97
50960	宾县	58	61	14	99	72	63	61	63	97
50973	勃利	78	86	0	78	74	95	86	86	100
50978	鸡西	44	52	0	44	37	81	52	52	100
54080	五常	59	67	8	81	63	71	67	67	100
54099	东宁	37	46	1	41	38	92	46	45	98

表 5.5　2009 年 6 月 3 日土壤相对湿度预报结果

站号	站名	2009 年 5 月 31 日 0～10 cm 土壤相对湿度实际值/%	2009 年 5 月 31 日 10～20 cm 土壤相对湿度实际值/%	2009 年 6 月 1 日 05 时—3 日 05 时降水/mm	2009 年 6 月 3 日 0～10 cm 土壤相对湿度预测值/%	2009 年 6 月 3 日 0～10 cm 土壤相对湿度实际值/%	预测准确率/%	2009 年 6 月 3 日 10～20 cm 土壤相对湿度预测值/%	2009 年 6 月 3 日 10～20 cm 土壤相对湿度实际值/%	预测准确率/%
50353	呼玛	70	82	11	99	91	91	82	92	89
50468	黑河	82	66	12	99	90	90	66	84	79
50564	孙吴	54	72	12	87	89	98	72	75	96
50656	北安	56	58	12	80	76	95	58	71	82
50658	克山	46	74	1	50	53	94	74	80	93
50659	克东	58	55	1	61	55	90	55	49	88
50739	龙江	46	67	0	46	41	88	67	65	97
50741	甘南	37	40	0	37	42	88	40	47	85
50749	林甸	61	60	0	61	59	97	60	52	85
50750	依安	42	57	1	45	54	82	57	65	88
50755	拜泉	57	77	1	61	62	98	77	76	99
50767	绥棱	71	86	1	74	64	84	86	86	100
50775	鹤岗	21	49	0	21	20	95	49	48	98
50842	杜尔伯特	50	65	0	50	50	100	65	62	95
50851	青冈	60	69	0	60	53	87	69	63	90
50853	绥化	77	94	0	77	67	85	94	84	88
50859	兰西	41	53	1	44	36	79	53	46	85
50877	依兰	81	72	0	81	76	93	72	73	99
50878	桦川	38	49	0	38	37	97	49	47	96
50892	饶河	60	91	5	73	80	91	91	76	80
50954	肇源	64	61	11	99	76	70	56	61	92
50960	宾县	72	63	0	72	70	97	63	68	93
50963	通河	38	64	0	38	40	95	64	69	93
50964	方正	58	67	0	58	54	93	67	59	86
50968	尚志	52	59	0	52	57	91	59	57	96
50973	勃利	74	86	0	74	69	93	86	89	97
50978	鸡西	37	52	6	60	51	83	52	67	78
50987	鸡东	62	80	2	67	60	88	80	66	79
54080	五常	63	67	0	63	65	97	67	68	99
54094	牡丹江	92	95	18	99	99	100	95	99	96

从表 5.4、表 5.5 中两次预报准确率来看，5 月 31 日 10 cm 土层土壤相对湿度的预报准确率全省平均为 76%，10～20 cm 土层土壤相对湿度的预报准确率全省平均为 91%，6 月 3 日 10 cm 土层土壤相对湿度的预报准确率全省平均为 82%，10～20 cm 土层土壤相对湿度的预报准确率全省平均为 87%，可见 10～20 cm 土层土壤相对湿度的预测准确率要高于 0～10 cm 土层。5 月 31 日 0～10 cm 土层预报准确率在 70%以上的站点占 67%，而 10～20 cm 土层预报准确率在 75%以上的站点占 97%。6 月 3 日 0～10 cm 土层预报准确率在 70%以上的站点占 78%，而 10～20 cm 土层预报准确率在 75%以上的站点占 88%。

5.2.4.5 土壤相对湿度定量预报准确率分析

根据 5.1.2 节中的土壤旱涝指标的等级划分，对 2009 年 5 月 31 日和 6 月 3 日预报的土壤相对湿度指示的旱涝趋势的准确率进行分析得出：2009 年 5 月 31 日 0～10 cm 土壤相对湿度预报的旱涝趋势正确的站点占 64%，准确率平均为 61%，10～20 cm 土壤相对湿度的趋势预报准确率平均为 81%；2009 年 6 月 3 日 0～10 cm 土壤相对湿度预报趋势准确率为平均为 67%，10～20 cm 土壤相对湿度的趋势预报准确率平均为 76%。

5.3 未来一旬土壤相对湿度的预测

从农业气象常规服务角度来说，服务周期一般以旬为主，目前的农业气象旬报、土壤水分监测公报等的发布周期均是以旬计，因此，为满足农业气象服务需求，研究未来一旬土壤相对湿度的预测方法，建立预测模型，在农业气象业务工作以及为农服务中都十分必要。

目前关于土壤水分预报的方法较多，尝试利用统计方法实现黑龙江省大田播种出苗期的土壤水分预报。黑龙江省农区土壤类型多样，包括草甸土、栗钙土、黑钙土、黑土、白浆土等。由于各类型土壤对水的渗透性、保水性不同，因此降水后，不同土壤含水量不同。但黑龙江省农区范围广、面积大，因此从松嫩平原和三江平原各选择一个代表站，即青冈和宝清，两站分别位于松嫩平原和三江平原的中部，均是农业气象观测站点，资料序列长，粮食播种面积在 1.3×10^5 hm^2 以上，分别是两大平原的主要产粮县，具有较好的代表性。利用两站的资料来分析建立未来一旬的土壤相对湿度与旬平均气温、旬降水量和上一旬的土壤相对湿度的关系，然后再反演其他站(表 5.6)，进行系数修订。

表 5.6 黑龙江省未来一旬土壤相对湿度预报模型反演站点

代表站点	反演站点
青冈 (西部)	龙江、甘南、讷河、齐齐哈尔、依安、明水、林甸、杜尔伯特、富裕、泰来、安达、青冈、肇源、肇东、肇州、呼玛、黑河、嫩江、孙吴、逊克、北安、克东、克山、五大连池、拜泉、海伦、绥棱、望奎、绥化、兰西、呼兰、木兰、铁力、宾县、阿城、通河、延寿、庆安、、巴彦、哈尔滨、双城、尚志、五常、嘉荫、方正
宝清 (东部)	萝北、鹤岗、桦川、绥滨、同江、抚远、汤原、佳木斯、集贤、富锦、双鸭山、依兰、桦南、密山、林口、鸡西、宝清、虎林、饶河、勃利、鸡东、七台河、海林、牡丹江、绥芬河、东宁、穆棱、宁安

5.3.1 建立青冈、宝清 4 月下旬至 6 月上旬的土壤相对湿度预报模型

一年之计在于春，春播是一年粮食生产的重要环节。黑龙江省大田播种出苗期的土壤旱涝状况是政府关注的热点问题，也是决策服务工作的重点，因此，对于 4 月下旬至 6 月上旬的土壤旱涝状况进行侧重研究。影响未来一旬的土壤相对湿度的因子很多，有气温、降水、日照、蒸发等，由于模型主要应用于业务工作，考虑数据的业务服务的准确性、时效性和可用性，因此

建立模型时选择气温和降水两个主要因子。青冈和宝清的土壤相对湿度观测资料始于 1982 年，整理青冈和宝清 1982—2008 年 4 月下旬、5 月上旬、5 月中旬、5 月下旬、6 月上旬的各旬平均气温、旬降水量、土壤相对湿度，对旬平均气温、旬降水量、上一旬土壤相对湿度与当旬土壤相对湿度进行回归分析、建立模型，见表 5.7。

表 5.7　青冈和宝清土壤相对湿度预报模型

预报地点时间	土层	预报模型
青冈 4 月下旬	0～10 cm	$y=bx_2+cx_3+d$
	10～20 cm	$y=ax_1+bx_2+cx_3+d$
青冈 5 月上旬	0～10 cm	$y=cx_3+d$
	10～20 cm	$y=cx_3+d$
青冈 5 月中旬	0～10 cm	$y=cx_3+d$
	10～20 cm	$y=ax_1+bx_2+cx_3+d$
青冈 5 月下旬	0～10 cm	$y=cx_3+d$
	10～20 cm	$y=cx_3+d$
青冈 6 月上旬	0～10 cm	$y=bx_2+cx_3+d$
	10～20 cm	$y=ax_1+bx_2+cx_3+d$
宝清 4 月下旬	0～10 cm	$y=ax_1+cx_3+d$
	10～20 cm	$y=ax_1+cx_3+d$
宝清 5 月上旬	0～10 cm	$y=ax_1+bx_2+cx_3+d$
	10～20 cm	$y=ax_1+bx_2+cx_3+d$
宝清 5 月中旬	0～10 cm	$y=cx_3+d$
	10～20 cm	$y=cx_3+d$
宝清 5 月下旬	0～10 cm	$y=ax_1+bx_2+cx_3+d$
	10～20 cm	$y=ax_1+bx_2+cx_3+d$
宝清 6 月上旬	0～10 cm	$y=ax_1+cx_3+d$
	10～20 cm	$y=ax_1+cx_3+d$

注：模型中 y 为未来一旬的土壤相对湿度(%)；x_1 为预报旬的平均气温(℃)；x_2 为预报旬的降水量(mm)；x_3 为预报旬前一旬的土壤相对湿度(%)；a,b,c 为系数，d 为常数。

利用 2005—2009 年黑龙江省 4 月下旬、5 月上旬、5 月中旬、5 月下旬、6 月上旬的旬平均气温、旬降水量、土壤相对湿度，采用上述的青冈和宝清的土壤相对湿度预报模型，预测下一旬的土壤相对湿度，经过计算、回代，并考虑当地的实际情况，得到全省西部和东部的土壤相对湿度预报模型(表 5.8)。从表 5.8 可以看出，各旬各模型均通过 F 检验。

表 5.8　黑龙江省土壤相对湿度预报模型

预报地点时间	土层	预报模型	F	F 临界值
西部 4 月下旬	0～10 cm	$y=0.028x_2+0.476x_3+37.015$	6.047**	4.765
	10～20 cm	$y=0.151x_1+0.023x_2+0.530x_3+35.961$	8.412**	4.765
西部 5 月上旬	0～10 cm	$y=0.549x_3+32.927$	8.694**	7.77
	10～20 cm	$y=0.643x_3+28.414$	14.575***	14.028

续表

预报地点时间	土层	预报模型	F	F 临界值
西部5月中旬	0～10 cm	$y=0.421x_3+40.648$	4.875*	4.242
	10～20 cm	$y=0.166x_1+0.027x_2+0.425x_3+39.791$	5.023**	4.765
西部5月下旬	0～10 cm	$y=0.424x_3+38.177$	6.659*	4.24
	10～20 cm	$y=0.500x_3+37.158$	10.051**	7.77
西部6月上旬	0～10 cm	$y=0.051x_2+0.829x_3+18.646$	7.009**	5.614
	10～20 cm	$y=-0.177x_1+0.02x_2+0.925x_3+7.529$	5.116**	4.765
东部4月下旬	0～10 cm	$y=0.459x_1+0.810x_3+15.301$	17.373***	9.772
	10～20 cm	$y=0.346x_1+0.889x_3+8.568$	37.858***	9.772
东部5月上旬	0～10 cm	$y=0.18x_1+0.039x_2+0.601x_3+27.604$	8.433**	5.010
	10～20 cm	$y=0.137x_1+0.013x_2+0.664x_3+27.626$	15.112***	8.280
东部5月中旬	0～10 cm	$y=0.612x_3+22.545$	15.369***	14.195
	10～20 cm	$y=0.858x_3+8.062$	37.312***	14.195
东部5月下旬	0～10 cm	$y=-0.276x_1+0.036x_2+0.833x_3+13.404$	12.3***	7.938
	10～20 cm	$y=-0.194x_1+0.023x_2+0.910x_3+8.434$	11.532***	7.938
东部6月上旬	0～10 cm	$y=-0.181x_1+0.695x_3+28.369$	25.779***	7.796
	10～20 cm	$y=-0.075x_1+0.73x_3+26.36$	26.852***	7.796

注：模型中 y 为未来一旬的土壤相对湿度(%)；x_1 为预报旬的平均气温(℃)；x_2 为预报旬的降水量(mm)；x_3 为预报旬前一旬的土壤相对湿度(%)。***、**、* 分别代表通过 0.001、0.01、0.05 显著性水平检验。

5.3.2　预报检验

利用以上土壤相对湿度预报模型对 2009—2010 年黑龙江省 4 月下旬、5 月上旬、5 月中旬、5 月下旬、6 月上旬的土壤相对湿度进行预报检验。

5.3.2.1　土壤相对湿度定量预报准确率分析

预报准确率根据下式计算

$$K=(1-|A-B|/B)\times 100 \tag{5.18}$$

式中：K 为预报准确率(%)；A 为预报的土壤相对湿度值(%)；B 为实际土壤相对湿度值(%)。表 5.9 和表 5.10 分别给出了黑龙江省各地 2009 年 4 月下旬—6 月上旬 0～20 cm 土壤相对湿度预报准确率和 2010 年 4 月下旬—6 月上旬 0～20 cm 土壤相对湿度预报准确率。表 5.9、表 5.10 中的空白处表示剔除了异常值。

从表 5.9 和表 5.10 可以得出以下结论：

(1)2009—2010 年 4 月下旬至 6 月上旬 0～10 cm 土壤相对湿度的预报准确率平均为 85.7%。其中 2009 年平均为 83.8%，2010 年平均为 87.6%。

(2)2009—2010 年 4 月下旬至 6 月上旬 10～20 cm 土壤相对湿度的预报准确率平均为 89.4%。其中 2009 年平均为 88.0%，2010 年平均为 90.8%。

(3)从各旬的预报准确率来看，0～10 cm 土层除了 2009 年 5 月下旬、2009 年 6 月上旬、2010 年 6 月上旬的预报准确率分别为 79%、78%、83%外，其他各旬的预报准确率均在 85%以上(含 85%)。10～20 cm 土层各旬的预报准确率均在 85%以上(含 85%)。

表 5.9　2009 年 4 月下旬—6 月上旬 0～20 cm 土壤相对湿度预报准确率　%

站号	站名	2009 年 4 月下旬 0～10 cm 土壤相对湿度预测准确率	2009 年 5 月上旬 0～10 cm 土壤相对湿度预测准确率	2009 年 5 月上旬 10～20 cm 土壤相对湿度预测准确率	2009 年 5 月中旬 0～10 cm 土壤相对湿度预测准确率	2009 年 5 月中旬 10～20 cm 土壤相对湿度预测准确率	2009 年 5 月下旬 0～10 cm 土壤相对湿度预测准确率	2009 年 5 月下旬 10～20 cm 土壤相对湿度预测准确率	2009 年 6 月上旬 0～10 cm 土壤相对湿度预测准确率	2009 年 6 月上旬 10～20 cm 土壤相对湿度预测准确率
50353	呼玛	97	97	91	97	93	99	100	86	83
50468	黑河	95	88	100	88	93	71	82	60	67
50557	嫩江	96	98	91	95	95	98	94	85	87
50564	孙吴	95	84	95	93	96	76	99	79	93
50566	逊克	81	89	91	84	86	91	85	89	94
50646	讷河	90	92	90	98	99	54	95	86	94
50655	德都	81	86	96	92	98	88	91	96	100
50658	克山	91	98	83	77	96	86	93	65	89
50739	龙江	97	80	90	92	93	59	95	76	97
50742	富裕	95	89	99	77	95	97	92	72	74
50745	齐齐哈尔	49	32	91	60	87			58	75
50755	拜泉	84	95	97	76	82	71	93	90	84
50756	海伦	95	95	95	95	96	83	100	83	93
50842	杜尔伯特	78		80	99	96	73	89	89	91
50852	望奎	98	83	95	97	97	54	93	74	89
50862	铁力	95	92	88	95	73	84	78	97	94
50867	巴彦	98	93	100	97	78	93	96	99	98
50953	哈尔滨	88	86	95	97	76	73	74	83	77
50954	肇源	96	88	95	93	78	62	70	72	76
50965	延寿	100	90	86	97	76	93	93	83	92
54080	五常	89	75	89	93	80	90	92	96	99
50873	佳木斯	93	89	87	98	96	88	94	70	86
50880	集贤	93	98	99	91	97	89	97	88	87
50884	双鸭山	74	51	88	96	88	93	84	82	87
50973	勃利	96	91	94	99	88	97	93	81	84
50978	鸡西	97	69	85	88	95	91	77	94	92
50983	虎林	90	85	84	96	93	99	95	94	97
54094	牡丹江	99	98	92	83	90	84	86	77	84

表 5.10　2010 年 4 月下旬—6 月上旬 0～20 cm 土壤相对湿度预报准确率　　%

站号	站名	2010 年 4 月下旬 0～10 cm 土壤相对湿度预测准确率	2010 年 4 月下旬 10～20 cm 土壤相对湿度预测准确率	2010 年 5 月上旬 0～10 cm 土壤相对湿度预测准确率	2010 年 5 月上旬 10～20 cm 土壤相对湿度预测准确率	2010 年 5 月中旬 0～10 cm 土壤相对湿度预测准确率	2010 年 5 月中旬 10～20 cm 土壤相对湿度预测准确率	2010 年 5 月下旬 0～10 cm 土壤相对湿度预测准确率	2010 年 5 月下旬 10～20 cm 土壤相对湿度预测准确率	2010 年 6 月上旬 0～10 cm 土壤相对湿度预测准确率	2010 年 6 月上旬 10～20 cm 土壤相对湿度预测准确率
50353	呼玛	98	99	94	87	97	93	92	90	83	96
50468	黑河	85	91	99	85	91	87	89	98	85	97
50655	德都	82	88	100	91	95	99	98	96	91	94
50659	克东	82	100	71	67	97	88	96	91	85	95
50673	嘉荫	98	97	88	84	99	93	99	99	96	90
50741	甘南	87	92	86	89	70	74	97	93		78
50749	林甸	73	79	95	90	97	87	96	99	79	93
50755	拜泉	85	91	92	85	88	87	99	91		90
50842	杜尔伯特	60	78	80	85	99	97	98	85	84	86
50844	泰来	70	85	99	72	89	99	83	93		94
50851	青冈	85	92	100	93	87	86	99	95	94	87
50861	庆安	85	91	88	83	100	89	88	90	91	98
50862	铁力	91	84	89	100	99	98	94	96	78	92
50954	肇源	84	95	78	72	91	88	92	94	67	94
50955	双城	99	93	94	86	90	96	99	96	74	91
50962	木兰	85	91	88	83	83	86	94	93	85	92
50963	通河	85	99	88	87	87	87	73	91	91	88
50968	尚志	86	99	87	86	94	95	93	100	55	80
50775	鹤岗	100	100	93	97	84	94	92	99	87	99
50778	同江	100	100	92	96	84	94	92	96	95	98
50878	桦川	58	93	75	91	90	100	97	99	95	98
50888	宝清	94	100	96	96	86	94	97	96	82	85
50971	七台河	93	95	92	96	68	94	72	93	99	98
50978	鸡西	87	81	87	93	68	84	89	87	67	97
50979	林口	91	89	90	98	96	96	90	95	95	83
50987	鸡东	85	99	75	87	94	91	100	91	58	88
54093	穆棱	99	97	94	100	91	96	96	98	82	84
54099	东宁	96	97	97	87	92	92	100	96	97	95

(4)从西部各旬的预报准确率看出，2009—2010 年 4 月下旬至 6 月上旬 0～10 cm 土壤相对湿度的预报准确率平均为 85.3%。其中 2009 年平均为 84.0%，2010 年平均为 86.6%；10～20 cm 土壤相对湿度的预报准确率平均为 88.8%。其中 2009 年平均为 87.8%，2010 年

平均为 89.8%；

(5)从东部各旬的预报准确率看出，2009—2010 年 4 月下旬至 6 月上旬 0～10 cm 土壤相对湿度的预报准确率平均为 86.0%。其中 2009 年平均为 83.4%，2010 年平均为 88.6%；10～20 cm 土壤相对湿度的预报准确率平均为 90.1%。其中 2009 年平均为 88.4%，2010 年平均为 91.8%；

(6)从各个气象站每旬的预报准确率来看，与平均预报准确率相似，大部分站点的预报准确率在 80%以上，有的站点旬预报准确率甚至达到了 100%。

5.3.2.2 土壤相对湿度旱涝趋势的预报准确率分析

同上，根据 5.1.2 节中的土壤旱涝指标的等级划分，根据黑龙江省的实际情况，对 2009—2010 年黑龙江省西部和东部的 4 月下旬、5 月上旬、5 月中旬、5 月下旬、6 月上旬的土壤相对湿度预报结果进行对比分析，检验预报的未来一旬土壤相对湿度指示的旱涝趋势的准确性，检验结果见表 5.11。

表 5.11 2009 年—2010 年 4 月下旬—6 月上旬 0～20 cm 土壤相对湿度的旱涝趋势预报准确率 %

	2009 年 4 月下旬 10 cm 趋势准确率	2009 年 4 月下旬 20 cm 趋势准确率	2009 年 5 月上旬 10 cm 趋势准确率	2009 年 5 月上旬 20 cm 趋势准确率	2009 年 5 月中旬 10 cm 趋势准确率	2009 年 5 月中旬 20 cm 趋势准确率	2009 年 5 月下旬 10 cm 趋势准确率	2009 年 5 月下旬 20 cm 趋势准确率	2009 年 6 月上旬 10 cm 趋势准确率	2009 年 6 月上旬 20 cm 趋势准确率
西部	74	74	72	76	84	75	71	70	70	57
东部	70	59	67	78	85	76	80	92	37	62
全省	72	69	70	77	84	75	75	78	57	59
	2010 年 4 月下旬 10 cm 趋势准确率	2010 年 4 月下旬 20 cm 趋势准确率	2010 年 5 月上旬 10 cm 趋势准确率	2010 年月 5 上旬 20 cm 趋势准确率	2010 年 5 月中旬 10 cm 趋势准确率	2010 年 5 月中旬 20 cm 趋势准确率	2010 年 5 月下旬 10 cm 趋势准确率	2010 年 5 月下旬 20 cm 趋势准确率	2010 年 6 月上旬 10 cm 趋势准确率	2010 年 6 月上旬 20 cm 趋势准确率
西部	33	49	53	70	72	70	71	80	68	76
东部	68	75	50	69	69	80	71	93	71	71
全省	47	59	52	70	71	74	71	85	70	74

从表 5.11 可以得出以下结论：2009—2010 年 4 月下旬至 6 月上旬 0～10 cm 土壤相对湿度指示的旱涝趋势的预报准确率平均为 67%；10～20 cm 土壤相对湿度的趋势预报准确率平均为 72%。除了 2009 年 6 月上旬、2010 年 4 月下旬和 2010 年 5 月上旬准确率较低外，其他各旬的准确率均在 70%左右。

5.4 基于作物系数预报方法研究

5.4.1 研究方法

与 5.1 节相同，根据黑龙江省气候特征、农田土壤水分的实际情况及农业生产情况，将黑龙江省划分出 5 个农业气候相似区，即北部地区、西部地区、中部地区、南部地区和东部地区，选取的站点以及分区的方式均与 5.1 节相同。利用土壤水分平衡原理，考虑作物系数，基于黑龙江省 32 个站点 1980—2008 年的土壤水分观测资料，对预报方法中的主要参数进行了计算分析，进而建立黑龙江省 5 个农业气候相似区的主要作物 0～30 cm 土壤水分动态预报模式。本项目主要研究玉米。

5.4.2　玉米作物系数计算

作物系数(K_c)是计算农田实际蒸散量的重要参数之一，其基本定义为在土壤水分充分供应时，作物的实际蒸散量(ET_m)与参考作物蒸散量(ET_0)的比值

$$K_c=\frac{ET_m}{ET_0} \tag{5.19}$$

式(5.19)成立条件为农田土壤水分满足作物生长发育的需要，也就是没有水分胁迫。实际上，从水分供应充足到不充足之间有一临界值，根据相关研究，认为大约相当于田间持水量的75%左右，在黑龙江省，土壤临界含水量在田间持水量的 70%以上时，认为水分供应充足，即 $K_w=1$。黑龙江省的主要作物是玉米，则以玉米为例，求算其生长季逐旬的 K_c值。

农田实际蒸散量 ET_m可利用实际土壤湿度资料根据下式求得

$$ET_m = r - 0.1\sum_{i=1}^{n} h_i \rho_i (R_2 - R_1) \tag{5.20}$$

式中：n 为土壤湿度观测层次；h_i为第 i 层土层厚度；ρ_i为第 i 层内土壤的容重；R_1和 R_2分别为时段开始和结束时的第 i 层土壤湿度；r 为同时段内降水量。这里，最大土壤湿度观测深度为30 cm，每隔 10 cm 为一个土壤湿度观测层，因此，$n=3$，$h_i=10$ cm。

农田可能蒸散量 ET_0利用彭曼公式求算。利用全省 32 个站点资料(土壤湿度资料为有记录以来—2005 年)计算生长季逐旬 K_c值，计算结果见图 5.1。

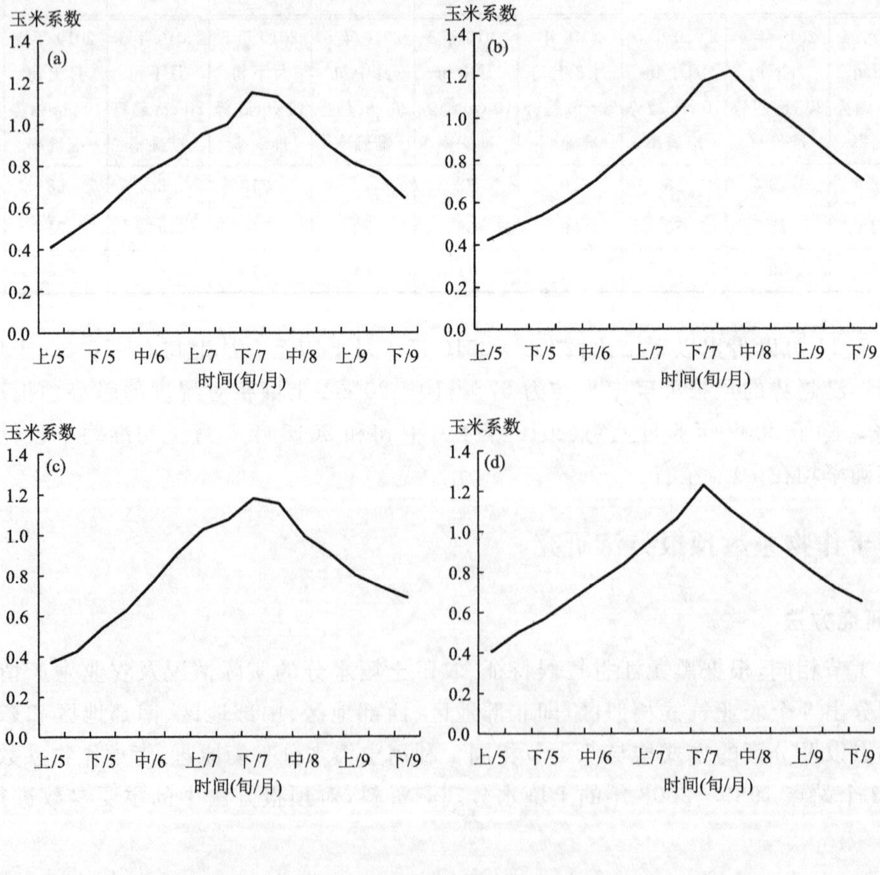

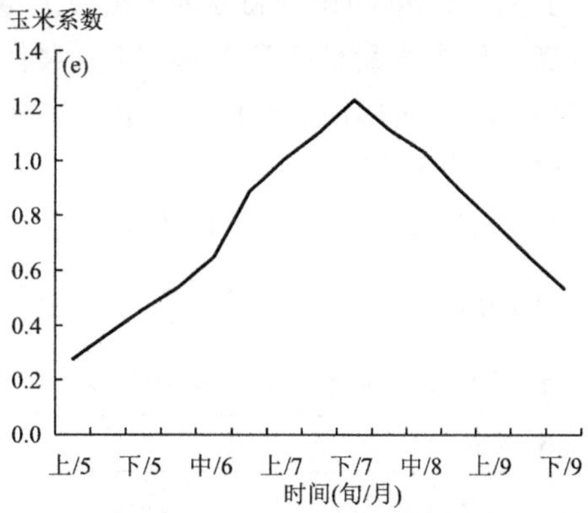

图 5.1　黑龙江 5 个气候区逐旬玉米作物系数变化曲线

(a)北部地区;(b)南部地区;(c)中部地区;(d)东部地区;(e)西部地区

黑龙江省全生育期玉米作物系数的平均值见表 5.12,西部玉米作物系数为 0.77,北部、中部和东部地区为 0.81,南部最大为 0.83。从玉米作物系数的各月值看,各地区没有明显的变化规律。

表 5.12　黑龙江省各区域玉米作物系数月平均值

地区	时间					全生育期
	5 月	6 月	7 月	8 月	9 月	
北部地区	0.493219	0.768594	1.033651	1.015844	0.738996	0.81
南部地区	0.482849	0.711545	1.037339	1.105875	0.803875	0.83
中部地区	0.44529	0.764455	1.0951	1.017798	0.743522	0.81
东部地区	0.491626	0.751153	1.083074	1.007119	0.727260	0.81
西部地区	0.368072	0.690944	1.109714	1.012562	0.653752	0.77

5.4.3　土壤水分供应系数模型的模拟

旱田的水分供应存在土壤临界含水量(W_k),当土壤水分高于临界含水量时,土壤供水系数等于 1,即:在这种情况下土壤水分不影响作物蒸腾,否则土壤供水系数小于 1。则在土壤水分供应不足时,农田的实际蒸散量 ET_m 是作物品种、作物发育期和土壤含水量的函数,即可写成

$$ET_m = K_w \times K_c \times ET_0 \tag{5.21}$$

式中:K_c为作物系数;K_w为土壤供水系数;ET_0为农田可能蒸散量。因此,建立土壤含水量预测模型的关键是建立 K_c、K_w和 ET_0的估算模型。如前所述,K_c已计算得到,ET_0由彭曼公式求算,则需要建立 K_w估算模型。

研究表明,能为作物吸收利用的是土壤有效水贮量,而土壤有效水分因土壤类型、土壤结构的不同存在较大的差异,所以 K_w表示为相对有效水含量为宜,其中有代表性的公式是

$$K_w = \begin{cases} 0 & w < w_c \\ \dfrac{(w - w_c)}{(w_f - w_c)} & w_c \leqslant w \leqslant w_k \\ 1 & w > w_k \end{cases} \tag{5.22}$$

式中：w 为土壤含水量；w_c为凋萎湿度；w_f为田间持水量；w_k为土壤临界含水量。

从公式(5.22)可以看出，当土壤含水量低于凋萎湿度时，农作物群体不再蒸散，当土壤含水量在凋萎湿度和土壤临界含水量 w_k之间时，土壤含水量对农作物的蒸散是一个线性关系。土壤临界含水量按田间持水量的 70%计算。

根据以上两式计算出 K_w值，在计算 K_w的过程中，根据临界含水量，把充分供水的样点去掉，通过对两组 K_w数据进行回归分析，建立 K_w和$\frac{w-w_c}{w_f-w_c}$的函数关系，模拟结果见表 5.13。

表 5.13　黑龙江省各区域 K_w的模拟模型

地区	K_w模型	R^2	F	t
西部地区	$K_w=1.1069\frac{w-w_c}{w_f-w_c}+0.2533$	0.6895	64.39	8.02
北部地区	$K_w=2.9215\frac{w-w_c}{w_f-w_c}-0.511$	0.7652	114.07	10.68
中部地区	$K_w=2.0344\frac{w-w_c}{w_f-w_c}-0.1011$	0.6329	36.2	6.02
南部地区	$K_W=3.1357\frac{w-w_c}{w_f-w_c}-0.1738$	0.6186	47.03	6.86
东部地区	$K_w=3.2356\frac{w-w_c}{w_f-w_c}-0.6588$	0.8366	87.06	9.33

由表 5.13 可以看出，5 个模拟方程的复相关系数均在 0.6895 以上，在 $\alpha=0.01$ 显著性检验水平上 F 和 t 检验均达到显著性水平，说明方程的回归效果较好，回归方程稳定。

5.4.4　预报模型建立及检验

在前面研究的基础上，根据简化后的水量平衡方程，建立黑龙江省 5 个农业气候相似区的农田土壤含水量的预报模型

$$w_i=\frac{(R+0.1\times w_{i-1}\cdot\rho\times h-b\times K_c\times ET_0)(w_f-w_c)+aK_cET_0w_c}{0.1\times\rho\cdot h\times(w_f-w_c)+aK_cET_0}\tag{5.23}$$

式中：w_i为将要预报旬的农田土壤含水量；R 为同期降水量；w_f为田间持水量；w_c为凋萎湿度；w_{i-1}为预报旬前一旬的农田土壤含水量；ρ 为土壤容重；h 为土层厚度；K_c为作物系数；a 为 K_w模型的斜率；b 为 K_w模型的截距；a、b 的具体数值见表 5.13。

5.4.4.1　干旱个例分析

2007 年黑龙江省出现了历史罕见的夏季干旱，旱情为有气象记录以来最严重的年份之一，对作物生长发育和最终产量产生极为不利的影响，给农业生产造成了巨大的经济损失。从 6 月开始，黑龙江省出现了异常的高温少雨天气，全省平均夏季降水量仅为 205 mm，比常年偏少 4 成，比 2006 年少 5 成。干旱主要发生在 6 月中旬至 8 月上旬，其中 6 月中旬至 7 月，全省各地降水量为 25～208 mm，大部农区比历年和 2006 年同期偏少 2～9 成，其中有 72 个市(县)降水量不足 150 mm，占全省的 87%，而三江平原大部市(县)降水量低于 100 mm，萝北、鹤岗、佳木斯市、桦川、双鸭山市、集贤降水量仅为 25～36 mm。50 多天持续高温少雨，土壤蒸散和作物蒸腾均较大，造成土壤干旱，作物严重缺水，尤其东部地区，旱情严重。直至 8 月 8—10 日，全省大部出现了明显降水过程，使黑河以南大部地区的旱情得到缓解或者解除。

2007 年夏季干旱的特点表现为：

①持续时间长：从 6 月中旬初开始，直至 8 月 7 日，持续 58 d 一直未出现全省性较大的降水天气，使全省大部农区先后出现不同程度的旱象。

②受旱面积大：截至 7 月 25 日统计，全省受旱面积为 6000 万亩，其中重旱面积为 1713 万亩。

③区域性明显，扩展性强。6 月中旬首先是西部地区部分市(县)及东部个别市(县)略呈旱象，至 6 月末，向中、东部扩展，7 月上旬西部地区部分市(县)出现了较好降水过程，旱象得到缓解或解除，而东北部地区持续干旱，后又逐渐向西部扩展，至 8 月 7 日，发展为全省主要农区的 50 个市(县)土壤干旱。东北部地区旱情十分严重，而西部地区相对较轻。

5.4.4.2　土壤旱涝预测分析及预报效果检验

利用上述建立的农田土壤含水量的预报模型，对黑龙江省农区代表市(县)2007 年 6 月下旬 0～10 cm、10～20 cm、0～30 cm 土层的土壤含水量进行预报，预报结果见表 5.14，若以旱、正常、涝三级界定土壤旱涝状况，基于 2.2 节的指标分析，预测值与实测值偏差在 ±(1%～41%) 之间，0～10 cm 土层的预测效果较好，多数站点预测的土壤旱涝趋势与实际的土壤旱涝趋势基本相同，土壤旱涝状况预测准确的站点占 88%；10～20 cm 土层的预测效果相对较差，土壤旱涝状况预测准确的站点占 58%；0～30 cm 土层的预测效果也不理想，土壤旱涝状况预测准确的站点占 69%。

表 5.14　2007 年 7 月下旬土壤含水量预测值与实测值比较　　%

站名	黑河	嫩江	孙吴	德都	克山	龙江	富裕	林甸	拜泉	海伦	富锦	青冈	安达
0～10 cm 预测值	74	60	49	52	34	42	56	41	36	43	60	47	111
0～10 cm 实测值	81	79	64	66	55	54	76	18	47	59	61	44	99
偏差	−7	−19	−15	−14	−21	−12	−20	23	−11	−16	−1	3	12
预测的土壤状况	正常	旱	重旱	重旱	重旱	重旱	旱	重旱	重旱	重旱	旱	重旱	涝
实测的土壤状况	正常	正常	旱	旱	旱	旱	正常	重旱	重旱	旱	旱	重旱	涝
站名	巴彦	汤原	佳木斯	桦南	集贤	饶河	方正	尚志	勃利	虎林	五常	穆棱	宁安
0～10 cm 预测值	98	46	59	58	53	54	50	44	72	74	46	55	42
0～10 cm 实测值	90	36	62	60	50	69	61	50	78	68	68	50	43
偏差	8	10	−3	−2	3	−15	−11	−6	−6	6	−22	5	−1
预测的旱涝状况	涝	重旱	旱	旱	旱	旱	重旱	重旱	正常	正常	重旱	旱	重旱
实测的旱涝状况	涝	重旱	旱	旱	重旱	旱	旱	重旱	正常	旱	旱	重旱	重旱

分析 2007 年 6 月下旬 0～10 cm 土层的土壤含水量预测值与实测值的关系，由图 5.2 可以看出，2007 年 6 月下旬 0～10 cm 土层土壤含水量预测值与实际值具有极显著的相关关系，R^2 为 0.6106，F 值为 37.91，通过 α＝0.01 的显著性检验，说明模型 0～10 cm 土层的预报结果较为较好，模型可用。

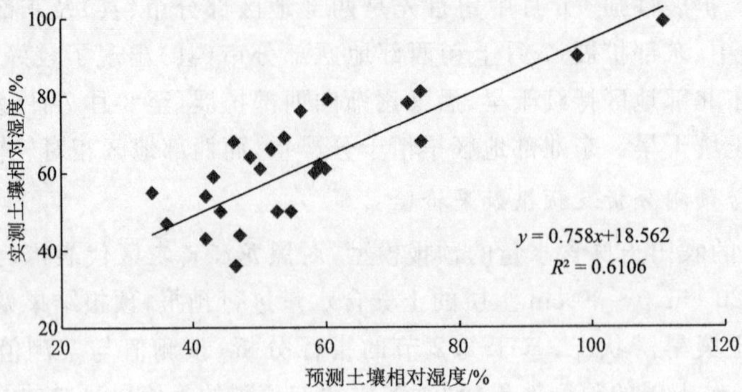

图 5.2　2007 年 6 月下旬土壤相对湿度预测值与实测值相关图

参考文献

[1] 乌兰，乌兰巴特尔，李云鹏. 内蒙古自治区生态与农牧业气象服务体系研究[M]. 北京：气象出版社，2009.

[2] 王艳华，任传友，刘刚，等. 东北地区持续低温指数的温度敏感性分析[J]. 中国农业气象，2013，34(5)：519-525.

[3] 马树庆，刘玉英，王琪. 玉米低温冷害动态评估和预测方法[J]. 应用生态学报，2006(10)：1905-1910.

[4] 魏凤英. 现代气象诊断与预测技术(第二版)[M]. 北京：气象出版社，2007.

[5] 马玉平，王石立，王馥棠. 作物模拟模型在农业气象业务应用中的研究初探[J]. 应用气象学报，2005，16(3)：293-303.

[6] 范天锡. 风云三号气象卫星的特点和作用[J]. 气象科技，2002，30(6)：321-327.

[7] GALLO K，LEI J，REED B，et al. Multi-platform comparisons of MODIS and AVHRR normalized difference vegetation index data[J]. Remote Sensing of Environment，2005(99)：221-231.

[8] 杨军，董超华，卢乃锰，等. 中国新一代极轨气象卫星——风云三号[J]. 气象学报，2009，67(4)：501-509.

[9] 龙利民，张萍萍，张宁. 2008-07-22 襄樊特大暴雨 FY-3A 微波资料分析[J]. 大气科学学报，2010，33(5)：569-575.

[10] LAHET F，STRAMSKI D. MODIS imagery of turbid plumes in San Diego coastal waters during rainstorm events[J]. Remote Sensing of Environment：An Interdisciplinary Journal，2010，114(2)：332-344.

[11] KIAGE L M，WALKER N D. Using NDVI from MODIS to Monitor Duckweed Bloom in Lake Maracaibo，Venezuela[J]. Water Resources Management，2009，23(6)：1125-1135.

[12] WISDOM M D. Characterization of the July 2007 Swaziland fire disaster using satellite remote sensing and CIS[J]. Applied Geography，2009，29(3)：299-307.

[13] SCHUBERT P，EKLUNDH L，LUND M，et al. Estimating northern peatland CO_2 exchange from MODIS time series data[J]. Remote Sensing of Environment，2010，114(6)：1178-1189.

[14] 王鹤松，贾根锁，冯锦明，等. 我国北方地区植被总初级生产力的空间分布与季节变化[J]. 大气科学，2010，34(5)：882-890.

[15] 李登科，范建忠，王娟. 陕西省植被覆盖度变化特征及其成因[J]. 应用生态学报，2010，21(11)：2896-2903.

[16] DATT B，MCVICAR T，NIEL T V，et al. Pre-processing EO-1 Hyperion hyperspectral data to support the application of agricultural indices[J]. IEEE Transactions on Geoscience and Remote Sensing，2003，41(6)：1246-1259.

[17] 陈方敏，徐明策，李俊祥. 中国东部地区常绿阔叶林景观破碎化[J]. 生态学杂志，2010，29(10)：1919-1924.

[18] RATANA P，HUETE A R，YUAN Y，et al. Interrelationship among among MODIS vegetation products across an Amazon Eco-climatic gradient[J]. IEEE International Geoscience and Remote Sensing Symposium，2005(4)：3009-3012

[19] JIN C，JONSSON P，TAMURA M，et al. A Simple Method for Reconstructing a High-quality NDVI Time-series Data Set Based on the Savitzky-Golay Filter[J]. Remote Sensing of Environment，2004(91)：

332-344.

[20] LUNETTA R S, KNIGHT J F, EDIRIWICKREMA J, et al. Land-cover change detection using multi-temporal MODIS NDVI data[J]. Remote Sensing of Environment, 2006, 105(2): 142-154.

[21] MORAWITZ D F, BLEWETT T M, COHEN A, et al. Using NDVI to Assess Vegetative Land Cover Change in Central Puget Sound[J]. Environmental Monitoring and Assessment, 2006, 114(1): 85-106.

[22] DURANTE P, OYONARTE C, VALLADARES F. Influence of land-use types and climatic variables on seasonal patterns of NDVI in Mediterranean Iberian ecosystems[J]. Applied Vegetation Science, 2009, 12(2): 177-185.

[23] 张银锁,宇振荣,DRIESSEN P M. 夏玉米植株及叶片生长发育热量需求的试验与模拟研究[J]. 应用生态学报,2001,12(4):561-565.

[24] 王建源,叶文,李曼华,等. 气候变化背景下山东省冬小麦发育期的变化特征[J]. 中国农学通报,2013,29(14):161-166.

[25] 蔡学良,崔远来. 基于异源多时相遥感数据提取灌区作物种植结构[J]. 农业工程学报,2009,25(8):124-30,318.

[26] WALKER J J, DE BEURS K M, WYNNE R H, et al. Evaluation of Landsat and MODIS data fusion products for analysis of dryland forest phenology[J]. Remote Sensing of Environment, 2012(117): 381-393.

[27] 李天平,刘洋,李开源. 遥感图像优化迭代非监督分类方法在流域植被分类中的应用[J]. 城市勘测,2008,97(1):75-77.

[28] BOVOLO F. A framework for Automatic and Unsupervised Detection of Multiple Changes in multitemporal Images[J]. IEEE Transactions on Geoscience and Remote Sensing, 2012, 50(6): 2196-2212.

[29] 杨玉静,于彦伟,冯建辉. 纹理特征辅助遥感影像分类技术的探讨[J]. 测绘与空间地理信息,2008,31(6):82-85.

[30] 余俊杰. 基于纹理的遥感图像分类算法及其应用研究[D]. 长沙:湖南大学,2009.

[31] 谭炳香,李增元,陈尔学,等. EO-1Hyperion 高光谱数据的预处理[J]. 遥感信息,2005(6):36-41.

[32] 王昱,张广友,李新涛,等. 卫星遥感影像预处理中噪声去除方法的研究[J]. 遥感技术与应用,2007,95(3):455-459.

[33] 赵好好,肖鹏峰,冯学智. 基于频谱分析的高分辨率遥感图像边缘特征检测研究[J]. 遥感信息,2013,28(6):96-101,115.

[34] 钮立明,蒙继华,吴炳方,等. HJ-1A 星 HSI 数据 2 级产品处理流程研究[J]. 国土资源遥感,2011,88(1):77-82.

[35] 郭兴杰,王阳春,汪爱华,等. HJ-1A 高光谱数据的条带噪声去除方法研究[J]. 遥感信息,2011,113(1):54-8.

[36] 罗琴,田铮. 高光谱图像无监督分类的非线性特征提取器[J]. 宇航学报,2007,28(5):1273-1277.

[37] 尹继豪,王义松. 高光谱遥感影像中最佳谱段的快速选择方法[J]. 遥感信息,2010,109(3):3-6,12.

[38] 刘建平,赵英时. 高光谱遥感数据解译的最佳波段选择方法研究[J]. 中国科学院研究生院学报,1999,16(2):153-161.

[39] 张连蓬,储美华,刘国林,等. 高光谱遥感波段选择的非线性投影寻踪方法[J]. 徐州师范大学学报(自然科学版),2004,22(4):49-53.

[40] BAJWA Y, ALAJLAN N, MELGANI F, et al. Differential evolution extreme learning machine for the classification of hyperspectral images[J]. IEEE Geoscience and Remote Sensing Letters, 2014, 11(6): 1066-1070.

[41] 年波,杨世剑,王金亮. 植被遥感信息提取的最佳波段选择——以云岭中部山区为例[J]. 云南地理环境

研究,2004,6(2):18-21.

[42] PETRIE G M,HEASLER P G. Optimal band selection strategies for hyper spectral data sets[J]. International Geoscience and Remote Sensing Symposium(IGARSS),1998(3):1582-1584.

[43] VELEZ R M,LINARES D M,JIMENEZ L O. Two- stage band selection algorithm for hyper spectral imagery[J]. Proceedings of SPIE-The International Society for Optical Engineering,2002(47):30-37.

[44] CHAVEZ P S J,BERLIN G L,SOWERS L B. Statistical method for selecting landsat MSS ratios[J]. Journal of Applied Photographic Engineering,1982(8):23-30.

[45] 刘春红,赵春晖,张凌雁. 一种新的高光谱遥感图像降维方法[J]. 中国图像图形学报,2005,10(2):218-222.

[46] HERMES L,BUHMANN J M. Feature selection for support vector machines[J]. Pattern Recognition Proceedings 15th International Conference. 2000(2):712-715.

[47] 郭雷,常威威,付朝阳. 高光谱图像融合最佳波段选择方法[J]. 宇航学报,2011,32(2):374-379.

[48] 徐宗焕,曹春荣,方柏州,等. 福建滨海湿地生态气象监测方法及指标体系研究[J]. 中国农学通报,2010,26(17):292-297.

[49] HUTCHINSON M G. A new objective method for spatial interpolation of meteorological variables from irregular networks applied to the estimation of monthly mean solar radiation,temperature,precipitation and windrum[J]. Canberra,Australia:CSIRO,Division of Water Resources,1989,89(5):95-104.

[50] PRIHODKO L,GOWARD S N. Estimation of air temperature from remotely sensed surface observation [J]. Remote Sensing Environ,1997,60(3):335-346.

[51] ROLLAND C. Spatial and seasonal variations of air temperature lapse rates in Alpine regions[J]. Journal of Climate,2003,16(7):125-130.

[52] MOHAMED M A A,BABIKER I S,CHEN Z M,et al. The role of climate variability in the inter-annual variation of terrestrial net primary production(NPP)[J]. Science of the Total Environment,2004,332(1/3):123-137.

[53] 穆少杰,李建龙,周伟,等. 2001—2010 年内蒙古植被净初级生产力的时空格局及其与气候的关系[J]. 生态学报,2013,33(12):3752-3764.

[54] 吴国伟,赵艳玲,付艳华,等. 复垦矿区土地利用类型变化对植被碳储量的影响[J]. 中国生态农业学报,2015,23(11):1437-1444.

[55] 孙成明,孙政国,刘涛,等. 基于 MODIS 的中国草地 NPP 综合估算模型[J]. 生态学报,2015,35(4):1079-1085.

[56] 王静,郭铌. TerraMODIS 和 AquaMODIS 波段反射率及植被指数比较[J]. 生态学杂志,2008,183(10):1711-1717.

[57] JOHN K,JOHN A D,周跃武,等. 干旱的定量化:干旱指数的评价[J]. 干旱气象,2005,(2):85-94.

[58] KOGAN F N. Remote sensing of weather impacts on vegetation in non-homogeneous areas[J]. International Journal of Remote Sensing,1990,11:1405-1420.

[59] KOGAN F N. Application of vegetation index and brightness temperature for drought detection[J]. Advancesin Space Research,1995,15:91-100.

[60] 徐祥德,王馥棠,萧永生. 农业气象灾害调控工程与技术系统[M]. 北京:气象出版社,2002.

[61] 王鹏新,孙威. 基于植被指数和地表温度的干旱监测方法的对比分析[J]. 北京师范大学学报(自然科学版),2007,43(3):319-323.

[62] 牟伶俐. 中国旱情遥感监测指标的适应性与不确定性分析[D]. 北京:中国科学院研究生院,2006.

[63] 全国农业气象标准化技术委员会. 北方水稻低温冷害等级:GB/T 34967—2017[S]. 北京:中国标准出版社,2017.

[64] 刘丹,于成龙,李帅,等.基于遥感的黑龙江省东部水稻种植信息提取[J].中国农学通报,2013,29(27):30-34.

[65] 郝卫平,梅旭荣,蔡学良,等.基于多时相遥感影像的东北三省作物分布信息提取[J].农业工程学报,2011,27(1):201-207,393.

[66] SUN H,HUANG J,PENG D. Detecting major growth stages of paddy rice using MODIS data[J]. Remote Sensing,2009(13):1122-1137.

[67] SIMS D A,RAHMAN A F,VERMOTE E F,et al. Seasonal and inter-annual variation in view angle effects on MODIS vegetation indices at three forest sites[J]. Remote Sensing of Environment,2011,115(12):3112-3120.

[68] 王正兴,刘闯,ALFREDOH.植被指数研究进展:从 AVHRR-NDVI 到 MODIS-EVI[J].生态学报,2003(5):979-987.

[69] WARING R,COOPS N,FAN W,et al. MODIS enhanced vegetation index predicts tree species richness across forested ecoregions in the contiguous USA[J]. Remote Sensing of Environment,2006,103(2):218-226.

[70] HOPKINS A D. Periodical events and natural law as guides to agricultural research and practice [J]. Monthly Weather Review,1918,9(Suppl):1-42.

[71] 张丽文,王秀珍,姜丽霞,等.用 MODIS 热量指数动态监测东北地区水稻延迟型冷害[J].遥感学报,2015,19(4):690-701.

[72] 李红斌,麻服伟.黑龙江省冰雹天气气候特征及近年变化[J].气象科技,2001,27(8):49-51.

[73] 刘志明,晏明,李铁强,等.冰雹灾害的卫星遥感监测方法初探[J].气象,2004(9):50-53.

[74] LE MAIRE G,MARSDEN C,NOUVELLON Y,et al. MODIS NDVI time-series allow the monitoring of Eucalyptus plantation biomass[J]. Remote sensing of Environment,2011,115(10):2613-2625.

[75] 全国农业气象标准化技术委员会.北方春玉米干旱等级:QX/T 259—2015[S].北京:气象出版社,2015.

[76] 全国气象防灾减灾标准化技术委员会.水稻、玉米冷害等级:QX/T 101—2009[S].北京:气象出版社,2009.

[77] 中国气象局政策法规司.作物霜冻害等级:QX/T 88—2008[S].北京:气象出版社,2008.

[78] 张建平,赵艳霞,王春乙,等.气候变化情景下东北地区玉米产量变化模拟[J].中国生态农业学报,2008,16(6):1448-1452.

[79] 米娜,张玉书,蔡福,等.未来气候变化对东北地区玉米单产影响的模拟研究[J].干旱区资源与环境,2012,26(8):117-123.

[80] 金之庆,葛道阔,石春林,等.东北平原适应全球气候变化的若干粮食生产对策的模拟研究[J].作物学报,2002,28(1):24-31.

[81] 熊伟,杨婕,林而达,等.未来不同气候变化情景下我国玉米产量的初步预测[J].地球科学进展,2008,23(10):1092-1101.

[82] FATIMA Z,ATIQUE UR R,ABBAS G,et al. Quantification of climate warming and crop management impacts on phenology of pulses—Based Cropping Systems[J]. International Journal of Plant Production,2021,15:107-123.

黑龙江省农业气象

监测评估方法及服务指标

气象出版社

关注官方微信

ISBN 978-7-5029-8177-8

9 787502 981778 >

定价：108.00元